Die Drehmaschinen

Drehbänke und verwandte Werkzeugmaschinen

Grundlagen · Bauteile · Bauarten

Von

Dr.-Ing. Carl Heinz Stau

Karlsruhe

Mit 518 Abbildungen

Springer-Verlag Berlin Heidelberg GmbH

1963

ISBN 978-3-662-01097-6   ISBN 978-3-662-01096-9 (eBook)
DOI 10.1007/978-3-662-01096-9

Alle Rechte, insbesondere das der Übersetzung in fremde Sprachen, vorbehalten
Ohne ausdrückliche Genehmigung des Verlages ist es auch nicht gestattet,
dieses Buch oder Teile daraus auf photomechanischem Wege
(Photokopie, Mikrokopie) oder auf andere Art zu vervielfältigen
© by Springer-Verlag Berlin Heidelberg 1963
Ursprünglich erschienen bei Springer-Verlag OHG., Berlin/Göttingen/Heidelberg 1963
Softcover reprint of the hardcover 1st edition 1963
Library of Congress Catalog Card Number 63—14318

Die Wiedergabe von Gebrauchsnamen, Handelsnamen, Warenbezeichnungen usw.
in diesem Buche berechtigt auch ohne besondere Kennzeichnung nicht zu der Annahme, daß solche Namen im Sinne der Warenzeichen- und Markenschutz-Gesetzgebung als frei zu betrachten wären und daher von jedermann benutzt werden dürften

Vorwort

Der Werkzeugmaschinenbau soll für die Fertigung bestimmter Teile oder Teilegruppen die jeweils bestgeeigneten Maschinen liefern, um der Produktion anderer Wirtschaftsgüter den größtmöglichen Wirkungsgrad zu sichern. Bei der Vielfalt der Aufgaben, die damit dem Werkzeugmaschinenkonstrukteur gestellt werden, ergeben sich zwangsläufig verschiedenartige Lösungen.

Während die Industrien anderer Wirtschaftszweige nach Einheitlichkeit und Massenfertigung streben können, müssen sich die Hersteller der Werkzeugmaschinen mit kleinen Serien und Einzelkonstruktionen begnügen, wenn sie ihrer Aufgabe gerecht werden wollen.

Eine Darstellung aus diesem Bereich, wie dieses den Drehmaschinen gewidmete Buch, sollte daher nicht nur die allgemeinen, wissenschaftlich erarbeiteten Grundlagen erklären, sondern auch an Hand möglichst vieler praktischer Beispiele zeigen, welche Lösungen für die verschiedenen Fertigungsaufgaben gefunden wurden. Ich hoffe, daß dies gelungen ist.

Die Bilder und Zeichnungen wurden von der Drehmaschinenindustrie in großzügiger Weise zur Verfügung gestellt. Allen Firmen, die durch ihre Beiträge geholfen haben, diese Arbeit zu einer praxisnahen Darstellung zu machen, sei aufrichtig und herzlich gedankt. Besonderen Dank möchte ich auch dem Springer-Verlag sagen für die sehr angenehme Zusammenarbeit und die schöne Ausstattung dieses Buches.

Karlsruhe, im Mai 1963

Carl Heinz Stau

Inhaltsverzeichnis

	Seite
Einleitung	1

1 Grundlagen 2
  1.1 Begriff der Drehmaschine 2
  1.2 Auswahl der zweckmäßigen Bauart 4
  1.3 Geschichtlicher Überblick 7
  1.4 Mathematische Vorbemerkung 13
  1.5 Kraft und Drehmoment 14
  1.6 Geschwindigkeit und Drehzahl 24
  1.7 Leistung und Wirtschaftlichkeit 32
  1.8 Genauigkeit 43

2 Die Baugruppen der Drehmaschine 46
  2.1 Das Bett 46
  2.2 Die Erzeugung der Schnittbewegung 60
  2.3 Die Erzeugung der Vorschub- und Gewindeschneidbewegung 81
  2.4 Der Bettschlitten 96
  2.5 Der Reitstock 104
  2.6 Spannmittel 107
    2.6.1 Spannmittel für das Werkstück 107
    2.6.2 Spannmittel für das Werkzeug 119
  2.7 Mittel zum Drehen nichtzylindrischer Werkstücke 122
    2.7.1 Die Erzeugungsverfahren 122
    2.7.2 Die Nachformverfahren 124
  2.8 Sonstiges Zubehör 144
    2.8.1 Die Kühlmittelzufuhr 144
    2.8.2 Die Maschinenbeleuchtung 146
    2.8.3 Meß- und Anzeigegeräte 146
    2.8.4 Hilfseinrichtungen für andere Zerspanungsverfahren 149
  2.9 Antrieb, Steuerung und Regelung 154

3 Die Bauarten der Drehmaschinen 160
  3.1 Drehmaschinen mit umlaufendem Werkstück und festem Schneidmeißel 160
    3.1.1 Universaldrehmaschinen 160
      3.1.1.1 Uhrmacher- und Mechanikerdrehbänke 162
      3.1.1.2 Mittlere Universaldrehbänke 166
      3.1.1.3 Schwerdrehbänke 171
    3.1.2 Drehmaschinen für die Serienfertigung — Produktionsdrehmaschinen 176
      3.1.2.1 Ein- und Mehrmeißelproduktionsdrehmaschinen 178
      3.1.2.2 Revolverdrehmaschinen 188
      3.1.2.3 Kopierdrehmaschinen 206
    3.1.3 Drehmaschinen für bestimmte Werkstückgruppen oder Arbeitsverfahren 220
      3.1.3.1 Drehmaschinen für Werkstücke mit rundem Querschnitt 220
        3.1.3.1.1 Plandrehmaschinen 220
        3.1.3.1.2 Drehmaschinen mit senkrechter Drehachse 225
        3.1.3.1.3 Walzendrehmaschinen 239
        3.1.3.1.4 Kurbelwellendrehmaschinen 242
        3.1.3.1.5 Drehmaschinen mit übergroßer Spindelbohrung 248
          3.1.3.1.5.1 Rohr- und Muffendrehmaschinen 248
          3.1.3.1.5.2 Abstechmaschinen für Rohre, Wellen und Achsen 249
          3.1.3.1.5.3 Dreh-, Bohr- und Abstechmaschinen 249
        3.1.3.1.6 Waagerecht-Tieflochbohrmaschinen 250

Inhaltsverzeichnis

3.1.3.1.7 Schmiernutenziehmaschinen	256
3.1.3.1.8 Stahlwolle- und Stahlspänemaschinen	258
3.1.3.1.9 Drehmaschinen für den Eisenbahnbedarf	259
3.1.3.2 Drehmaschinen für Werkstücke mit unrundem Querschnitt	263
3.1.3.2.1 Blockdrehmaschinen	264
3.1.3.2.2 Nockenformdrehmaschinen	264
3.1.3.2.3 Hinterdrehmaschinen	267
3.1.3.2.4 Universalrunddrehmaschinen	270
3.2 Drehmaschinen mit feststehendem Werkstück und umlaufendem Schneidmeißel	273
3.2.1 Wellenschälmaschinen	274
3.2.2 Außengewindeschneidmaschinen	277
3.2.3 Rohrabstechmaschinen mit umlaufendem Werkzeug	280
3.2.4 Abläng- und Zentriermaschinen	280
3.2.5 Kurbelzapfendrehapparate	282
3.2.6 Feindrehmaschinen, Dreheinheiten und Drehwerke	283
3.3 Drehmaschinen mit umlaufendem Werkstück und umlaufendem Schneidmeißel	286
Schlußwort	286
Literaturverzeichnis	287
Verzeichnis der mit Abbildungen vertretenen Firmen	288
Sachverzeichnis	290

Verzeichnis der Formelzeichen von allgemeiner Bedeutung

B_R	Drehzahlbereich		f	Durchbiegung	mm, μ
C	Biegesteife, Steifheitsgrad	kp/μ	g	Gangzahl	
C_T	spez. Schnittgeschwindigkeit	m · min/min	g	Erdbeschleunigung	9,81 m/sec²
			h	Spandicke	mm
C_V	spez. Schnittgeschwindigkeit	mm² · m/min	h	Steigung, Hub	mm
			i	Übersetzungsverhältnis	
C_{ks}	spez. Schnittdruck	kp/mm²	k_s	spez. Schnittdruck	kp/mm²
D, d	Durchmesser	mm	l	Länge	mm
E	Elastizitätsmodul	kp/mm²	l	Steigung der Leitspindel	mm
E	Ersparnis		m	Masse	kp sec²/m
E	Empfindlichkeit	sec⁻¹	m	Modul	mm
F	Frequenz	sec⁻¹	n	Drehzahl	min⁻¹
F	Gestaltabweichung	mm	p	Anzahl der Polpaare	
G	Schlankheitsgrad		p	Druck	kp/mm²
G	Gewicht	kp	q	Spanfläche	mm²
H_B	Brinellhärte	kp/mm²	r	Hebelarm, Radius	mm
I	Stromstärke	A	s	Vorschub	mm/U
J	Trägheitsmoment	cm⁴	s'	Vorschubgeschwindigkeit	mm/min
J_p	dynamisches Trägheitsmoment	m kp sec²	t	Zeit	min
			u	Geschwindigkeit	mm/min
K	Kosten	DM	v	Schnittgeschwindigkeit	m/min
M_d	Drehmoment	m kp	z	Zähnezahl	
M_{dc}	Verdrehsteife	m kp/0,001 · 2π	z	Stufenzahl	
N	Leistung	PS; kW	α	Freiwinkel	
P	Kraft	kp	β	Keilwinkel	
Q	Wärmeleistung	kcal/min	γ	Spanwinkel	
R	Kraft	kp	γ	spez. Gewicht	kp/mm³
S	Riemenzug	kp	δ	Verdrehwinkel	
Sp	Spannbereich	μ	δ	Schnittwinkel $= \alpha + \beta$	
T	Zeit	min	ε	Spitzenwinkel	
T	Temperatur	°C	η	Wirkungsgrad	
U	elektrische Spannung	V	$\varkappa$	Einstellwinkel	
V	Spanmenge	cm³	λ	Neigungswinkel	
W_d	Widerstandsmoment	cm³	λ	Stufensprung	
Z	Zentrifugalkraft	kp	μ	Reibungszahl	
a	Schnittiefe	mm	σ_z	Zugfestigkeit	kp/mm²
b	Spanbreite	mm	τ_z	Schubfestigkeit	kp/mm²
b	Beschleunigung	mm/sec²	τ	Hinterschleifwinkel	
c	Geschwindigkeit	m/min	φ	Stufensprung	
c_w	spez. Wärme	kcal/kp °C	φ	Leistungsfaktor	
e	Basis der natürlichen Logarithmen		ω	Kreisfrequenz	sec⁻¹

Zeichen, die nur bei der Berechnung eines speziellen Vorganges verwendet wurden und Indizes (P_s, P_v usw.) sind an den betreffenden Stellen erklärt.

Einleitung

Von allen Maschinen der spanabhebenden und spanlosen Verformung, die gemeinhin als Werkzeugmaschinen bezeichnet werden, bildet die Drehmaschine, wie Abb. 1 u. 2 zeigen, die weitaus größte Gruppe.

Sie repräsentiert rund ein Viertel des Werkzeugmaschinenbaues dem Wert und ein Fünftel dem Gewicht nach. Angesichts der damit zum Ausdruck kommenden Bedeutung dieser Maschinengattung darf der Versuch gewagt werden, ihrer Darstellung ein besonderes Buch zu widmen.

Hierbei erhebt sich sofort die Frage nach den Grenzen einer solchen Darstellung. Welche Bauarten des In- und Auslandes sollen beschrieben werden und welche Maschinenarten lassen sich überhaupt unter dem Begriff „Drehbank" oder „Drehmaschine" zusammenfassen?

Es werden heute nahezu in jedem Lande der Welt, das die bescheidensten Anfänge einer Maschinenindustrie aufweist, Drehbänke gebaut. In den europäischen Staaten und den USA finden wir fast ausnahmslos eine leistungsfähige Drehbankfertigung. Verschiedene europäische Länder, die vor dem Kriege auf diesem Gebiete kaum hervorgetreten sind, konnten inzwischen eine sehr beachtliche Werkzeugmaschinenindustrie aufbauen. Aber auch überseeische Länder, wie Argentinien oder Brasilien, Indien, China, Japan und manche andere, verfügen über tüchtige Herstellerfirmen. In Brasilien gibt es z. B. eine Fabrik, die jährlich über 2000 Maschinen baut. Eine gewisse Berühmtheit hat die

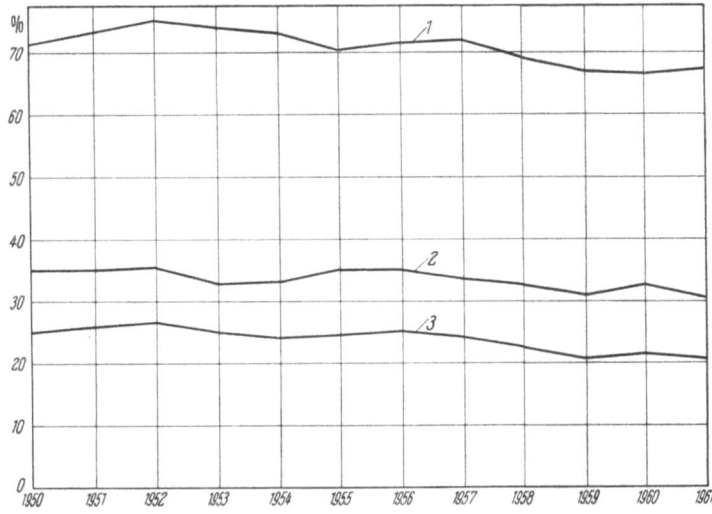

Abb. 1. Anteil nach dem Produktionswert [DM]

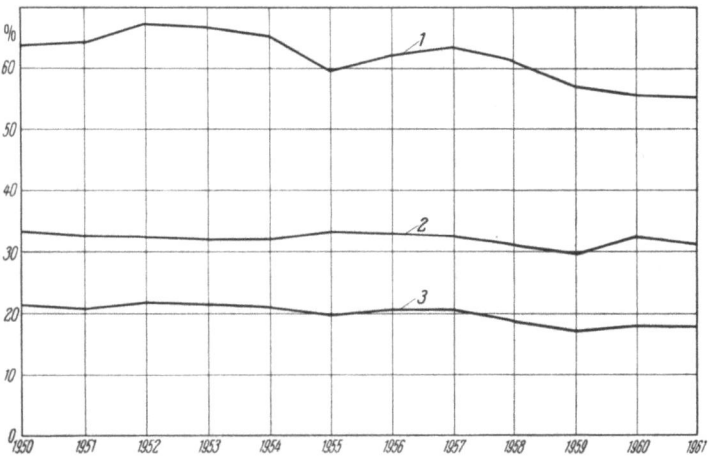

Abb. 2. Anteil nach dem Gewicht [kp]

Abb. 1 u. 2. Anteil der spanabhebenden Werkzeugmaschinen an sämtlichen Werkzeugmaschinen (Kurve *1*). Anteil der Drehmaschinen an den spanabhebenden Werkzeugmaschinen (Kurve *2*) und an sämtlichen Werkzeugmaschinen (Kurve *3*)

Hier sind unter „Drehmaschinen" auch die in diesem Buch nicht beschriebenen mechanisch gesteuerten Drehautomaten enthalten

Zusammengestellt nach der Statistik des VDW für den Zeitraum von 1950—1961. Gemäß Kurve *2* sind mehr als 30% aller spanabhebenden Werkzeugmaschinen Drehmaschinen

Industrie der UdSSR erlangt. Eine Moskauer Drehmaschinenfabrik stellt jährlich 10000 bis 12000 Maschinen in Fließbandfertigung her. Das ist etwa die Produktion aller Drehbankfabriken der BRD.[1] Allerdings ist diese Fabrik wohl ein Ausnahmefall. Im allgemeinen liegt der Ausstoß in der westlichen Welt in der Größenordnung von hunderten, bei wenigen Werken von einigen tausend Maschinen. Der Bedarf ist eben so vielfältig, daß große Serien völlig gleicher Maschinen kaum vorkommen. Je ausgefeilter die Fertigung für Konsumgüter (Kraftwagen, Waschmaschinen usw.) wird, um so größer ist die Nachfrage nach spezialisierten Werkzeugmaschinen, von denen bei steigender Leistung der einzelnen Einheit naturgemäß nur wenige benötigt werden.

Es ist daher nicht gut möglich, alle Drehbankkonstruktionen darstellerisch zu erfassen. Dies erscheint auch nicht notwendig, da viele Konstruktionsmerkmale überall gleich oder ähnlich sind.

In der vorliegenden Arbeit soll daher, abgesehen von einigen Ausnahmen, der Drehbankbau der BRD behandelt werden. Eine derartige Einschränkung erscheint zulässig, wenn man sich vor Augen führt, daß die westdeutsche Werkzeugmaschinenindustrie nach einer englischen Darstellung der Zahl der Firmen nach an 1. Stelle, der Zahl der Beschäftigten und der Produktion nach hinter den USA an 2. Stelle steht.

Um das Buch nicht zu umfangreich werden zu lassen, ist es weiter zweckmäßig, den Stoff in zeitlicher Hinsicht einzugrenzen. Wenn auch ein kurzer Abschnitt über die geschichtliche Entwicklung die weiteren Kapitel einleitet, so wird diese Schrift hauptsächlich die gegenwärtig gültigen Auffassungen und die zur Zeit von der Industrie hergestellten Baumuster darstellen. Selbstverständlich soll mit der Auswahl der abgebildeten oder beschriebenen Konstruktionen kein Werturteil abgegeben werden. Die Bilder sind lediglich als Beispiele für bestimmte Bauformen oder Einzelheiten gedacht.

Die Arbeit gliedert sich in 2 Hauptteile. In dem ersten Teil (Hauptabschnitt 1 und 2) sind die allgemeinen Grundlagen und solche Dinge besprochen, die bei jeder Drehbank mehr oder weniger gleich sind. Die für den Drehbankbau erforderlichen Grundlagen lassen sich bei der Fülle des Stoffes (man denke z. B. an die umfangreiche Literatur über die Zerspanungsforschung) nur in ihren wesentlichen Punkten aufzeigen. Auf die einzelnen Elemente, wie beispielsweise stufenlose Getriebe, kann aus dem gleichen Grunde nur hingewiesen werden. Der Hauptabschnitt 3 befaßt sich dann mit den verschiedenen Spielarten der Drehbank. Hier sind jeweils die Besonderheiten der einzelnen Konstruktionen erklärt. Im Interesse einer systematischen Darstellung lassen sich Wiederholungen an einzelnen Stellen nicht ganz vermeiden. Die mechanisch gesteuerten Drehautomaten wurden nicht behandelt, da hierüber eine neuere Darstellung bereits vorliegt.

1. Grundlagen

1.1 Begriff der Drehmaschine

Es wäre zunächst die Frage zu untersuchen, was eigentlich unter dem Begriff „Drehbank" bzw. nach neuerer Begriffsbildung „Drehmaschine" verstanden werden soll. Die Wirkungsweise und das Kennzeichen einer spanabhebenden Werkzeugmaschine besteht darin, daß eine Relativbewegung zwischen Werkzeug und Werkstück erzeugt wird mit dem Ziel, eine Fläche herzustellen. Diese Relativbewegung setzt sich zusammen aus der die Zerspanung bewirkenden *Schnittbewegung* und dem die gewünschte Fläche bildenden *Vorschub*. Schnittbewegung und Vorschub können dem Werkstück oder dem Werkzeug zugeordnet sein, wobei jedes eine dieser Bewegungen oder auch beide hat. Aus diesen Zuordnungen läßt sich ein System aufbauen, in dem alle vorhandenen und möglichen Werkzeugmaschinen enthalten sind. Hieraus interessieren für den vorliegenden Fall diejenigen Maschinen, auf die der Begriff „Drehmaschine" anwendbar ist. Betrachtet man die praktisch vorkommenden Bauformen, die den Namen „Drehbank" tragen, so lassen sich 3 Eigenschaften feststellen, die sie alle gemeinsam haben:

1. Die Schnittbewegung ist kreisförmig.
2. Das Werkzeug ist in der Regel dauernd im Schnitt.
3. Die Erzeugung eines Zylinders ist möglich.

---

[1] Bundesrepublik Deutschland.

1.1 Begriff der Drehmaschine

Man kann daher definieren:

„Eine Drehbank bzw. Drehmaschine ist eine spanabhebende Werkzeugmaschine mit kreisender Schnittbewegung und (in der Regel) dauernd im Schnitt befindlicher Werkzeugschneide, die u. a. einen zylindrischen Körper erzeugen kann."

Die letzte Bedingung grenzt die Drehmaschinen von den Bohrmaschinen ab, auf die die ersten beiden Forderungen ebenfalls zutreffen.

Es wären also diejenigen Typen herauszusuchen, bei denen eine kreisende Schnittbewegung mit einer längsverschiebenden Vorschubbewegung zusammenarbeitet. (In Hinblick auf die Nachformdrehmaschinen ist die Vorschubbewegung nicht immer geradlinig, sondern bildet oft eine beliebige einem Endpunkt zustrebende Kurve.) Das Werkstück ist mit der Arbeitsspindel, das Werkzeug mit dem Bett, dem Bettschlitten oder dem Reitstock unmittelbar oder mittels Vorrichtung verbunden. Es kann aber auch umgekehrt das Werkzeug an der Arbeitsspindel, das Werkstück auf dem Bett, Bettschlitten oder Reitstock sitzen.

Die Schnittbewegung ist dem Werkstück oder Werkzeug, desgleichen der Vorschub dem Werkzeug oder dem Werkstück zugeteilt. Aus all diesen Möglichkeiten läßt sich eine systematische Übersicht der Drehbankbauarten aufbauen (Abb. 3). In Abb. 3 bedeutet „auf dem Bett"

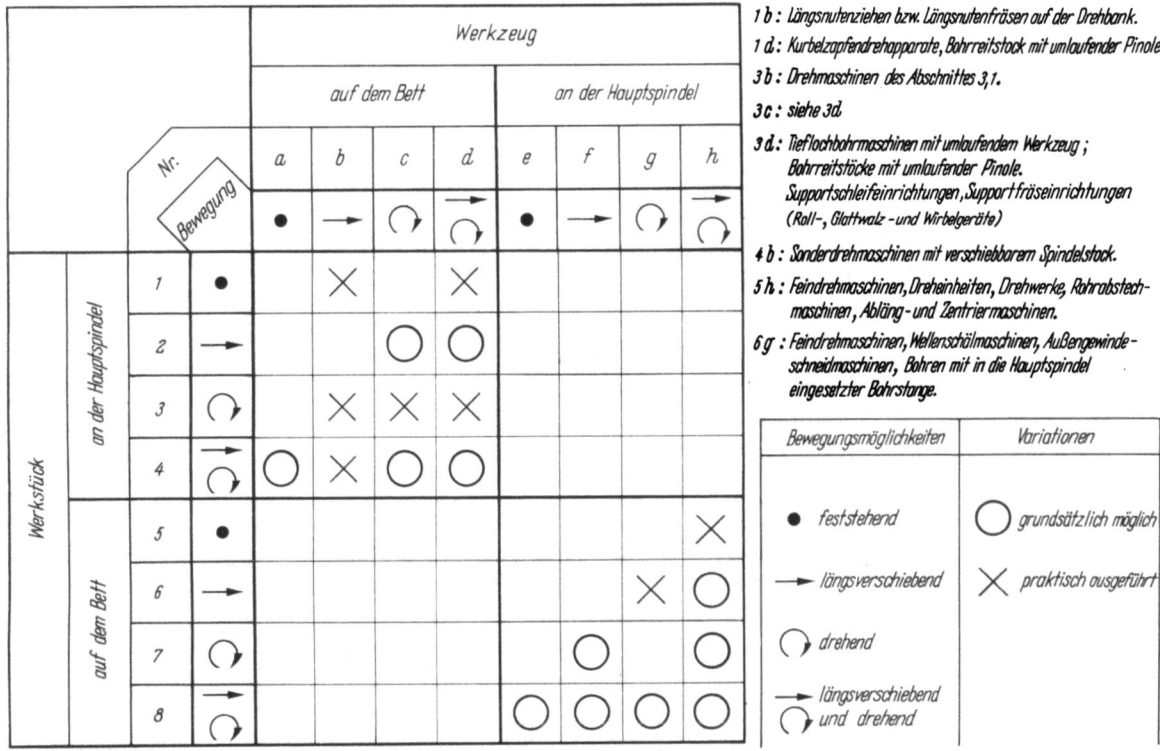

Abb. 3. Systematik der Drehmaschinen entwickelt aus der Zuordnung von Schnitt- und Vorschubbewegung zum Werkstück und Werkzeug

sinngemäß auch auf dem Bettschlitten, Support, am Reitstock usw. Wie man sieht, entstehen 20 Variationen, die grundsätzlich brauchbar wären. In der Praxis ausgeführt sind jedoch nur 8, wobei der Definition entsprechend 5h und 6g auch auf das Bohrwerk passen. Der Unterschied gegenüber dem Bohrwerk ist systematisch nicht abzugrenzen. Er besteht eigentlich nur darin, daß das Bohrwerk neben seinen anderen zusätzlichen Eigenschaften eine Höhen- und evtl. Seitenverstellung der Arbeitsspindel besitzt, während die Arbeitsspindel der Drehbank feststeht. Nur in Ausnahmefällen läßt sie sich in ihrer Achsrichtung verschieben oder um die Senkrechte schwenken.

Diese Einteilung der Drehbänke ist rein systematisch, zunächst ohne Zusammenhang mit den praktischen Erfordernissen. Sie ist ein logisches Schema, um die zahlreichen verschiedenen Bauarten nach einheitlichen allgemeingültigen Gesichtspunkten zu ordnen. Die praktische Entwicklung ist nicht so vorgegangen. Die einzelnen Typen entstanden vielmehr nach den anfallenden Bearbeitungsaufgaben. Hier sind Einflußgrößen zu erkennen, die teils nebeneinander herlaufen, teils miteinander verbunden sind, nämlich:

1. Größe des Werkstückes,
2. Genauigkeit und Oberflächengüte,
3. Zerspanungsleistung,
4. Gestalt des Werkstückes,
5. Stückzahl.

Die Größe des Werkstückes hat die Sonderformen der ganz kleinen und ganz großen Maschinen hervorgebracht, die sich zwar grundsätzlich nicht von den mittleren Modellen unterscheiden, wegen ihrer Größe aber doch Merkmale aufweisen, die mittlere Maschinen nicht besitzen. Aber auch die Karusseldrehbänke sind vielfach wegen der großen Werkstückabmessungen entwickelt worden. Forderungen nach besonders hoher Fertigungsgenauigkeit und Oberflächengüte ließen wiederum die Sondergruppe der Fein- und Feinstdrehbänke entstehen. Die abzuhebenden Spanquerschnitte, die sich in Größenordnungen von 10^{-2} bis 10^2 mm² bewegen und die Schnittdrücke, die ebenfalls von kleinsten Werten bis hinauf zu 10^4 kp reichen, haben ebenfalls die Entwicklung beeinflußt. Daraus ergab sich z. B. die Trennung in Schlicht- und Schruppdrehbänke.

Der Einfluß der Gestalt erzeugte Sonderbauarten, wie z. B.

Radsatzdrehbänke, Kurbelwellendrehbänke,
Nockenwellendrehbänke, Plandrehbänke,
Hinterdrehbänke, Karusseldrehbänke,
Blockdrehbänke, Drehwerke u. a. m.

Der Einfluß der Stückzahl führt zu der Entwicklung von

Universaldrehbänken (Stückzahl = 1),
Vielschnittdrehbänken,
Produktionsdrehbänken ohne Werkzeugrevolver,
Revolverdrehbänken und
Drehautomaten.

Wie man sieht, sind die Begriffe bei dieser Ordnung nicht streng voneinander geschieden. Es gibt Übergänge. Besonders schwierig gestalten sich die Dinge durch Entwicklung des Nachform- (Kopier-) Drehens. In vielen Fällen läßt sich mit einer Universaldrehbank und Kopiereinrichtung der gleiche Effekt erzielen wie früher mit einer für größere Stückzahlen entworfenen Sonderdrehbank. Die Entwicklung von Kopierautomaten hat dazu geführt, klassische Maschinen der Mengenfertigung (wie etwa die Vielschnittdrehbank) in ihrer Bedeutung zurückzudrängen. Andererseits werden die bisherigen Bauformen durch den Anbau von Kopiereinrichtungen leistungsfähiger. Auch den für bestimmte Formen von Werkstücken geschaffenen Sonderbauarten entsteht mit dem Nachformdrehen eine Konkurrenz, wie z. B. der Nockenwellendrehbank durch das Unrundkopieren. Das Nachformdrehen ließ eine ganze Anzahl neuer Spielarten entstehen. Hierzu treten in neuester Zeit die verschiedenen Einrichtungen zur Programm- und numerischen Steuerung.

1.2 Auswahl der zweckmäßigen Bauart

Welche Bauart der Verbraucher im Einzelfall auswählt, wird von seinen speziellen Wünschen abhängen.

Diese Wünsche sind häufig recht unklar in dem Begriff der größtmöglichen Wirtschaftlichkeit zusammengefaßt; d. h., die auf der Drehbank zu erzeugenden Teile sollen mit einem möglichst kleinen finanziellen Aufwand hergestellt werden.

1.2 Auswahl der zweckmäßigen Bauart

Betrachtet man zunächst nur die Fertigungszeiten, ist die beste Wirtschaftlichkeit dann erreicht, wenn Haupt-, Neben- und Rüstzeit ein Minimum erreichen.

Die Hauptzeit ist am kleinsten, wenn die bei gegebenem Werkstück und Werkzeug günstigste Schnittgeschwindigkeit unveränderlich bleibt (das ist also die Forderung nach der selbsttätigen, stufenlosen Drehzahlregelung), und wenn der Vorschub entweder auf den jeweils größten Spanquerschnitt (Schruppen), oder auf konstanten Vorschub längs der Umrißlinie des Werkstückes (Schlichten) automatisch regelbar ist.

Die Nebenzeiten verringern sich in dem Maße, wie der Arbeitsprozeß automatisiert wird. Hierzu gehören selbsttätiges Zuführen und Entfernen der Werkstücke, Spannen und Entspannen, Messen, Anstellen und Auswechseln der Werkzeuge, Schalten von Schnittgeschwindigkeiten und Vorschüben, wenn diese nicht schon selbsttätig geregelt werden, Abführen der Späne.[1]

Schließlich sollen auch die Rüstzeiten (Einrichtezeiten) klein bleiben. Nun scheint es ein Gesetz des Werkzeugmaschinenbaues zu sein, daß die Einrichtezeiten in dem Maße wachsen, wie sich die Nebenzeiten verringern, es sei denn, die Einrichtegriffe werden auf einem Magnettonband, einem Lochband oder einer Lochkarte aufgespeichert (d. h. die Rüstzeiten würden sich dann auf mehrere gleiche sich wiederholende Arbeiten verteilen und im übrigen von der Maschine weg in das Arbeitsvorbereitungsbüro verlagert).

Die Entwicklung im Drehmaschinenbau ist heute so weit fortgeschritten, daß man diesen Idealen der Fertigung ziemlich nahekommt. Wenn solche Forderungen nicht überall verwirklicht werden, so liegt das hauptsächlich an den Kosten.

Die Maschinen sind im allgemeinen in der Anschaffung und Wartung um so teurer, je kürzer die Fertigungszeiten werden (weil sie komplizierter sein müssen und entsprechend mehr für Wartung und Pflege aufzuwenden ist, und weil zu ihrer Ausnutzung eine hochqualifizierte und teure Vorbereitung der Arbeit gehört).

Die Auswahl der richtigen Drehbank ist nicht allein von den vorstehenden, mit der Maschine zusammenhängenden Gesichtspunkten abhängig. Zur Fertigung gehört nicht nur die *Werkzeugmaschine*, sondern auch das *Werkzeug*. Wirtschaftlichkeitsbetrachtungen am Werkzeug folgen anderen Gesetzmäßigkeiten. Wenn beispielsweise von der Maschine aus gesehen eine hohe Schnittgeschwindigkeit und ein großer Vorschub zu kurzen Drehzeiten und damit zu niedrigen Maschinenkosten führen, so kann das Standzeitverhalten des Drehmeißels hohe Werkzeugkosten (Nachschleifen, Meißelersatz und daraus bedingte Stillstandzeiten der Drehbank) wegen zu hoher Schnittgeschwindigkeit und zu großem Vorschub bedingen. Dadurch werden die Gesamtkosten höher als bei größeren Maschinenzeiten, denen geringere Werkzeugkosten entsprechen. In diesem Buch, das sich mit der Maschine beschäftigt, werden nur die verschiedenen Maßnahmen aufgezeigt, die zu einer Verkürzung der Haupt- und Nebenzeiten führen. Ob eine Verkürzung dieser Zeiten immer richtig und wirtschaftlich ist, muß stets in Verbindung mit dem Werkzeug betrachtet werden.

Der Begriff „Wirtschaftlichkeit" wäre aber noch weiter zu ziehen. Eine Drehbank ist nicht dann wirtschaftlich, wenn ein Werkstück in kurzer Zeit bei geringen Lohnkosten hergestellt wird, sondern wenn mit ihr auch niedrige Fertigungsgemeinkosten verbunden sind. Voraussetzungen für niedrige Gemeinkosten sind u. a.

ein billiger Anschaffungspreis in Verbindung mit langer Lebensdauer (Kapitaldienst),
geringer Platzbedarf für die Maschine und den Bedienungsmann,
niedrige Wartungskosten,
gegebenenfalls die Möglichkeit der Mehrmaschinenbedienung,
einfache, leicht übersehbare Konstruktion, damit bei Störungen keine teuren Spezialisten erforderlich sind.
geringer Aufwand für Spänebeseitigung, Reinigung und Pflege,

---

[1] Ein geschickter Arbeiter arbeitet zwar oft schneller als die Automatik. Als Mittelwert aus einer längeren Fertigungszeit und Arbeitern verschiedener Leistungsgrade dürfte die genannte Regel jedoch zutreffen.

Vorkehrungen zur Verhinderung von Fehlschaltungen, wie überhaupt geringe Störanfälligkeit. Hierzu gehören auch Maßnahmen zur Bekämpfung des Verschleißes durch zweckmäßige Gestaltung des weitgehend selbsttätigen Schmiersystems oder Schutz der Führungen und Lager gegen Verschmutzung und Beschädigung. Daß auch die nicht unmittelbar zur Maschine gehörenden Einrichtungen, in erster Linie die elektrische Ausrüstung, diesen allgemeinen Forderungen genügen sollten, insbesondere auch Maschinenlebensdauer haben, sei am Rande vermerkt.

Die Forderungen an die Drehbank sind somit recht vielfältig. Sie seien nachstehend kurz zusammengefaßt:

1. Kurze Dreh- (Haupt-) Zeiten,
2. geringe Stillstand- (Neben-) Zeiten,
3. Einfachheit in der Bedienung,
4. niedriger Anschaffungspreis,
5. Anspruchslosigkeit in der Wartung,
6. große Lebensdauer aller Teile bei gleichbleibender Genauigkeit.

Ein Fertigungsverfahren mit sehr geringen Fertigungszeiten muß nicht gleichzeitig auch das billigste sein. Die Vorteile der stufenlosen Drehzahlregelung können im Einzelfall durch die hohen Anschaffungskosten, die Vorteile einer Programmsteuerung evtl. durch störungsbedingte Verlustzeiten aufgehoben werden. Letzten Endes stehen sich im Drehbankbau, wie im Werkzeugmaschinenbau allgemein, 2 Forderungen gegenüber, deren Erfüllung nur mit Kompromißlösungen möglich ist. Vom Werkstück her wünscht man geringste Fertigungszeiten oder vollautomatischen Ablauf, so daß ein Bedienungsmann nicht erforderlich ist. Das läßt sich nur mit hochgradig automatisierten und damit teuren Maschinen erreichen. Von der Maschine her wünscht man sich einfache, wenig störanfällige Konstruktionen mit langer Lebensdauer und geringem Anschaffungspreis, zu deren Bedienung, Erhaltung und Pflege Kräfte mit durchschnittlichen Kenntnissen genügen. Jede ausgeführte Drehbank ist ein Kompromiß zwischen diesen beiden Wünschen.

Größe und Gestalt der Werkstücke,
Umfang der anfallenden Serien,
Toleranzen,
Oberflächengüten,
der Wunsch nach Einzweckmassenfertigung oder leichter Umstellung auf andere Werkstücke,
Art der Werkstatt, z. B. ihr Vermögen, Reparaturen an komplizierten hydraulischen oder elektrischen Einrichtungen durchführen zu können,
Vorhandensein von Facharbeitern oder angelernten Kräften und schließlich
das für die Maschine zur Verfügung stehende Kapital,

werden entscheidend dafür sein, welche Bauart gewählt wird.

Neben diesen Bedingungen, die sich im Grunde genommen nur bei der Fertigung ganz bestimmter Werkstücke oder doch ähnlicher Teile gleichzeitig erfüllen lassen, steht der Wunsch nach mehr oder minder großer Universalität in der Verwendung der Drehbank.

Nun werden Universalmaschinen in dem Maße durch Sonderbauarten, Einzweckmaschinen und Bearbeitungseinheiten ersetzt, wie die Serien wachsen. Aber selbst bei der Massenfertigung möchte man Maschinen verwenden, die zwar in etwa nur für die Fertigung bestimmter Teile oder Teilegattungen (z. B. Wellen) geeignet sind, aber doch eine leichte Umstellbarkeit erlauben. Andere Betriebe verlangen eine möglichst große Universalität, teils, weil sie zu klein sind, um die Arbeit auf mehrere, dem Zweck besser angepaßte Maschinen verteilen zu können, teils, weil einfach keine bzw. keine großen Serien anfallen, zuweilen auch, weil das Umspannen von einer Spezialmaschine zur anderen teurer wird als die Verwendung einer universellen Drehbank.

Jedenfalls haben die hier skizzierten Forderungen und Überlegungen eine Fülle von Bauarten entstehen lassen.

1.3 Geschichtlicher Überblick

Aus der überragenden Bedeutung des Drehens in der Fertigungstechnik unserer Zeit könnte man den Schluß ziehen, daß die Dreherei auch das älteste Handwerk gewesen ist, oder zusammen mit anderen Fertigkeiten zu den ältesten Handwerken gehörte. Dies scheint jedoch nicht der Fall zu sein. Während sich Bohrmaschinen mit Fiedelbogenantrieb bis zum Ende des 5. Jahrtausend vor Christi Geburt nachweisen lassen (Abb. 4), liegt ein Zeugnis über die Drehbank erst aus dem 3. vorchristlichen Jahrhundert vor (Abb. 5). Eine Erklärung hierfür ist vielleicht darin zu sehen, daß sich runde Körper leicht von der Hand schnitzen lassen, während eine Bohrung, insbesondere in einen harten Werkstoff, nur eingebracht werden kann, wenn das Werkzeug dem Durchmesser entsprechend schnell läuft. Hohe Drehzahlen sind von Hand nicht oder nur sehr schwer zu erzeugen. Man mußte hierfür eine maschinelle Vorrichtung suchen, die in Gestalt des Fiedelbogentriebes gefunden wurde.

Abb. 4. Bohrvorrichtung (Rekonstruktion) um 4000 v. Chr. mit Bohrproben. Sogenannter Fiedelbogenantrieb (Museum für Völkerkunde Berlin) [1]

Wenn auch die älteste bekannte Darstellung aus dem 3. Jahrhundert vor Christi Geburt stammt, so scheint die Kunst des Drehens aber doch wohl älter zu sein. Aus in etruskischen Grabkammern gefundenen gedrehten Gefäßen darf man schließen, daß die Drehbank schon rund 1000 Jahre vor Christi Geburt bekannt war.

Die Drehbänke des Altertums und Mittelalters wurden im allgemeinen durch einen hin- und hergehenden, um die Arbeitsspindel geschlungenen Schnurzug angetrieben. Die hin- und hergehende Bewegung der Antriebsschnur erzeugte man dabei auf verschiedene Weise. War der Dreher allein, bediente er sich des bereits erwähnten Fiedelbogens, wobei nur eine Hand für die Führung des Werkzeuges zur Verfügung stand (Abb. 6).

Um beide Hände für die Arbeit frei zu haben, befestigte man die Enden der Schnur an Tretbrettern, die, an einem Ende

Abb. 5. Älteste bekannte Darstellung einer Drehbank. 3. Jh. v. Chr. Grab des Petosiris Ägypten. Ein Mann erzeugt die hin- und hergehende Drehbewegung. Der andere führt das Werkzeug (Foto: Staatl. Museum Berlin) [2]

gelagert, abwechselnd niedergetreten wurden (Abb. 7). Schließlich konnte ein Ende der Schnur auch mit einer Feder, entweder in Gestalt einer einseitig eingespannten Holzplatte oder in Form eines Bogens verbunden werden, während das andere wiederum an einem Trittbrett befestigt war (Abb. 8). Stand ein Gehilfe zur Verfügung, zog dieser abwechselnd unmittelbar an der Antriebsschnur (Abb. 9), oder drehte das im Mittelalter aufkommende Schwungrad

Abb. 6. Persischer Drechsler. Das Werkstück ist in einem Kasten gelagert, dessen Längskante als Werkzeugauflage dient. Fiedelbogenantrieb [3]

(Abb. 10). Später verwendete man dann als Antriebsmittel die Wasser- und schließlich die Dampfkraft.

Drehbänke dieser Art finden wir bei allen Kulturvölkern des Altertums und Mittelalters. Bei manchen waren sie bis gegen Ende des vorigen Jahrhunderts im Gebrauch. Vielleicht sind sie in einigen Gebieten noch heute anzutreffen.

Die vorherrschende Antriebsart war der Schnurzug mit wippender Latte (Wippendrehbank). Man nimmt an, daß das englische Wort für Drehbank „Lathe" mit dem Wort „Latte" zusammenhängt. Diesen Antrieb kannte man seit dem 13. Jahrhundert.

Im Mittelalter war das Drehen vorwiegend ein Kunsthandwerk für die Herstellung von Gefäßen, Möbelteilen, Schmuckgegenständen u. ä., mit dem sich auch Kaiser und Könige beschäftigten. Drehteile von hoher Kompliziertheit und großer Schönheit wurden in jenen Jahrhunderten geschaffen (Abb. 11).

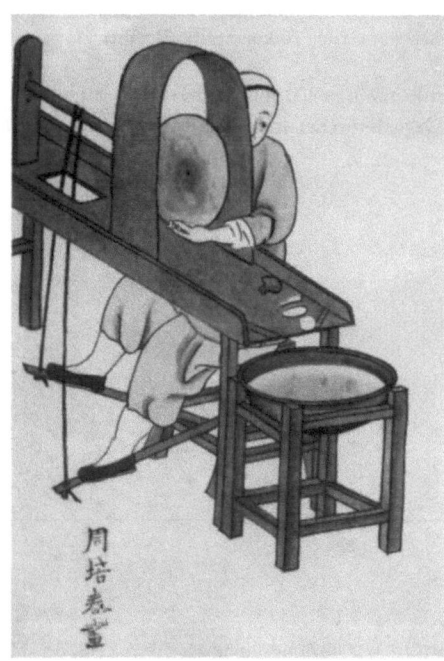

Abb. 7. Chinesischer Schleifer, 20. Jh. Die Darstellung zeigt zwar einen Schleifer. Der Dreher arbeitet in gleicher Weise. Die Hände bleiben frei für die Werkzeugführung, da die hin- und hergehende Werkstückdrehbewegung mit den Füßen erzeugt wird [3]

Abb. 8. Wippendrehbank um 1395. (Aus dem Hausbuch der Mendelschen Stiftung Nürnberg) (Historia Foto) [2]

Die technischen Anwendungen, wie z. B. Ausbohren von Wasserrohren oder Geschützen, traten demgegenüber zurück. Im Altertum verwendete man als Werkstoff vorwiegend Holz, aber auch Bronze und Eisen, im Mittelalter kamen Elfenbein, Horn, Alabaster und Zinn hinzu.

Die Entwicklung der Drehbank zur Werkzeugmaschine im heutigen Sinne für die Herstellung von Maschinenteilen, setzte zusammen mit der Entwicklung anderer Werkzeugmaschinen, erst

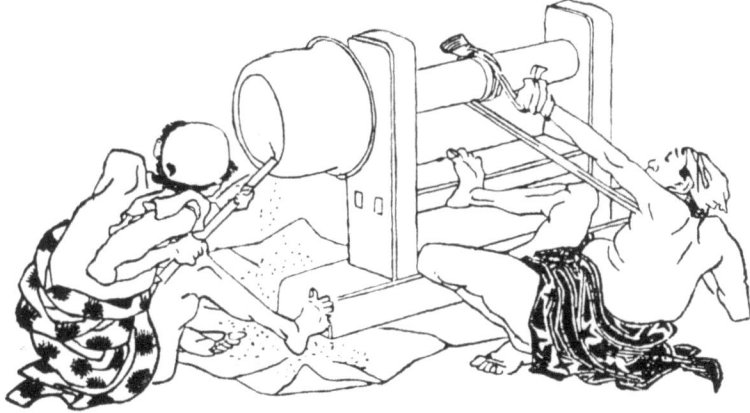

Abb. 9
Japanischer Drechsler. Antrieb der Arbeitsspindel mit hin- und hergehendem Seilzug durch einen Gehilfen (Holzschnitt von HOKUSAI 1760—1849) [2]

ein mit der Erfindung der Kraft- und Arbeitsmaschinen im 18. Jahrhundert (Erfindung der Dampfmaschine 1711, der Spinnmaschine 1769). Sie wurde erzwungen durch die Forderungen,

Abb. 10. Drehbank eines Zinngießers mit Radantrieb um 1411 (Aus dem Hausbuch der Mendelschen Stiftung, Nürnberg) (Historia Foto) [2]

Abb. 11. Drechslerkunststück mit 50 frei gedrehten Ringen. Vermutlich ein Zunftzeichen der Drechslerzunft. 17.—18. Jh. (Zeichnung SCHNEIDER) [2]

die die aufkommende Maschinentechnik an die Genauigkeit der herzustellenden Maschinenelemente stellte. 1760 war z. B. eine Toleranz von 10 mm bei 750 mm ⌀ ein gutes Ergebnis. 10 Jahre lang verzögerte sich die Weiterentwicklung der Dampfmaschine durch WATT, weil keine geeigneten Metallbearbeitungsmaschinen zur Verfügung standen.

Im 18. und etwa bis zur Mitte des 19. Jahrhunderts wurden alle wichtigen Bauelemente der Drehbank und ihre wesentlichen Grundformen entwickelt (Abb. 12). Einige Einrichtungen der neuzeitlichen Drehbank waren zwar schon früher bekannt, wie z. B. das von LEONARDO DA VINCI angegebene Prinzip der Leitspindeldrehbank mit Wechselrädern oder das Ovaldrehen nach Schablonen um 1560.

Von den Männern, deren Namen mit der Entwicklung der Drehbank besonders verknüpft sind, sei erwähnt HENRY MAUDSLAY (1771 bis 1831), der als Schöpfer der eisernen Drehbank und Erfinder des Supportes gilt (Abb. 12). (Bis dahin waren die Drehbänke aus Holz gebaut, das Drehmesser wurde vom Dreher mit der Hand gehalten und geführt.) Die erste mit Leitspindel und Wechselrädern versehene Drehbank zur Herstellung von Schrauben stammt von ihm.

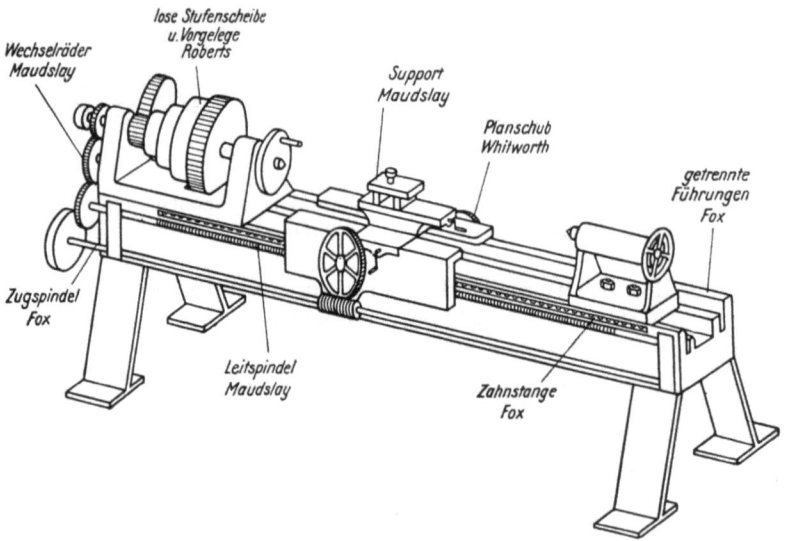

Abb. 12. Die Drehbank um 1839. Die wesentlichen Bestandteile sind bereits erfunden. Die Erfinder sind in der Zeichnung bei den von ihnen entwickelten Bauteilen vermerkt [3]

Früher feilte man die Gewinde freihändig. Jede Schraube war daher anders, ein Austausch gegeneinander nicht möglich. Erinnert sei auch an NASMYTH (Abb. 13), der die Notwendigkeit guter Werkzeichnungen erkannte, und BODMER, der neben vielen Einzelerfindungen sich um eine moderne Werkstattorganisation bemühte. Sie lebten beide im 19. Jahrhundert. WHITWORTH (1803 bis 1887) förderte die Genauigkeit der Herstellung von Werkzeugmaschinen und die Qualität der Werkstattausführung. Von ihm stammt die Normung der Gewinde. Er führte auch die Meßlehren in die Fertigung ein.

Bis zur Mitte des vorigen Jahrhunderts hatte sich der Werkzeugmaschinenbau vorwiegend in England entwickelt. In der zweiten Hälfte des 19. Jahrhunderts verlagert sich das Schwergewicht allmählich nach den Vereinigten Staaten von Nordamerika. Der amerikanische Werkzeugmaschinenbau wurde durch den Bürgerkrieg (1861 bis 1865) stark vorangetrieben. Einer der führenden Männer in den USA dieser Zeit war SELLERS (1824 bis 1905). Von ihm stammt u. a. die graue Maschinenfarbe und ebenfalls eine Gewindenormung. Eine Drehbank von 500000 Pfund Gewicht für die Herstellung von Schiffsgeschützen entstand in seiner Werkstatt. Er unterstützte TAYLOR bei seinen berühmt gewordenen Versuchen und Forschungen über die Zerspanungsvorgänge. Diese 1880 begonnenen Arbeiten dauerten 26 Jahre und kosteten insgesamt 200000 $.

In den letzten Jahrzehnten des 19. Jahrhunderts trat die deutsche Werkzeugmaschinenindustrie in den Vordergrund und wurde um die Jahrhundertwende zu einem geachteten Wettbewerber. Einen starken Ansporn für die Entwicklung der amerikanischen, später der deutschen und der Werkzeugmaschinenindustrie anderer Länder bildete das in England 1785 erlassene Ausfuhrverbot für Maschinen, Werkzeuge und Zeichnungen und das Auswanderungsverbot für Mechaniker.

1.3 Geschichtlicher Überblick

Die Drehbank als Produktionsmaschine für die Fertigung von Maschinenteilen in ihrer vielfältigen Erscheinungsform ist hauptsächlich im 18. und 19. Jahrhundert entstanden. Unser 20. Jahrhundert ist dagegen gekennzeichnet durch die Verfeinerung und Verbesserung der im Prinzip vorhandenen Konstruktionen. Ihren Antrieb nahm diese Entwicklung aus dem Zwang, schneller, billiger und genauer arbeiten zu müssen. Das führte etwa zu der Erfindung von Schneidmeißelwerkstoffen, die höhere Schnittgeschwindigkeiten und Schnittkräfte zuließen, als die bis dahin benutzten Kohlenstoffstähle. So traten 1900 bis 1910 die schmiedbaren Schnellstähle mit Chrom- und Wolframzusatz auf. Dann kamen die amerikanischen Stellite, die aus Wolfram, Chrom, Molybdän, Kobalt und Kohlenstoff gegossen wurden (1907).

Abb. 13. Darstellung des Fortschritts beim Drehen durch NASMITH. Die Zeichnung soll die Arbeitserleichterung bei Verwendung des von MAUDSLAY erfundenen Supports gegenüber dem bis dahin üblichen Drehen ohne Support veranschaulichen [3]

In den zwanziger Jahren erschienen schließlich in größerem Umfang die Hartmetalle als Wolframkarbide (in Deutschland zuerst 1914). Im Gegensatz zu den Schnellstählen wurden hierbei zwar die zulässigen Zerspanungskräfte nicht größer, wohl aber die Schnittgeschwindigkeiten. Die Einführung neuer Schneidstoffe zog den Bau von Maschinen nach sich, die den Werkzeugen leistungsmäßig entsprachen. Sie mußten statisch kräftiger und schwingungssteifer werden und mit höheren Drehzahlen ausgerüstet sein. Auch jetzt, im 6. und 7. Jahrzehnt dieses Jahrhunderts, wird die Erfindung der keramischen Schneidstoffe wiederum den Bau von Drehmaschinen auslösen, die den Eigenschaften dieser Schneiden entsprechen, d. h. man wird noch höhere Drehzahlen, eine sehr schwingungsarme Bauart bei Rücksichtnahme auf den Späneabfluß sowie Einrichtungen zum Schutz des Drehers in Hinblick auf die hohen Schnittgeschwindigkeiten und den Späneanfall entwickeln müssen.

Wenn auch die Werkzeuge einen entscheidenden Einfluß auf den Drehbankbau ausgeübt haben und ausüben, so ist die Geschichte der Drehbank ebenfalls stark verbunden mit dem Werdegang anderer Industrien, sei es, daß die Kunden besondere Forderungen an die Drehbankbauer stellten, sei es, daß man in anderen Industriezweigen erarbeitete Erkenntnisse verwendete. In diesem Zusammenhang ist die Eisenbahn als Großkunde für Werkzeugmaschinen zu erwähnen (Schienenlänge in Deutschland 1840 549 km, 1900 51 730 km), oder der Einfluß des Automobilbaues nach dem 1. Weltkrieg, von dem die Lamellenkupplung, die Mehrkeilwelle und das im Ölbad laufende, gehärtete und geschliffene Zahnrad übernommen wurde.

Wie stark die moderne Elektro-, Hydraulik- und Regeltechnik den Drehbankbau angeregt haben, zeigen die zunehmende Verwendung von elektrischen bzw. elektrohydraulischen Programmsteuerungen und die in jüngster Zeit aufkommenden numerisch gesteuerten Drehmaschinen.

1. Grundlagen

Eine große Einwirkung auf die Erhöhung der Fertigungsgenauigkeit hat der mit der Großserien- und Massenfertigung verbundene Austauschbau gehabt, der schon früh bei der Herstellung von Waffen gefordert wurde. Bereits um 1800 führte man in einer amerikanischen Waffenfabrik die Unterteilung in Arbeitsgänge ein.

Zusammenfassend darf festgestellt werden, daß die Drehbank bis Ende des 17. Jahrhunderts eine hauptsächlich dem Kunsthandwerk dienende Maschine war, die sich, obwohl schon einige hundert Jahre vor Christi Geburt bekannt, bis dahin nur unwesentlich verändert hatte. Im 18. und 19. Jahrhundert entstand dann die Drehbank in ihrer jetzigen Gestalt. Das 20. Jahrhundert beschäftigte sich vorwiegend mit Verbesserungen, um die Fertigungsgüte zu steigern und die Fertigungskosten zu senken. Natürlich lassen sich die Dinge zeitlich nicht genau abgrenzen, weil manche Entwicklungslinien nebeneinander herlaufen, früher gemachte Erfindungen vergessen und später wieder aufgegriffen wurden.

Um einen Anhaltspunkt zu geben, seien abschließend in einer Zeittafel einige Daten des 19. und 20. Jahrhunderts aufgeführt. Es ist sehr schwierig, solche Daten genau festzulegen. Zwischen dem Zeitpunkt einer Erfindung (etwa gegeben durch das Datum der Patentanmeldung), und der praktischen Anwendung liegen oft Jahrzehnte, weil vielleicht im Zeitpunkt der Erfindung noch kein praktisches Bedürfnis vorliegt, oder die technischen Voraussetzungen, z. B. Herstellungsgenauigkeit, noch nicht vorhanden sind. Ein Beispiel hierfür ist die heute überall verwendete hydraulische Kopiereinrichtung, die in der Praxis erst etwa 10 bis 15 Jahre lang bekannt ist, obgleich erste Patente schon Anfang dieses Jahrhunderts erteilt wurden.

Ein Grund für die erwähnte Schwierigkeit liegt darin, daß Erfahrungsaustausch und Ausbildung in früheren Zeiten nur durch persönlichen Kontakt möglich waren. Es gab keine Kataloge oder Fachzeitschriften. Die Werkzeugmaschinenindustrie konzentrierte sich daher auf bestimmte Plätze. Die Impulse kamen von einigen hervorragenden Ingenieurpersönlichkeiten. Eine Gemeinschaftsarbeit war noch nicht bekannt.

Gemeinschaftsarbeit, systematische Forschungstätigkeit und ein umfangreiches Fachschrifttum sind uns heute selbstverständlich. Sie sind allgemein erst etwa 50 Jahre alt, wenn natürlich auch hier die Anfänge weiter zurückreichen.

Zeittafel

Reibrollengetriebe 1837/WHITWORTH
Revolverkopf 1845
Vielstahleinrichtung und Mehrschlittenanordnung um 1850
Revolverdrehbank, hauptsächliche Entwicklung 1852 bis 1862
Kurbelzapfendrehbank mit umlaufenden Werkzeugen 1852
Radkranzdrehbank für die Eisenbahn 1856
Mehrspindeldrehbank 1861
Drehautomat 1873
direkter elektrischer Antrieb 1890
Nortongetriebe 1892
Schälmaschinen 1896
stufenlose Drehzahlsteuerung Mitte des 19. Jahrhunderts
hydraulische Vorschübe mit elektrisch gesteuerten Ventilen Ende des 19. Jahrhunderts
Einscheibenantrieb mit Stufenräderkasten am Beginn des 20. Jahrhunderts
(parallel dazu noch lange Zeit Riemenantrieb mit Stufenscheiben)
mechanische Drehzahlsteuergetriebe zu Beginn des 20. Jahrhunderts
1909 erste Spindellager als Wälzlager
1913 Spindelstockmotor
1918 bis 1920 Dreieckverrippung des Bettes (Peters-Verrippung)
um 1920 allgemeine Einführung von Wälzlagern
ab 1920 Flanschmotor
ab 1923 hydraulische Getriebe
1924 erstes PIV Patent
1927 Prüfvorschriften von SCHLESINGER
1930 Beginn der Untersuchung über dynamische Steife
1931 Bett mit Dreieckquerschnitt (Fließspandrehbank)
ab 1930 stufenlose elektrische Steuerung
1930 Vorwählschaltung und Kupplungsautomaten

um 1930 Vergleichsversuch zwischen geschweißten und gegossenen Betten
1938 eingesetzte Stahlschienen als Führungsbahnen
1939 flammengehärtete Führungsbahnen
1939 Vorschubgetriebe ohne Nortonschwinge
seit 1948 Ausbreitung des hydraulischen Nachformdrehens
seit 1955 Ausbreitung der oxydkeramischen Schneidstoffe
seit 1960 Verwendung von programm- und numerisch gesteuerten Maschinen

1.4 Mathematische Vorbemerkung

Die zur Beschreibung von Zerspanungsvorgängen sowie für den Bau oder Betrieb der Drehmaschinen benutzten mathematischen Gleichungen haben oft die allgemeine Form

$$y = uv; \quad y = \frac{u}{v} \quad \text{oder} \quad y = x^z \quad \text{u.ä.}$$

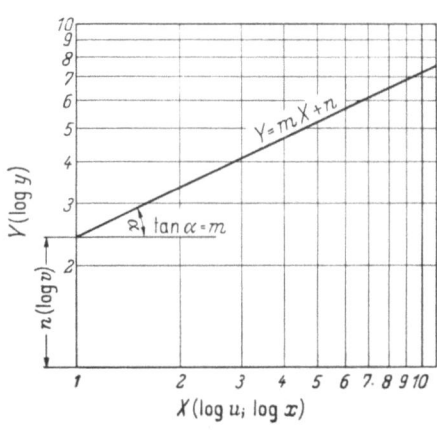

Abb. 14. Darstellung einer Geraden mit der allgemeinen Gleichung $Y = mX + n$ in einem doppelt-logarithmischen Koordinatensystem

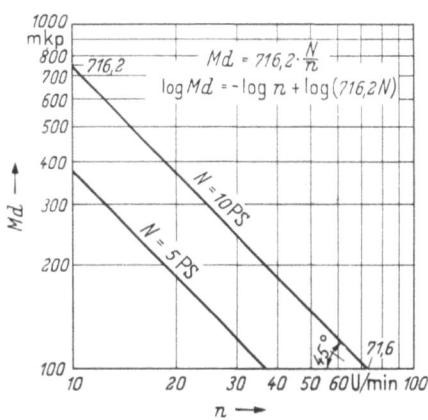

Abb. 15. Die Gleichung $M_d = 716{,}2 \cdot \dfrac{N}{n}$ im doppelt-logarithmischen Koordinatensystem

M_d Drehmoment [mkp]; N Leistung [PS]; n Drehzahl [U/min]
Beispiele für $N = 5$ PS und $N = 10$ PS

Derartige Gleichungen lassen sich zeichnerisch sehr einfach in einem logarithmischen Koordinatensystem darstellen. Logarithmiert man z. B. die Gleichung

$$y = uv, \quad \text{ergibt sich} \quad \log y = \log u + \log v.$$

Die Beziehung $y = x^z$ verwandelt sich entsprechend in

$$\log y = z \log x.$$

Das sind Gleichungen von Geraden der allgemeinen Form

$$Y = mX + n,$$

m ist der Richtungsfaktor der Geraden ($m = \operatorname{tg}\alpha$),
n der Abschnitt auf der Y-Achse für $X = 0$ (Abb. 14),

wobei $Y = \log y$; $m = 1$ bzw. z; $X = \log u$ bzw. $\log x$ und $n = \log v$ zu setzen wäre.

Die bekannte Formel

$$M_d = 716{,}20 \frac{N}{n}$$

nimmt logarithmiert die Form

$$\log M_d = \log 716{,}20\,N - \log n$$

an. Graphisch dargestellt ergibt das ein Diagramm gemäß Abb. 15.

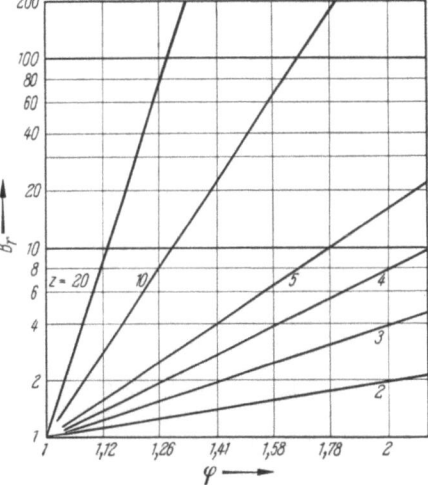

Abb. 16
Die Gleichung $B_r = \varphi^{z-1}$ im doppelt-logarithmischen Koordinatensystem
B_r Drehzahlbereich; φ Stufensprung
z Anzahl der Stufen

Die Formel des Drehzahlbereiches $B_r = \varphi^{z-1}$ stellt sich als $\log B_r = (z-1)\log\varphi$ im log-log-System als ein Büschel Strahlen dar mit dem Richtungsfaktor $z-1$ (Abb. 16).

Die Verwendung des einfachen oder doppelt-logarithmischen Systems gestattet es also, verwickelt erscheinende Zusammenhänge durch einfache Geraden zu beschreiben. Aus diesem Grunde wird dieses Verfahren gern angewendet.

Die Formeln in diesem Buch entsprechen den in der Formelzeichentabelle angegebenen Dimensionen. Umrechnungen sind daher nicht erforderlich, wenn die angeführten Dimensionen eingesetzt werden.

Es seien noch einige Bemerkungen angeknüpft über die Darstellung der bei der Zerspanung auftretenden Kräfte. Diese ist nicht einheitlich. Man findet in der Literatur die Kraftrichtung vom Werkstück auf das Werkzeug wirkend bzw. umgekehrt angegeben. In diesem Buch sind die Kräfte so gezeichnet, als ob sie vom Werkstück her auf das Werkzeug und die mit diesem verbundene Maschine einwirken.

1.5 Kraft und Drehmoment

Die Zerspanung entsteht dadurch, daß das Werkzeug mit einer bestimmten Geschwindigkeit (*Schnittgeschwindigkeit*) von dem Werkstück Werkstoffteilchen (Späne) abhebt. Man unterscheidet 3 Spanarten, den Fließspan, den Scherspan und den Reißspan. Die Einflußgrößen auf die Spanbildung sind recht mannigfaltig. Sie hängen ab von den chemischen und physikalischen Eigenschaften der zu zerspanenden Werkstoffe und des Schneidmeißels, von der Elastizität beider, von Schnittgeschwindigkeit, Schnittiefe, Vorschub und Schnittdruck, von den Schneidenwinkeln und der Kühlung an der Schneide. Über die Zerspanungsvorgänge gibt es zahlreiche Forschungsarbeiten, auf die im einzelnen aus Platzgründen nicht weiter eingegangen werden kann.

Der Zerspanung setzt der Werkstoff einen Widerstand entgegen, den *Schnittwiderstand*. Dieser übt auf die Drehbank eine Kraft aus, die als *Zerspanungskraft* P_z bezeichnet wird.

Wenn eine Drehbank entworfen wird, ist festzulegen, welche größte Zerspanungskraft die

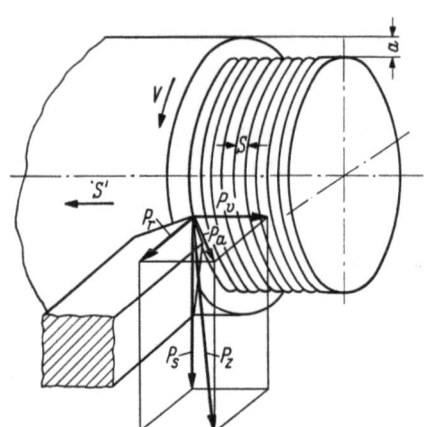
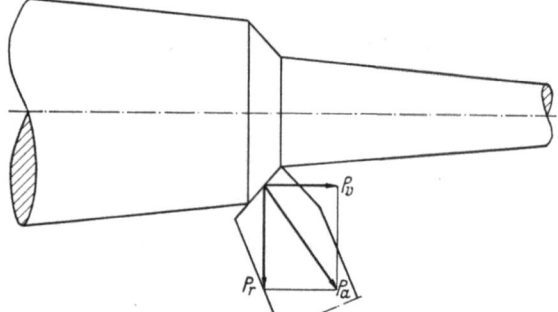

Abb. 17. Die Zerspanungskraft und ihre Teilkräfte

P_z Zerspanungskraft [kp]
P_s Hauptschnittkraft [kp]
P_a Abdrängkraft [kp]
P_r Rückkraft [kp]
P_v Vorschubkraft [kp]
v Schnittgeschwindigkeit [m/min]
s' Vorschubgeschwindigkeit [mm/min]
s Vorschub [mm/U]
a Schnittiefe [mm] [*15*]

Abb. 18. Zerlegung der Abdrängungskraft P_a in ihre Teilkräfte P_v und P_r parallel und senkrecht zur Drehachse in der Waagerechtebene

Maschine ertragen soll, da hiernach die Abmessungen der einzelnen Bauglieder festigkeitsmäßig zu bestimmen sind. Die genaue Kenntnis der Zerspanungskraft ist somit wichtig. Beim Drehen verläuft sie schräg durch den Schwerpunkt des vom Drehmeißel an der Wirkstelle abgehobenen Spanquerschnittes (Abb. 17).

P_z wird zunächst in 2 Teilkräfte zerlegt. Die eine Teilkraft liegt in Richtung der Schnittbewegung, also senkrecht tangential am Drehdurchmesser (Hauptschnittkraft P_s), die andere rechtwinklig dazu (Abdrängkraft P_a). Die Abdrängkraft P_a ist die Reaktion auf diejenige Kom-

1.5 Kraft und Drehmoment

ponente des Schnittwiderstandes, die das Werkzeug von der Wirkstelle abdrängen will. Diese Abdrängkraft läßt sich wiederum in 2 Teilkräfte zerlegen, wobei 3 Bezugssysteme möglich sind.

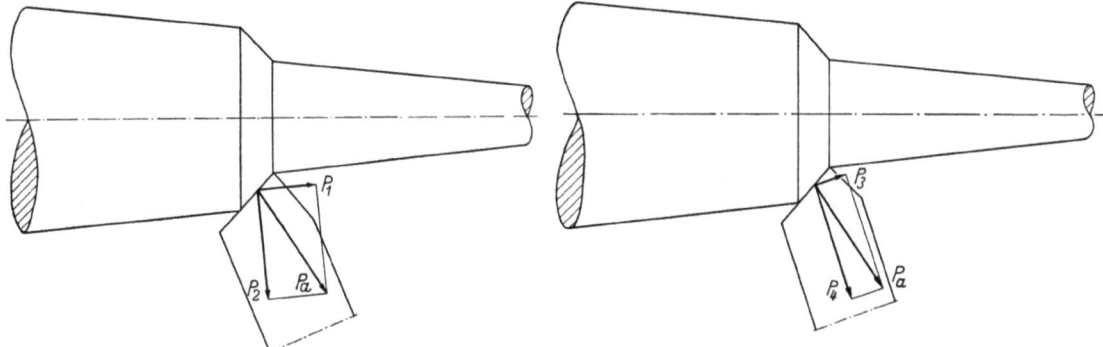

Abb. 19. Zerlegung der Abdrängkraft P_a in ihre Teilkräfte P_1 und P_2 parallel und senkrecht zur Schnittfläche in der Waagerechtebene

Abb. 20. Zerlegung der Abdrängkraft P_a in ihre Teilkräfte P_3 und P_4 parallel und senkrecht zur Richtung des Werkzeugschaftes in der Waagerechtebene

1. Bezugssystem Maschine (Abb. 18)
   Zerlegung in eine Kraft parallel zur *Drehachse* (Vorschubkraft P_v) und in eine Kraft senkrecht zur *Drehachse* (Rückkraft P_r).
   Beide Kräfte in der Waagerechtebene.
2. Bezugssystem Werkstückoberfläche (Abb. 19)
   Zerlegung in eine Teilkraft senkrecht zur gedrehten *Fläche* und eine solche parallel hierzu.
   Beide Kräfte in der Waagerechtebene.
3. Bezugssystem Werkzeugschaft (Abb. 20)
   Zerlegung in eine Teilkraft in Schaftrichtung sowie eine solche senkrecht dazu. Beide Kräfte in der Waagerechtebene [4].

Die Hauptschnittkraft P_s wird aufgefaßt als Produkt aus der für die Zerspanung einer Werkstofffläche von 1 mm² erforderlichen Kraft (spezifischer Schnittdruck k_s [kp/mm²]) und der Spanfläche q [mm²], so daß

$$P_s = q\, k_s \quad [\text{kp}]. \qquad (1)$$

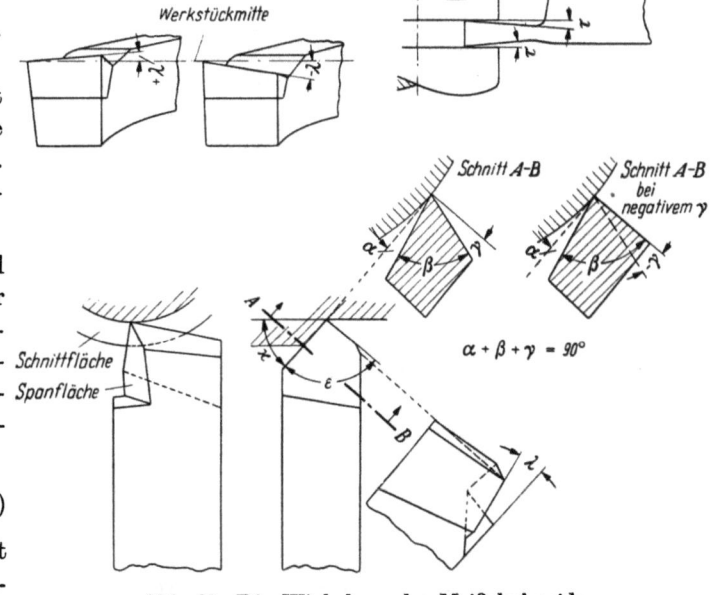

Abb. 21. Die Winkel an der Meißelschneide
 α Freiwinkel   α + β = δ Schnittwinkel
 β Keilwinkel   ε Spitzenwinkel
 γ Spanwinkel   ϰ Einstellwinkel
 α + β + γ = 90°   λ Neigungswinkel
                      τ Hinterschleifwinkel
 (Nach DIN 768)[1]

Die Zerspanungsforschung hat sich sehr darum bemüht, eindeutige Werte für k_s aufzustellen. Das ist ihr bisher nicht gelungen, wie ein Blick in die Fachliteratur zeigt. Die in den Quellen angegebenen Zahlenwerte weichen oft voneinander ab. Das ist auch nicht anders zu erwarten, wenn man sich die zahlreichen Einflüsse vergegenwärtigt, die auf den Zerspanungsvorgang einwirken. Man rechnet insgesamt

---

[1] Diese Norm ist zwar noch gültig, wird aber demnächst durch die 1960 herausgegebene Vornorm DIN 6581 „Grundbegriffe der Zerspantechnik — Begriffe und Bezeichnungen am Werkzeug" ersetzt werden.

mit etwa 15 Einflußgrößen auf die Zerspanungskraft und Schnittgeschwindigkeit. Die wichtigsten auf die Zerspanungskraft einwirkenden sind:

1. Die Werkstoffeigenschaften des Werkstückes und Werkzeuges,
2. der Spanquerschnitt,
3. die Schnittiefe,
4. der Schlankheitsgrad (das ist das Verhältnis Schnittiefe zu Vorschub),
5. die Winkel an der Meißelschneide (Abb. 21),
6. die Temperatur an der Meißelschneide,
7. Kühl- und Schmierflüssigkeit,
8. Schwingungen von Werkstück und Werkzeug.

Für eine überschlägige Rechnung läßt sich setzen:

$$k_s = 4{,}5 - 5{,}5 \sigma_z \quad \text{für Gußeisen} \quad [\text{kp/mm}^2]\ [5],$$

$$k_s = 2{,}5 - 3{,}2 \sigma_z \quad \text{für Stahl} \quad [\text{kp/mm}^2].$$

Nach KRONENBERG [5] errechnet sich die Hauptschnittkraft P_s aus der Gleichung

$$P_s = C_{ks} \left(\frac{G}{5}\right)^{g_s} q^{\left(1 - \frac{1}{\varepsilon_{ks}}\right)} \quad [\text{kp}], \tag{2}$$

g_s und ε_{ks} sind Potenzexponenten, die durch Versuche bestimmt wurden bzw. noch festgelegt werden müssen.

G bezeichnet den bereits erwähnten Schlankheitsgrad, also Schnittiefe a zu Vorschub s

$$G = \frac{a}{s}, \tag{3}$$

C_{ks} ist der Schnittdruck für 1 mm² Spanquerschnitt und einen Schlankheitsgrad $G = 5:1$.

Werte für C_{ks} können einer Tabelle in Abhängigkeit von der Zugfestigkeit σ_z bzw. der Brinellhärte H bei Gußeisen sowie den Winkeln an der Meißelschneide γ (Spanwinkel) und β (Keilwinkel) entnommen werden.

C_{ks} läßt sich auch berechnen. So gilt für Stahl

$$C_{ks} = 2{,}4 \sqrt[2{,}2]{\sigma_z} \sqrt[1{,}5]{80 - \gamma} \quad [\text{kp/mm}^2]\ [5]. \tag{4}$$

Nach Einsetzen der Werte für g_s und ε_{ks} wird für Stahl

$$P_s = C_{ks} \left(\frac{G}{5}\right)^{0{,}16} q^{0{,}803} \quad [\text{kp}]$$

und für Gußeisen

$$P_s = C_{ks} \left(\frac{G}{5}\right)^{0{,}12} q^{0{,}863} \quad [\text{kp}].$$

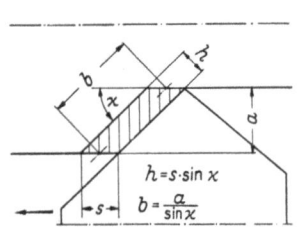

Abb. 22.
Aufteilung des Spanquerschnittes $q = a \cdot s$ [mm²] in Spandicke h und Spanbreite b

Zerlegt man den Spanquerschnitt nicht in Schnittiefe a und Vorschub s, sondern in Spandicke h und Spanbreite b, so ist nach KIENZLE

$$P_s = b\, h^{1-w} k_s' \quad [\text{kp}]\ [4]. \tag{5}$$

Hierin bedeuten k_s' der spezifische Schnittdruck für $b = 1$ mm und $h = 1$ mm und w einen Potenzexponenten (Abb. 22).

Wie aus den Formeln zu sehen ist, wächst bei gegebenem Spanquerschnitt die Hauptschnittkraft mit dem Schlankheitsgrad.

Im übrigen wird C_{ks} um so kleiner, je größer der Spanwinkel und je kleiner der Keilwinkel ist. C_{ks} steigt, wie nicht anders zu erwarten ist, mit der Zugfestigkeit bei Stahl bzw. Brinellhärte bei Gußeisen, wobei die Zugfestigkeit C_{ks} etwa zehnmal so stark beeinflußt wie der Schlankheitsgrad.

Für praktische Berechnungen sei auf Tab. 1 und 2 hingewiesen, die von KRONENBERG als Zusammenfassung zahlreicher Forschungsergebnisse aufgestellt wurde.

1.5 Kraft und Drehmoment

Wie schon erwähnt, ist es nicht möglich, bei der großen Anzahl von Einflußgrößen eine einfache Formel für die Errechnung der Zerspankraft bzw. eindeutige Zahlenwerte anzugeben. Der Konstrukteur einer Drehbank muß sich dessen bewußt sein. Die Formeln und Zahlenangaben können daher immer nur einen gewissen Bereich abgrenzen. Eine Drehbank wird auch nur in den seltensten Fällen für eine ganz bestimmte, genau definierte Dreharbeit gebaut werden.

Die Teilkräfte der Zerspanungskraft P_z, P_v und P_r werden als Bruchteile von P_s in Abhängigkeit von den Winkeln des Schneidmeißels angegeben. Auch hierüber sind eingehende Untersuchungen angestellt worden. Das Verhältnis der Kräfte P_v/P_s und P_r/P_s zeigt Tab. 3.

Mit diesen Angaben läßt sich einigermaßen festlegen, welche Kräfte bei einer vorgegebenen Zerspanungsaufgabe auftreten. Hiernach sind dann die einzelnen Bauteile zu berechnen.

Die senkrecht gerichtete Kraft P_s wirkt über Meißel, Meißelhalter, Support und Bettschlitten auf das Bett. Sie bestimmt u. a. die Durchbiegung des Bettes und die Reibungskräfte in den Führungen. Die Vorschubkraft P_v ist maßgebend für die Berechnung des Vorschubgetriebes. Der Rückkraft P_r muß durch entsprechende Konstruktion der Meißelhalter, Supporte und Planschieber Rechnung getragen werden. Der Zerspanungskraft P_z entspricht eine Reaktionskraft, die auf das Werkstück wirkt, das vom Spindelstock allein oder vom Spindelstock und Reitstock gehalten wird. Hieraus ergeben sich die radialen und axialen Lagerdrücke an der Arbeitsspindel und Reitstockpinole sowie die Kräfte, die ein Aufbäumen und Verschieben des Spindelkastens und Reitstockes bewirken wollen.

In Abb. 23 sind die an der Drehbank auftretenden Kräfte und ihre Auswirkungen dargestellt (die Teilkräfte werden bei der Behandlung der einzelnen Bauglieder noch näher besprochen).

Tabelle 1a. *Praktische Schnittdrucktafel für Bearbeitung von Stahl (C_{k_s}-Werte)*

Span- winkel γ	Keil- winkel β	Zugfestigkeit σ_z (kp/mm²)									
		40	45	50	55	60	65	70	75	80	85
$-15°$	$95°$	270	284	299	310	324	338	349	360	370	381
$-10°$	$90°$	260	272	288	299	312	325	336	346	356	366
$-5°$	$85°$	249	262	276	288	300	312	322	332	342	352
$0°$	$80°$	240	251	265	276	288	299	309	319	328	339
$+5°$	$75°$	228	240	253	264	274	285	295	305	315	323
$+10°$	$70°$	218	229	242	252	262	273	282	291	301	309
$+15°$	$65°$	208	219	231	240	250	260	269	278	286	294
$+20°$	$60°$	198	208	219	228	238	248	256	264	272	280
$+25°$	$55°$	186	195	206	215	224	233	241	249	256	264
$+30°$	$50°$	175	183	194	202	210	218	226	233	240	247

Tabelle 1b

Span- querschnitt mm²	Multiplikationsfaktor $q\left(1 - \dfrac{1}{e_{k_s}}\right) = q^{0,803}$ (Stahl)
0,2	0,27
0,5	0,57
1,0	1,0
2	1,75
3	2,4
4	3,1
5	3,6
10	6,4
15	8,8
20	11,2
25	13,3
30	15,2
40	19,3
50	22,5

Tabelle 1c

Schlankheits- grad $G = \dfrac{a}{s}$	Multiplikationsfaktor $\left(\dfrac{G}{5}\right)^{0,160}$ (Stahl)
2 : 1	0,86
3 : 1	0,92
4 : 1	0,96
5 : 1	1,00
6 : 1	1,03
7 : 1	1,06
8 : 1	1,08
9 : 1	1,10
10 : 1	1,12
20 : 1	1,25

Tabelle 2a. *Praktische Schnittdrucktafel für Bearbeitung von Gußeisen* (C_{k_s}-*Werte*)

Span-winkel γ	Keil-winkel β	Brinellhärte H_B (kp/mm²)									
		100	120	140	160	180	200	220	240	260	280
−15°	95°	118	126	134	141	148	155	162	166	171	178
−10°	90°	114	123	129	137	144	150	156	161	166	172
− 5°	85°	110	119	125	133	139	145	150	155	161	166
0°	80°	106	114	121	128	134	139	145	149	155	160
+ 5°	75°	101	109	116	122	128	134	139	143	148	153
+10°	70°	97	104	110	117	122	127	133	137	142	146
+15°	65°	92	100	105	112	117	122	127	131	136	140
+20°	60°	88	94	100	106	111	116	120	124	128	133
+25°	55°	82	89	94	100	104	109	113	117	121	125
+30°	50°	77	83	88	93	98	102	106	109	113	117

Tabelle 2b

Span-querschnitt mm²	Multiplikationsfaktor $q\left(1-\dfrac{1}{\varepsilon_{ks}}\right) q = 0{,}863$ (Gußeisen)
0,2	0,25
0,5	0,55
1,0	1,0
2	1,8
3	2,6
4	3,3
5	4,0
10	7,3
15	10,4
20	13,3
25	16,2
30	18,8
40	24,5
50	30

Tabelle 2c

Schlankheits-grad G	Multiplikationsfaktor $\left(\dfrac{G}{5}\right)^{0{,}120}$ (Gußeisen)
2:1	0,896
3:1	0,940
4:1	0,974
5:1	1,00
6:1	1,022
7:1	1,041
8:1	1,058
9:1	1,073
10:1	1,087
20:1	1,165

Tabelle 3. *Verhältnis der Vorschubkraft P_v bzw. der Rückkraft P_r zur Haupt-schnittkraft P_s.* (Nach SCHLESINGER)

Werkstoff		Spanquerschnitt	
		5 mm²	15 mm²
VCN 35	$\eta_2 = \dfrac{P_v}{P_s}$	0,25	0,32
	$\eta_3 = \dfrac{P_r}{P_s}$	0,47	0,53
St 42.11	$\eta_2 = \dfrac{P_v}{P_s}$	0,14	0,17
	$\eta_3 = \dfrac{P_r}{P_s}$	0,33	0,34
Ge 18.91	$\eta_2 = \dfrac{P_v}{P_s}$	0,15	0,12
	$\eta_3 = \dfrac{P_r}{P_s}$	0,29	0,26

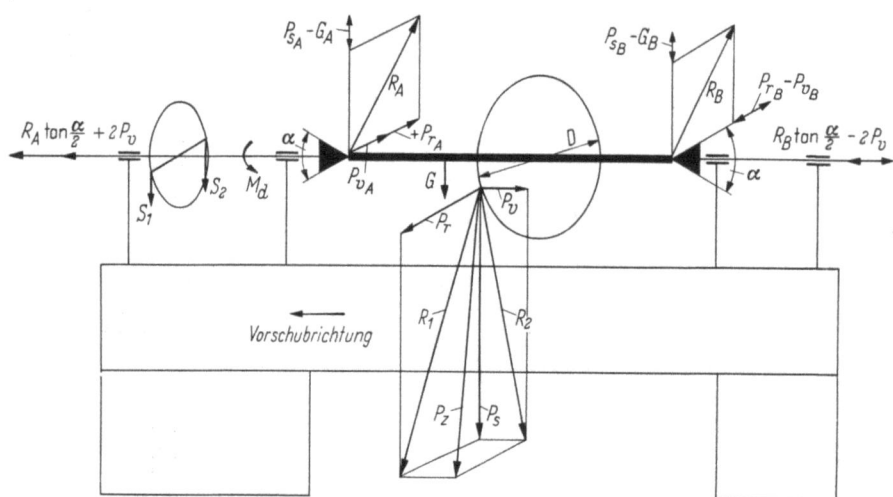

Abb. 23. Schematische Darstellung der an der Drehbank wirksamen Kräfte[1]
  G Eigengewicht des Werkstückes [kp] $S_{1,2}$ Riemenzug an der Antriebsscheibe [kp]
  D Durchmesser des Wirkkreises [mm] M_d Drehmoment an der Arbeitsspindel [mkp]
  $R_{A,B}$ Reaktionskräfte an den Körnerspitzen [kp] α Kegelwinkel der Körnerspitzen

Unter dem Einfluß dieser Kräfte verbiegen bzw. verdrehen sich die Bauteile der Maschine. Um eine vorgegebene Genauigkeit einzuhalten, dürfen die einzelnen Bauglieder bestimmte Biege- bzw. Verdrehwerte nicht überschreiten. Als Maß hierfür wurde der Begriff der Starrheit

---

[1] Die Kraftrichtung $P_{r_B} - P_{v_B}$ und der Schenkel des Winkels α fallen in der Abbildung zufällig zusammen.

1.5 Kraft und Drehmoment

oder statischen Steifigkeit (Steife) eingeführt. Hierunter versteht man diejenige Kraft C bzw. dasjenige Moment M_{dC}, das eine Durchbiegung von 1 µ bzw. eine Winkeländerung von 1/1000 Bogenmaß erzeugt.

Wenn also die Durchbiegung unter dem Einfluß der Kraft P mit f [µ] bzw. die Verdrehung unter dem Einfluß des Momentes M_d mit δ [0,001 · 2 π] bezeichnet wird, ist

$$C = \frac{P}{f} \quad [\text{kp}/\mu] \tag{6}$$

und

$$M_{dC} = \frac{M_d}{\delta} \left[\frac{\text{m kp}}{0{,}001 \cdot 2\pi}\right]. \tag{7}$$

Eine Werkzeugmaschine besteht, wie alle Maschinen, zum größten Teil aus elastischen Baustoffen. Diese sind bestrebt, nach Verformung durch Krafteinwirkung wieder ihre ursprüngliche Form einzunehmen, sobald sie von der Krafteinwirkung entlastet sind. Sie führen also eine gedämpfte schwingende Bewegung aus. Bei den Schwingungsvorgängen sind 3 Arten zu unterscheiden:

Freie Schwingung,
erzwungene Schwingung,
angefachte Schwingung.

Eine freie Schwingung liegt vor, wenn ein aus einer Masse und einer Rückstellkraft bestehendes System von einer Kraft angestoßen frei ausschwingen kann. Hierfür gilt die bekannte Beziehung

$$\omega_0 = 10^3 \sqrt{\frac{C}{m}} \quad [\text{sec}^{-1}], \tag{8}$$

$$\omega_0 = 2\pi F \quad [\text{sec}^{-1}], \tag{9}$$

worin F die Frequenz in Schwingungen pro Sekunde und m die Masse des schwingenden Körpers bedeutet $\left[\frac{\text{kp sec}^2}{\text{m}}\right]$. C ist die sogenannte Federkonstante, ein Wert, der als statische Steife bereits bekannt ist. Bei Drehschwingungen gilt sinngemäß

$$\omega_0 = \sqrt{\frac{M_{dC}}{J_p}} \quad [\text{sec}^{-1}]. \tag{10}$$

J_p ist das dynamische Trägheitsmoment [m kp sec²].

Mit erzwungener Schwingung bezeichnet man den Schwingungsvorgang dann, wenn eine periodische Kraft von gegebenem Verlauf dauernd auf das schwingende System einwirkt. Ist die Frequenz dieser periodischen Kraft gleich der Eigenfrequenz des schwingenden Systems ω_0, so liegt Gleichklang (Resonanz) vor, d. h., die Schwingungen schaukeln sich zu einem Maximalwert auf, der u. U. den Bruch des betreffenden Teiles zur Folge haben kann.

Ist die auf das schwingende System einwirkende Kraft nicht periodisch, sondern nur zeitlich veränderlich, spricht man von angefachten Schwingungen. Angefachte Schwingungen entstehen z. B. durch Reibkräfte beim Zerspanen, wie Rattern des Drehmeißels.

In der Drehbank sind eine Reihe von Schwingungserregern und schwingungsfähigen Bauteilen zu erkennen. Als schwingungsfähige Gebilde seien u. a. genannt die Arbeitsspindel, die Biege- und Verdrehungsschwingungen ausführt, und das Drehbankett, das Biegeschwingungen in der senkrechten und waagerechten Ebene sowie Verdrehungsschwingungen aufweist. Weitere Schwinger können sein die Drehmeißel, besonders dann, wenn sie weit aus den Einspannstellen herausragen, und zu weit herausgefahrene Reitstockpinolen. Die Liste der schwingungsfähigen Gebilde an einer Drehbank ist damit jedoch nicht erschöpft. Die Anzahl der schwingenden Bauteile ist in Wirklichkeit viel größer, da jede Wand eines Hohlkörpers als schwingende Membran wirken kann. Alle diese Elemente werden gegebenenfalls von verschiedenen Kräften zu Schwingungen angeregt. Als wichtigste Erregerkräfte seien genannt:

1. Unwuchten von Getriebeteilen und Werkstücken.

Die hieraus sich ergebenden Erregerkräfte sind um so gefährlicher, je höher die Drehzahlen werden, da sie dann in das Gebiet der Eigenfrequenz der Maschine hineingeraten. Bei schnell laufenden Maschinen (über n = 3000 U/min = 50 U/sec) kann daher Resonanz auftreten.

20 1. Grundlagen

2. Herstellungsfehler an Zahnrädern und elastische Verformung der Zähne unter Last. Diese Frequenzen liegen bei der jeweiligen Drehzahl des Rades oder bei Vielfachen dieser Werte (Harmonische). Es können hiervon besonders auch Gehäusewände zu Schwingungen angeregt werden, die sich dann als störende und unangenehme Geräusche bemerkbar machen.
3. Ebenso wie die Zahnräder erzeugen auch die Wälzlager periodische Kräfte, die aus Ungenauigkeiten der Herstellung herrühren.
4. Weitere mögliche Erreger sind hydraulische Pumpen, Antriebsriemen, periodisch wirkende Umsteuervorgänge, Antriebsmotoren und andere, periodische Kräfte erzeugende Elemente.
5. Neben den vorgenannten aus den Bauteilen der Drehbank herrührenden periodischen Kräften ist der Zerspanungsvorgang selbst ein Schwingungserreger. Neben den Schwingungen durch unterbrochenen Schnitt und durch ungleichmäßiges Gefüge ist die kontinuierliche Spanabnahme ein periodischer Vorgang (Abb. 24). Nach WITTHOFF wurden Ausschläge an der Werkzeugspitze bis 0,3 mm nach 4 min Drehzeit gemessen (Schwingungszeit 1/1800 sec, Schnittgeschwindigkeit 165 m/min) [8].

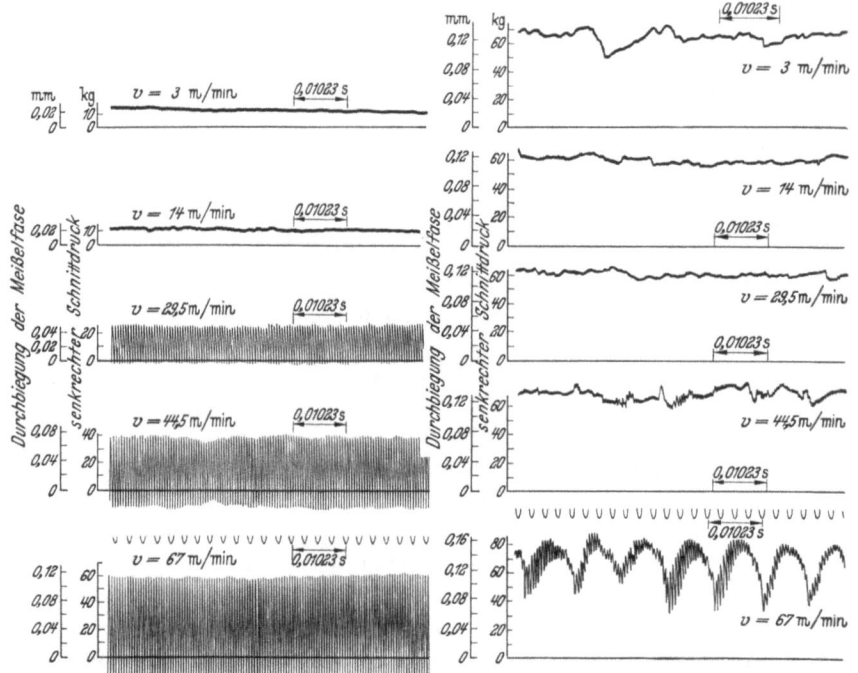

Abb. 24. Verlauf der Schnittkraft bei Abheben eines Fließspans [5]

Das Werkstück kann ebenfalls Schwingungen ausführen, z. B. bei Durchbiegung langer, dünner Wellen durch den Schnittdruck, wenn keine Unterstützung an den Schnittstellen vorhanden ist.

Es leuchtet ein, daß bei der Fülle der schwingungsfähigen Gebilde und der zahlreichen periodisch auftretenden, zu Schwingungen anregenden Kräfte eine rechnerische Behandlung außerordentlich schwierig ist.

Schwingungen innerhalb der Drehbank führen zu Relativbewegungen zwischen Werkstück und Werkzeug (wodurch Ungenauigkeiten der geometrischen Form und geringere Oberflächengüten entstehen), zu Geräuschbelästigungen und schließlich zu vorzeitigem Verschleiß mancher Bauteile bzw. der Werkzeugschneide.

Im praktischen Bereich ist bekanntlich jede Bewegung mit Reibung verbunden. Die einen Schwingungsvorgang behindernde Reibung bezeichnet man als Dämpfung. Diese Dämpfung kann hervorgerufen werden durch äußere Reibungskräfte, z. B. Dämpfung in den Ölschichten zwischen den Führungen und Lagern, in den Verschraubungen, oder durch die Reibung der

1.5 Kraft und Drehmoment

Moleküle untereinander im Werkstoff (innere Dämpfung). Daneben läßt sich durch geeignete konstruktive Maßnahmen noch ein künstliche Dämpfung vorsehen.

Die Aufgabe, eine schwingungsarme Drehbank zu bauen, besteht daher darin, ihr eine so hohe Eigenfrequenz zu erteilen, daß Resonanz nicht erwartet zu werden braucht, und durch Wahl entsprechender Werkstoffe und konstruktiver Maßnahmen eine möglichst große Dämpfung zu erzeugen. Diese Aufgabe ist leichter gestellt als gelöst, wie schon eine Betrachtung der grundlegenden Formel $\omega_0 = 10^3 \sqrt{\dfrac{C}{m}}$ (8) zeigt.

Für die einfache, in ihren Endpunkten aufliegende, in der Mitte durch die Kraft P zu Biegeschwingungen angeregte Welle von der Länge l und dem Durchmesser D ist z. B.

$$C = \frac{P}{f} \quad \text{und} \quad f = \frac{P l^3}{E J \cdot 48 \cdot 10} \quad [\mu]. \tag{11}$$

E Elastizitätsmodul [kp/mm²]; J das Trägheitsmoment des Querschnittes [cm⁴].

$$\omega_0 = \sqrt{\frac{P \cdot 10^7 \cdot 48 E J}{P l^3 m}} = \sqrt{\frac{10^3 \cdot 48 E \pi D^4 \cdot 4 \cdot 9{,}81}{l^3 \, 64 \pi D^2 \gamma \, l}}$$

$$= 10 \sqrt{\frac{30 \cdot 9{,}81 \, E D^2}{l^4 \gamma}} \quad [\text{sec}^{-1}].$$

Das heißt also, die Eigenfrequenz ω_0 ist dem Durchmesser und Elastizitätsmodul verhältnisgleich und umgekehrt proportional der Länge l und dem spezifischen Gewicht γ.

Wie die Formel zeigt, spielt neben den Abmessungen auch das Verhältnis E/γ eine Rolle. Da E für Stahl wesentlich größer als für Gußeisen ist bei annähernd gleichbleibendem γ, wäre für die Erzielung einer hohen Eigenfrequenz Stahl dem Gußeisen als Baustoff vorzuziehen. Andererseits schreibt man dem Gußeisen größere Dämpfungseigenschaften zu (etwa 10 mal größer als Stahl), so daß bisher als Werkstoff für die Betten und Spindelkästen vorwiegend Gußeisen vorgezogen wurde.

Je höher die Drehzahlen werden, um so wichtiger wird im Werkzeugmaschinenbau die Beschäftigung mit Schwingungsfragen, was auch in der großen Anzahl Forschungsarbeiten der letzten Jahre zum Ausdruck kommt. Jedenfalls genügt es nicht mehr, die Drehbank als statisches Problem zu sehen und sich mit dem Begriff der statischen Steife (Starrheitsgrad) zufrieden zu geben. Es muß ebenso die Widerstandsfähigkeit gegen Schwingungen, die dynamische Steife, auch Dynaresistenz genannt, untersucht werden. In diesem Zusammenhang sei hingewiesen auf die Frequenzschaubilder nach KIENZLE, die man als „Visitenkarte" der Werkzeugmaschine hinsichtlich ihres Schwingungsverhaltens bezeichnen kann, und auf den Schwingungsmeßtrupp der T. H. München (EISELE).

Soweit Zusammenhänge erkennbar sind, scheint die Wellenlänge der Schwingung der Schnittgeschwindigkeit fast direkt proportional zu sein. Ihre Frequenz bleibt dagegen nahezu konstant. Die Amplitude ist von der Schnittgeschwindigkeit abhängig und hat bei einer bestimmten Schnittgeschwindigkeit ein Maximum.

Wie aus den vorstehenden Betrachtungen zu ersehen ist, hängt die dynamische Steife wegen $\omega = 10^3 \sqrt{\dfrac{C}{m}}$ von der statischen Steife C, der Masse m und der Dämpfung ab.

Neben den Kräften, die auf die Bauglieder der Drehbank einwirken und diese statisch oder dynamisch belasten, müssen die an der Drehbank auftretenden Drehmomente untersucht werden. Das Drehmoment, also Kraft mal Hebelarm,

$$M_d = \frac{P r}{10^3} \quad [\text{m kp}], \tag{12}$$

ist maßgebend für die Bemessung aller umlaufenden Teile, wie Wellen, Zahnräder und Kupplungen. Nach der bekannten Gleichung

$$M_d = \tau_z W_d \quad [\text{m kp}], \tag{13}$$

τ_z zulässige Schubspannung [kp/mm²]; W_d Widerstandsmoment [cm³],

wird z. B. der Wellendurchmesser ermittelt.

Welches Drehmoment soll bei dem Entwurf des Drehbankgetriebes der Rechnung zugrunde gelegt werden? Die Arbeitsspindel muß ein Drehmoment M_{dA} abgeben, das einer bestimmten durch die Abmessung der Drehbank festgelegten Hauptschnittkraft am maximalen Drehdurchmesser entspricht.

$$M_{dA} = P_{s\,max} \frac{D_{max}}{2} 10^{-3} \quad [\text{m kp}].$$

Auf der Antriebsseite steht eine Antriebsleistung N_0 und eine meist konstante Antriebsdrehzahl n_0 zur Verfügung.

Aus diesen Werten resultiert das Drehmoment an der Antriebswelle bzw. am Antriebsmotor

$$M_{d0} = 716,2 \frac{N_0}{n_0} \quad [\text{m kp}] \quad \text{s. S. 13,} \tag{14}$$

N_0 [PS]; n_0 [U/min].

Die Gleichung stellt eine Hyperbel dar, wenn N_0 konstant ist (Abb. 25).

Wäre die Übersetzung von Antriebswelle zur Arbeitsspindel 1:1, würde das Arbeitsspindeldrehmoment ebenfalls $=M_{d0}$ sein. Bei Übersetzungen in das Langsame, wie es insbesondere für die größeren Drehdurchmesser notwendig wird, ändert sich das Drehmoment von Welle zu Welle gemäß

$$M_{dx} = \frac{716,2\,N_0}{n_x},$$

wenn die Antriebsleistung an jeder Welle konstant bleibt (Reibungsverluste seien vorerst nicht berücksichtigt).

Ist z. B. das Übersetzungsverhältnis Antrieb zu Arbeitsspindel 1:200, $n_{min} = 7,5$ U/min, $n_0 = 1500$ U/min, wird

$$M_{dA} = 200\, M_{d0}.$$

Es müssen sich wegen Gl. (13) die Widerstandsmomente von Antriebswelle zur Arbeitsspindel ebenfalls wie 1:200 verhalten. Da

$$W_d = \frac{\pi D^3}{32 \cdot 10^3} \quad \text{wird also} \quad \frac{D_A^3}{D_0^3} = \frac{200}{1} \tag{15}$$

und

$$D_A^3 = 200\, D_0^3,$$
$$D_A = \sqrt[3]{200}\, D_0 = 5,85\, D_0.$$

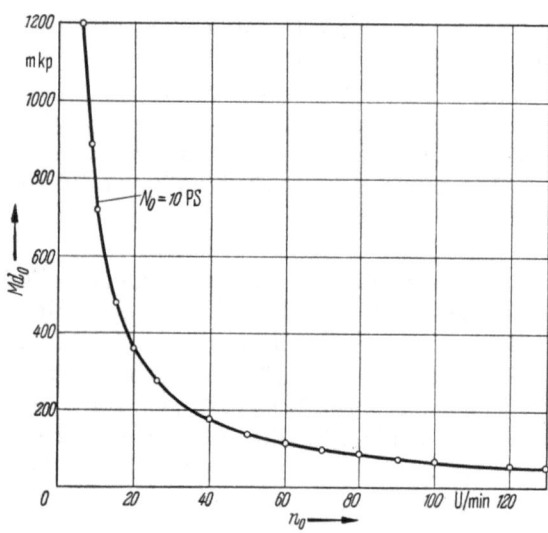

Abb. 25. Das Drehmoment in Abhängigkeit von der Drehzahl für $N_0 = 10$ PS im einfachen Schaubild

$$M_{d_0} = 716,2 \cdot 10 \cdot \frac{1}{n_0} \quad [\text{mkp}] \quad (\text{s. auch Abb. 15})$$

Der Durchmesser der letzten Welle wäre in diesem Fall etwa das 6fache der ersten Welle.

In den meisten Fällen sind Arbeitsspindel und Bodenrad nicht so bemessen, daß bei der kleinsten Drehzahl das maximale Moment übertragen werden könnte, da das Arbeitsspindelgetriebe im Verhältnis zur gesamten Drehbank zu groß würde. Es wird daher für die Arbeitsspindel und das Bodenrad ein bestimmtes Drehmoment $M_{d\,max}$ festgelegt. Bei gegebener Antriebsleistung errechnet sich daraus die kleinste Drehzahl n_L, bei der noch die volle Leistung zur Verfügung steht (Kenndrehzahl). Bei Drehzahlen $< n_L$ fällt die Leistung entsprechend

$$N = \text{const}\, M_{d\,max}\, n;$$

bei Werten $> n_L$ das Drehmoment gemäß $M_d = \text{const} \frac{N}{n}$, da die Antriebsleistung konstant ist (Abb. 26).

Da das Arbeitsspindelgetriebe meistens ein gestuftes Getriebe ist, errechnen sich die bei der gewählten Drehzahl zur Verfügung stehenden Drehmomente nach den für die Übersetzung herangezogenen Getrieberädern und Wellen.

Aus fertigungstechnischen Gründen ist man bestrebt, Wellendurchmesser und Radbreiten soweit möglich einander anzugleichen. Da entsprechend der eingestellten Drehzahl eine bestimmte Räderbreite im Spiel ist, ergibt sich jeweils ein aus den Abmessungen der beteiligten Wellen und Räder festes maximales Drehmoment. Bei einem praktisch ausgeführten Spindelantrieb wird die Kurve $M_d = \dfrac{\text{const}\, N}{n}$ also keine Hyperbel sein, sondern einen gebrochenen Linienzug bilden (Abb. 27).

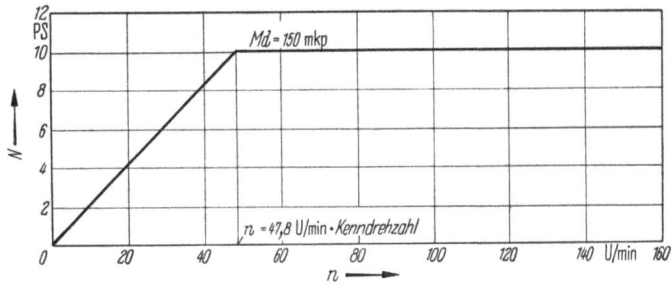

Abb. 26. Die Abtriebsleistung N in Abhängigkeit von der Drehzahl bei gegebenem maximalem Drehmoment $M_d = 150$ m kp und einer Antriebsleistung von $N = 10$ PS (Verluste sind nicht berücksichtigt)

Die mögliche Hauptschnittkraft richtet sich also nach dem Drehdurchmesser und der eingestellten Drehzahl. Man sollte daher den Drehbänken ein Schaubild gemäß Abb. 28 mitgeben, aus dem die zur Verfügung stehende Hauptschnittkraft in Abhängigkeit von Drehdurchmesser und Drehzahl abgelesen werden kann.

Stellt man einen Spanquerschnitt ein, der die zulässige Hauptschnittkraft überschreitet, wird das Getriebe überlastet. Um Bruchgefahr zu vermeiden, ist die meistens in der Antriebswelle für den Vorwärts- und Rückwärtslauf eingebaute Kupplung so ausgebildet, daß sie bei größeren Momenten anfängt zu rutschen.

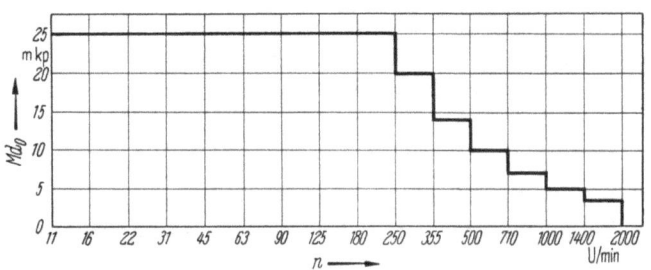

Abb. 27. Tatsächlicher Verlauf des an der Arbeitsspindel zur Verfügung stehenden Drehmoments bei Berücksichtigung der von den Getriebewellen und -rädern übertragbaren Drehmomente in Abhängigkeit von der jeweils geschalteten Drehzahl

Wie später noch erläutert werden wird (s. S. 32), läßt sich eine Gleichung

$$P_s = 4500 \dfrac{N}{v} \ [\text{kp}], \qquad (16)$$

v Schnittgeschwindigkeit [m/min],

aufstellen, d. h., die an der Maschine zur Verfügung stehende Hauptschnittkraft ist bei gegebener Antriebsleistung nur von der eingestellten Schnittgeschwindigkeit abhängig (auch hier seien Reibungsverluste vorerst nicht berücksichtigt). Mit

$$v = \dfrac{\pi D n}{1000} \qquad (19)$$

wird

$$P_s = \dfrac{4500 \cdot 1000 N}{\pi D n}.$$

Bei gegebener Antriebsleistung also

$$P_s = \dfrac{\text{const}}{D n}.$$

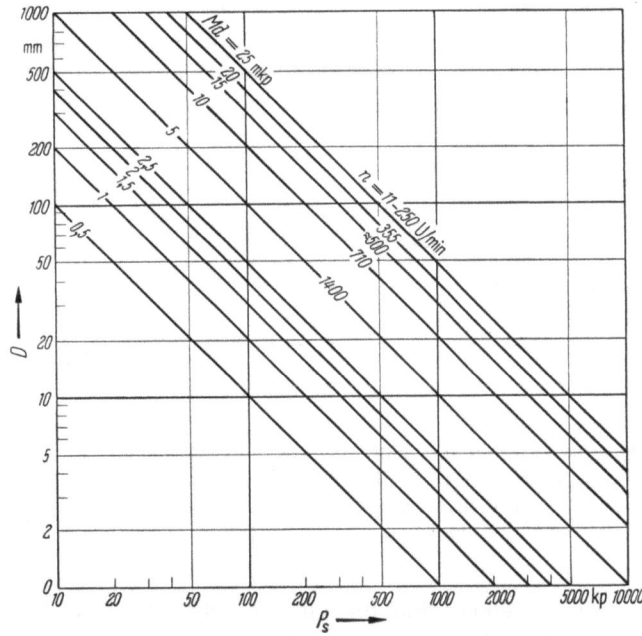

Abb. 28. Zusammenhang zwischen Drehdurchmesser D, zulässiger Hauptschnittkraft P_s und dem bei der gewünschten Drehzahl zur Verfügung stehenden Drehmoment bei konstanter Antriebsleistung. (Die Werte für Drehmoment und Drehzahl sind dem Beispiel in Abb. 27 entnommen)

1.6 Geschwindigkeit und Drehzahl

Es wurde gezeigt, daß sich der Zerspanungsvorgang aus zwei Teilen zusammensetzt, nämlich der eine Abspanung des Werkstoffes bewirkenden *Zerspanungskraft* und der *Schnittgeschwindigkeit*, mit der der Drehmeißel den Werkstoff durchschneidet. Im vorhergehenden Abschnitt sind die mit der Zerspanungskraft zusammenhängenden Fragen behandelt. Dieser Abschnitt sei der Geschwindigkeit gewidmet, während das Produkt beider, die Leistung, im nächsten Kapitel betrachtet werden soll.

An die Schnittgeschwindigkeit werden zwei gegensätzliche Forderungen gestellt. Sie soll einerseits möglichst hoch sein, da die Fertigungszeit mit wachsender Geschwindigkeit sinkt, und die Oberflächengüte bei hoher Geschwindigkeit besser ist. Andererseits verschleißt die Drehmeißelschneide mit steigender Schnittgeschwindigkeit schneller. Es kann also der Fall eintreten, daß eine hohe Geschwindigkeit zwar kurze Fertigungszeiten und damit niedrige Maschinenkosten bringt, der Werkzeugverschleiß und die damit verbundenen Werkzeugkosten aber so hoch werden, daß per saldo die Gesamtaufwendungen größer sind als bei einer niedrigeren Geschwindigkeit (s. a. S. 37).

Man bezeichnet den Zeitraum, in dem eine im Schnitt befindliche Schneide scharf bleibt, als die Standzeit T_L. Über den Zusammenhang zwischen Standzeit und Schnittgeschwindigkeit sind viele Untersuchungen angestellt worden. Schon TAYLOR stellte die Beziehung auf

$$T_L^y = \frac{C_T}{v} \quad [\text{min}] \; [5], \tag{17}$$

wobei C_T die Schnittgeschwindigkeit bei 1 min Standzeit bedeutet und y ein von verschiedenen Bedingungen abhängiger Exponent ist. Logarithmiert man diese Gleichung, ergibt sich

$$y \log T_L = -\log v + \log C_T$$

bzw.

$$\log T_L = -\frac{1}{y} \log v + \frac{1}{y} \log C_T.$$

Das ist eine Gerade mit dem Richtungsfaktor $-\dfrac{1}{y}$ und dem Abschnitt auf der v-Achse $\dfrac{1}{y} \log C_T$. Die Standzeit ist also umgekehrt abhängig von der Schnittgeschwindigkeit.

Wegen einer genauen Definition der Standzeit und Betrachtung weiterer hiermit zusammenhängender Fragen muß auf das umfangreiche Schrifttum verwiesen werden. Es sei hier nur darauf aufmerksam gemacht, daß neben dem Schneidmeißel (Stoff, Winkel), der Schnittgeschwindigkeit, dem Spanquerschnitt, Vorschub und dem Stoff des Werkstückes usw. auch noch verschiedene andere Einflüsse wirksam sind. Bei einem zu weit herausragenden Schneidmeißel oder einer langen, dünnen Welle ohne Unterstützung durch einen Setzstock entstehen z. B. Schwingungen, die sich standzeitverkürzend auswirken. Die Standzeiten der mit Hartmetall bestückten Drehmeißel erreichen andererseits das 2- bis 3fache der normalen Werte, wenn die Schnittgeschwindigkeit konstant gehalten wird.

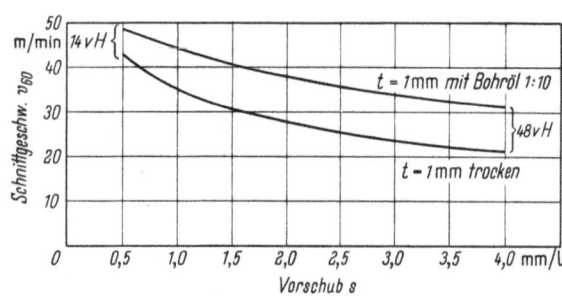

Abb. 29. Einfluß der Kühlung auf die Erhöhung der Standzeitschnittgeschwindigkeit V_{60} bei dem Werkstoff St 60.11 und Bohrölemulsion 1:10. Werkzeug: Schnellstahl. (Nach REICHEL) [6]

Entscheidend sind die an der Schneide auftretenden Temperaturen. Durch Kühlen läßt sich die Standzeit daher wesentlich erhöhen (Abb. 29). Daß für den Zusammenhang Standzeit-Schnittgeschwindigkeit die Schneidentemperatur eine besondere Rolle spielt, kommt in dem von REICHEL aufgestellten Gesetz zum Ausdruck, wonach bei einer gegebenen Standzeit das Produkt $q\,v$, also die Spanmenge in der Zeiteinheit, an der Schneide immer die gleiche Temperatur erzeugt. Eine Darstellung der Beziehung $T_L = f(v)$ für die Bearbeitung von St 85 mit Hart-

1.6 Geschwindigkeit und Drehzahl

metall für verschiedene Spanquerschnitte zeigt, daß eine verhältnismäßig geringe Änderung der Schnittgeschwindigkeit eine große Änderung der Standzeit bedeutet. Eine Erhöhung von 100 auf 150 m/min, also um 50%, bringt eine Standzeitverringerung von 400 auf 60 min, also auf 1/7 des ursprünglichen Wertes (Abb. 30).

Man hat für den praktischen Gebrauch Schnittgeschwindigkeiten festgelegt, denen eine bestimmte in der Werkstatt brauchbare Standzeit zugeordnet ist. So bezeichnet

v_{60} die Schnittgeschwindigkeit für eine Stunde,
v_{120} für 2 Stunden Standzeit usw.

(Erprobte Werte siehe AWF-Tafeln und Betriebstaschenbücher).

Die Schnittgeschwindigkeit ist, genau wie der Schnittdruck, von zahlreichen Faktoren abhängig. Als wichtigste seien genannt

Werkstoff des Werkstückes (Zugfestigkeit, Brinellhärte, Stoffart)
Werkstoff des Werkzeuges
Vorschub
Schnittiefe
Spanquerschnitt
Schlankheitsgrad
Standzeit
Winkel am Drehmeißel
Kühlung an der Meißelschneide
Einspannverhältnisse
Bauart der Maschine (Schwingungsfreiheit)
Schnittdruck

Diese Abhängigkeiten lassen sich nach KRONENBERG in folgender Gleichung zusammenfassen:

$$v = \frac{C_v \left(\frac{G}{5}\right)^g}{q^f \left(\frac{T_L}{60}\right)^y} \quad [\text{m/min}]. \quad (18)$$

Hierin bedeuten C_v die Schnittgeschwindigkeit bei dem Spanquerschnitt $q = 1$ mm², dem Schlankheitsgrad $G = 5$ und der Standzeit $T_L = 60$ min.

C_v ist also die spezifische Schnittgeschwindigkeit, die hauptsächlich vom Werkstoff des Werkstückes und des Drehmeißels abhängig ist.

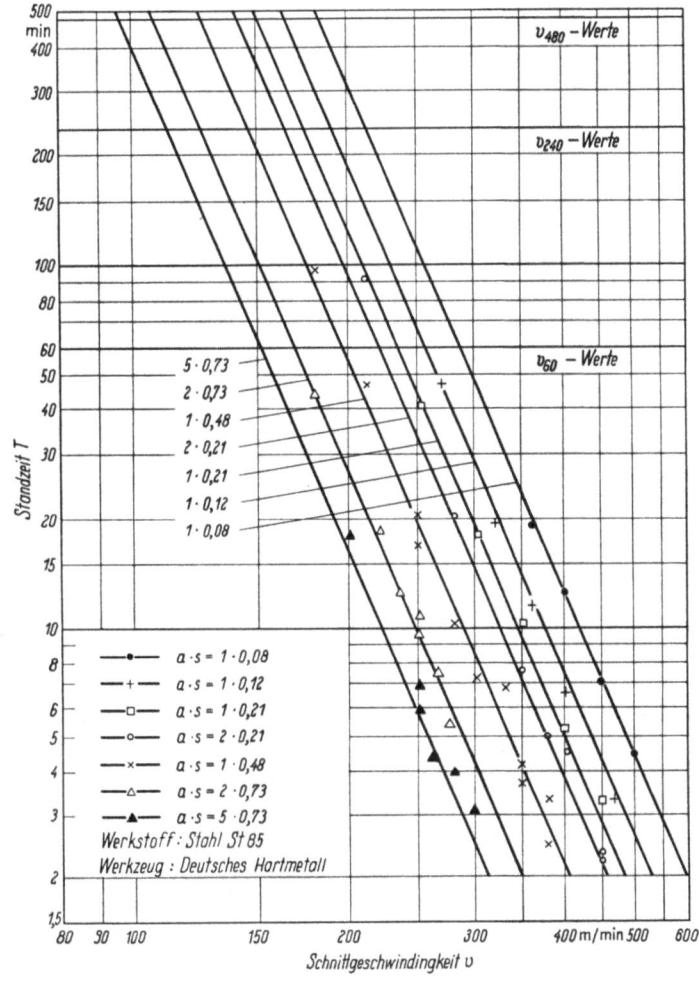

Abb. 30
Die Standzeit T als Funktion der Schnittgeschwindigkeit v im doppelt-logarithmischen Schaubild. Werkstoff: Stahl St 85. Werkzeug: Deutsches Hartmetall. Die Kurven sind für verschiedene Spanquerschnitte $a \cdot s$ und Schlankheitsgrade a/s aufgestellt [16]

Die Potenzexponenten g, f und y sind aus Versuchen zu ermitteln bzw. ermittelt worden. Die Faktoren der Gleichung können aus Tabellen entnommen werden.

Die Formel zeigt, daß die Schnittgeschwindigkeit bei gegebener Drehaufgabe (Werkstück, Schneidmeißel, Maschine, Einspannverhältnisse usw.) mit dem Schlankheitsgrad G zunimmt und mit dem Spanquerschnitt q sowie der Standzeit T_L fällt. Wegen der Größe der Werte für die Potenzexponenten y und f ist der Einfluß des Spanquerschnittes ungleich größer als der des Schlankheitsgrades. Wenn die Schneide gekühlt wird, läßt sich v erheblich steigern (s. Kap. 2.8.1).

Nun ist die Schnittgeschwindigkeit nicht Selbstzweck, sondern nur insofern interessant, als man durch die Auswahl der richtigen Schnittgeschwindigkeit zu einer möglichst wirtschaftlichen Zerspanung kommen will. Hierzu ist im nächsten Kapitel noch einiges nachzutragen.

Um die gewünschte und zweckmäßige Schnittgeschwindigkeit zu erhalten, muß der Arbeitsspindel und dem mit ihr verbundenen Werkstück eine bestimmte Drehzahl erteilt werden. Der Zusammenhang zwischen Schnittgeschwindigkeit und Drehzahl ist durch die Gleichung

$$v = \frac{\pi D n}{1000} \quad [\text{m/min}] \tag{19}$$

gegeben, worin

D der Drehdurchmesser [mm],
v die Schnittgeschwindigkeit [m/min] und
n die Drehzahl [U/min]

bedeuten. Die Drehzahl n ist also $\frac{1000 v}{\pi D}$.

Bei gegebener Schnittgeschwindigkeit sind demnach ebenso viele Drehzahlen erforderlich, wie Durchmesser abgedreht werden sollen.

Die Schnittgeschwindigkeit selbst streut in einem sehr weiten Bereich entsprechend den abzudrehenden Werkstoffen, den benutzten Werkzeugen, den eingestellten Spanquerschnitten usw., wie Gl. (18) zeigt. Die Schnittgeschwindigkeiten sind aber nicht nur davon abhängig, sondern auch von den Bearbeitungsaufgaben selbst. Beim Gewindeschneiden von Hand muß z. B. eine verhältnismäßig niedrige Schnittgeschwindigkeit gewählt werden, damit der Schneidmeißel am Ende des Gewindes rechtzeitig zurückgezogen werden kann. Bei unterbrochenen Schnitten nimmt man ebenfalls niedrige Werte, um die Erschütterungen möglichst gering zu halten. Ein zäher Werkstoff verstopft die Drehbank durch seinen wolleartigen Drehspan. Der Dreher könnte bei zu hohen Drehzahlen gefährdet werden. Andererseits darf die Schnittgeschwindigkeit für die Erzeugung hochwertiger Drehflächen nicht zu klein sein, damit die Kristalle durchschnitten und nicht aus der Oberfläche herausgerissen werden.

Gegenwärtig gehen die Schnittgeschwindigkeiten im allgemeinen bei Verwendung von Hartmetallschneiden für Stahl über 150 m/min[1], für Nichteisenmetall über 600 m/min[2] nicht hinaus. Bei Feindreharbeiten mit Diamanten werden Schnittgeschwindigkeiten bis zu 3000 m/min, mit Hartmetall bis 360 m/min angegeben.

Durch die Einführung der oxydkeramischen Schneidstoffe, die wir z. Z. erleben, scheinen die Grenzen für die Schnittgeschwindigkeit abermals weiter hinausgeschoben zu werden. Man bearbeitet Stahl z. Z. mit Geschwindigkeiten von 100 bis 400 m/min, Höchstwerte bis zu 700 m/min. Für Leicht- und Buntmetalle werden Werte bis zu 3000 m/min genannt. Eine Welle mit 50 mm Durchmesser müßte also mit etwa 19000 U/min umlaufen! Ob die Entwicklung der keramischen Werkzeuge eine ähnliche Umwälzung im Drehbankbau bringen wird wie seinerzeit die Einführung der Hartmetallschneidstoffe, läßt sich gegenwärtig noch nicht übersehen. Nach den bisherigen Erfahrungen scheinen die oxydkeramischen Schneidstoffe sehr empfindlich gegen Stoßbeanspruchung und nicht für jeden Fall geeignet zu sein.

Ein Beurteilungsmaßstab hierfür ist vielleicht die Biegefestigkeit der Schneidstoffe:

Schnellarbeitsstahl	etwa 300 kp/mm²,
Hartmetall	120 bis 180 kp/mm²,
oxydkeramische Schneidstoffe (Sinteroxyde) maximal	50 kp/mm².

Voraussetzung für die Verwendung keramischer Schneidstoffe ist eine äußerst starre schwingungsunempfindliche Maschine mit genauester, möglichst spielfreier Lagerung und Führung

---

[1] Empfohlene Höchstwerte 250 m/min.
[2] Empfohlene Höchstwerte bei Aluminium- und Magnesiumlegierungen 2000 m/min.

1.6 Geschwindigkeit und Drehzahl

aller beweglichen Teile und kürzestem Weg der Zerspanungskraft von der Schneidkante zu den Bettführungen.

Es wird also von der Drehbank, wenn sie vielseitig verwendbar sein will, ein möglichst großer Drehzahlbereich (d. i. das Verhältnis der größten zur kleinsten Drehzahl) gefordert.

$$B_R = \frac{n_{max}}{n_{min}}. \tag{20}$$

Je größer dieser Bereich ist, um so aufwendiger muß das Getriebe für den Antrieb der Arbeitsspindel sein. Bei dem Entwurf des Spindelgetriebes ist der voraussichtliche Verwendungszweck mit den dafür tragbaren konstruktiven Aufwendungen in ein vernünftiges Verhältnis zu setzen.

Ist entsprechend dem Drehdurchmesserbereich und dem gedachten Verwendungszweck der Drehzahlbereich B_R festgelegt, wird die Anzahl und Größe der Drehzahlen bestimmt. Bei einem stufenlosen Antrieb sind unendlich viele Drehzahlen vorhanden, d. h., innerhalb des gegebenen Bereiches läßt sich jede gewünschte Drehzahl genau einstellen. Dies ist zweifellos der Idealfall, da dann genau die aus wirtschaftlichen Erwägungen jeweils festgelegte Schnittgeschwindigkeit möglich ist. Aus mancherlei Gründen wurden stufenlose Antriebe bisher nur in wenigen Typen eingebaut. Vorläufig herrscht der gestufte Antrieb vor, d. h., über ein Zahnradgetriebe wird eine begrenzte Anzahl von Drehzahlen erzeugt. Um eine möglichst gleichmäßige Verteilung dieser Drehzahlen über den gesamten Bereich zu erhalten, muß die Stufung nach bestimmten Gesetzen vorgenommen werden. Hierfür kommen in Frage

die arithmetische,
die geometrische und
die logarithmische Stufung.

Bei der arithmetischen Drehzahlstufung unterscheiden sich zwei benachbarte Drehzahlen um einen feststehenden Wert. Ist das Anfangsglied n_0 und dieser Wert λ, so heißt eine arithmetisch gestufte Drehzahlreihe

$$n_0; \quad n_0 + \lambda; \quad n_0 + 2\lambda; \quad n_0 + 3\lambda \quad \text{usw. bis} \quad n_0 + (z-1)\lambda,$$

wenn die Reihe z Glieder hat. Ist z. B. $z = 6$, $n_0 = 10$ und $\lambda = 98$, so würde die Reihe lauten:

$$10 \quad 108 \quad 206 \quad 304 \quad 402 \quad 500.$$

Der Drehzahlbereich ist $\frac{500}{10} = 50$.

Bei der geometrischen Stufung unterscheiden sich die einzelnen Glieder um einen gleichbleibenden Faktor φ. Die Reihe lautet also

$$n_0; \quad n_0\varphi; \quad n_0\varphi^2; \quad n_0\varphi^3 \text{ bis } n_0\varphi^{z-1}$$

für $n_0 = 10$, $z = 6$, ergibt dann bei dem gleichen Drehzahlbereich 50

$$B_R = \frac{n_0\varphi^{z-1}}{n_0} = \varphi^5 = 50; \quad \varphi = \sqrt[5]{50} = 2{,}19.$$

Damit erhält die Reihe für den gleichen Bereich 10 bis 500 die Werte

$$10 \quad 21{,}9 \quad 47{,}9 \quad 105 \quad 229 \quad 500.$$

Die Gleichung $v = \frac{\pi D n}{1000} = v f(D)$ ist eine Gerade mit dem Richtungsfaktor $\frac{\pi n}{1000}$.

Werden die Geraden für die verschiedenen Parameter n in ein $v - D$ Schaubild eingezeichnet, erhält man das sogenannte Sägediagramm. Dieses Diagramm zeigt, daß bei der arithmetischen Stufung der Abfall der Schnittgeschwindigkeit beim Umschalten auf die nächstniedrigere Drehzahl mit wachsendem Durchmesser immer größer wird, während er bei der geometrischen Stufung konstant bleibt (Abb. 31).

Gehört z. B. die gewünschte Schnittgeschwindigkeit zu einer Drehzahl, die genau zwischen zwei vorhandenen Drehzahlen liegt, so ist ihr Verhältnis zur nächstniedrigen bei der geometrischen Stufung immer gleich, bei der arithmetischen jedoch fallend mit der Drehzahl. Die hohen Drehzahlen liegen enger zusammen als die niedrigen.

In der angeführten Drehzahlreihe ist die Abweichung bei der geometrischen Reihe stets

$$\frac{n_0 \varphi^z + n_0 \varphi^{z-1}}{2 n_0 \varphi^{z-1}} = \frac{\varphi + 1}{2}.$$

Für den häufig verwendeten Wert $\varphi = 1{,}26$ also $\dfrac{1{,}26 + 1}{2} = \dfrac{1{,}13}{1}$.

Bei der arithmetischen Reihe ergibt sich jedoch für die kleinen Drehdurchmesser

$$\frac{(n_0 + \lambda) + n_0}{2 n_0} = \frac{2 n_0 + \lambda}{2 n_0} = \frac{5{,}9}{1}$$

$(\lambda = 98;\ n_0 = 10)$,

bei den großen Drehdurchmessern

$$\frac{(n_0 + 5\lambda) + (n_0 + 4\lambda)}{2(n_0 + 4\lambda)} = \frac{2 n_0 + 9\lambda}{2 n_0 + 8\lambda} = \frac{1{,}12}{1}.$$

Da man bestrebt ist, die Drehzahlreihe so auszubilden, daß möglichst oft die wirtschaftlich richtige Schnittgeschwindigkeit eingestellt werden kann, verdient die geometrische Reihe den Vorzug gegenüber der arithmetischen, da hier bei vorgegebener Schnittgeschwindigkeit die Abweichungen der errechneten von den einstellbaren Drehzahlen über den gesamten Durchmesserbereich gleichbleiben, während bei der arithmetischen Stufung diese Abweichungen bei den niedrigen Drehzahlen zunehmen. Aus diesem Grunde findet man in der Drehbank fast ausschließlich die geometrische Stufung, zumal sie für die Auslegung der Getriebe Vorteile bietet, wie noch gezeigt wird.

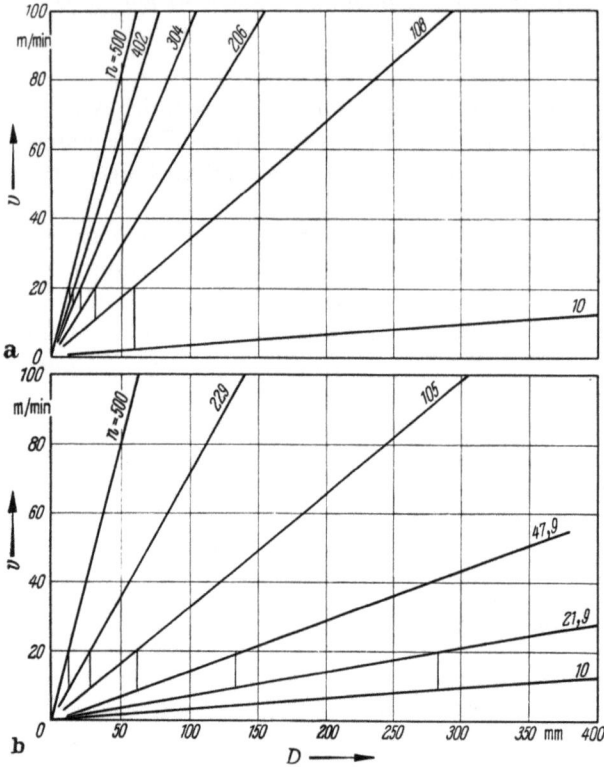

Abb. 31a u. b. Die Gleichung $v = \dfrac{\pi D n}{1000}$ [m/min] für die Drehzahlen des Drehzahlbereiches $B_r = \dfrac{500}{10}$ in
a) arithmetische Stufung, b) geometrische Stufung

Sogenanntes „Sägediagramm". Die senkrechten Linien zeigen diejenigen Durchmesser an, bei denen die Drehzahlen umgeschaltet werden müssen, wenn die Schnittgeschwindigkeit $v = 20$ [m/min] nicht überschritten werden soll

Bei einer Drehzahlreihe mit 6 Stufen, wie in dem Beispiel angenommen, gehören zu einer bestimmten Schnittgeschwindigkeit 6 Drehdurchmesser, bei denen diese genau vorhanden ist. Für allen anderen Durchmessern ergeben sich andere Werte, die von den vorgeschriebenen um einen gewissen Prozentsatz abweichen. Eine Zusammenstellung dieser Durchmesser bei geometrischer Stufung zeigt, daß die zum Erreichen des nächsten Durchmessers abzudrehende Schnittiefe mit zunehmenden Drehdurchmesser immer größer wird.

$$n = 10;\quad 21{,}9;\quad 47{,}9;\quad 105;\quad 229;\quad 500;$$

$$v_{\text{ang.}} = 20 \text{ m/min}.$$

$$D = \frac{1000 \cdot 20}{\pi n} = 635;\quad 290;\quad 133;\quad 60;\quad 28;\quad 13.$$

Die Durchmesserdifferenz ist somit 345   157   73   32   15.

Während bei Werkstücken mit kleinem Durchmesser die Wahrscheinlichkeit, mit der vorgeschriebenen Schnittgeschwindigkeit zu arbeiten, verhältnismäßig groß ist, nimmt diese mit wachsendem Durchmesser laufend ab. Beim Abdrehen eines Spanes von 7,5 mm Tiefe arbeitet der Schneidmeißel im Durchmesserbereich 13 bis 28 mm in den meisten Fällen im alten oder im neuen Durchmesser noch mit der richtigen Schnittgeschwindigkeit, während dies bei den großen Durchmessern 290 bis 635 nur in unmittelbarer Nähe dieser Werte der Fall ist.

Es ist daher vorgeschlagen worden, die Drehzahlstufung so zu gestalten, daß die einstellbaren Drehdurchmesser möglichst gleich weit auseinander liegen. Zu diesem Zweck müßte der Faktor der geometrischen Reihe, der sogenannte Stufensprung, nach einem bestimmten Gesetz verändert werden. Diese Stufung wird die logarithmische genannt, weil die Berechnung der Drehzahlen aus Überlegungen abgeleitet werden, die mit der Darstellung dieser Gedanken im logarithmischen Schaubild zusammenhängen (KRONENBERG). Bisher hat sich diese Betrachtungsweise in der Praxis nicht durchgesetzt, weil die Herstellung der hierfür erforderlichen Getriebe wahrscheinlich zu kompliziert ist. Auch die Zusammensetzung zweier geometrischer Reihen mit dem Ziel, die Abstände zwischen den Drehzahlen einander anzugleichen, hat sich aus getriebetechnischen Gründen ebenfalls nicht einführen können (geometrische Auswahlstufung).

In der Regel wird die geometrische Drehzahlstufung verwendet. Für sie gelten die folgenden Zusammenhänge:

Anfangsdrehzahl n_0
Enddrehzahl n_z
Anzahl der Stufen z
Stufensprung φ

$$n_1 = \varphi \, n_0$$
$$n_2 = \varphi \, n_1 = \varphi^2 \, n_0$$
$$n_z = \varphi^{z-1} \, n_0$$

Die Reihe lautet also: $n_0; \; \varphi \, n_0; \; \varphi^2 \, n_0 \ldots \varphi^{z-1} \, n_0$.

Drehzahlbereich $\quad B_R = \dfrac{n_z}{n_0} = \dfrac{n_0 \, \varphi^{z-1}}{n_0} = \varphi^{z-1}$,

$$\varphi = \sqrt[z-1]{B_R} = \sqrt[z-1]{\dfrac{n_z}{n_0}},$$

$$z = \dfrac{\log B_R}{\log \varphi} + 1. \tag{20}$$

Die größte Abweichung von einer einstellbaren Drehzahl und Schnittgeschwindigkeit, d. h. der Mittelwert zwischen 2 Drehzahlen im Verhältnis zur niedrigeren der beiden Drehzahlen ist, wie bereits erwähnt wurde,

$$\dfrac{\dfrac{\varphi \, n_x + n_x}{2} - n_x}{n_x} \cdot 100\% = \left(\dfrac{\varphi + 1}{2} - 1\right) \cdot 100\%.$$

Die im Drehbankbau gebrauchten Drehzahlen sind den dezimalgeometrischen Zahlenreihen nach DIN 323 entnommen (Tab. 4 u. 5, S. 30 u. 31). Es sind dies die abgerundeten Werte der geometrischen Reihen mit den Faktoren (Stufensprüngen)

$$\sqrt[5]{10} = 1{,}58 \quad \text{5er Reihe } \varphi_5,$$
$$\sqrt[10]{10} = 1{,}26 \quad \text{10er Reihe } \varphi_{10},$$
$$\sqrt[20]{10} = 1{,}12 \quad \text{20er Reihe } \varphi_{20},$$
$$\sqrt[40]{10} = 1{,}06 \quad \text{40er Reihe } \varphi_{40}.$$

Die Werte der nächstgröberen Reihe ergeben sich durch Multiplikation der feineren Reihe mit sich selbst. Also

$$\varphi_{40} \, \varphi_{40} = \varphi_{20};$$
$$\varphi_{20} \, \varphi_{20} = \varphi_{10} \quad \text{usw.}$$

Für Werkzeugmaschinengetriebe wurden außerdem noch die Reihen

$$\varphi = \sqrt{2} = 1{,}41 \quad \text{und} \quad \varphi = 2$$

hinzugefügt.

Tabelle 4. Aufbau der Normzahlen. (Nach DIN 323)

Ordnungsnummern[1] für die Normzahlen			Mantisse	Genauwerte	Abweichung der Hauptwerte von den Genauwerten %	Hauptwerte Grundreihen				Rundwerte nur für Reihe			Naheliegende Werte
von 0,1···1	von 1···10	von 1···100				R 40	R 20	R 10	R 5	$R_a 20$	$R_a 10$	$R_a 5$	
1	2	3	4	5	6	7	8	9	10	11			12
−40	0	40	000	1,0000	0	1,00	1,00	1,00	1,00				
−39	1	41	025	1,0593	+0,07	1,06							
−38	2	42	050	1,1220	−0,18	1,12	1,12			1,1	11	110	
−37	3	43	075	1,1885	−0,71	1,18							
−36	4	44	100	1,2589	−0,71	1,25	1,25	1,25		1,2	12		$\sqrt[3]{2}$
−35	5	45	125	1,3335	−1,01	1,32							
−34	6	46	150	1,4125	−0,88	1,40	1,40						$\sqrt{2}$
−33	7	47	175	1,4962	+0,25	1,50							
−32	8	48	200	1,5849	+0,95	1,60	1,60	1,60	1,60				
−31	9	49	225	1,6788	+1,26	1,70							
−30	10	50	250	1,7783	+1,22	1,80	1,80						
−29	11	51	275	1,8836	+0,87	1,90							
−28	12	52	300	1,9953	+0,24	2,00	2,00	2,00					
−27	13	53	325	2,1135	+0,31	2,12							
−26	14	54	350	2,2387	+0,06	2,24	2,24			2,2	22	220	
−25	15	55	375	2,3714	−0,48	2,36							
−24	16	56	400	2,5119	−0,47	2,50	2,50	2,50	2,50				
−23	17	57	425	2,6607	−0,40	2,65							
−22	18	58	450	2,8184	−0,65	2,80	2,80						
−21	19	59	475	2,9854	+0,49	3,00							
−20	20	60	500	3,1623	−0,39	3,15	3,15	3,15		3	32		π
−19	21	61	525	3,3497	+0,01	3,35							
−18	22	62	550	3,5481	+0,05	3,55	3,55			3,5	36		
−17	23	63	575	3,7584	−0,22	3,75							
−16	24	64	600	3,9811	+0,47	4,00	4,00	4,00	4,00				
−15	25	65	625	4,2170	+0,78	4,25							
−14	26	66	650	4,4668	+0,74	4,50	4,50						
−13	27	67	675	4,7315	+0,39	4,75							
−12	28	68	700	5,0119	−0,24	5,00	5,00	5,00					
−11	29	69	725	5,3088	−0,17	5,30							
−10	30	70	750	5,6234	−0,42	5,60	5,60			5,5			
− 9	31	71	775	5,9566	+0,73	6,00							
− 8	32	72	800	6,3096	−0,15	6,30	6,30	6,30	6,30	6			2π
− 7	33	73	825	6,6834	+0,25	6,70							
− 6	34	74	850	7,0795	+0,29	7,10	7,10			7	70		
− 5	35	75	875	7,4989	+0,01	7,50							
− 4	36	76	900	7,9433	+0,71	8,00	8,00	8,00					$\pi/4$
− 3	37	77	925	8,4140	+1,02	8,50							
− 2	38	78	950	8,9125	+0,98	9,00	9,00						
− 1	39	79	975	9,4406	+0,63	9,50							
0	40	80	000	10,0000	0	10,00	10,00	10,00	10,00				g, π^2

Da $\sqrt[10]{10} \approx \sqrt[3]{2}$, d. h., also jede 4. Zahl der Zehnerreihe doppelt so groß wie die erste ist,

$$n_0; \quad n_0 \sqrt[3]{2}; \quad n_0 \left(\sqrt[3]{2}\right)^2; \quad 2 n_0,$$

wird der Entwurf der Getriebe außerordentlich erleichtert, da nunmehr mit Vervielfachungsgetrieben

$$2:1; \quad 1:1; \quad 1:2; \quad 1:4; \quad 1:8$$

---

[1] Für weitere Dekaden setzen sich die Ordnungsnummern entsprechend fort.

1.6 Geschwindigkeit und Drehzahl

Tabelle 5. *Nenndrehzahlen je Minute für Arbeitsspindeln und Getriebe.* (Nach DIN 804)

Grund-reihe R 20	Nennwerte U/min							Grenzwerte U/min der Grundreihe R 20			
	Abgeleitete Reihen							bei mech. Toleranz		bei mech. u. el. Toleranz	
	R 20/2	R 20/3 (2800)	R 20/4		R 20/6 (2800)						
			(1400)	(2800)							
$\varphi=1{,}12$	$\varphi=1{,}25$	$\varphi=1{,}4$	$\varphi=1{,}6$	$\varphi=1{,}6$	$\varphi=2$			-2%	$+2\%$	-2%	$+4{,}5\%$
1	2	3	4	5	6			7	8	9	10
100								98	102	98	105
112	112	11,2		112	11,2			110	114	110	117
125			125					123	128	123	132
140	140		1400	140		1400		138	144	138	148
160		16						155	162	155	166
180	180		180		180	180		174	181	174	186
200			2000					196	204	196	209
224	224	22,4		224	22,4			219	228	219	234
250			250					246	256	246	262
280	280		2800	280		2800		276	287	276	294
315		31,5						310	323	310	330
355	355		355	355		355		348	362	348	371
400			4000					390	406	390	416
450	450	45			450	45		438	456	438	467
500			500					491	511	491	524
560	560		5600	560		5600		551	574	551	588
630		63						618	643	618	659
710	710		710		710	710		694	722	694	740
800			8000					778	810	778	830
900	900	90		900		90		873	909	873	931
1000			1000					980	1020	980	1050

gearbeitet werden kann. Auch die Nenndrehzahlen der elektrischen Motoren fügen sich in dieses System ein, da sich die Drehzahlen der gewöhnlich verwendeten Asynchronmotoren aus der Gleichung

$$n = \frac{F \cdot 60}{p} \quad [\text{U/min}], \qquad (21)$$

p Anzahl der Polpaare,

ergeben.

Die Polpaarzahlen $1-2-3-4-5-6-8-10$ sind in der Normdrehzahlreihe enthalten, ebenso die gebräuchliche Frequenz 50 Hz.

Bei dem Entwurf eines Getriebes muß zunächst der Drehzahlbereich, der Stufensprung und die Anzahl der Drehzahlen festgelegt werden. Hierfür ist eine graphische Darstellung der Formel $B_R = \varphi^{z-1}$ in einfachen logarithmischen System nützlich.

$$\log B_R = (z-1) \log \varphi$$

bzw.

$$z = \frac{1}{\log \varphi} \log B_R + 1.$$

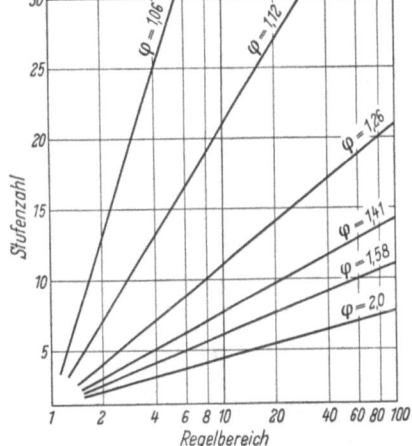

Abb. 32. Die Stufenzahl z als Funktion des Regelbereiches B_r für verschiedene Stufensprünge

$$z = \frac{1}{\log \varphi} \log B_r + 1 \quad [1] \qquad (20)$$

Das sind in Punkt $z = 1$ beginnende Geraden mit dem Richtungsfaktor $\frac{1}{\log \varphi}$.

Da $\varphi = \sqrt[x]{10}$, ist $\log \varphi = \frac{1}{x} \log 10 = \frac{1}{x}$, d. h., der Richtungsfaktor $\frac{1}{\log \varphi}$ ist einfach der Wurzelexponent x (5, 10, 20, 40) (Abb. 32).

1.7 Leistung und Wirtschaftlichkeit

Bei Verkaufsverhandlungen wird oft die Frage gestellt, was leistet die Drehbank. Es zeigt sich dann gelegentlich, daß über den Begriff „Leistung" verschiedene Ansichten bestehen.

Der Zusammenhang zwischen Leistung N [PS], Drehmoment und Drehzahl ist gegeben durch die Gleichung

$$N = \frac{M_d\,n}{716{,}20} \quad [\text{PS}] \tag{14}$$

bzw.

$$N = \frac{M_d\,n}{974} \quad [\text{kW}].$$

Der Antriebsmotor bzw. die Transmission gibt an die Antriebsriemenscheibe eine Antriebsleistung N_0 ab, die sich z. B. bei unmittelbarem elektrischen Antrieb durch einen Drehstrommotor aus der Gleichung

$$N_0 = \frac{U\,I\,\sqrt{3}\,\cos\varphi\,\eta}{0{,}736 \cdot 1000} \quad [\text{PS}], \tag{22}$$

U Spannung
I Stromstärke
$\cos\varphi$ der Leistungsfaktor des Motors
η der Wirkungsgrad des Motors

errechnet.

An der Wirkstelle, dort wo der Drehmeißel den Werkstoff zerspant, wird die Wirkleistung N_W verbraucht.

Das Verhältnis

$$\frac{N_W}{N_0} = \eta_D \tag{23}$$

ist der Wirkungsgrad der Drehbank. Er besagt, daß ein Teil der Leistung durch Reibung innerhalb der Maschine verlorengeht, d. h. in Wärme umgewandelt wird.

Die Wirkleistung setzt sich aus 2 Teilen zusammen

$$N_W = N_{Ws} + N_{Wv}, \tag{24}$$

N_{Ws} ist das Produkt aus der Hauptschnittkraft P_s und der Schnittgeschwindigkeit v.

$$N_{Ws} = \frac{P_s\,v}{60 \cdot 75} = \frac{P_s\,v}{4500} = \frac{k_s \cdot q\,\pi\,D \cdot n}{4{,}5 \cdot 10^6} \quad [\text{PS}]. \tag{25}$$

N_{Wv} ist das Produkt aus der Vorschubkraft P_v und der Vorschubgeschwindigkeit $\frac{n\,s}{1000}$ [m/min]

$$N_{Wv} = \frac{P_v\,n\,s}{4{,}5 \cdot 10^6} \quad [\text{PS}]. \tag{26}$$

Wenn man den extremen, praktisch kaum vorkommenden Wert $P_v = P_s$ annimmt, wird

$$N_{Wv} = \frac{P_s\,n\,s}{4{,}5 \cdot 10^6}. \quad \text{Mit} \quad n = \frac{N_{Ws}\,4{,}5 \cdot 10^6}{P_s\,\pi\,D} \quad \text{ist} \quad N_{Wv} = N_{Ws}\,\frac{s}{\pi\,D} \quad [\text{PS}]. \tag{27}$$

Das Verhältnis $\frac{s}{\pi D}$ ist immer klein, so daß N_{Wv} im allgemeinen unter 1% der für die Hauptschnittkraft erforderlichen Leistung N_{Ws} bleibt. Die für den Vorschub notwendige Leistung darf daher bei den weiteren Betrachtungen vernachlässigt werden. Die 3. Komponente der Zerspanungskraft P_z, die Rückkraft P_r verbraucht keine Leistung, da es keine Bewegung in Richtung der Rückkraft gibt.

Die Verluste lassen sich in 2 Gruppen aufteilen, nämlich in die Leerlaufverluste und die Verluste unter Belastung. Es leuchtet ein, daß die Verluste unter Belastung bei steigender Beanspruchung wachsen müssen. Bei höherem Druck auf die aufeinandergleitenden und wälzenden Flächen sind naturgemäß größere Kräfte für die Überwindung der Reibung erforderlich. Diese Flächendrücke rühren von den konstanten Eigengewichten der gleitenden Teile und des Werkstückes und der veränderlichen Zerspanungskraft her. Zur Überwindung der Reibung ist eine Reibungskraft

$$R = \mu\,P \quad [\text{kp}], \tag{28}$$

μ Reibungszahl,

1.7 Leistung und Wirtschaftlichkeit

notwendig, wenn hier unter P die Summe aller senkrecht auf die Gleitfläche wirkenden Kräfte verstanden wird. Die Verlustleistung ist dann

$$N_R = \frac{R\,c}{4500} \quad [\text{PS}], \qquad (29)$$

wobei c die Gleitgeschwindigkeit bedeutet [m/min]. Die Verlustleistung muß also mit wachsender Drehzahl zunehmen.

Wenn diese Zusammenhänge im Prinzip auch seit langem bekannt sind, so hat man sich über die Größe der Verluste so lange keine allzu großen Sorgen gemacht, wie die an der Drehbank auftretenden Geschwindigkeiten verhältnismäßig gering blieben. Bei den heute üblichen hohen Schnittgeschwindigkeiten, wie sie durch die Anwendung des Hartmetalls und neuerdings der Keramik bedingt sind, darf man dieses Problem nicht mehr als nebensächlich ansehen. Neuere Untersuchungen (OPITZ) [10] haben gezeigt, daß bei hohen Drehzahlen mit ganz erheblichen Verlusten gerechnet werden muß. Der Drehbankwirkungsgrad ist von der Belastung und von der jeweils eingestellten Drehzahl der Arbeitsspindel in starkem Maße abhängig. Abb. 33 zeigt den Verlauf des Wirkungsgrades der Belastung bei einer bestimmten Drehzahlstufe. Abb. 34 stellt die Abhängigkeit des Wirkungsgrades von der Drehzahl dar (bei vorgegebener Belastung). Die Kurve ist nicht stetig, da jeder Drehzahl ein bestimmtes Schaltbild des Getriebes entspricht und der Weg der Energie entsprechend den im Eingriff befindlichen Rädern verläuft.

Wie aus dem Schaubild Abbildung 34 zu erkennen ist, sinkt der Gesamtwirkungsgrad einschl. Motor für die untersuchte Maschine bei $n = 1800$ U/min und Vollast (5 kW) auf weniger als 40%. Bei Teillast

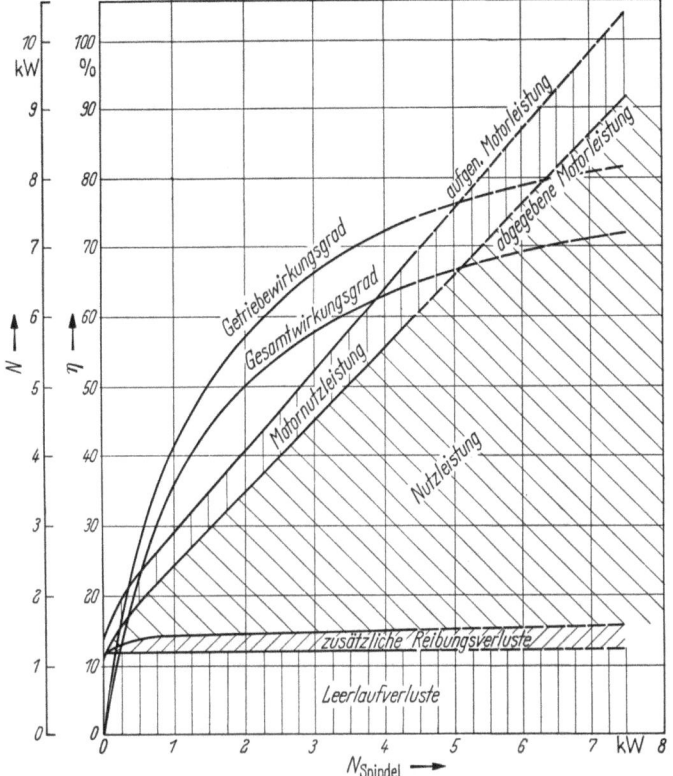

Abb. 33. Leistungen, Verluste und Wirkungsgrade in Abhängigkeit von der Leistung an der Arbeitsspindel. Schlechter Wirkungsgrad bei Teillast [10]

Spindeldrehzahl $n = 1220$ [U/min] = const

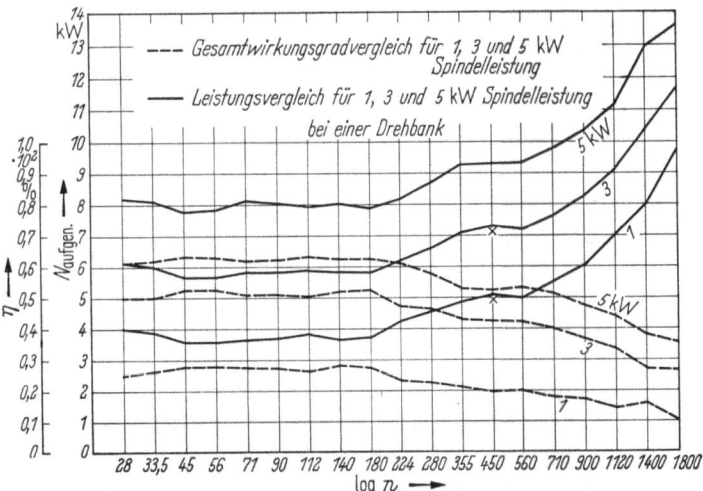

Abb. 34. Wirkungsgrad und aufgenommene Antriebsleistung als Funktion der Drehzahl für drei verschiedene konstante Leistungen an der Arbeitsspindel. Abfall des Wirkungsgrades bei den höheren Drehzahlen [10]

(z. B. 1 kW) ist der Wirkungsgrad sogar nur 10%, eine Folge des Motorwirkungsgrades, der bei Teillast stark abfällt. Man müßte also die 10fache Leistung aus dem Netz entnehmen. (Die ausgezogenen Kurven zeigen die erforderliche Leistungsaufnahme für eine Zerspanungsleistung von 1, 3 und 5 kW.)

Diese wenigen Andeutungen mögen zeigen, daß der Gesamtwirkungsgrad einer Drehbank nicht mehr, wie meistens üblich, konstant mit 75% gerechnet werden darf. Teillasten und hohe Drehzahlen verschlechtern ihn sehr stark. Der Antriebsmotor sollte sorgfältiger als bisher den in Aussicht genommenen Bearbeitungsaufgaben angepaßt werden. Diese Forderung erscheint um so notwendiger, als sehr oft der Eindruck besteht, daß die Drehbänke hinsichtlich ihrer Antriebsleistung überdimensioniert sind. Die systematische Untersuchung einer Dreherei (OPITZ) [11] bestätigt dieses. Die untersuchten Drehbänke waren im Mittel nur mit 25% ihrer Nennleistung ausgenutzt. Wenn man natürlich aus einer einzigen Untersuchung noch keine allgemeinen Schlüsse ziehen darf, so unterstützt dieses Ergebnis eine oft geäußerte Ansicht. Um einen guten Gesamtwirkungsgrad zu erreichen, sollten die Drehbänke möglichst voll ausgelastet und mit niedrigen Drehzahlen gefahren werden.

Es steht also an der Wirkstelle eine Wirkleistung zur Verfügung, die sich aus dem von Drehzahl und Belastung abhängigen Wirkungsgrad und der Antriebsleistung ergibt.

$$N_W = \eta_D N_0. \tag{23}$$

Wie läßt sich diese Leistung am zweckmäßigsten, d. h. zeitlich und kostenmäßig günstigsten, in Zerspanungsleistung umsetzen?

Hier sind 2 Hauptfälle zu unterscheiden:

1. Drehen mit dem Ziel einer möglichst großen Spanabnahme (Schruppen), um die gewünschte Werkstückform zu erhalten,
2. Drehen mit dem Ziel, eine vorhandene Oberfläche zu glätten bzw. dieser die geforderte Genauigkeit zu geben.

Im ersten Fall kommt es darauf an, soviel Werkstoff wie möglich in der Zeiteinheit zu zerspanen, im zweiten, bei einer möglichst hohen Schnittgeschwindigkeit die Oberfläche in kürzester Zeit abzudrehen, wobei der Spanquerschnitt gering ist und keine Rolle spielt.

Wie schon gezeigt wurde, ist es nicht gleichgültig, wie sich der Spanquerschnitt aus Schnitttiefe und Vorschub zusammensetzt. Beim Schruppen können im allgemeinen Schnittiefe und Vorschub den Zerspanungsgesetzen entsprechend frei gewählt werden, auch die Höhe der Schnittgeschwindigkeit ist noch unbestimmt, da es nur darauf ankommt, in der Zeiteinheit möglichst viele Späne zu machen. Allerdings ist die Schnittiefe oft schon dadurch vorgegeben, daß vorgeschmiedete, gegossene oder gepreßte Teile bearbeitet werden müssen, deren Werkstoffzugaben bei den modernen Verfahren der spanlosen Verformung recht gering sind.

Beim Schlichten liegen die Verhältnisse anders. 2 Faktoren, nämlich der Vorschub und die Schnittgeschwindigkeit, sind hier nicht mehr frei wählbar. Der Vorschub muß fein und die Schnittgeschwindigkeit hoch sein, um eine große Genauigkeit und Oberflächengüte zu erreichen.

Zunächst soll untersucht werden, welche kürzesten Fertigungszeiten zu erreichen sind.

Es ist die Drehzeit (Hauptzeit)

$$T = \frac{l}{n\,s} \quad [\text{min}], \tag{30}$$

l Werkstücklänge in mm.

Da l durch das Werkstück vorgegeben ist, wird T am kleinsten, wenn mit großem Vorschub und hoher Drehzahl gearbeitet wird. Diese Beziehung gilt für *eine* Spanabnahme. Bei mehreren Spanabnahmen ist die Drehzeit dann am kleinsten, wenn die in der Zeiteinheit (z. B. 1 Minute) abgenommene Spanmenge am größten wird. Es ist also

$$T = \frac{V}{v\,q} \quad [\text{min}]. \tag{31}$$

V ist das abzuspanende Werkstoffvolumen in cm, bei einem Zylinder

$$V = \frac{\pi D l a}{10^3} \quad [\text{cm}^3], \tag{32}$$

a Schnittiefe in mm.

T wird also um so kleiner, je größer die Schnittgeschwindigkeit v und der Spanquerschnitt q gemacht werden können.

1.7 Leistung und Wirtschaftlichkeit

Nun sind v und q voneinander abhängig und nicht beliebig zu steigern, wie das v-q-Schaubild zeigen wird (Abb. 35).

Aus der Gleichung

$$N_{W_s} = \frac{P_s v}{4500} \quad [\text{PS}] \tag{25}$$

errechnet sich die Schnittgeschwindigkeit $v = 4500 \frac{N_{W_s}}{P_s}$.

Da

$$P_s = C_{ks}\left(\frac{G}{5}\right)^{g_s} q^{\left(1-\frac{1}{\varepsilon_{ks}}\right)} \quad [\text{kp}], \tag{2}$$

wird

$$v = \frac{4500 N_{W_s}}{C_{ks}\left(\frac{G}{5}\right)^{g_s} q^{\left(1-\frac{1}{\varepsilon_{ks}}\right)}} = \text{const}\, q^{\frac{1-\varepsilon_{ks}}{\varepsilon_{ks}}} \quad [\text{m/min}]. \tag{33}$$

Im doppelt-logarithmischen Schaubild ist das die Gleichung einer Geraden mit dem Richtungsfaktor $\frac{1-\varepsilon_{ks}}{\varepsilon_{ks}}$ und N_{W_s}, C_{ks}, G und g_s als Konstanten. Man nennt diese Gerade die

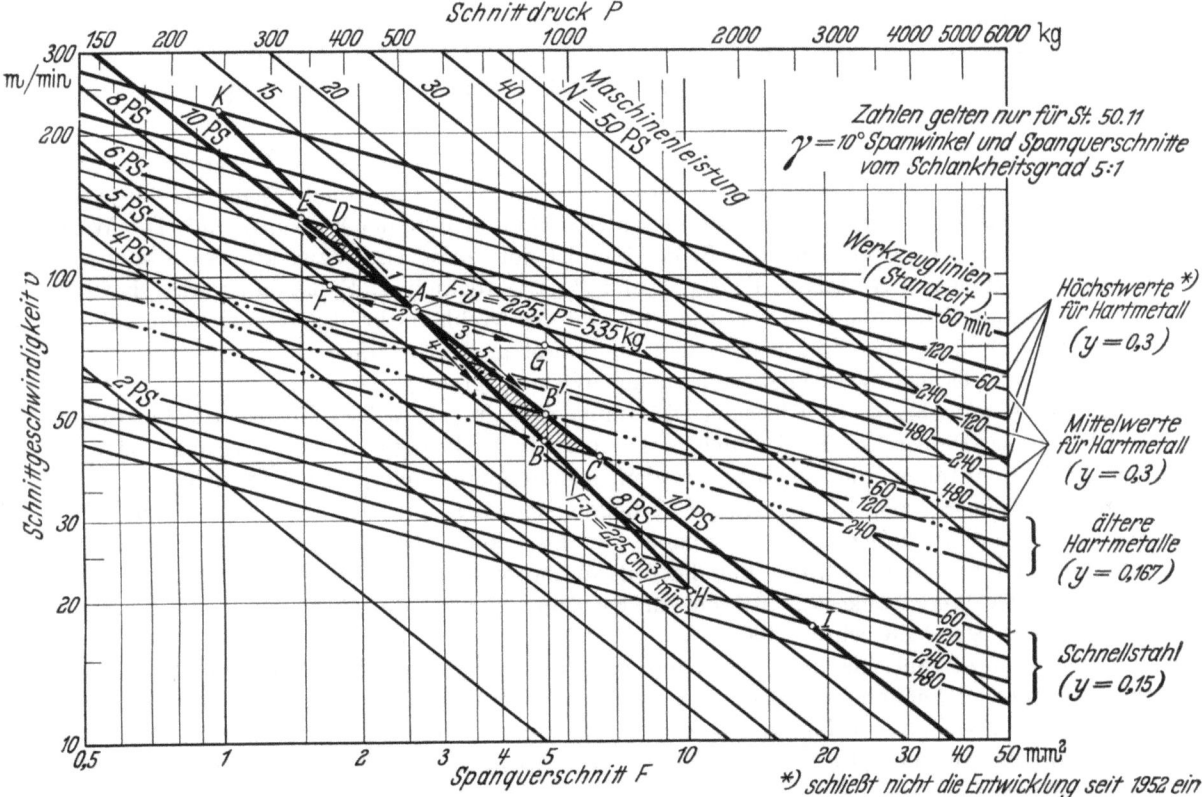

Abb. 35. In einem doppelt-logarithmischen Diagramm zusammengefaßte Darstellung der Beziehungen
$v = \text{const}\, q^{\frac{1-\varepsilon_{ks}}{\varepsilon_{ks}}}$ (Maschinenlinie), $v = \text{const}\, q^{-1}$ (Werkzeuglinie) und $v = \frac{V}{q}$ (Volumenlinie).
Original aus [5]. Es sind daher die Diagrammbezeichnungen zu ersetzen: $F = q$, $P = P_s$, kg = kp

Maschinenlinie, da sie die Zusammenhänge zwischen v und q bei gegebener Maschinenleistung an der Wirkstelle (jeweils für bestimmte Werkstoffe und Schlankheitsgrade) aufzeigt.

Schnittgeschwindigkeit und Spanquerschnitt sind aber auch mit der Standzeit des Drehmeißels gekoppelt, Gl. (18), S. 25.

Diese Gleichung lautete
$$v = \frac{C_v \left(\dfrac{G}{5}\right)^g}{q^f \left(\dfrac{T_L}{60}\right)^y} = \text{const}\, q^{-f} \quad [\text{m/min}]. \tag{18}$$

Das ist im doppelt-logarithmischen System ebenfalls eine Gerade mit dem Richtungsfaktor $-f$ und T_L, C_v, G, g, y als Konstanten. Sie heißt Werkzeuglinie.

Schließlich läßt sich noch eine dritte Gerade einzeichnen, nämlich die Linie konstanten Spanvolumens
$$q\,v = V = \text{const.}$$

Dort, wo sich Maschinenlinie und Werkzeuglinie schneiden, entspricht das Spanvolumen gleichzeitig der gegebenen Wirkleistung und Standzeit. Entfernt man sich von diesem Punkt, wird die Drehbank bzw. das Werkzeug entweder überlastet oder nicht ausgenutzt. Das wird deutlich, wenn durch diesen Schnittpunkt noch die dazugehörende Linie konstanten Spanvolumens gelegt wird und man sich dann die verschiedenen Möglichkeiten durchdenkt.

In Abb. 35 sind eine Schar Werkzeuglinien für eine Reihe von Standzeiten und unterschiedlichen Schneidstoffen (y), eine Schar Maschinenlinien für verschiedene Leistungen und im Schnittpunkt der Maschinenlinie $N = 10$ PS mit der Werkzeuglinie $T_L = 240$ min, $y = 0,3$ die Linie konstanten Spanvolumens ($V = 225$ cm³/min) eingezeichnet [5]. Die Werte gelten für St. 50.11, $\gamma = 10°$ und $G = 5:1$. Dieser Schnittpunkt sei mit A bezeichnet.

Der Einfluß der einzelnen Faktoren wird deutlich, wenn man in Gedanken auf diesen Geraden entlanggeht.

1. Die Maschinenlinie (Linie gleichbleibender Leistung). In Richtung E werden V, T_L, q und P_s kleiner, v größer. Die Drehbank wird also geschont, das maximale Spanvolumen jedoch nicht mehr erreicht. Wegen der hohen Geschwindigkeiten fällt der Wirkungsgrad. Die Werkzeugkosten steigen, da höherwertige Schneidmeißel notwendig sind bzw. kürzere Standzeiten anfallen. In Richtung B' steigen V, T_L, q und P_s; v wird kleiner. Es ist daher wirtschaftlich, sich in Richtung B' zu bewegen, vorausgesetzt, daß die Drehbank kräftig genug ist, die höheren Werte für q und P_s zu ertragen, und daß überhaupt große Spanquerschnitte am Werkstück möglich sind. Geringe Werkzeugkosten, hoher Wirkungsgrad.

2. Die Werkzeuglinie. In Richtung F kommt man in das Gebiet niedrigerer Leistungen und Volumina. Die Drehbank wird nicht ausgenutzt. In Richtung G steigen Leistung und Volumen. Die Drehbank würde überlastet werden, insbesondere auch q und P_s zunehmen.

3. Die Volumenlinie. In Richtung D erhöhen sich Leistung und Schnittgeschwindigkeit bei fallenden q, P_s und T_L. Die Drehbank wird zwar auch überlastet, aber nur von der Geschwindigkeit her, d. h. es würde nur der Antriebsmotor überlastet werden, was kurzzeitig zulässig ist. Die Werkzeugkosten steigen. In Richtung B wird die Maschine nicht mehr ausgelastet. Die Standzeit wird größer.

Man kann zusammenfassend sagen, daß hohe Schnittgeschwindigkeiten und kleine Spanquerschnitte eine leichtere Drehbank, aber hohe Werkzeugkosten bedingen. Das gleiche bzw. ein größeres Spanvolumen läßt sich auch mit niedrigen Geschwindigkeiten und großen Spanquerschnitten erreichen. Die Werkzeugkosten sind geringer. Die Drehbank muß aber wesentlich kräftiger sein.

Die mit der Zerspanung zusammenhängenden Fragen sind insofern schwer übersehbar, weil sehr viele Einflußgrößen im Spiele sind. Die vorstehenden Ausführungen zeigen die Zusammenhänge nur in groben Zügen, um einige grundsätzliche Erkenntnisse herauszustellen. Untersuchungen über den Einfluß des Schlankheitsgrades, der Winkel an der Meißelschneide usw. geben weitere interessante Einblicke in dieses Problem, ändern jedoch nichts am Grundsätzlichen.

Es gibt zahlreiche Werkstätten, in denen eine Aufteilung der Drehbänke auf die verschiedenartigen Drehaufgaben durchaus möglich wäre. In anderen Werkstätten ist eine klare Gliederung wegen des vielfältigen Programmes oder der relativ kleinen Anzahl von Drehmaschinen schwierig. Dies um so mehr, als die Grenzen durchaus fließend sind. Man denke z. B. an ein Gesenkschmiedestück. Hier kann der Schruppschnitt nur mit verhältnismäßig kleinem Spanquerschnitt genommen werden, da die Schnittiefe durch die Werkstoffzugabe begrenzt ist und der Vorschub nicht beliebig hohe Werte annehmen kann. Um die Bank auszunutzen, müssen dann doch verhältnismäßig hohe Schnittgeschwindigkeiten gewählt werden.

Bisher wurden einige Hinweise zum Auffinden der kleinsten *Drehzeit* gemacht. Für die Werkstatt interessanter ist die Frage nach den geringsten *Kosten* je Werkstück. Die Kosten setzen sich aus 3 Teilen zusammen (ohne Stoffkosten):

1. arbeitszeit- und werkzeugunabhängige Kosten, die immer in gleicher Höhe anfallen, ob gearbeitet wird oder nicht, z. B. Heizung, Beleuchtung, Gebäude, Kapitaldienst, Gehälter usw. (K_a);
2. arbeitszeitabhängige Kosten. Hierzu gehören der Lohn, Energiekosten und die weiter als Prozentsatz des Lohnes gerechneten sogenannten Fertigungsgemeinkosten (K_z), soweit nicht unter 1. erfaßt;
3. werkzeugabhängige Kosten. Das sind die Kosten für das Werkzeug, den Nachschliff, Ausfallzeiten durch Werkzeugwechsel u. ä. (K_w).

Wenn der Spanquerschnitt als Parameter gewählt wird, ist die Drehzeit für die Zerspanung eines bestimmten Werkstoffvolumens umgekehrt proportional der Schnittgeschwindigkeit. Die arbeitszeitabhängigen Kosten fallen demnach mit steigender Schnittgeschwindigkeit. Die Werkzeugkosten nehmen mit steigendem v zu, da $T_L = f\left(\dfrac{1}{v}\right)$ (Gl. (17)). K_a bleibt konstant.

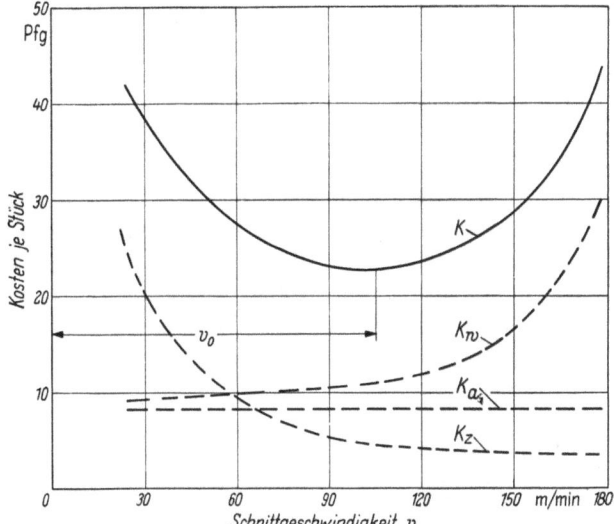

Die Kostengleichung setzt sich also zusammen aus den Teilen

$$K_a = \text{const}; \quad K_z = f\left(\frac{1}{v}\right);$$

$$K_w = f(v).$$

Die Gesamtkosten

$$K = K_a + K_z + K_w = f(v) \quad [12] \quad (34)$$

fallen zunächst mit zunehmender Schnittgeschwindigkeit und steigen später an. (Becherkurve Abb. 36). Es läßt sich somit als wirtschaftliche Schnittgeschwindigkeit v_0 diejenige definieren, bei der die Funktion (35) ein Minimum erreicht.

Faßt man die für die Wirtschaftlichkeit des Drehvorganges wesentlichen Einflußgrößen zusammen, zeigt es sich, daß niedrige Schnittgeschwindigkeiten und große Spanquerschnitte vorzuziehen sind, weil

1. der Wirkungsgrad der Drehbank zunimmt,

Abb. 36. Die Fertigungskosten eines Werkstückes ohne Stoffkosten in Abhängigkeit von der Schnittgeschwindigkeit (sogenannte „Becherkurve") [15]

K Gesamtkosten
K_w werkzeugabhängige Kosten
K_a arbeitszeit- und werkzeugunabhängige Kosten
K_z arbeitszeitabhängige Kosten
v_0 Schnittgeschwindigkeit, bei der die Gesamtkosten ihren niedrigsten Wert haben

2. das Spanvolumen wächst (da die Volumenlinie steiler verläuft als die Maschinenlinie),
3. die Werkzeugkosten sinken.

Es steigt allerdings die Hauptschnittkraft und damit die Beanspruchung aller Bauglieder der Drehbank.[1]

Das eigentliche Kriterium einer Drehbank liegt daher neben der Angabe der am Schneidmeißel zur Verfügung stehenden Wirkleistung in der zulässigen maximalen Schnittkraft. Dieser

---

[1] In den USA sind die Drehbänke im Durchschnitt schwerer als europäische Maschinen gleicher Spitzenhöhe. Neben anderen Gründen mag dies auf die gezeigten Zusammenhänge zurückzuführen sein.

Wert grenzt auf der Maschinenlinie den verwendbaren Bereich nach rechts ab, wobei der rechte Endpunkt der kürzesten Arbeitszeit und den geringsten Kosten entspricht.

Für die Berechnung der Fertigungskosten verwendet man gewöhnlich das bekannte System der Zuschlagskalkulation. Hierin werden sämtliche Kostenfaktoren als Prozentsatz vom Lohn in die Rechnung eingesetzt (Fertigungsgemeinkostenzuschlag). Wenn dieser Zuschlag einen Durchschnittswert der in der gesamten Werkstatt anfallenden Kosten darstellt, entsteht dann ein falsches Bild, wenn die Anschaffungskosten der betrachteten Maschine überdurchschnittlich hoch sind. In dem Fall sind die Kapitalkosten viel entscheidender als der Lohn, so daß Aufwendungen, die einer weiteren Verringerung des Lohnes dienen, oft nicht mehr wirtschaftlich sind.

Die Beurteilung der Wirtschaftlichkeit ist mit den vorstehenden Ausführungen nicht erschöpft. Über die vorhandene Leistung und ihre maximale Schnittkraft kann bei einer in der Werkstatt stehenden Maschine nicht hinausgegangen werden. In vielen Fällen lassen sich noch nicht einmal die zur Ausnutzung dieser Leistung errechneten Geschwindigkeiten und Vorschübe einstellen, weil das Getriebe dies nicht zuläßt.

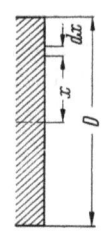

Abb. 37. Bearbeiten einer Planfläche
Die Fläche ist in Ringe von der Breite dx und dem Durchmesser $2x$ eingeteilt. D Durchmesser des Werkstückes

Die Drehbank müßte also eine stufenlose, vom Drehdurchmesser abhängige Drehzahlregelung besitzen und der Vorschub stufenlos einstellbar sein. Die meisten Drehbankkonstruktionen erfüllen diese Bedingungen nicht. Der Hauptgrund für die Ausrüstung der Maschinen mit gestuften Haupt- und Vorschubgetrieben liegt darin, daß die Zeit- und Kostenersparnis durch stufenlose Antriebe im allgemeinen noch in keinem vernünftigen Verhältnis zu dem hierfür erforderlichen Aufwand stehen.

Bei dem gegenwärtigen Stand der Antriebstechnik sind stufenlose Antriebe in der Anschaffung erheblich teurer als gestufte, ganz zu schweigen von dem oft schlechteren Wirkungsgrad im Vergleich zu einem Zahnradgetriebe. Man entschließt sich daher nur dann zu der stufenlosen Regelung, wenn die zu erwartenden Vorteile beträchtlich sind.

Um zu beurteilen, ob sich ein Getriebe mit stufenloser Drehzahlregelung lohnt, muß man sich die in Frage kommenden Drehaufgaben daraufhin durchrechnen. Hierbei interessiert nicht nur die Ersparnis an Drehzeit, sondern in erster Linie die Einsparung an Stückzeit.

Bei einer Planfläche vermindert sich die reine Drehzeit um nahezu 50%, wie folgende Überlegung zeigt:

1. Bearbeiten mit konstanter Drehzahl (Abb. 37).

Es sei der Durchmesser der Planfläche D, die Schnittgeschwindigkeit v und der Vorschub s.

Die Drehzeit (Hauptzeit) t_h für konstante Drehzahl ist dann mit

$$T = \frac{l}{ns}; \quad l = \frac{D}{2} \quad \text{und} \quad n = \frac{1000\,v}{\pi D},$$

$$t_h = \frac{\pi D^2}{2 \cdot 1000\,s\,v}. \tag{35}$$

2. Bearbeiten mit konstanter Schnittgeschwindigkeit.

Bei konstanter Schnittgeschwindigkeit ändert sich n mit dem Durchmesser $2x$ (Abb. 37). Man kann sich die Scheibe in Ringe von der Breite dx zerlegt denken, die mit der zugehörigen Drehzahl

$$n_x = \frac{1000\,v}{\pi\,2x}$$

bearbeitet werden. Die Drehzeit (Hauptzeit) T_h für konstante Schnittgeschwindigkeit ist dann

$$T_h = \int_0^{D/2} \frac{2\pi\,x\,dx}{1000\,s\,v} = \int_0^{D/2} \frac{2\pi\,x^2}{2\cdot 1000\,s\,v} = \frac{\pi D^2}{4\cdot 1000\,s\,v}, \tag{36}$$

T_h ist also $\frac{1}{2} t_h$.

1.7 Leistung und Wirtschaftlichkeit

In Wirklichkeit ist der Unterschied geringer als die Hälfte, da für $x = 0$ $n_x = \infty$ wird. Von einem bestimmten Wert x, bei dem die Maschine ihre Höchstdrehzahl erreicht hat, wird mit konstanter Drehzahl weitergedreht.

Betrachtet man jedoch die Stückzeit, sieht die Sache etwas anders aus. Die Stückzeit t_{st} setzt sich zusammen aus der Hauptzeit t_h, den Nebenzeiten t_n und dem Anteil der Rüstzeit t_r entsprechend den vorgesehenen Stückzahlen z.

Es ist demnach

$$t_{st} = t_h + t_n + \frac{t_r}{z} \tag{37}$$

bei konstanter Drehzahl und

$$T_{st} = T_h + T_n + \frac{T_r}{z} \tag{38}$$

bei konstanter Schnittgeschwindigkeit. Die Ersparnis E errechnet sich in Prozenten zu

$$E = \frac{t_{st} - T_{st}}{t_{st}} \, 100\% \,. \tag{39}$$

Angenommen, t_n sei $= T_n$ und $t_r = T_r$, wird

$$E = \frac{t_h + t_n + \frac{t_r}{z} - \left(T_h + t_n + \frac{t_r}{z}\right)}{t_h + t_n + \frac{t_r}{z}} \, 100\% \,,$$

$$E = \frac{t_h - T_h}{t_h + t_n + \frac{t_r}{z}} \, 100\% \,. \tag{40}$$

Die Ersparnis E ist also nicht nur abhängig von dem Verhältnis der Hauptzeiten t_h/T_h zueinander, sondern auch von der Nebenzeit, der Rüstzeit und der Stückzahl.

Die Formel $E = f(z)$ stellt eine Kurve dar, die im Nullpunkt des Koordinatensystems beginnt und dann asymptotisch mit $z = \infty$ dem Wert

$$E = \frac{t_h - T_h}{t_h + t_n} \, 100\% \tag{41}$$

zustrebt. Die tatsächliche Ersparnis bei dem Abdrehen einer Planfläche möge das folgende Beispiel zeigen:

Es sei

$$T_h = \frac{1}{2} t_h \quad \text{(volle Planscheibe)},$$

und

$$t_n = t_h$$

$$t_r = 5 t_h.$$

Dann ist

$$E = \frac{\frac{1}{2} t_h}{2 t_h + \frac{5 t_h}{z}} \, 100\% = \frac{100\%}{4 + \frac{10}{z}}.$$

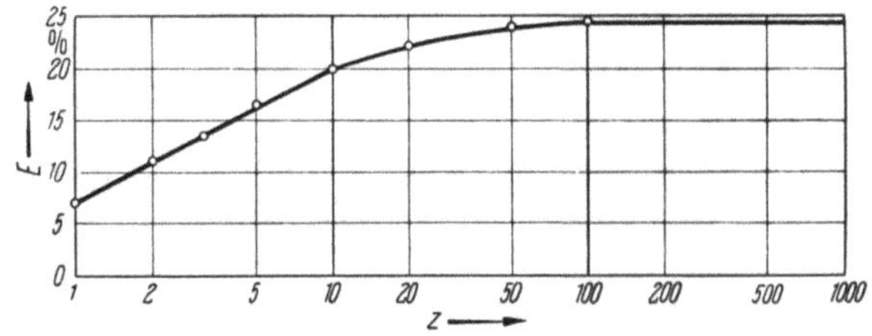

Abb. 38
Verlauf der Kurve $E = f(z)$, gezeichnet für die angenommenen Werte $T_h = \frac{1}{2} t_h$; $t_n = t_h$; $t_r = 5 t_h$

Den Verlauf dieser Kurve zeigt Abb. 38.

Nun ist die Fertigung von Planflächen in der Dreherei nicht der Regelfall. Im allgemeinen sind Ringflächen oder langgestreckte Drehkörper mit Durchmesserunterschieden zu bearbeiten. Bei einer Ringfläche mit den Durchmessern d und D (Abb. 39) wird bei konstanter Schnittgeschwindigkeit

$$T_h = \int_{d/2}^{D/2} \frac{2 \pi x \, dx}{1000 \, s \, v} = \int_{d/2}^{D/2} \frac{\pi x^2}{1000 \, s \, v} = \frac{\pi [D^2 - d^2]}{4 \cdot 1000 \, s \, v}. \tag{42}$$

Bezeichnet man das Durchmesserverhältnis d/D mit a ist

$$T_h = \frac{\pi D^2 (1 - a^2)}{4 \cdot 1000 \, s \, v}. \tag{43}$$

Bei konstanter Drehzahl wäre

$$t_h = \frac{\pi D(D-d)}{2 \cdot 1000\, s\, v} = \frac{\pi D^2 (1-a)}{2 \cdot 1000\, s\, v}. \tag{44}$$

Die Ersparnis an Hauptzeit E_h ist dann

$$E_h = \frac{t_h - T_h}{t_h} 100\% = \frac{\dfrac{\pi D^2(1-a)}{2 \cdot 1000\, s\, v} - \dfrac{\pi D^2(1-a^2)}{4 \cdot 1000\, s\, v}}{\dfrac{\pi D^2(1-a)}{2 \cdot 1000\, s\, v}} 100\% = \frac{1-a}{2} 100\%. \tag{45}$$

Das ist die Gleichung einer Geraden mit $E_h = 0$ für $a = 1$ und $E_h = 50\%$ für $a = 0$.

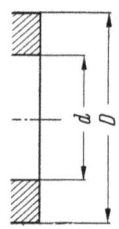

Abb. 39. Bearbeiten einer Ringfläche
D größter Durchmesser
d kleinster Durchmesser
$\dfrac{d}{D} = a$

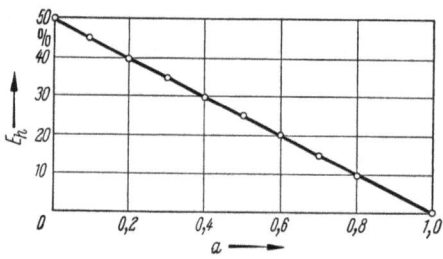

Abb. 40
Die Einsparung von Hauptzeit E_h bei der Bearbeitung von Ringflächen gemäß Abb. 39 als Funktion von dem Durchmesserverhältnis a

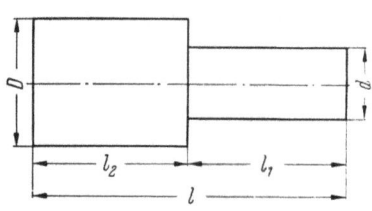

Abb. 41
Aus 2 Zylindern zusammengesetzter Drehkörper mit den Durchmessern d und D und den Längen l_1, l_2 und $l = l_1 + l_2$

Die Ersparnis an Hauptzeit nimmt somit in dem Maße ab, wie sich die Durchmesserunterschiede verringern (Abb. 40).

Soll eine Ringfläche mit

$$d = \frac{1}{2} D, \quad \text{d. h.} \quad a = \frac{1}{2}$$

bearbeitet werden, ist E_h gemäß Gl. 45 = 25% und E mit den Werten des Beispieles Abb. 38

$$E = \frac{\dfrac{1}{4} t_h}{2 t_h + \dfrac{5 t_h}{z}} 100\% = \frac{1}{8 + \dfrac{20}{z}} 100\%.$$

Schließlich sei noch ein zylindrisches Werkstück mit 2 Durchmessern d und D betrachtet (Abb. 41). (Die Ringfläche $(D-d)$ ist nicht berücksichtigt.)

$$t_h = \frac{\pi D(l_1 + l_2)}{1000\, s\, v}, \tag{46}$$

$$T_h = \frac{\pi l_1 d}{1000\, s\, v} + \frac{\pi l_2 D}{1000\, s\, v}, \tag{47}$$

mit $d = a D$ wird dann

$$T_h = \frac{\pi D(a l_1 + l_2)}{1000\, s\, v} \tag{48}$$

und mit $l_1 + l_2 = l$

$$E_h = \frac{t_h - T_h}{t_h} 100\% = \frac{(l_1 + l_2) - (a l_1 + l_2)}{l_1 + l_2} 100\% = \frac{l_1(1-a)}{l} 100\%. \tag{49}$$

Diese Hinweise mögen zeigen, daß nennenswerte Einsparungen an Stückzeit nur zu erwarten sind, wenn es sich um Planflächen handelt, Neben- und Rüstzeiten im Verhältnis zur Hauptzeit klein und die Stückzahlen groß sind. In allen anderen Fällen bewegen sich die Ersparnisse in den Größenordnungen von 1/2 bis 5% bei 1 Stück, 2 bis 12% bei 10 Stück und 5 bis 15% bei 100 Stück. Meistens sind diese Beträge nicht hoch genug, um die großen Kosten für den stufenlosen Antrieb zu rechtfertigen.

1.7 Leistung und Wirtschaftlichkeit

Etwas anderes ist es, wenn an Stelle der stufenlosen Drehzahlregelung die Drehzahl während des Arbeitsprozesses selbsttätig so umgeschaltet werden kann, daß sie stets in der Nähe der vorgesehenen Schnittgeschwindigkeit bleibt. Derartige, meist mit Magnetkupplungen arbeitende Getriebe (Lastschaltgetriebe) sind nicht wesentlich teurer als handbetätigte Getriebe mit Schieberädern oder Kupplungen. Die mit ihnen erzielbaren Verkürzungen der Arbeitszeit liegen aber ungefähr in derselben Größenordnung wie bei einer stufenlosen Regelung.

Soll eine Ringfläche mit dem Durchmesser $d/D = a$ mit einem Stufengetriebe abgedreht werden, ist diese Fläche in eine Anzahl Ringe zu zerlegen, für die jeweils die zugehörige Drehzahl eingestellt wird. Die Drehzahlen unterscheiden sich um den Stufensprung φ, ebenso die entsprechenden Durchmesser.

$$n_1 = \varphi\, n_0; \quad n_2 = \varphi^2\, n_0 \quad \text{usw.}$$

$$D_1 = \frac{D}{\varphi}; \quad D_2 = \frac{D}{\varphi^2} \quad \text{usw. bis} \quad d = a D = \frac{D}{\varphi^z}.$$

Die Drehzeit $t_h = \dfrac{l}{n\, s}$ setzt sich dann zusammen aus

$$t_h = \frac{\frac{D}{\varphi^0} - \frac{D}{\varphi}}{2s\, n_0} + \frac{\frac{D}{\varphi} - \frac{D}{\varphi^2}}{2s\, \varphi\, n_0} + \frac{\frac{D}{\varphi^2} - \frac{D}{\varphi^3}}{2s\, \varphi^2\, n_0} + \cdots \frac{\frac{D}{\varphi^{z-1}} - \frac{D}{\varphi^z}}{2s\, \varphi^{z-1}\, n_0},$$

$$= \frac{D\varphi - D}{2s\, \varphi\, n_0} + \frac{D\varphi - D}{2s\, \varphi^3\, n_0} + \frac{D\varphi - D}{2s\, \varphi^5\, n_0} + \cdots \frac{D\varphi - D}{2s\, \varphi^{2z-1}\, n_0}.$$

$$t_h = \frac{D(\varphi - 1)}{2s\, n_0}\left[\frac{1}{\varphi} + \frac{1}{\varphi^3} + \frac{1}{\varphi^5} \cdots \frac{1}{\varphi^{2z-1}}\right],$$

$$= \frac{D(\varphi - 1)}{2s\, n_0\, \varphi^{2z}}[\varphi^{2z-1} + \varphi^{2z-3} \cdots \varphi^5 + \varphi^3 + \varphi],$$

$$= \frac{D\varphi(\varphi^{2z} - 1)}{2s\, n_0\, \varphi^{2z}(\varphi + 1)}.$$

Da $d = a D = \dfrac{D}{\varphi^z}$, wird

$$\varphi^z = \frac{1}{a}$$

und

$$t_h = \frac{D\varphi\left(\dfrac{1}{a^2} - 1\right)}{2s\, n_0\, \dfrac{1}{a^2}\, (\varphi + 1)} = \frac{D\varphi(1 - a^2)}{(\varphi + 1)\, 2s\, n_0}. \tag{50}$$

Der Unterschied zu der bei stufenloser Drehzahlregelung benötigten Hauptzeit ist dann

$$E_h = \frac{t_h - T_h}{T_h} 100\% = \frac{\dfrac{\pi D^2 \varphi(1 - a^2)}{(\varphi + 1)\, 2 \cdot 1000\, s\, v} - \dfrac{\pi D^2(1 - a^2)}{4 \cdot 1000\, s\, v}}{\dfrac{\pi D^2(1 - a^2)}{4 \cdot 1000\, s\, v}} 100\%,$$

$$E_h = \frac{\varphi - 1}{\varphi + 1} 100\%. \tag{51}$$

Für den häufig gewählten Wert $\varphi = 1{,}26$ wird

$$E_h = \frac{1{,}26 - 1}{1{,}26 + 1} 100\% = 11{,}5\%,$$

d. h., die Hauptzeit erhöht sich nur um 11,5% von der bei stufenloser Drehzahlregelung erreichbaren absoluten Mindestzeit.

Wie man sieht, bringt die stufenlose Regelung nur bei Planflächen so große Vorteile, daß sich die hohen Aufwendungen einer solchen Anlage bezahlt machen.

Viel wichtiger ist es, dafür zu sorgen, daß die vorhandenen Drehbänke wirklich ausgenutzt werden. Die Untersuchungen von OPITZ [11] in einer Dreherei mit Einzelfertigung zeigen z. B., daß die Maschinen in der untersuchten Werkstatt nur während 41% der Arbeitszeit liefen.

Dieses Ergebnis ist sicher kein Einzelfall. Bei Besichtigungen von Betrieben fällt regelmäßig auf, wieviel Drehbänke (und natürlich auch andere Werkzeugmaschinen) nicht arbeiten.

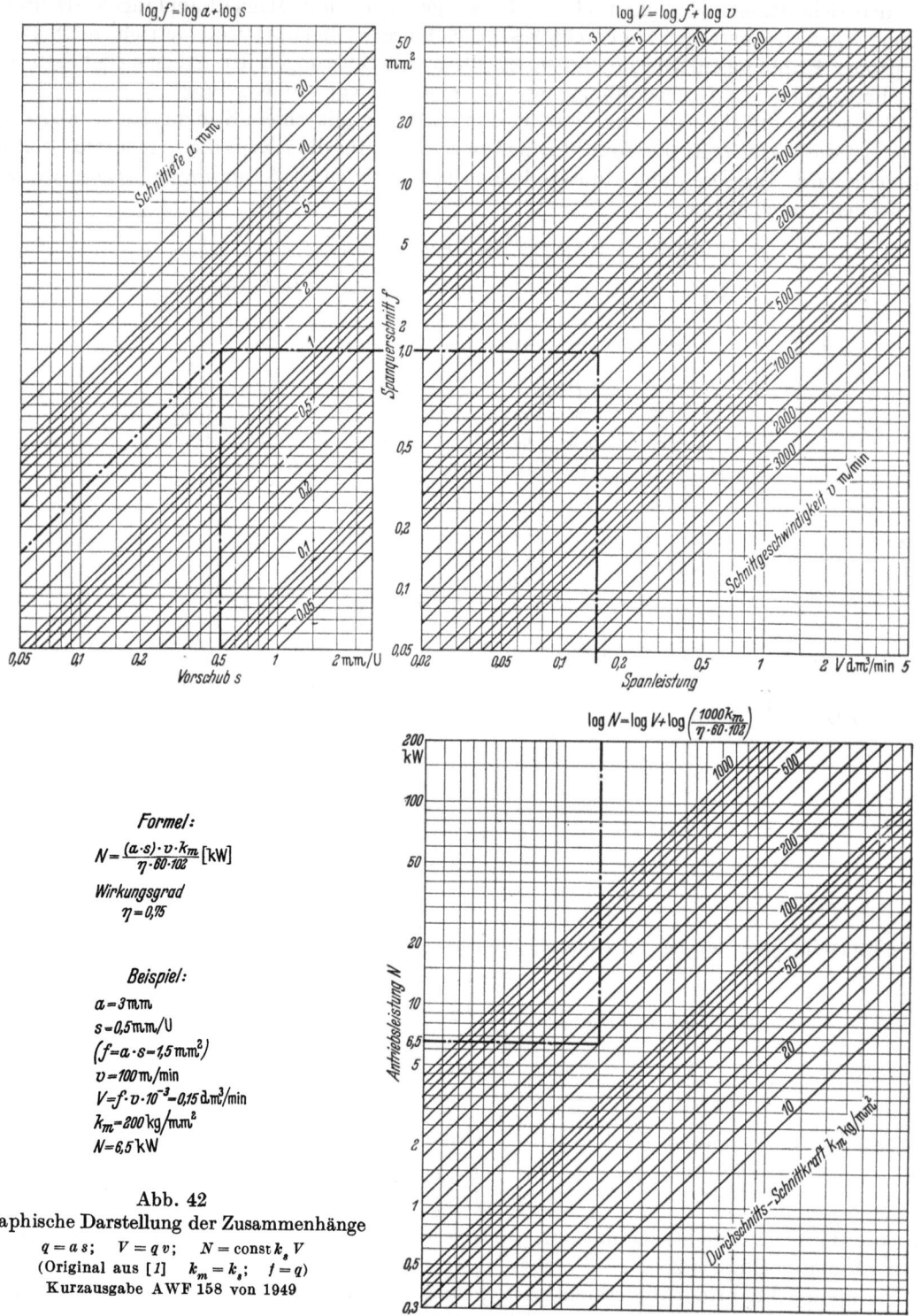

Formel:
$$N = \frac{(a \cdot s) \cdot v \cdot k_m}{\eta \cdot 60 \cdot 102} \, [\text{kW}]$$

Wirkungsgrad
$\eta = 0{,}75$

Beispiel:
$a = 3 \text{ mm}$
$s = 0{,}5 \text{ mm/U}$
$(f = a \cdot s = 1{,}5 \text{ mm}^2)$
$v = 100 \text{ m/min}$
$V = f \cdot v \cdot 10^{-3} = 0{,}15 \text{ dm}^3/\text{min}$
$k_m = 200 \text{ kg/mm}^2$
$N = 6{,}5 \text{ kW}$

Abb. 42
Graphische Darstellung der Zusammenhänge
$q = a s; \quad V = q v; \quad N = \text{const} \, k_s \, V$
(Original aus [1] $k_m = k_s; \quad f = q$)
Kurzausgabe AWF 158 von 1949

Es scheint daher, daß die Entwicklung von Einrichtungen, die der Verkürzung der Nebenzeiten dienen, und eine Werkstattorganisation, die die Dauerbelegung der Maschine mit Arbeit sichert, noch große Ersparnismöglichkeiten bieten. Es sei hier auf das Nachformdrehen, das nur die Nebenzeiten verringert, hingewiesen. Auch Schnellspanneinrichtungen, Geräte zum Messen bei laufenden Maschinen, Materialzu- und -abfuhr (Magazinierung) gehören in diesen Kreis.

Unter dem Begriff der Wirtschaftlichkeit ist auch das Vermögen der Drehbank zu rechnen, eine Arbeit mit möglichst wenig Umspannen zu verrichten bzw. so auszuführen, daß andere Werkzeugmaschinen nicht oder nur in geringem Maße verwendet werden müssen. Hierzu gehören z. B. Schruppen und Schlichten auf der gleichen Maschine und die Ausführung von Hilfsarbeiten, wie Bohren, Fräsen, Schleifen mit Zusatzeinrichtungen, was besonders bei schweren und sperrigen Werkstücken von Interesse ist.

Einige Bedeutung hat dieser Gesichtspunkt für den Ersatz des Schleifens durch das Drehen. Die Drehbänke[1] sind heute so genau, daß sich die ISA Qualität 5 unter Beachtung gewisser Maßnahmen drehen läßt. Damit entfällt in sehr vielen Fällen die Notwendigkeit, die betreffenden Stellen hinterher noch zu schleifen.

Die Beschäftigung mit dem Problem der stufenlosen Drehzahlregelung entspricht nun nicht allein dem Wunsche nach kürzeren Drehzeiten. Eine konstante Schnittgeschwindigkeit bietet den Vorteil der gleichbleibenden Oberflächengüte und der längeren Standzeit des Schneidmeißels. Wenn eine Einrichtung zur Steuerung der Schnittgeschwindigkeit zur Verfügung steht, läßt sich die Drehbank besser ausnutzen. Man kann z. B. leichter die Schnittgeschwindigkeit dem Zerspanungsverhalten von Werkstoff und Werkzeug anpassen und durch Variieren den günstigsten Wert heraussuchen. Es ließe sich sogar die Schnittgeschwindigkeit von den Zerspanungsbedingungen her regeln, indem beispielsweise die Temperatur an der Schneide als Regelgröße benutzt wird.

Abschließend sei auf Abb. 42 hingewiesen, in der die formelmäßigen Zusammenhänge zwischen Schnittiefe, Vorschub, Spanquerschnitt, Spanvolumen, Schnittgeschwindigkeit, Spanleistung, Antriebsleistung und spez. Schnittdruck in einem Diagramm zusammengefaßt sind.

1.8 Genauigkeit

Man unterscheidet zwischen der Genauigkeit, die die Maschine bei Fertigstellung aufweist, *Herstellungsgenauigkeit*, und der Genauigkeit, mit der die Werkstücke auf ihr gefertigt werden können, *Arbeitsgenauigkeit*.

Die Arbeitsgenauigkeit hängt natürlich von der Herstellungsgenauigkeit ab. Sie ist aber nicht nur eine Maschinengröße, sondern unterliegt noch anderen, vom Hersteller nicht beeinflußbaren Faktoren, ein Grund, warum bisher nur die Herstellungsgenauigkeit in klare Vorschriften gefaßt ist. Diese auf SCHLESINGER zurückgehenden Anweisungen sind in einer Reihe von Normblättern niedergelegt.

Als Beispiel sei ein Teil des Normblattes DIN 8605 für Werkzeugmacherdrehbänke in Abb. 43 wiedergegeben. Wie zu erkennen ist, sind verschiedene genau definierte Messungen vorgeschrieben, die in der Herstellerwerkstatt bei der Abnahme der Drehbank vorzunehmen sind. Es ist jeweils ein zulässiger Fehlerwert festgelegt. Der von der Werkstattkontrolle gemessene Wert wird in die freie Spalte eingetragen, so daß ein Vergleich mit dem Sollwert möglich ist.

Um einen mathematisch genauen Zylinder zu erzeugen, sind von der Drehbank 2 Grundbedingungen einzuhalten:

1. Die Drehachse, um die sich das umlaufende Werkstück wirklich dreht, und die Spitzenlinie der Drehbank müssen stets zusammenfallen.
2. Die schneidende Spitze des Drehmeißels muß sich in allen Ebenen parallel zur Spitzenlinie bewegen.

   Unter „Spitzenlinie" sei hierbei die ideale, im Raum unveränderliche, parallel zu den Schlittenführungen verlaufende waagerechte bzw. senkrechte Gerade durch Arbeitsspindelmitte und Reitstockpinolenmitte verstanden. (Im unbelasteten Zustand bei spielfreier Lagerung.)

Diese Forderungen bedingen eine Reihe von Eigenschaften und Voraussetzungen. Bei der Abnahme der Drehbank in der Werkstatt des Herstellers werden an Hand der in den Norm-

---

[1] Gemeint sind hier gute Standarddrehbänke mittlerer Größe.

blättern niedergelegten Vorschriften vorwiegend nur Eigenschaften geprüft, die sich im unbelasteten Zustand messen lassen. Das sind:

Rundlauf der Arbeitsspindel an mehreren Stellen,
Parallelität von Schlittenführung und Spitzenlinie,
Parallelität von Schlittenführung und Reitstockführung.

Es wird zwar auch die Arbeitsgenauigkeit geprüft. Diese Proben spiegeln aber nur einen sehr kleinen Ausschnitt aus den später im praktischen Betrieb möglichen Belastungsfällen wieder.

	Abnahme-Bedingungen für Werkzeugmaschinen **Werkzeugmacher-Drehbänke** (höhere Genauigkeiten für Drehbänke bis 500 mm Drehdurchmesser über Bett und 1500 mm Drehlänge)				**DIN 8605**	
Type:	Drehlänge: mm		Geliefert am:		Auftr.Nr.:	
Firma:						
Nr.	Gegenstand der Messung	Bild	Meßgeräte	Zulässige Abweichung	Gemessene Abweichung	Meßanleitung
1	Ausrichten der Maschine a) in Längsrichtung b) in Querrichtung	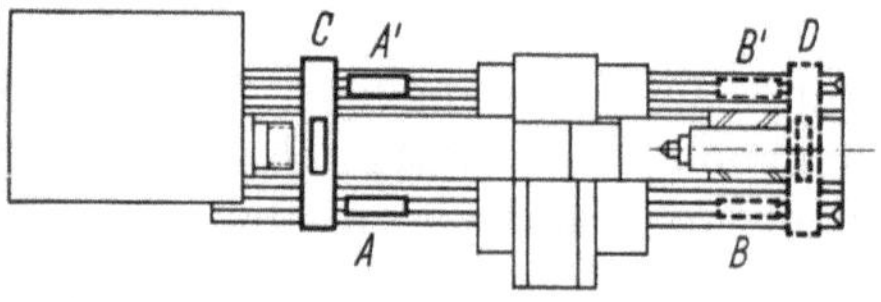	Wasserwaage Skalenwert 0,03 bis 0,05 mm/m Zubehör (Meßklötze, Meßbrücke usw.) der Art der Führung entsprechend	a) vordere Führungsbahn 0,02 mm/m hintere Führungsbahn ↑0,01 mm/m ↓0,02 mm/m b) ±0,02 mm/m		Bettschlitten auf Bettmitte. a) Wasserwaage auf vordere (hintere) Führungsbahn abwechselnd auf Stellen A und B (A' und B') setzen. Vordere Führungsbahn nur nach oben gewölbt, hintere Führungsbahn nach oben gewölbt (↑) oder hohl (↓). b) Gleichzeitig Querlage des Bettes mit Wasserwaage abwechselnd an Stellen C und D prüfen.
2	Geradlinigkeit der Bettschlittenbewegung in der Waagerechtebene	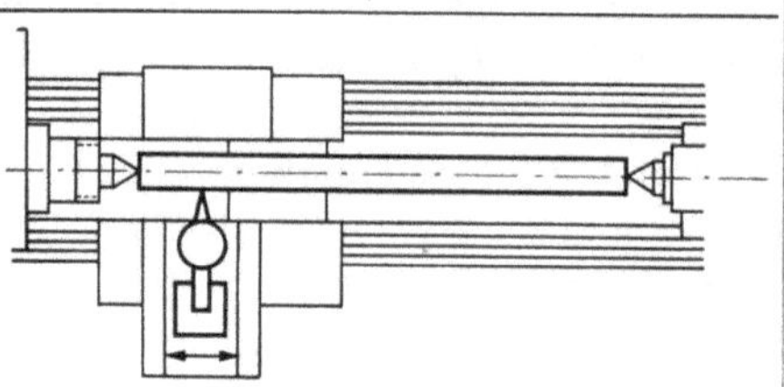	zylindrischer Meßdorn zur Aufnahme zwischen Spitzen, 300 mm lang Meßuhr	0,01/300 mm		Meßdorn zwischen Spitzen; Meßuhr auf Bettschlitten; Taststift in der Waagerechtebene am Meßdorn. Bettschlitten längs Meßdorn verschieben, dabei Anzeige der Meßuhr ablesen.

Wiedergegeben mit Genehmigung des Deutschen Normenausschusses. Maßgebend ist die jeweils neueste Ausgabe des Normblattes im Normformat A4, das bei der Beuth-Vertrieb GmbH, Berlin 15 und Köln erhältlich ist.

Abb. 43. Kopf des Normblattes für die Abnahme von Werkzeugmacher-Drehbänken.

Die Arbeitsgenauigkeit hängt noch von anderen Einflüssen ab, die bei der Abnahme nicht betrachtet werden. Das sind:

1. Auseinanderfallen von Drehachse und Spitzenlinie durch statische Belastung, Schwingungen und Erwärmung,
2. Veränderungen in der Parallelität zwischen dem Weg der Schneidmeißelspitze und der Spitzenlinie durch statische Belastung, Schwingungen, Erwärmung und Werkzeugabstumpfung.

Diese Faktoren bestimmen zusätzlich zur Herstellungsgenauigkeit die Arbeitsgenauigkeit einer Drehbank. An ihr sind verschiedene Einflüsse beteiligt:

1. Konstruktion der Drehbank,
2. Arbeitsgüte in der Herstellerwerkstatt,

1.8 Genauigkeit

3. Eigenschaften des Werkzeuges einschließlich Einspannung (z. B. Verschleißverhalten),
4. Eigenschaften des Werkstückes einschließlich Einspannung,
5. Schnittbedingungen (Schnittgeschwindigkeit, Vorschub, Schnittiefe),
6. Geschicklichkeit und Fachwissen des Drehers (insbesondere auch beim Messen),
7. Einfluß des Fundamentes.

Inwieweit statische Belastungen, Schwingungen, Erwärmung und Werkzeugabstumpfung die Arbeitsgenauigkeit beeinflussen, sei ein wenig genauer betrachtet.

Die statische Belastung ergibt sich aus dem Werkstückgewicht und der Zerspanungskraft. Sie erzeugt Verbiegungen und Verdrehungen von Bett, Querschieber, Arbeitsspindel, Reitstockpinole und anderen Bauteilen, aber auch der Schneidmeißel bzw. der Meißelhalter verbiegen sich oder weichen aus. In vielen Fällen verbiegt oder verdreht sich das Werkstück, insbesondere lange, dünne Wellen oder dünnwandige Körper.

Neben der Durchbiegung spielt das Ausweichen einzelner Bauteile unter Last eine Rolle. Lager und Führungen müssen ein gewisses Spiel haben, damit sich ein Schmierfilm bilden kann. Je größer die Belastung, um so stärker wird das Öl aus dem Raum zwischen den aufeinandergleitenden Flächen herausgepreßt und das geführte Teil wird entsprechend zurückweichen. Man ist bestrebt, dieses Spiel so klein wie möglich zu halten.

Schwingungen haben ihre Ursache in der Konstruktion, in der Fertigungsgenauigkeit (z. B. Laufruhe des Getriebes), in dem Zerspanungsvorgang, in dem Werkstück bzw. seiner Aufspannung (z. B. Unwucht eines Futters). Sie bewirken u. a. eine Relativbewegung zwischen Schneidmeißelspitze und Werkstückoberfläche. Hieraus ergeben sich Fehler in der geometrischen Genauigkeit und Oberflächengüte.

Einen großen Einfluß auf die Genauigkeit hat die Temperatur. Bekanntlich verursacht 1° Temperaturerhöhung bei Stahl und Gußeisen eine Längenänderung von 11 μ auf 1000 mm Länge. Da beim Genaudrehen Toleranzen von 5 bis 10 μ und weniger verlangt werden, können durch Temperaturänderungen erhebliche Fehler auftreten. Wärme entsteht an der Drehbank bekanntlich durch Reibung.

Aus der Formel für die Reibungsleistung $N_R = \frac{\mu P c}{4500}$ [PS] (Gl. (29)) ergibt sich die in der Zeiteinheit entstehende Wärmemenge

$$Q = \frac{\mu P c}{427} = G c_w (T_2 - T_1) \quad [\text{kcal/min}] \tag{52}$$

also

$$(T_2 - T_1) = \frac{\mu P c}{427 \cdot G c_w} \quad [°\text{C/min}]. \tag{53}$$

c_w spezifische Wärme [kcal/kp °C].

Die Erhöhung der Temperatur eines Maschinenteiles ist demnach von der Belastung an der Reibstelle, dem Reibwert und der Gleitgeschwindigkeit direkt sowie von dem Gewicht und der spezifischen Wärme umgekehrt abhängig.

Sie ist also z. B. abhängig von der Spindeldrehzahl. Um trotz veränderlicher Drehzahl und Belastung eine annähernd konstante Betriebstemperatur an den Lagerstellen zu halten, ist für einen entsprechend ausgelegten Schmierölkreislauf, für Ölkühlung und gute Wärmeableitung zu sorgen. Es wird natürlich ein Teil der aufgenommenen Wärme an die Umgebung abgeführt, so daß sich nach einer Anlaufzeit ein Wärmegleichgewicht bildet (Betriebstemperatur). Hiernach wird z. B. die Höhe der Arbeitsspindelmitte über dem Bett festgelegt, da sich der Spindelkasten stärker erwärmt und ausdehnt (wächst) als der Reitstock. Die Spitzenlinie liegt daher erst bei Betriebstemperatur parallel zur Bettführung. Oft ist aber die abgeführte Wärme geringer als die erzeugte, insbesondere bei hohen Drehzahlen. Außerdem sind Wärmeaufnahme und -abgabe nicht immer phasengleich.

Eine andere Wärmequelle ist der Zerspanungsvorgang als Folge der Reibung zwischen Meißelschneide, Werkstück und den Spänen. Um die Zerspanungswärme niedrig zu halten, sollte die Zerspanungskraft beim Genauigkeitsdrehen klein sein, da sich die Reibung proportional zur Schnittkraft verhält. Hierzu dienen richtige Wahl der Einstellwinkel, Spitzenabrundung, Polieren bzw. Läppen der Schneidkanten, zweckmäßiger Vorschub, Schnittiefe und Schnittgeschwindigkeit. Die Schnittgeschwindigkeit ist möglichst hoch zu wählen, damit sich Fließspäne bilden können. Der Vorschub sei in Hinblick auf die Rauhtiefe etwa 0,05 bis 0,1 mm/U. Vorschübe unter 0,05 mm/U sind nicht zu empfehlen, da der Drehspan dann unregelmäßig wird. Es ist richtig, die Spantiefe größer als den Vorschub zu nehmen, da die Wärme bei höherem Schlankheitsgrad besser abgeleitet wird. Auch hier läßt sich durch Kühlung der Wärmeentwicklung entgegenarbeiten.

Wenn das Werkzeug abstumpft, ist die daraus entstehende Ungenauigkeit nicht nur eine Folge der Abstandsveränderung Schneidkante — Drehachse, sondern auch bedingt durch die beim Abstumpfen entstehende zusätzliche Wärmeentwicklung an der Zerspanungsstelle. Bei den vorstehenden Ausführungen wurde stillschweigend angenommen, daß die Maschine ordnungsgemäß nach der mitgelieferten Betriebsanweisung aufgestellt und fundamentiert wurde. Ist sie nicht genau ausgerichtet oder steht sie nicht auf einem erschütterungsfreien Untergrund, ist ein genaues Arbeiten nicht zu erwarten.

Die Voraussetzungen für die Arbeitsgenauigkeit liegen also nur teilweise in der Konstruktion der Drehbank oder der Qualität ihrer Herstellung. Zu einem erheblichen Teil sind sie bedingt durch die Art und Weise, *wie* gedreht wird. Das Einspannen des Werkstückes (möglichst dicht neben dem Spindellager), seine Gestalt und der Werkstoff, die Wahl der Zerspanungswerte (Schnittgeschwindigkeit, Vorschub und Schnittiefe), das Einspannen des Werkzeuges, sein Werkstoff und die Schneidenwinkel, sind sämtlich Faktoren, die vom Dreher richtig eingeschätzt und ausgewählt werden müssen. Man darf daher zusammenfassend feststellen, daß die Arbeitsgenauigkeit zu einem guten Teil von dem Fachkönnen des Bedienenden abhängt. Er muß z. B. wissen, daß sich das eingestellte Maß ändert, wenn bei konstanter Drehzahl auf einen größeren Drehdurchmesser übergegangen wird, die Schnittgeschwindigkeit sich also erhöht (Stufengenauigkeit), oder die Durchmesser einer Serie entsprechend der fortschreitenden Abstumpfung des Meißels wachsen (Stückgenauigkeit).

Wieweit sich die Genauigkeit beim Drehen treiben läßt, zeigen die mit einer Mechanikerfeinstdrehbank erzielten Ergebnisse. Eine mittlere Rauhtiefe von 0,2 µ und eine Formgenauigkeit von ebenfalls 0,2 µ sind durchaus erreichbar. Selbst bei schweren Drehmaschinen (Abschn. 3.1.1.3) erreicht man Rundlaufgenauigkeiten von 0,02 mm und weniger.

Im übrigen muß man stets im Auge behalten, daß es unwirtschaftlich ist, von der Fertigung eine höhere Genauigkeit zu verlangen, als unbedingt notwendig ist.

2. Die Baugruppen der Drehmaschine

2.1 Das Bett

Das Bett der Drehbank hat die Aufgabe, Spindelkasten, Bettschlitten, Reitstock und Setzstöcke zu tragen. Es werden an seine Konstruktion vielfältige, z. T. gegeneinander gerichtete Anforderungen gestellt. Infolgedessen gibt es keine Ideallösung. Aus der unterschiedlichen Bewertung der einzelnen Bedingungen sind die verschiedenen Bauarten hervorgegangen.

Die Aufgaben des Drehbankbettes ergeben sich aus den an die Drehbank selbst zu stellenden Forderungen

1. Genauigkeit und Oberflächengüte des Werkstückes,
2. Späneabfuhr,
3. Rücksicht auf den Dreher,
4. Arbeitsbereich der Maschine.

1. Genauigkeit und Oberflächengüte des Werkstückes. Um eine hohe Genauigkeit und Oberflächengüte zu erreichen, müssen das Bett einen großen Widerstand gegen Verbiegung und und Verdrehung und die Führungsbahnen eine hohe Dauergenauigkeit besitzen. Das Eigengewicht des Bettes selbst, des auf ihm sitzenden Spindelkastens, Bettschlittens, Reitstockes usw. und das Gewicht des Werkstückes beanspruchen es auf Biegung. Im gleichen Sinn wirken die auf die Spitzen der Arbeitsspindel und des Reitstockes gerichteten Teilkräfte aus der Zerspanungskraft (Abb. 23) (Aufbäumen von Spindelkasten und Reitstock). Durch die an der Meißelschneide auftretende Zerspanungskraft wird das Bett in der senkrechten und waagerechten Ebene durchgebogen und verdreht. Wie die Prinzipskizze zeigt (Abb. 44), wirkt die resultierende Schnittkraft R_1 im allgemeinen verschieden auf die beiden Führungsbahnen, da sie nur im Ausnahmefall genau in der Mitte zwischen ihnen liegen wird. Dadurch entsteht neben der Durchbiegung auch eine Verwindung des Bettquerschnittes. Weiter haben sowohl die senkrechte als auch die waagerechte Komponente die Tendenz, den Bettschlitten um eine Führungsbahn als Drehachse zu drehen. Um ein Abheben des Schlittens zu vermeiden, umfaßt dieser das Bett deshalb auch von unten, was ebenfalls eine Verdrehung des Querschnittes hervorruft. Das Drehmoment ist $R_1 a'$,

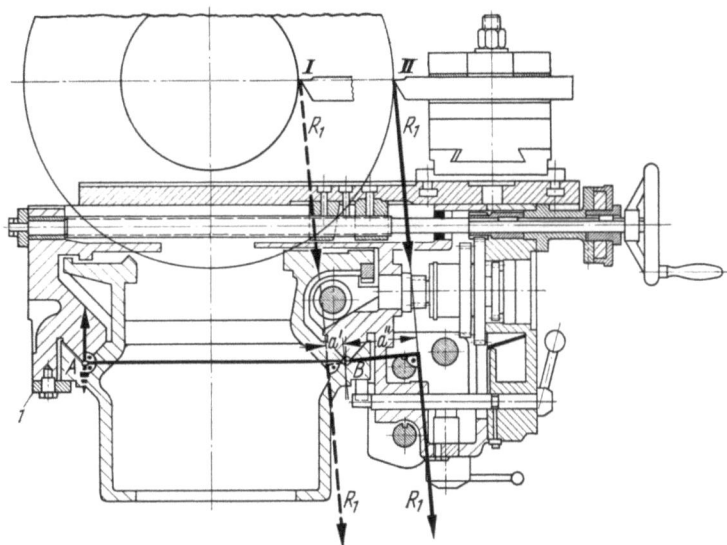

Abb. 44. Belastung des Bettschlittens durch die Resultierende R_1 der Zerspanungskraft. Es sind 2 Hauptfälle zu unterscheiden:

I R_1 liegt innerhalb der Führungsbahnen (stabile Belastung)
II R_1 liegt außerhalb der Führungsbahnen (labile Belastung). Der Schlitten hebt sich von einer Führung ab
1 Führungsleiste zum Schutz gegen Abheben des Schlittens

wenn R_1 zwischen den beiden Führungen liegt. Bei großen Drehdurchmessern kann auch der Fall eintreten, daß $R_1 a''$ entgegengesetzt wirkt wie $R_1 a'$ (Abb. 44).

Im übrigen muß der Bettquerschnitt entsprechend der Formel für die Durchbiegung f eines Balkens

$$f = \frac{P l^3}{10^4 \cdot 48 E J} \quad [\text{mm}] \qquad (54)$$

(bei Angriff der Kraft in der Mitte)

ein solches Trägheitsmoment haben, daß Durchbiegungen und Verdrehungen unter Berücksichtigung der zu erwartenden maximalen Schnittkräfte mit Sicherheit unterhalb der zulässigen Grenze bleiben. Hierbei ist nicht nur die Durchbiegung in der Senkrechtebene, sondern auch in der waagerechten Ebene zu berücksichtigen.

Um die parallel zur Drehachse auftretenden Kräfte abzufangen, müssen die Seitenwände des Bettes durch Rippen miteinander verbunden werden. Hierfür hat sich die Zickzackverrippung (Petersverrippung) bei Universaldrehbänken mittlerer Größe allgemein durchgesetzt, obgleich sie für die Späneabfuhr nicht sehr günstig ist (Abb. 45). Daneben findet man auch senkrecht zur Längsachse verlaufende Rippen (Abb. 46). Verschiedene Hersteller verwenden Doppelholmbetten, die etwa doppelt so steif sind wie die Betten mit Petersverrippung.

Neben der statischen Starrheit soll das Bett natürlich auch dynamische Steife haben. Diese ist dann vor-

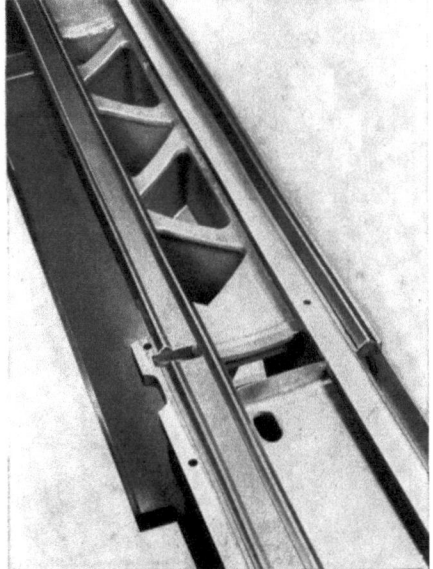

Abb. 45. Drehbankbett mit Zickzackverrippung (Petersverrippung) [VDF][1]

[1] Bei Abbildungen, die von Firmen zur Verfügung gestellt wurden, ist der Name des betreffenden Unternehmens bei der Abbildung in Kurzfassung vermerkt. Die ausführliche Bezeichnung findet der Leser am Schluß des Buches

handen, wenn die Durchbiegungen klein, die Eigenfrequenz hoch und die Dämpfung groß ist. Wegen der besseren inneren Dämpfung wird praktisch nur Gußeisen verwendet, obgleich die geschweißte Konstruktion aus Stahlblech mancherlei Vorteile bieten würde. Bei gleicher Festigkeit wäre das Maschinengewicht kleiner. Es könnten günstigere Querschnitte und geschlossene Zellen mit höheren Trägheitsmomenten gewählt werden. Die Kosten bei Sonderkonstruktionen wären niedriger, da die Modellkosten entfallen. Wenn auch die innere Dämpfung des Stahls geringer ist als die des Gußeisens, so zeigt eine richtig ausgeführte Schweißkonstruktion trotzdem gute und bessere Dämpfungswerte, da in den Fugen unmittelbar neben den Schweißstellen und durch Vorspannung eine schwingungsdämpfende Scheuerwirkung (KIENZLE-Effekt) auftritt.

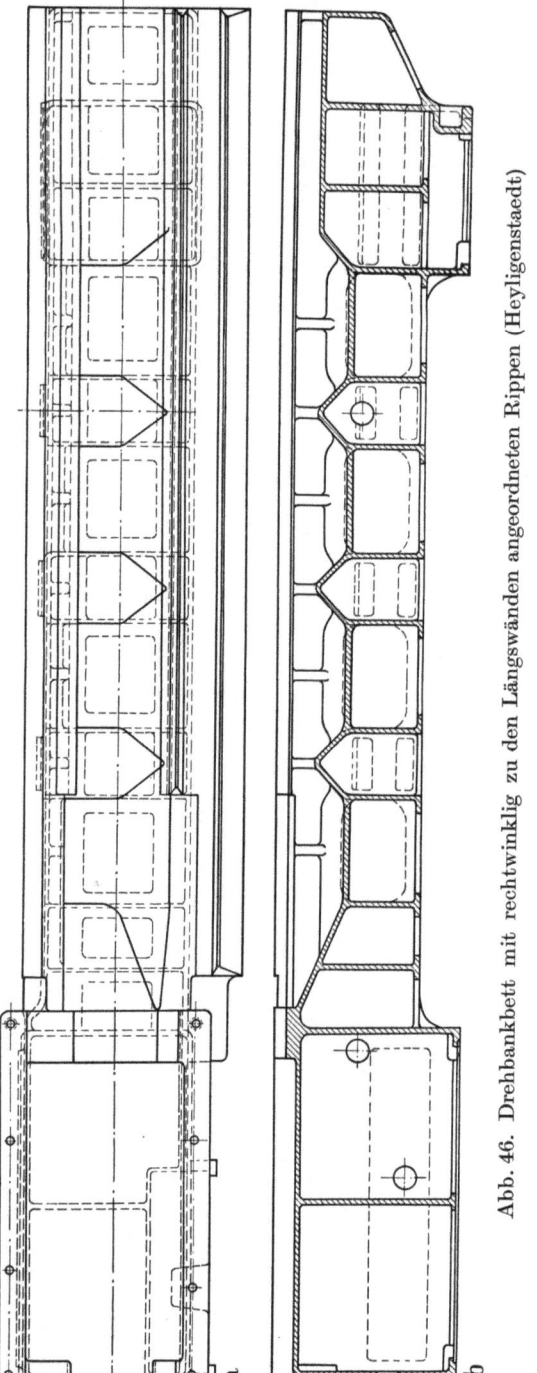

Abb. 46. Drehbankbett mit rechtwinklig zu den Längswänden angeordneten Rippen (Heyligenstaedt)

Obgleich zahlreiche positive Forschungsergebnisse vorliegen und schon Großversuche während der vierziger Jahre die gute Eignung der aus Stahlblech geschweißten Betten gezeigt haben (Rohrquerschnitt), verwendet der Drehbankbau des In- und Auslandes z. Z. fast ausschließlich nur Gußeisen als Werkstoff für das Bett.

Die Dauergenauigkeit der Führungsbahnen ist abhängig von ihrem Verschleißverhalten. Bekanntlich werden meistens im Verhältnis zur Spitzenweite kürzere Werkstücke gedreht, so daß sich die Führungbahnen des Bettes durch den hin- und herfahrenden Bettschlitten nicht gleichmäßig abnutzen. Es entsteht daher an der Spindelstockseite im Laufe der Zeit eine Vertiefung in den Führungen. Eine gleichmäßige Abnutzung wäre nicht so schlimm, da dann die Meißelspitze nur tiefer gelegt würde (Abb 47). Meistens verschleißen die vorderen und hinteren Bahnen ungleichmäßig, da die Schnittkraft in der Regel einseitig wirkt. Dies bewirkt eine Schrägstellung des Bettschlittens.

Der Verschleiß der Führungsbahnen hat seine Ursache in der natürlichen Reibung der aufeinandergleitenden Flächen. Er wird über die üblichen Werte hinaus erhöht, wenn die Schmierung unvollständig ist, bzw. sich aus dem Schmierfilm und dem Schmutz eine Art Schmirgelpaste bildet. Diese aus feinen Spänen, Guß- und anderem Staub in Verbindung mit dem Schmieröl gebildete Schmirgelpaste dürfte neben der Beeinflussung durch grobe, heiße Späne und gelegentlich vorkommende Beschädigungen bei Ablage von Werkzeugen, Spannfuttern und Werkstücken auf den Führungsbahnen die Hauptursache für einen relativ schnellen Verschleiß sein.

Man kann dem Verschleiß auf mehrfache Weise begegnen:

Härten der gleitenden Oberflächen,

Schutz der Führungsbahnen gegen Berührung und Verschmutzung,
Verringerung der Flächenpressung [kp/cm²] durch große Führungsflächen.

Schon immer wurden die Führungsbahnen gegen Kokillen gegossen, um ein dichtes und möglichst hartes Gefüge zu erzielen. Die im Drehbankbau übliche Brinellhärte ist im allgemeinen

$$H_B = 220 \text{ [kp/mm}^2\text{]} \pm 10\%.$$

Seit mehreren Jahren ist man dazu übergegangen, die Oberfläche der Führungsbahnen regelrecht zu härten, wobei sowohl das Flammhärteverfahren, als auch das Hochfrequenz- bzw. Mittelfrequenzhärten (30 MHz, 100 bis 2500 kHz, 0,5 bis 10 kHz) angewendet wird. Man erzielt eine Brinellhärte von etwa 500 kp/mm². Ein Härtegrad von $H_B = 300$ bis 400 kp/mm² würde genügen. Um aber die Anwesenheit von reinem Eisen, das sehr schlechte Gleiteigenschaften besitzt (Gefahr des Fressens) mit Sicherheit auszuschließen, wird meist auf 500 kp/mm² gehärtet.

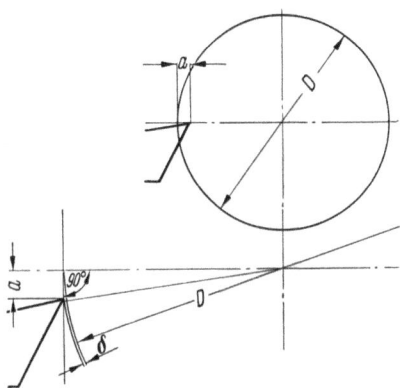

Abb. 47. Einfluß der Höhenlage des Drehmeißels auf die Drehgenauigkeit. Steht die Meißelspitze auf Drehmitte, jedoch um „a" gegen diese verschoben, wird der Durchmesser D um $2a$ kleiner. Liegt die Meißelspitze jedoch um „a" unterhalb der Mitte, ändert sich D um

$$2\delta = \sqrt{D^2 + 4a^2} - D \qquad (63)$$

Das Härten von Drehbankbetten ist mit allerhand Problemen verknüpft. Das Gußgefüge muß bestimmte Voraussetzungen erfüllen, wenn das Härten erfolgreich sein soll. Bei dem Härtevorgang entstehen Spannungen, die durch ein Stauchen der jeweils erwärmten Stelle zwischen der kalten Umgebung und die Volumenänderung infolge der Gefügeumwandlung bedingt sind. Diese äußern sich in einer Verbiegung des Bettes in einer nach oben offenen Kurve. Es lösen sich aber auch beim Gießen bzw. Abkühlen entstandene Spannungen durch die Erwärmung. Hierdurch entsteht ebenfalls ein Verzug des Bettes. Um den Führungen wieder die vorgeschriebene Geradheit zu geben, muß das Bett nach dem Härten auf einer Führungsbahnenschleifmaschine geschliffen werden. Es kann geschehen, daß dadurch die Härtezone an den Enden des Bettes wieder abgeschliffen oder sehr dünn wird. Es sei noch darauf hingewiesen, daß der weich bleibende Bettschlitten in Verbindung mit der bereits erwähnten Schmirgelpaste als eine Art Läppwerkzeug wirkt. Die gehärtete Führungsbahn verschleißt daher mit der Zeit ebenfalls, wenn natürlich auch die Verschleißzeiten wesentlich größer sind.

Verschiedene Hersteller umgehen die mit dem Härten von Gußeisen verbundenen Schwierigkeiten, indem sie auf die Führungsbahnen gehärtete Stahlleisten aufschrauben bzw. neuerdings auch aufkleben (Abb. 52). Ein anderer Weg ist das Hartverchromen von angeschraubten Führungsleisten. Man vermeidet damit die mit einer Wärmebehandlung verbundenen Schwierigkeiten. Leisten lassen sich auch dort anbringen, wo Härten und Schleifen der angegossenen Führungsbahnen umständlich und teuer wäre, so daß der Vorteil einer gegen Berührung und Verschmutzung geschützten Lage mit dem Vorteil der verschleißarmen Oberfläche verbunden werden kann (Abb. 62).

Im allgemeinen schleift man die Führungsbahnen kleiner und mittlerer Größen, aber auch großer Maschinen, gleichgültig, ob sie gehärtet sind oder nicht. Das früher übliche Schaben ist aus Kostengründen weitgehend von dem Schleifen verdrängt worden.

Der geschabten Gleitfläche wird eine größere Dauergenauigkeit nachgesagt, da das Schaben des Bettes für dieses spannungsfrei vorgenommen werden kann. Das Aufspannen des Bettes auf die Schleifmaschine und die Erwärmung beim Schleifen bringt die Gefahr eines Verzuges mit sich. Durch das Schaben wird die Oberfläche gleichmäßig in Erhöhungen und Vertiefungen eingeteilt (Anzahl der Tragpunkte pro Quadratzoll ist nach Güteklassen I bis V festgelegt) [13]. In den Vertiefungen hält sich das Schmieröl, so daß die geschabte Oberfläche günstige Voraussetzungen für die Schmierung aufweist, während die ebenmäßigere geschliffene Fläche den Schmierfilm schlechter hält. Über die beim Schaben mögliche Genauigkeit unterrichtet die nachstehende Tabelle:

Erreichbare Formgenauigkeit beim Schaben auf einem Quadratzoll = 6,452 cm²

Güteklassen	Anzahl der Tragpunkte	Bearbeitungszugabe mm	Anzahl des Überschabens	Formgenauigkeitsabweichung		Tiefste Stelle der Unebenheit mm
				cm²	%	
I	22 bis 25	0,08 bis 0,12	20 bis 25	3,81	59,0	0,003
II	10 bis 24	0,07 bis 0,10	14 bis 18	4,21	64,4	0,0035
III	6 bis 10	0,05 bis 0,08	10 bis 12	4,53	70,3	0,004
IV	3 bis 5	0,03 bis 0,06	6 bis 8	5,17	80,2	0,0045
V	1 bis 2	—	3 bis 5	5,85	90,7	0,005

Sehr viel diskutiert worden ist über die Form der Führungen. Es ist klar, daß sie breit genug für eine möglichst kleine Flächenpressung sein müssen (1 bis 8 kp/cm²). Um den Bettschlitten sicher zu führen, ist *eine* Prismenführung zweckmäßig. Genauer sind 2 Prismenführungen. Ihre Herstellung ist wegen der Doppelbestimmung der Lage schwieriger und teurer. Bei einer Prismen- und einer Flachführung kann sich der Bettschlitten bei Erwärmung ausdehnen, ohne seine Lage zu verändern (z. B. Abb. 53).[1] Ob das Prisma ein gleichschenkliges Dreieck mit unter 45° geneigten Flächen sein soll oder ungleichschenklig, ist eine umstrittene Frage. Wenn die resultierende Zerspanungskraft R_1 (Abb. 44) stets in der gleichen Richtung wirkt, ist ein ungleichseitiges Dreieck mit der großen gegen die Schnittkraft gerichteten Fläche sicher vorteilhaft (z. B. Abb. 73). Ist die Maschine für Links- und Rechtslauf eingerichtet, so daß auch über Kopf gedreht wird, dürfte das gleichschenklige Dreieck vorzuziehen sein, da die Lage seiner Gleitflächen dem Mittelwert aller möglichen Kraftrichtungen entspricht (z. B. Abb. 50).

Umstritten ist es, ob die Führung V-förmig oder dachförmig sein soll. Für die V-förmige Führung sprechen die günstigeren Schmierverhältnisse, dagegen die Gefahr, daß hineinfallende Späne in ihr liegenbleiben (z. B. Abb. 49 und 61).

Schließlich ist auch keine Einigkeit vorhanden darüber, ob die Führungsbahnen auf dem Bett offen oder geschützt anzuordnen sind. Die geschützte Lage ist natürlich an sich vorteilhafter, aber teurer in der Herstellung (z. B. Abb. 60 und 61).

2. Späneabfuhr. Ein weiterer wichtiger Faktor für die Gestaltung des Drehbankbettes ist die Späneabfuhr. Insbesondere bei Produktionsdrehbänken, Kopierdrehmaschinen u. ä., bei denen der Späneanfall erheblich ist, spielt diese Frage eine große Rolle. Wie schon erwähnt, ist die bei Universaldrehbänken übliche Petersverrippung für den Späneabfluß nicht sehr günstig. Man hat daher nach Lösungen gesucht, um durch entsprechende Gestaltung des Bettes den Späneabfluß zu verbessern. Dies führte zu der Konstruktion von schräg oder senkrecht gestellten Betten (z. B. Abb. 67 bis 70). Allen diesen Entwürfen ist gemeinsam, daß sie mehr oder weniger nur für den vorgesehenen Spezialzweck brauchbar sind. Meistens entfällt die Möglichkeit, wie bei der Universaldrehbank vor und hinter der Drehachse gleichwertige Werkzeugträger mit universalen Einstellungsmöglichkeiten anzubringen.

Bei Gestaltung des Bettes ist nicht nur darauf Rücksicht zu nehmen, daß die Späne überhaupt von der Schneidstelle und aus der Maschine fortgeführt werden. Sie sind so aus der Drehbank zu leiten, daß sie die Führungsbahnen und andere empfindliche Elemente, wie etwa Taster und Schablonen von Kopiereinrichtungen usw. nicht berühren und aufheizen, um Ungenauigkeiten durch Erwärmung und Beschädigung zu vermeiden.

3. Rücksicht auf den Dreher. Die Gestalt des Bettes muß auch auf den Bedienungsmann Rücksicht nehmen. Hierbei ist folgendes wichtig:

1. Schutz gegen herumfliegende Späne,
2. leichte Beobachtung der Werkzeuge,
3. bequemes Ein- und Ausspannen der Werkzeuge bzw. Schneidplatten,
4. gute Zugänglichkeit der Bedienungselemente,
5. einfache Reinigung und Wartung, insbesondere der Führungen.

---

[1] Diese Ausdehnung hat keinen Einfluß auf die Genauigkeit, da sie sehr gering ist.

Diese Forderungen sind nicht allein bei der Konstruktion des Bettes, sondern bereits während des Entwurfes der Drehbank zu beachten. Man denke nur an Höhe und Abstand von der Drehachse, Standort der Füße, Gestaltung des Späneraumes u. a. m.

4. Arbeitsbereich der Maschine. Die Gestaltung des Bettes ist natürlich abhängig von den Aufgaben, die die betreffende Drehbank zu erfüllen hat. Bei den Universaldrehbänken sind gewöhnlich nur ein Bettschlitten, der Reitstock und Setzstöcke vorhanden. Es ist üblich, Reitstock und Setzstöcke auf besonderen, von der Schlittenführung getrennten Bahnen zu führen, damit bei Verschleiß der Schlittenführung nicht die Lage der Spitzenlinie verändert wird. Bei langen Drehbänken setzt man 2 Bettschlitten nebeneinander. Der Reitstock kann durch einen Bohrreitstock ersetzt werden.

Demgegenüber stehen die vielfältigen Spielarten, bei denen mehrere Werkzeuge gleichzeitig arbeiten. Hier gleiten oft zwei voneinander unabhängige Bettschlitten auf parallelen Bahnen hintereinander, die gleichrangig sind oder als Haupt- und Nebenschlitten arbeiten. Diese Anordnung findet man z. B. bei den Kopierdrehmaschinen, deren Kopierschieber an dem in der Längsrichtung feststehenden Einstechschieber vorbeifahren muß (Abb. 67 bis 70). Sehr oft sieht man die

Abb. 48. Bett mit obenliegender dachförmiger Führung. Prismenflächen um 45° geneigt. 2 Prismen für den Bettschlitten, 1 Prisma für den Reitstock und die Setzstöcke. Häufig anzutreffende Anordnung (VDF)[1]

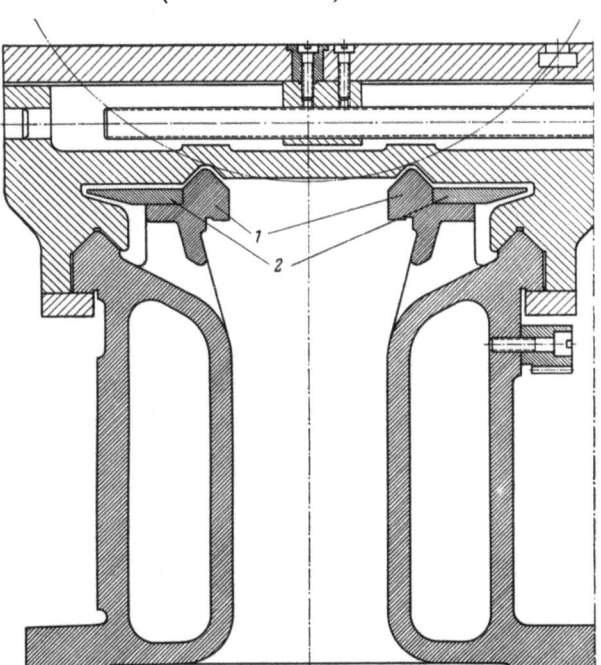

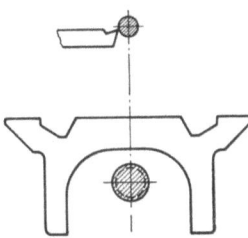

Abb. 49. Bett mit V-förmigen obenliegenden Führungen. Leitspindel geschützt zwischen den Führungen. Günstiger Kraftangriff am Schlitten [Boley][1]

Abb. 50. Geschützte dachförmige Führungsprismen für den Schlitten. Die in der Mitte liegenden Führungen (1) sind für den Reitstock und die Setzstöcke vorgesehen. Längswände als Kastenträger ausgebildet. (2) Schutzflächen für die Schlittenführungen [N.M.W.]

Verteilung der auf dem Bett verschiebbaren Einheiten auf getrennten Führungsbahnen bei den großen Drehbänken (Drei- und Vierbahnenbett) (z. B. Abb. 63 bis 66).

Um kurze Werkstücke mit größeren Durchmessern, als der Spitzenhöhe entspricht, zu bearbeiten, werden die Betten mit einer Kröpfung versehen. Diese läßt sich durch eine

---

[1] Leider war es nicht möglich, die Abbildungen der Betten und Maschinenquerschnitte so zu bringen, daß die Bedienungsseite der Maschine stets auf der gleichen Bildseite liegt, da die Darstellungsweise seitens der Hersteller nicht einheitlich ist.

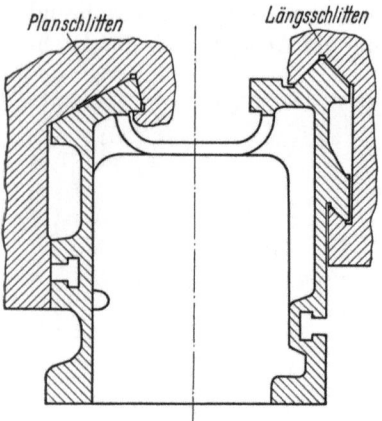

Abb. 51. Bett für zwei voneinander unabhängige Schlitten. Jeder Schlitten wird von einem obenliegenden Prisma geführt und an der Bettwand abgestützt [Weisser, St. Georgen]

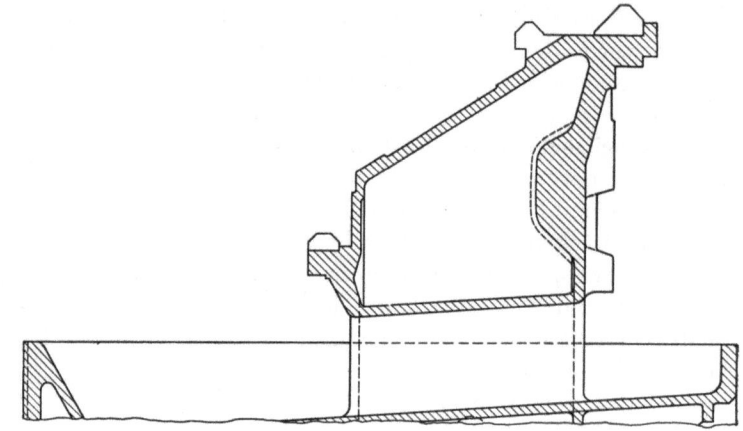

Abb. 52. Bett mit obenliegenden in der Höhe versetzten Führungen. Guter Späneabfluß. Die Führungsprismen sind als eingesetzte verschraubte Stahlleisten ausgebildet [Weisser, Heilbronn]

Brücke verschließen (Abb. 71). Dem gleichen Ziel dient die Drehbank mit verschiebbarem Oberbett (Abb. 72 und 73). Sind die Führungsbahnen tief gelegt, kann vor dem Spindelkasten eine Aussparung vorgesehen werden, ohne daß die Führungsbahnen unterbrochen werden.

In den Abb. 48 bis 77 sind einige Beispiele von Bettbauarten gezeigt, wie sie gegenwärtig verwendet werden. Der Vollständigkeit halber sei noch erwähnt, daß man auch versucht hat, das Bett aus armiertem Beton herzustellen (bei schweren Maschinen) bzw. zur Erhöhung der Standfestigkeit mit Beton auszugießen.

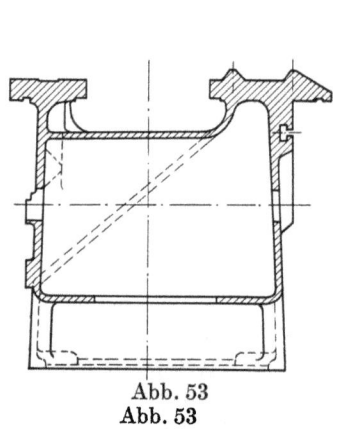

Abb. 53
Bett mit ungleichschenkligem Prisma vorn und Flachführung hinten. Das kleinere Prisma führt Reitstock und Setzstock [Heyligenstaedt]

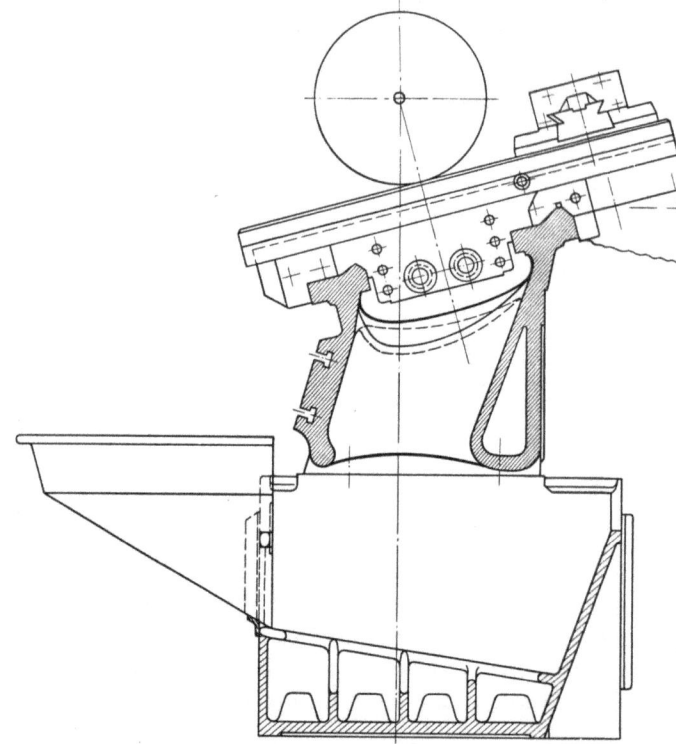

Abb. 54
Bett mit schräger Führungsebene des Bettschlittens [Voest]

2.1 Das Bett

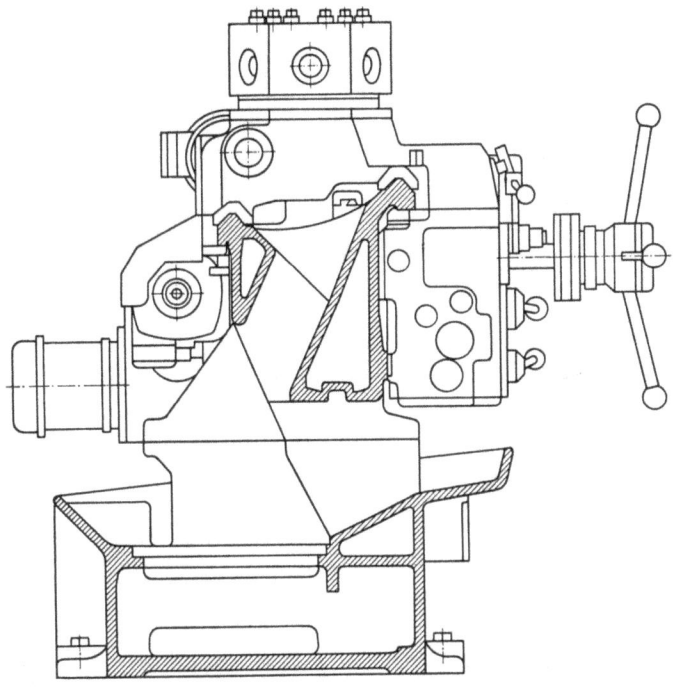

Abb. 55. Bett einer Revolverdrehbank. Verschieden hohe dachförmige Führungsprismen, aber waagerecht liegender Bettschlitten [VDF]

Abb. 56. Drehbank mit Rundführungen. Der Bettschlitten gleitet auf zwei auf dem Bettkasten gelagerten Säulen [Schulz u. Braun]

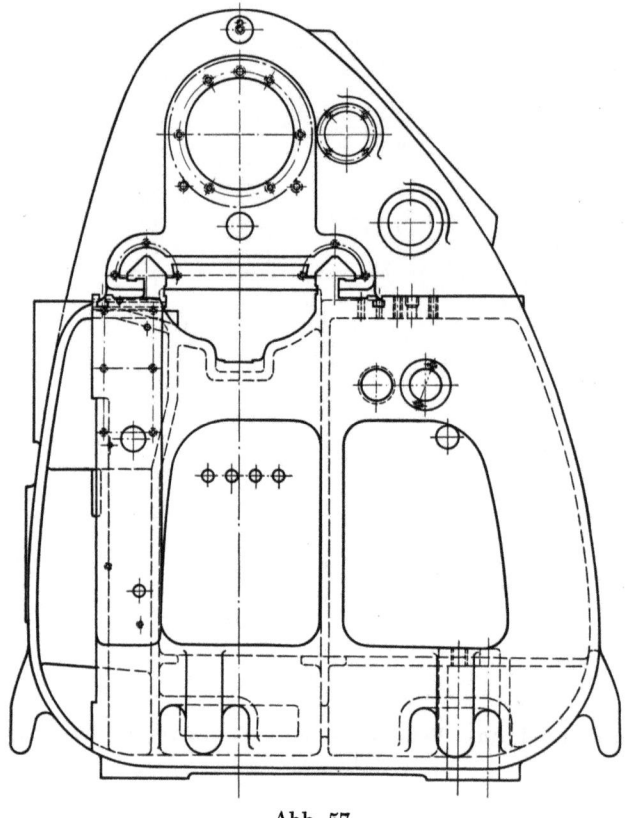

Abb. 57

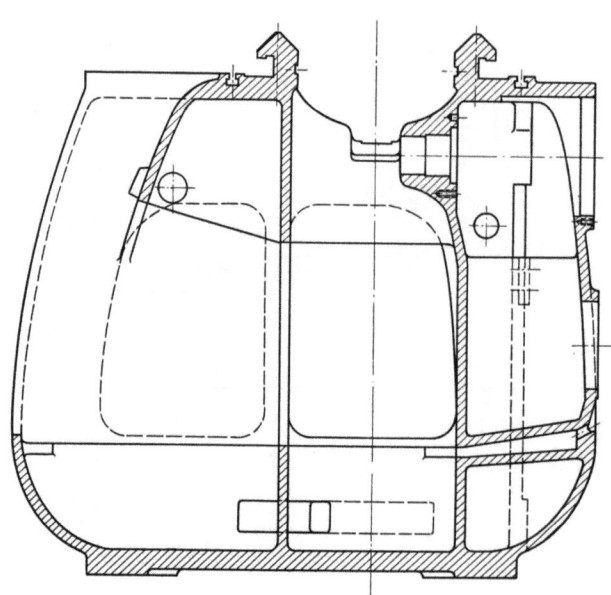

Abb. 58

Abb. 57 u. 58. Gesamtansicht und Bettquerschnitt einer Revolverdrehbank. Günstiger Kraftfluß innerhalb des Gestelles. Gefällige äußere Form [Gildemeister]

2.1 Das Bett

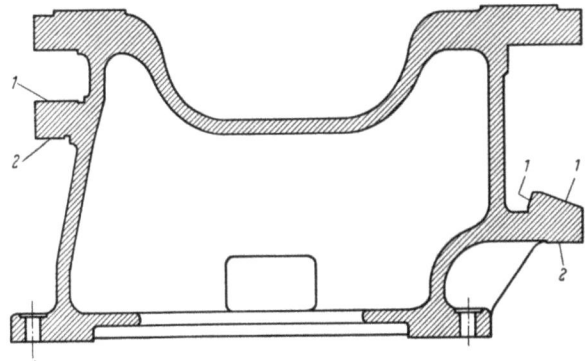

Abb. 59
Bett mit tiefliegenden Führungsbahnen. Ungleichschenklige Prismenführung vorn, Flachführung hinten [Pfeiffer]
1 Gleitflächen für den Schlitten;
2 Gleitflächen für die Sicherungsleiste gegen Abheben

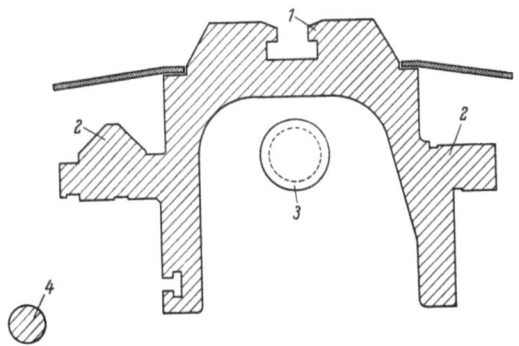

Abb. 60
Bett mit geschützten Führungen. Gleichseitiges Prisma vorn, Flachführung hinten [Boley]
1 Reitstockführung; *2* Schlittenführungen;
3 Leitspindel; *4* Zugspindel

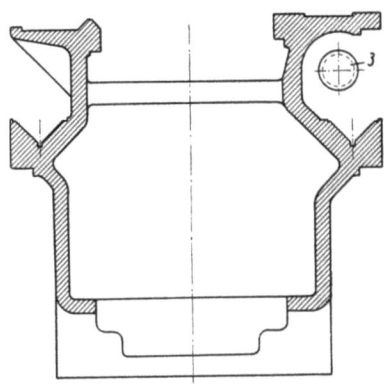

Abb. 61. Bett mit angegossenen V-förmigen tiefliegenden Führungen [IWK-Schaerer]
3 Leitspindel

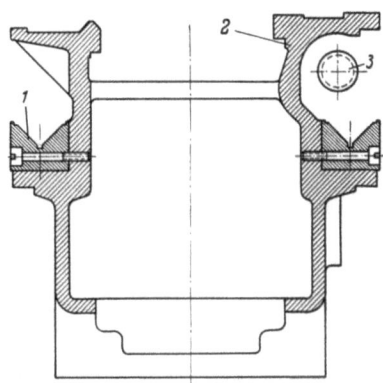

Abb. 62. Angeschraubte Führungsleisten mit gehärteter und geschliffener Gleitfläche [IWK-Schaerer]
1 Führungsleiste;
2 Wölbung am Bett für den Schutz der Leitspindel;
3 Leitspindel

Abb. 63. Bett einer schweren Drehbank mit vier schräg liegenden Flachführungen (Vierbahnenbett) [Froriep]

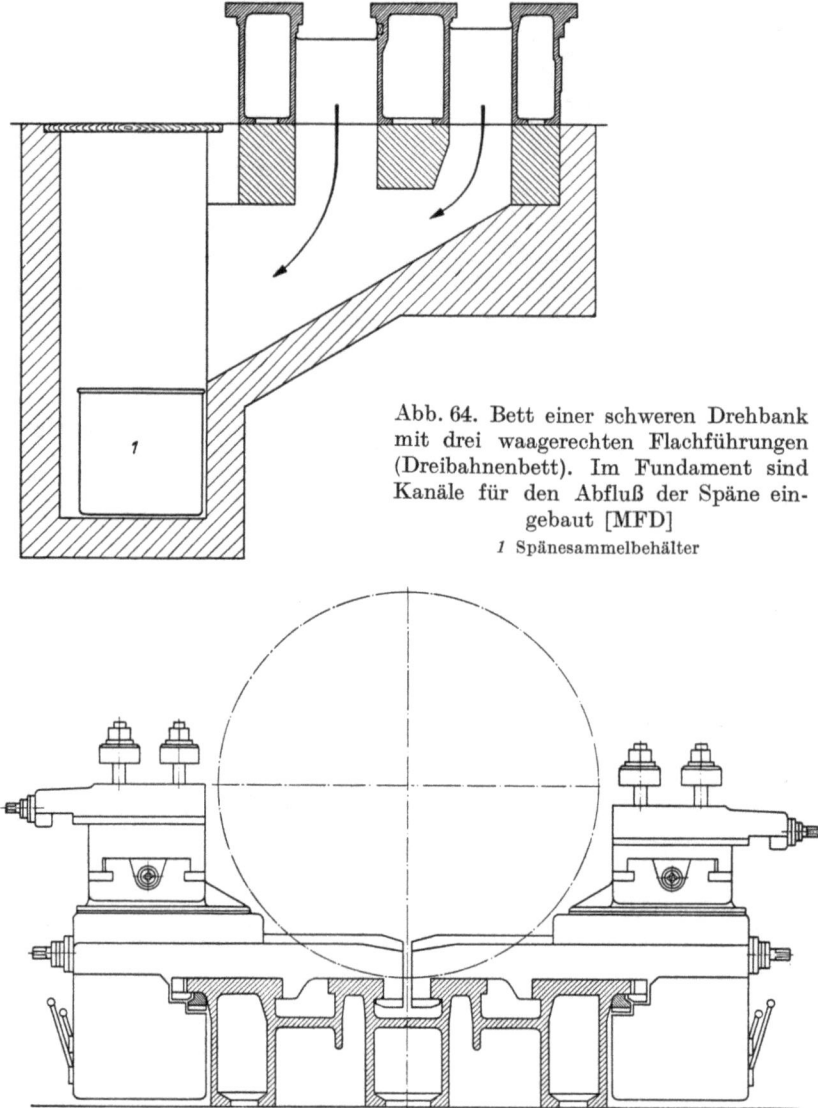

Abb. 64. Bett einer schweren Drehbank mit drei waagerechten Flachführungen (Dreibahnenbett). Im Fundament sind Kanäle für den Abfluß der Späne eingebaut [MFD]

1 Spänesammelbehälter

Abb. 65. Bett einer schweren Drehbank mit vier waagerechten Führungsflächen (Vierbahnenbett). 2 Bettschlitten können unabhängig voneinander beliebig verfahren werden [MFD]

Abb. 66. Bett einer schweren Drehbank mit schräg liegenden Flachführungen für den Bettschlitten sowie einer Prismen- und Flachführung für den Reitstock und die Setzstöcke [Waldrich]

2.1 Das Bett

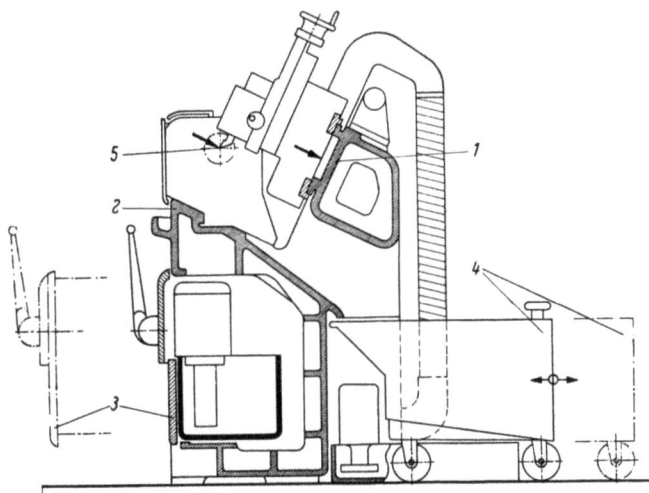

Abb. 67. Bett einer Kopierdrehmaschine [Dubied]

1 Hauptbett für den Kopierschlitten; *2* Vorbett für den Spindelkasten und den Reitstock; *3* Herausfahrbares Hydraulikaggregat; *4* Spänewagen; *5* Drehmitte

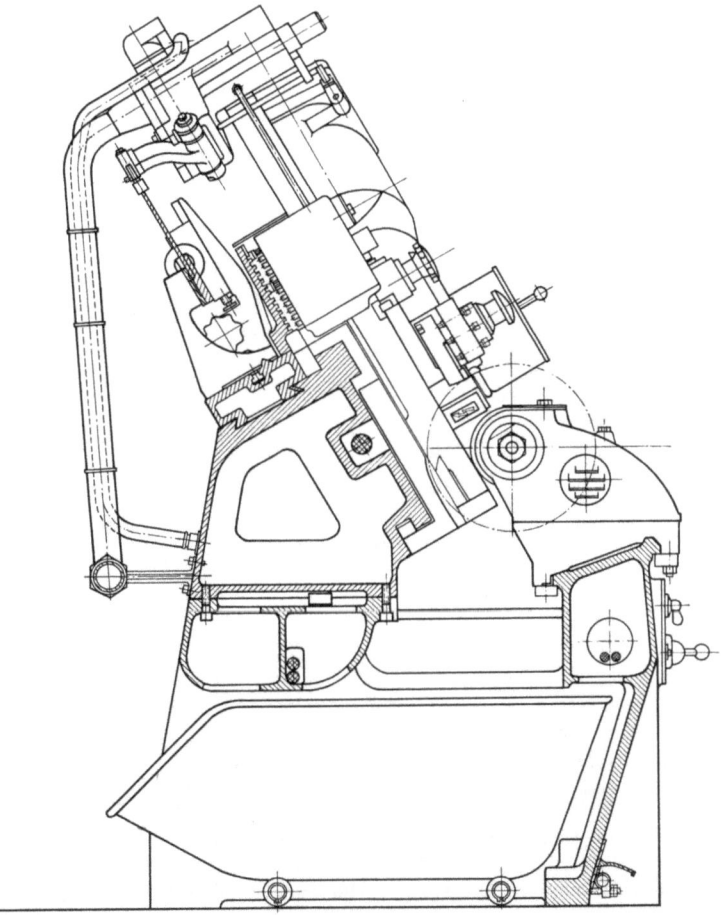

Abb. 68

Bett einer Kopierdrehmaschine. Hauptbett mit dem Kopierschlitten, Vorbett für den Reitstock und die Einstechsupporte. (Auf dem Hauptbett können ebenfalls Einstechsupporte angeordnet werden.) [Heyligenstaedt]

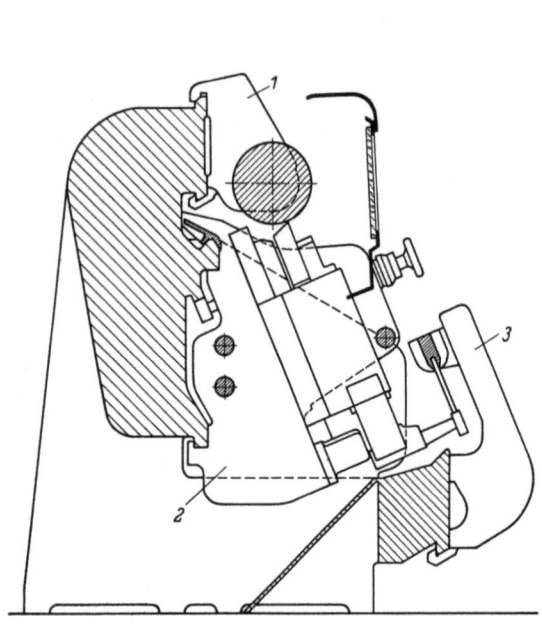

Abb. 69
Bett einer Kopierdrehmaschine. Senkrechte Führungsfläche für Bettschlitten und Reitstock [GF]
1 Reitstock;   *2* Kopierschlitten;   *3* Schablonenträger

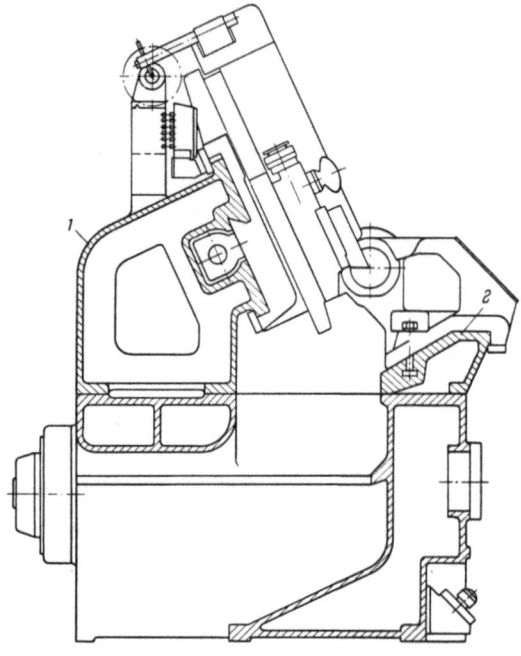

Abb. 70
Bett einer Kopierdrehmaschine [IWK-Schaerer]
1 Hauptbett für den Kopierschlitten;
2 Vorbett für den Reitstock und für zusätzliche Supporte zum Einstechen, Langdrehen, Kopieren

Abb. 71. Gekröpftes Bett mit Einsatzbrücke. Durch die Kröpfung wird der Drehdurchmesser für kurze Werkstücke erweitert. Die Einsatzbrücke ist erforderlich, wenn z. B. unmittelbar vor dem Spannfutter ein Setzstock gewünscht wird, oder der Bettschlitten bis zum Spindelkopf gefahren werden muß [VDF]

2.1 Das Bett

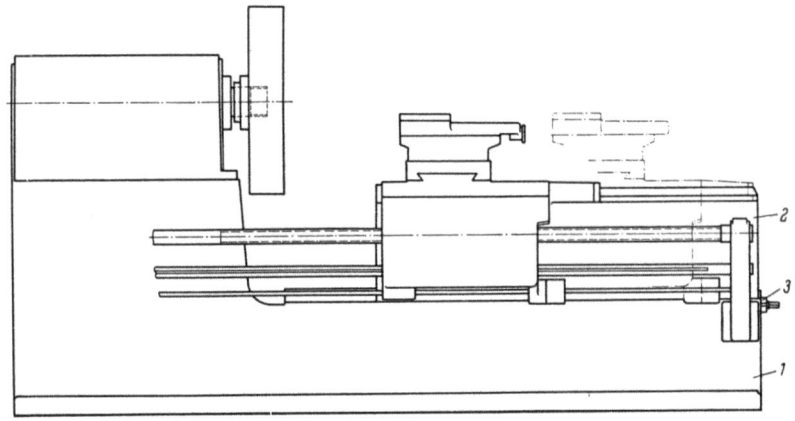

Abb. 72. Ansicht einer Drehbank mit verschiebbarem Oberbett [Heyligenstaedt]
1 Grundbett; *2* Oberbett; *3* Verstellspindel

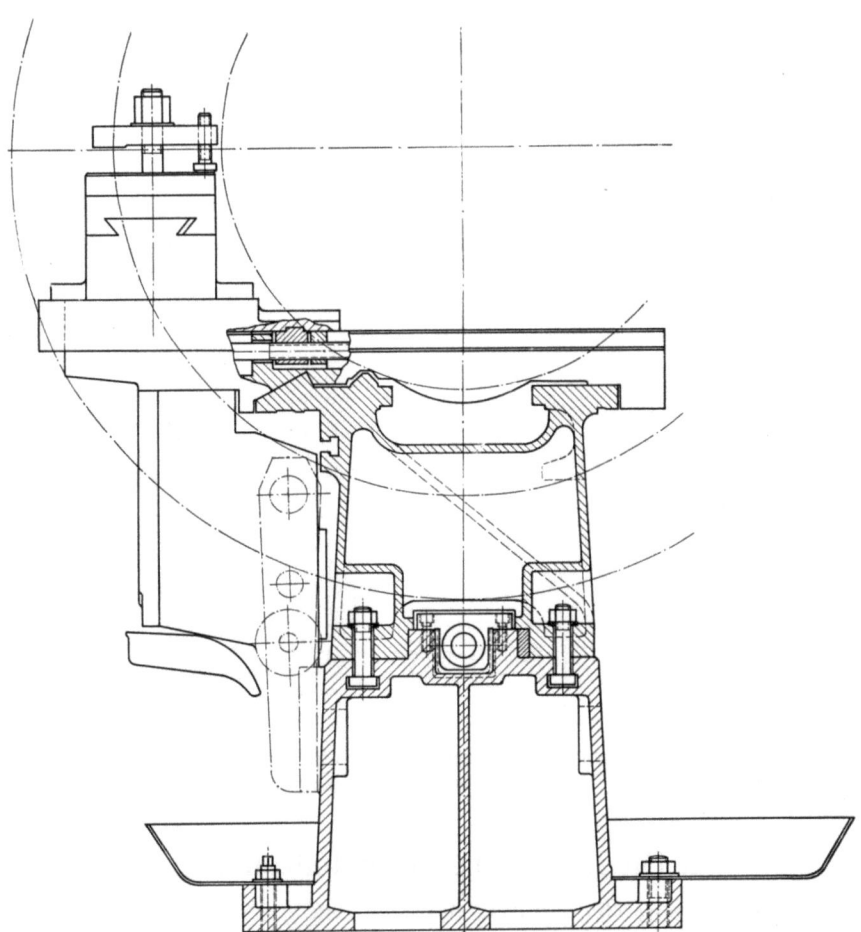

Abb. 73. Querschnitt durch das Bett der Maschine in Abb. 72. Man erkennt die Verstellspindel, die Gleitflächen zwischen Haupt- und Oberbett und die Befestigungsschrauben [Heyligenstaedt]

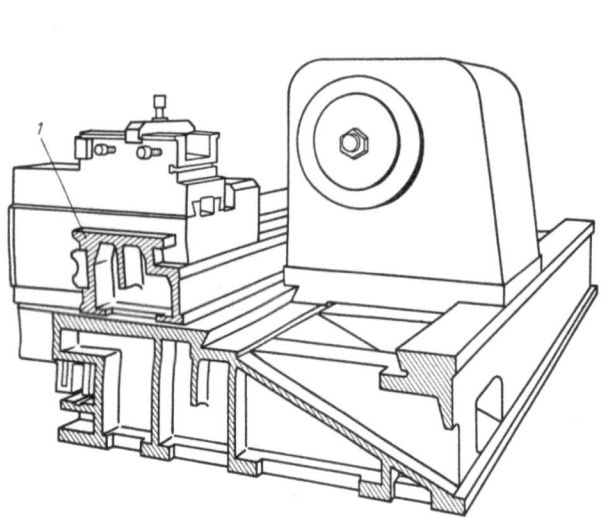
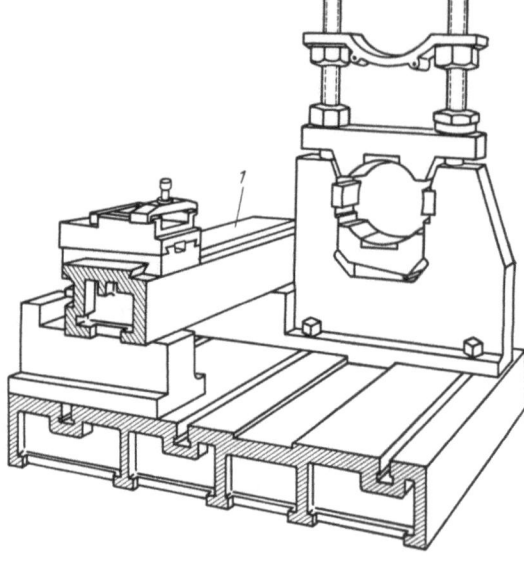

Abb. 74. Bett einer Walzendrehbank mit Hauptbett für Spindelkasten und Reitstock sowie Oberbett für den Schlitten [Herkules]
1 Oberbett

Abb. 75. Bett einer Walzendrehbank mit Oberbett, das dem Walzendurchmesser entsprechend parallel zur Drehachse verschoben werden kann [Herkules]
1 Oberbett

Abb. 76. Walzendrehbank mit schwerem Bettschlitten. Der Schlitten kann an dem Reitstock vorbeifahren [Herkules]

Abb. 77. Bett einer Drehmaschine mit zwei voneinander unabhängigen Bettschlitten [Loewe]

2.2. Die Erzeugung der Schnittbewegung

Die Schnittbewegung entsteht dadurch, daß sich das von der Arbeitsspindel angetriebene oder mit dieser verbundene Werkstück an dem Schneidmeißel vorbeidreht. Um die Arbeitsspindel in Umdrehungen zu versetzen, ist ein Antriebsorgan und ein Drehzahlwandler erforderlich, der die Antriebsdrehzahl in die gewünschte Arbeitsspindeldrehzahl umwandelt.

Als Antriebsorgan verwendet man fast ausschließlich einen mit der Maschine verbundenen Flansch- oder Fußmotor, wobei der Drehstromasynchronmotor (Kurzschlußläufer) mit konstanter Drehzahl vorherrscht (Abb. 78 bis 80).

Die früher übliche Antriebsart über einen Riementrieb und Deckenvorgelege ist fast ganz aus den Werkstätten verschwunden.

Die Umwandlung der konstanten Eingangsdrehzahl in ein Bündel Spindeldrehzahlen wird unmittelbar im Antriebsmotor oder in einem im Spindelkasten bzw. Bettfuß eingebauten Getriebe vorgenommen. Dieses Getriebe kann ein mechanisches oder hydraulisches[1] sein. Auch eine Kopplung beider miteinander oder mit dem steuerbaren elektrischen Antrieb ist möglich. Das Getriebe ist mit dem Antriebsmotor unmittelbar (Flanschmotor) oder über einen Antriebsriemen (Keilriemen, Flachriemen) (Fußmotor) verbunden. Die Ausgangsdrehzahlen sind gestuft oder stufenlos.

Für den Entwurf eines Getriebes sind folgende Forderungen zu beachten:

1. Möglichst großer Drehzahlbereich,
2. einfache Schaltung, wenn möglich unter Last, oder
3. Vorwählschaltung bzw. Programmsteuerung,
4. Betriebssicherheit,
5. niedrige Kosten.

Abb. 78
Drehbank mit Flanschmotorantrieb. Der Motor ist an den Spindelkasten angeflanscht und unmittelbar mit der Antriebswelle gekuppelt [VDF]

Das Ideal wäre natürlich trotz der in Abschnitt 1.7 gebrachten einschränkenden Anmerkungen der stufenlose Antrieb mit selbsttätiger, vom Drehdurchmesser abhängigen Regelung auf gleichbleibende Schnittgeschwindigkeit. Leider ist der Aufwand für diese Einrichtung heute noch so groß, daß man sich zu einer allgemeinen Einfüh-

Abb. 79. Drehbank mit Fußmotorantrieb. Die Antriebswelle des Spindelgetriebes ist mit einer Riemenscheibe verbunden, die von dem seitlich am Bett angeschraubten Motor angetrieben wird [VDF]

Abb. 80. Drehbank mit Fußmotorantrieb. Hier sitzt der Motor im Bettfuß auf einer Wippe. Keilriemen- oder Flachriemenantrieb [IWK-Schaerer]

---

[1] Das Wort „hydraulisch" kommt von ὕδωρ Wasser. Hier wird es, wie allgemein üblich, für Einrichtungen verwendet, die mit Drucköl arbeiten. Es wäre wünschenswert, hierfür zur Abgrenzung gegenüber den mit Wasser getriebenen Maschinen einen anderen Begriff einzuführen

rung von stufenlos regelbaren Getrieben bei Drehbänken bisher nicht entschließen konnte. Die Mehrkosten gegenüber einem Zahnradgetriebe mit konstanter Antriebsdrehzahl stehen in einem zu ungünstigen Verhältnis zu den zu erwartenden Vorteilen, zumal bei den meisten Werkstücken die Zeitersparnis nur wenige Prozent beträgt (Abschn. 1.7). Bei stufenlosen elektrischen Antrieben rechnet man als Richtwert mit einem Preis von etwa 1000 DM pro kW

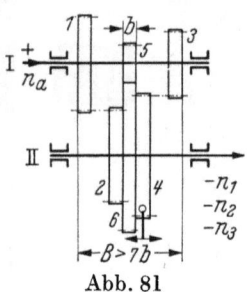

Abb. 81
Dreistufiges Schieberadgetriebe, bestehend aus 2 Wellen und 6 Zahnrädern [14]

Antriebsleistung und mehr. Bei einer Drehbank mit 15 kW Antriebsleistung würde die elektrische Ausrüstung nicht viel weniger kosten als die als die eigentliche Maschine, während die Kosten der üblichen Ausrüstung mit Kurzschlußläufermotoren nur bei rund 10% des Maschinenpreises liegen. Hinzu kommt, daß das Zahnradgetriebe gut übersehbar und in seiner Arbeitsweise verständlich ist, so daß Werkstätten, die nicht über besonders geschultes Personal verfügen, auftretende Störungen leicht selbst beheben können. Bei hydraulischen und elektrischen Anlagen ist die Fehlerbeseitigung durch den Kunden schon erheblich schwieriger, wenn nicht unmöglich. Sehr oft ist dann die Hilfe des Lieferwerkes unentbehrlich.

Bei einfachen bzw. kleinen Drehbänken findet man zuweilen noch den früher üblichen Stufenscheibenriemenantrieb. Die auf der Arbeitsspindelachse sitzende Stufenscheibe mit 3 oder 4 Scheiben arbeitet mit einer entsprechenden am Deckenvorgelege oder hinter der Drehbank angeordneten Gegenstufenscheibe zusammen. Die gewünschte Drehzahl wird durch Umlegen des Treibriemens von Hand eingestellt. Mit einem einfachen oder doppelten Zahnradvorgelege läßt sich der Drehzahlbereich erweitern.

Diese Antriebsart hat heute — abgesehen von Kleindrehbänken — keine Bedeutung mehr und soll deswegen nicht weiter behandelt werden.

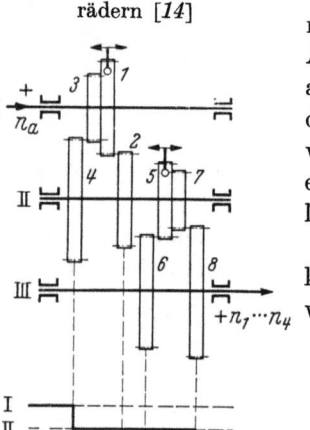

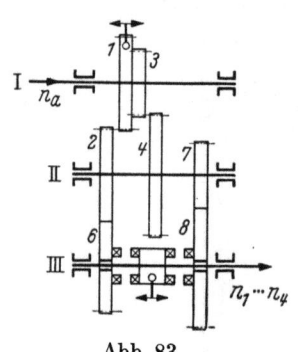

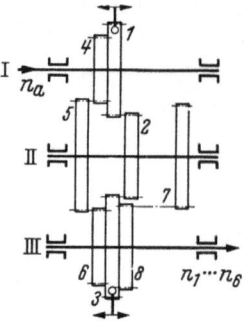

Abb. 82
Vierstufiges Schieberadgetriebe, bestehend aus 3 Wellen und 8 Zahnrädern [14]

Abb. 83
Einfach gebundenes sechsstufiges Getriebe, bestehend aus 3 Wellen, 7 Zahnrädern und einer Kupplung [14]

Abb. 84
Doppelt gebundenes sechsstufiges Schieberadgetriebe, bestehend aus 3 Wellen und 8 Zahnrädern [14]

Die weitaus am meisten verwendete Getriebebauart ist das Zahnradgetriebe. Bei diesem sind grundsätzlich 2 Bauformen möglich:

Entweder werden durch seitliche Verschiebung bestimmter Radblöcke immer nur die Räder miteinander in Eingriff gebracht, die für die gewünschte Spindeldrehzahl erforderlich sind (Schieberadgetriebe),

oder

sämtliche Räder des Getriebes sind ständig im Eingriff. Das gewünschte Übersetzungsverhältnis wird durch Kuppeln hergestellt (Kupplungsgetriebe).

Es können auch beide Prinzipien zusammen in einem Getriebe verwendet werden. In den Abb. 81 bis 85 sind einige Beispiele für den schematischen Aufbau von Zahnradgetrieben dargestellt.

Abb. 81 zeigt ein dreistufiges Grundgetriebe mit 2 Wellen. Durch Verschieben des auf der Welle *II* sitzenden Zahnradblockes können drei verschiedene Drehzahlen eingestellt werden. In Abb. 82 ist ein Dreiwellengetriebe mit 4 Drehzahlen abgebildet. Bei Betrachtung dieses Getriebes drängt sich der Gedanke auf, ob sich durch geschickte Wahl des Übersetzungsverhältnisses die Räder der Welle *II* nicht gleichzeitig für die Übersetzung von *I* auf *II* und *II* auf *III* verwenden lassen. Dies ist geschehen in Abb. 83. Auch hier liegt ein Dreiwellengetriebe mit 4 Stufen vor. Zur Erzeugung der 4 Stufen sind nur 7 Zahnräder gegenüber acht in Abb. 82 notwendig. Allerdings kommt eine Kupplung hinzu. Man spricht dann von einem gebundenen Getriebe. Das Getriebe in Abb. 84 erzeugt mit 3 Wellen und 8 Zahnrädern sechs verschiedene Drehzahlen, ist also dem Getriebe in Abb. 82 um 50% überlegen. Neben den einfachen Schieberadgetrieben findet man bei Drehmaschinen außerdem gelegentlich noch Ziehkeil- und Schwenkrad- (Norton-) Getriebe.

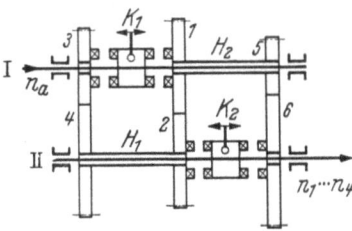

Abb. 85. Vierstufiges Kupplungsgetriebe, bestehend aus 2 Wellen, 6 Zahnrädern und 2 Kupplungen [*14*]

Abb. 85 zeigt ein Getriebe mit Kupplungen. Die Kupplungen sitzen längsverschiebbar auf den Wellen und werden von diesen mitgenommen, während die Räder lose auf Hülsen laufen. Die Räder sind dauernd im Eingriff. Der Vorteil dieses Getriebes liegt darin, daß man eine Welle und evtl. auch Räder einspart. Nachteilig sind die Hülsen und Kupplungen, die den Aufbau verwickeln und den Wirkungsgrad herabsetzen.

Neuerdings gewinnt diese Getriebebauart an Bedeutung, nachdem an Stelle der früher üblichen Zahn- oder Klauenkupplungen elektrisch oder hydraulisch betätigte Lamellenkupplungen getreten sind. Am bekanntesten sind elektromagnetisch arbeitende Kupplungen. Außerdem verwendet man Magnetpulver-, Wirbelstrom- und Induktionskupplungen (Abb. 86 bis 88).

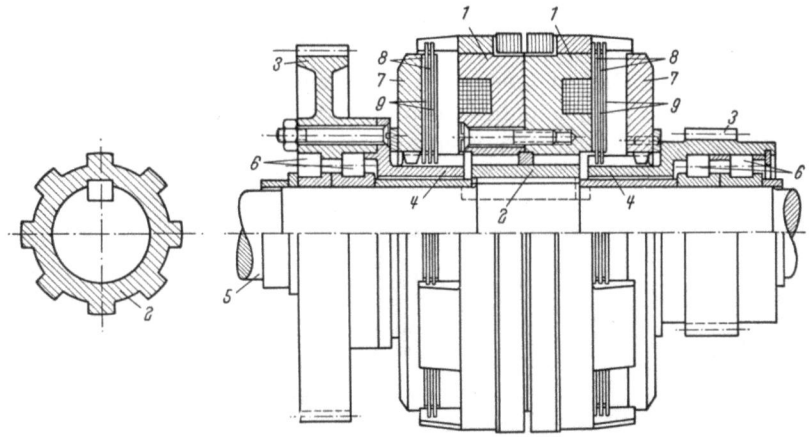

Abb. 86. Elektromagnetische Lamellenkupplung [*1*]

1 Magnetkörper; *2* Buchse; *3* Zahnräder; *4* Mitnehmer; *5* Welle; *6* Wälzlager; *7* Ankerscheiben; *8* Innenlamellen
9 Außenlamellen

Damit ergibt sich eine sehr einfache Schaltbarkeit, weil diese Kupplungen über einen Wahlschalter und Druckknopf betätigt werden und somit das z. T. recht umfangreiche Schaltgetriebe fortfällt. Ein weiterer Vorteil der elektromagnetisch oder hydraulisch geschalteten Lamellenkupplungen ist die Möglichkeit, das Getriebe während des Laufes bei Belastung zu schalten. Man kann also die Drehzahlen bei laufender Spindel dem jeweiligen Drehdurchmesser anpassen. Diese Bauart heißt Lastschaltgetriebe. Bei der Auslegung der Lastschaltgetriebe ist zu berücksichtigen, daß die Drehzahl beim Umschalten absinkt, da die Arbeitsspindel für eine kurze Zeitspanne vom Antrieb gelöst ist. Das kann sich unangenehm durch Bruch der Meißelschneide bemerkbar machen, wenn auf eine höhere Drehzahl geschaltet wird.

Die Kupplungen müssen daher genügend groß und die Schaltung so ausgebildet sein, daß dieses Absinken vom Drehmeißel nicht erst „bemerkt" wird.

Um einen raschen Überblick über die Übersetzungsverhältnisse eines Getriebes zu gewinnen, bedient man sich des Aufbaunetzes. In diesem sind die einzelnen Wellen in der Reihenfolge

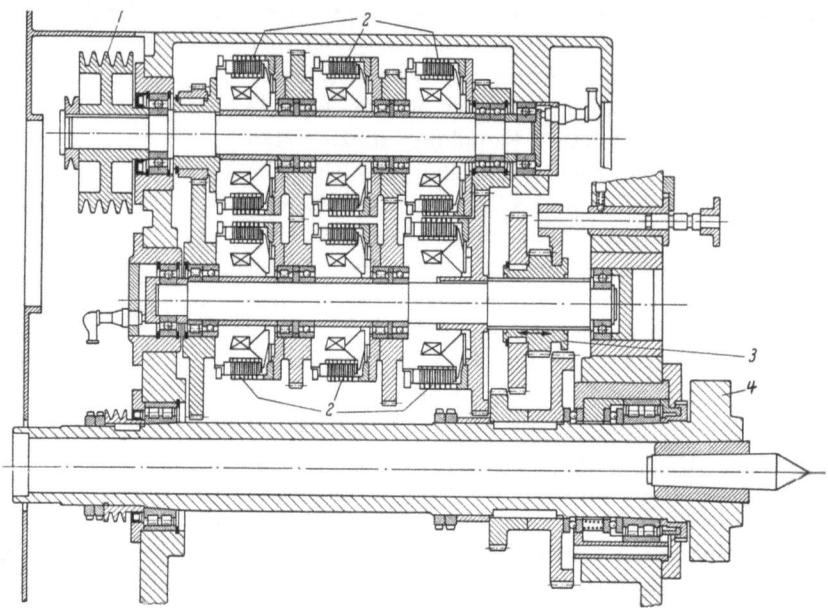

Abb. 87. Achtstufiges Kupplungsgetriebe mit elektromagnetischen Lamellenkupplungen. Die durch Kuppeln erzeugten 8 Drehzahlen werden über ein zweistufiges Schieberadgetriebe auf die Arbeitsspindel übertragen, so daß 16 Drehzahlen zur Verfügung stehen [IWK-Schaerer]
1 Antriebsscheibe; *2* elektromagnetische Kupplungen; *3* Schieberadgetriebe; *4* Arbeitsspindel

des Kraftflusses in regelmäßigen Abständen eingezeichnet und senkrecht dazu die Drehzahlen in logarithmischer Teilung aufgetragen. Bei der geometrischen Drehzahlreihe n; $n\varphi$; $n\varphi^2$; $n\varphi^3$ erhält man eine gleichmäßig geteilte Skala der Normdrehzahlen mit dem Abstand φ.

Abb. 88. Blick in den Spindelkasten des Kupplungsgetriebes in Abb. 87 [IWK-Schaerer]

Das Drehzahlschaubild wird in ähnlicher Weise gezeichnet. Hier sind Drehzahlen und Übersetzungen nicht schematisch, sondern in wirklichen Werten dargestellt. Die einzelnen Übersetzungen lassen sich dann unmittelbar ablesen. Das Übersetzungsverhältnis ist an der Neigung der Verbindungslinie zu erkennen (Abbildung 89).

Vor dem Entwurf des Arbeitsspindelgetriebes sind zunächst nur die Rahmenbedingungen bekannt. Drehzahlbereich, Anzahl und Größe der Drehzahlen werden auf Grund von Überlegungen über den Verwendungszweck frei gewählt. Wenn diese Daten festliegen, kommt es darauf an, ein Getriebe zu finden, das ihnen mit dem geringsten Aufwand an Wellen, Rädern und Kupplungen entspricht. Hat man ein günstiges Getriebeschema mit Hilfe von Drehzahlschaubild und Aufbaunetz gefunden, gilt es noch, Übersetzungsverhältnisse mit möglichst kleinen Zähnezahlen zu finden, um den Umfang des Getriebekastens gering zu halten. Für die Berechnung der kleinsten Zähnezahlsumme sind mathematische Ableitungen entwickelt, die in dem einschlägigen Schrifttum nachgelesen werden können [*14*].

Sobald das Getriebe in seinen Übersetzungsverhältnissen, also als Getriebeplan, festliegt, wird für die Bemessung der Wellendurchmesser, Zahnbreiten und Zahnmodule eine Festigkeits- und Verschleißrechnung auf Grund der in den einzelnen Getriebezweigen auftretenden Drehmomente und Geschwindigkeiten durchgeführt. Einige Getriebepläne bewährter Drehbankkonstruktionen mögen zeigen, welche Lösungen diese Aufgabe gefunden hat (Abb. 90 bis 95).

Neben dem Antrieb durch einen Motor konstanter Drehzahl gibt es die Verbindung mit einem polumschaltbaren Motor. Das wäre also die Kombination eines gestuften mechanischen Getriebes mit einem gestuften elektrischen Antrieb. Meistens wird ein einfach umschaltbarer Motor, etwa mit den Drehzahlen 750/1500 U/min, verwendet. Der Drehzahl*bereich* des Rädergetriebes wird damit verdoppelt, nicht jedoch die *Anzahl* der Drehzahlen, die z. B. bei $\varphi = 1{,}26$ nur um 3 Stufen zunimmt (da $1{,}26^3 = 2$) (Abb. 96).

Wenn auch die meisten Modelle des In- und Auslandes Zahnradgetriebe mit einfachem oder polumschaltbarem Drehstrommotor aufweisen, findet man doch verschiedene Bemühungen, Drehbänke mit einem stufenlosen Antrieb auszurüsten.

Eine stufenlose Drehzahlsteuerung ist auf dreierlei Weise möglich, mechanisch, hydraulisch und elektrisch. Hier seien von den vielen auf dem Markt befindlichen Getrieben nur einige Beispiele ausgewählt, wie man sie gegenwärtig in Drehbänken findet.

Das stufenlose mechanische Getriebe basiert mit Ausnahme der Bauart PIV und Oerlikon auf dem Prinzip der Reibung. 2 Wälzkörper laufen miteinander, durch Reibung im Wälzpunkt verbunden, wobei der Berührungsradius verstellbar ist. Der

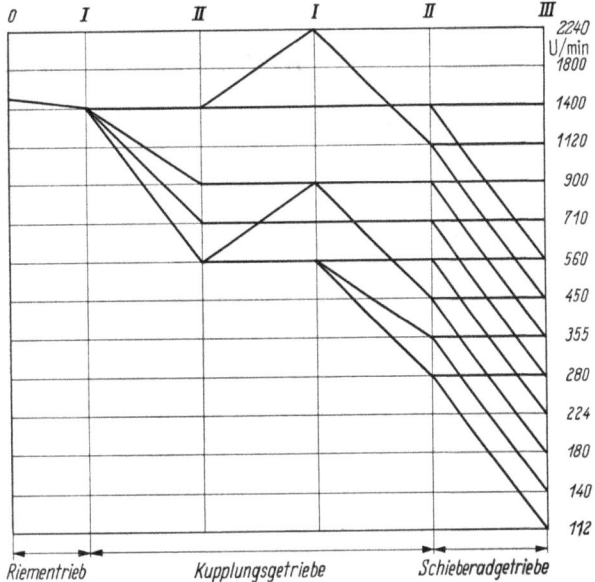

Abb. 89. Drehzahlschaubild des Getriebes in Abb. 87 und 88. Da es sich hier um ein Kupplungsgetriebe handelt, wird nicht nur von Welle *I* nach Welle *II* getrieben, sondern auch zurück. Die Zahnräder sind sämtlich dauernd im Eingriff. Der Kraftfluß ergibt sich aus den jeweils eingeschalteten Kupplungen [IWK-Schaerer]

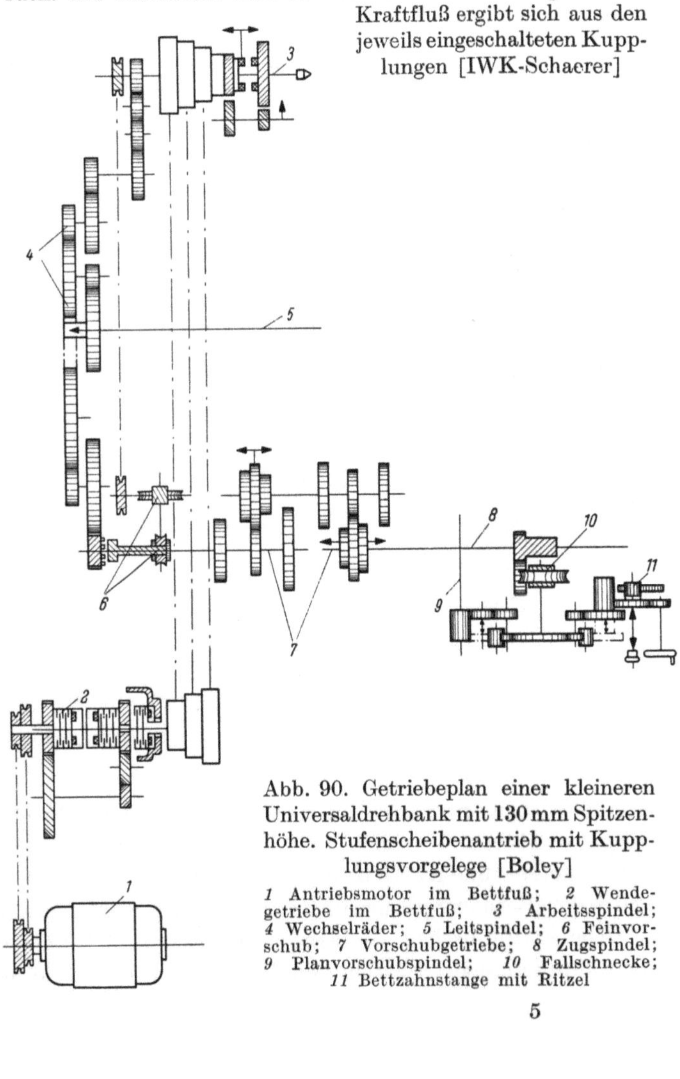

Abb. 90. Getriebeplan einer kleineren Universaldrehbank mit 130 mm Spitzenhöhe. Stufenscheibenantrieb mit Kupplungsvorgelege [Boley]

1 Antriebsmotor im Bettfuß; *2* Wendegetriebe im Bettfuß; *3* Arbeitsspindel; *4* Wechselräder; *5* Leitspindel; *6* Feinvorschub; *7* Vorschubgetriebe; *8* Zugspindel; *9* Planvorschubspindel; *10* Fallschnecke; *11* Bettzahnstange mit Ritzel

Regelbereich dieser Getriebe ist nicht allzu groß, die übertragbare Leistung meistens verhältnismäßig gering. Das PIV Getriebe besteht im Gegensatz dazu aus 2 Paaren von verzahnten Kegelscheiben, zwischen denen eine Kette aus Blechlamellenpaketen läuft. Die gegeneinander verschiebbaren Bleche passen sich dem Profil der Kegelscheiben an, so daß die

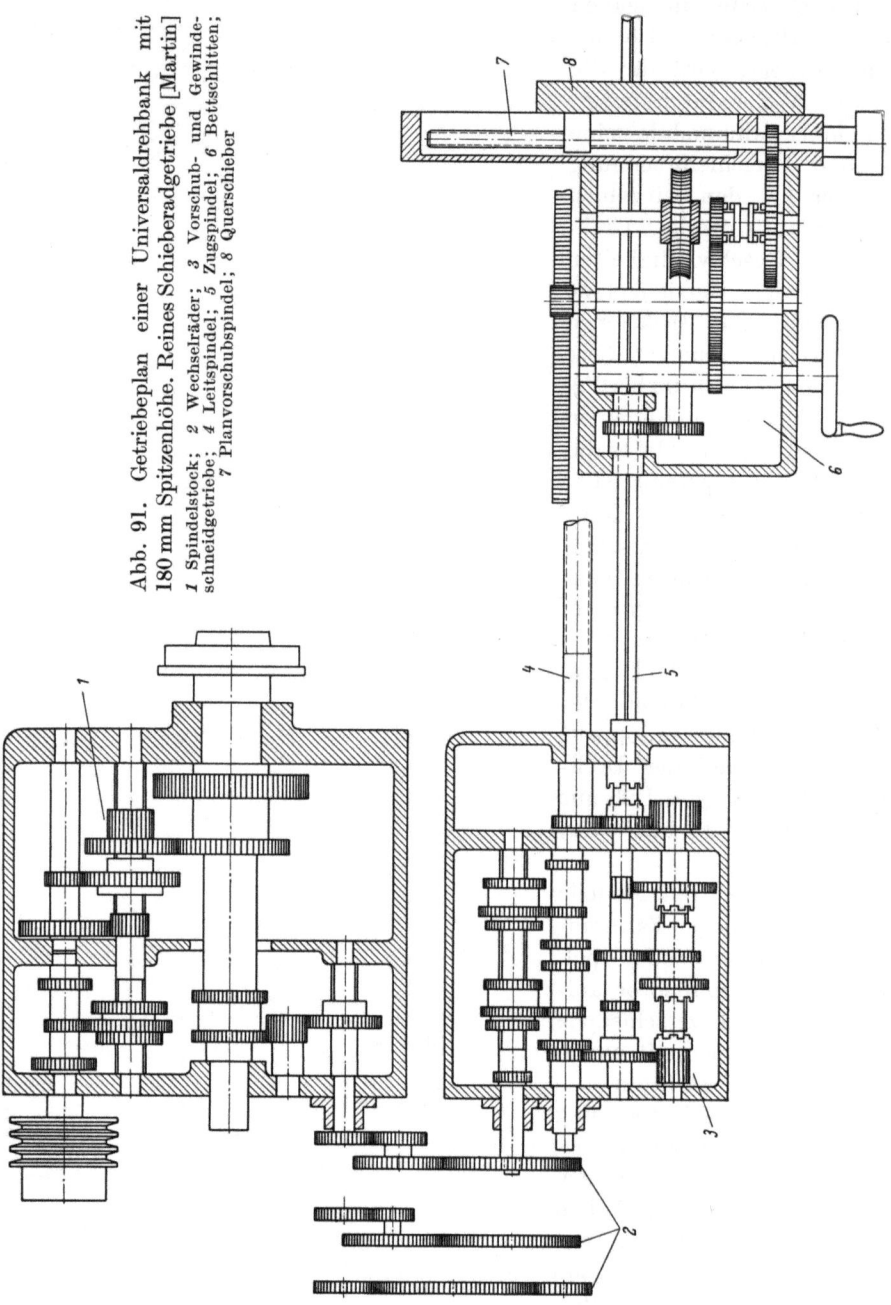

Abb. 91. Getriebeplan einer Universaldrehbank mit 180 mm Spitzenhöhe. Reines Schieberadgetriebe [Martin]
1 Spindelstock; *2* Wechselräder; *3* Vorschub- und Gewindeschneidgetriebe; *4* Leitspindel; *5* Zugspindel; *6* Bettschlitten; *7* Planvorschubspindel; *8* Querschieber

Kraftübertragung nicht durch Reibung, sondern durch Formschluß erfolgt. Der Abstand der Kegelscheiben ist veränderlich. Hieraus ergeben sich veränderliche Berührungsdurchmesser auf der Antriebs- und Abtriebsseite. Regelbereich 1:6 bis 1:10 (Abb. 98). Bei dem Oerlikongetriebe wird der Berührungsdurchmesser der Antriebsriemen geändert Abb. 99.

Die hydraulischen Getriebe bestehen aus 2 Teilen, der Pumpe und dem Motor. In beiden ist ein umlaufendes System von Zellen angeordnet, die durch exzentrisch gesteuerte Kolben oder

2.2 Die Erzeugung der Schnittbewegung

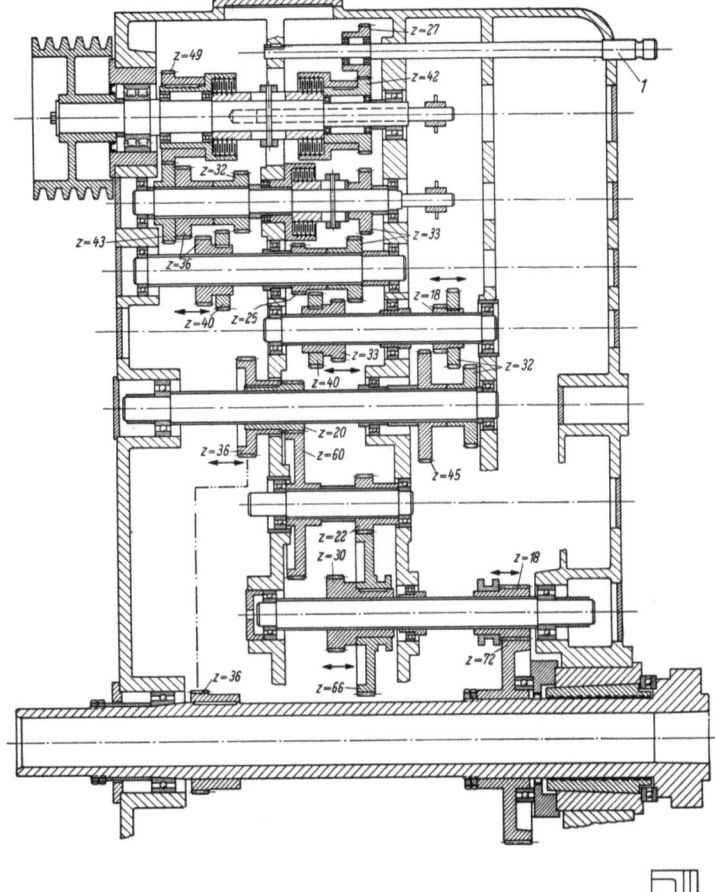

Abb. 92. Getriebeplan eines Spindelkastens für 24 Drehzahlen und Drehzahlbereich 1:200. Schieberadgetriebe, Wendegetriebe und Bremse in Verbindung mit Lamellenkupplungen. (Die Zähnezahlen sind in der Zeichnung angegeben) [IWK-Schaerer]

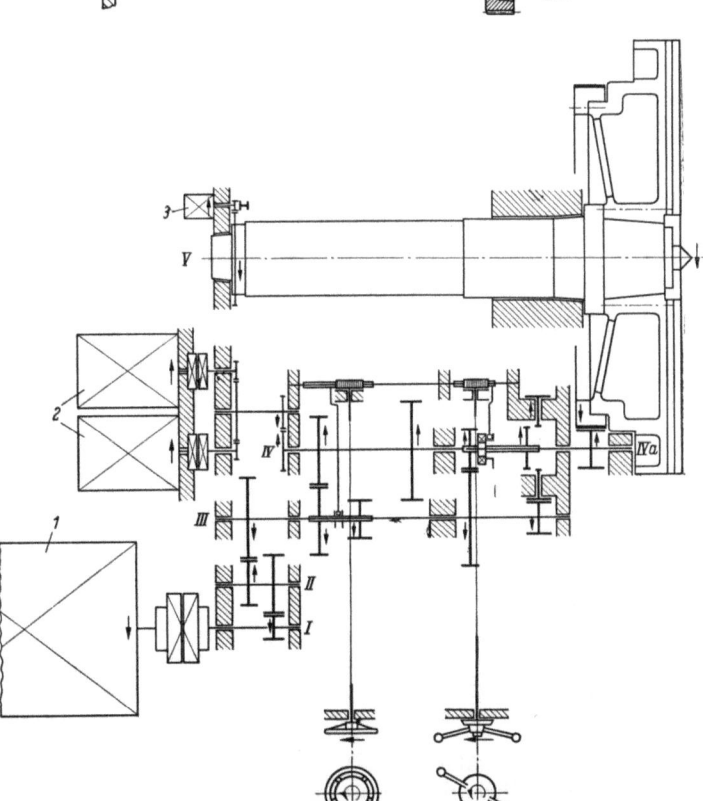

Abb. 93. Getriebeplan einer schweren Drehbank mit Zahnkranzantrieb [Heyligenstaedt]

1 Hauptantriebsmotor;
2 Gebermotoren für Gleichlauf;
3 Tachometermaschine

68   2. Die Baugruppen der Drehmaschine

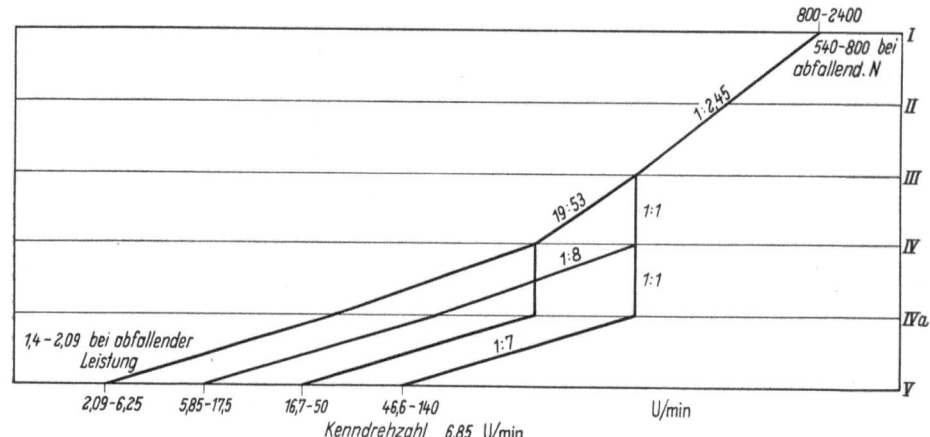

Abb. 94. Drehzahlschaubild zum Getriebeplan in Abb. 93 [Heyligenstaedt]

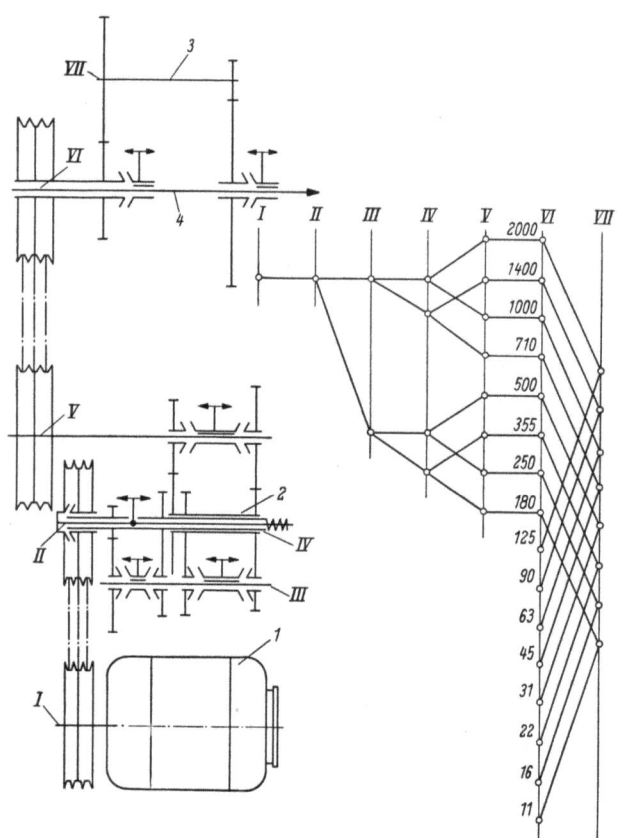

Abb. 95
Getriebeplan mit Drehzahlschaubild einer mittelgroßen Revolverdrehbank [Gildemeister]

1 Antriebsmotor; *2* Kupplungsgetriebe im Bettfuß; *3* Vorgelegewelle im Spindelstock; *4* Arbeitsspindel mit Kupplungen

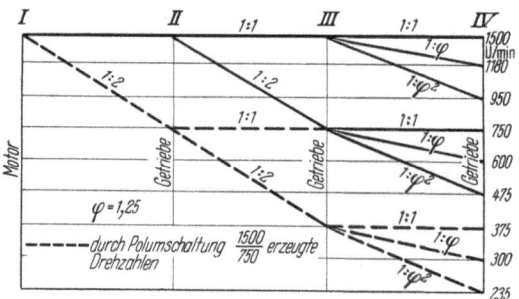

Abb. 96
Vergrößerung des Drehzahlbereiches mit Hilfe eines polumschaltbaren Motors mit $n = 750/1500$ U/min

2.2 Die Erzeugung der Schnittbewegung

Abb. 97. Schaerer-Beier-Getriebe als Antriebseinheit für eine Drehbank. Das Getriebe besteht aus einem System von ineinandergreifenden Kegelscheiben, deren Berührungsradius verstellt wird. Der Antriebsmotor ist unmittelbar an das Getriebe angeflanscht. Der im Bettfuß sitzende Hauptmotor kann wahlweise eingeschaltet werden, so daß sowohl der gestufte Standarddrehzahlbereich als auch ein stufenloser Bereich zur Verfügung steht [IWK-Schaerer]

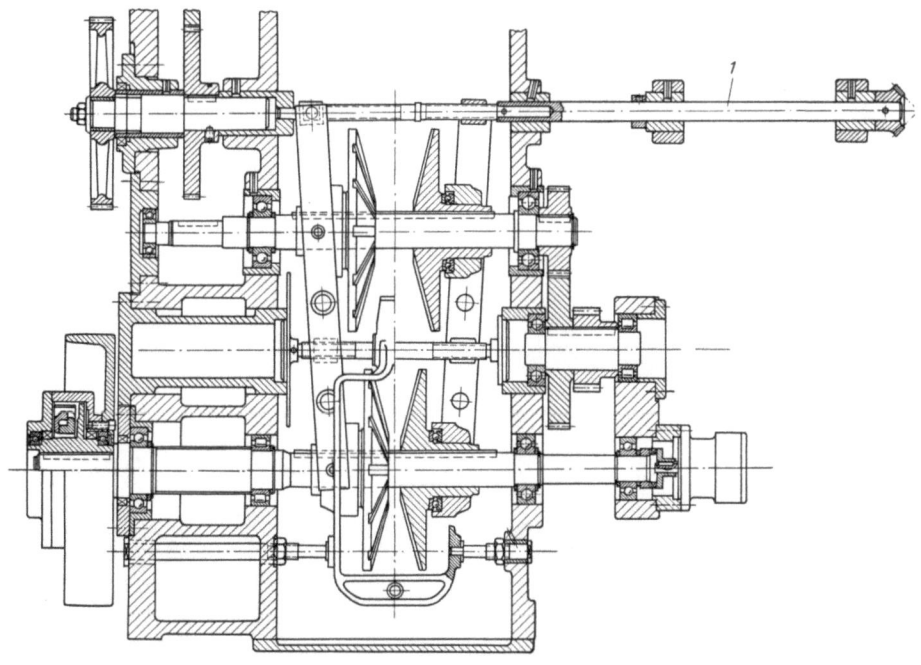

Abb. 98. In eine Drehbank eingebautes Zahnkettengetriebe, Bauart PIV (Heyligenstaedt)
 1 Verschiebespindel für die Hebelarme, die die Lage der Kegelscheiben festlegen

70 2. Die Baugruppen der Drehmaschine

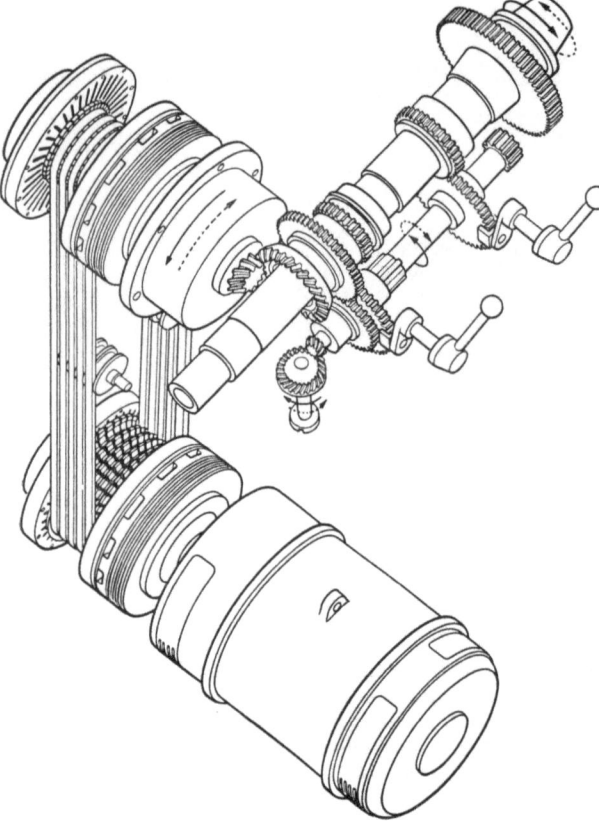

Abb. 99. Stufenloser Riementrieb für die Drehbankspindel. Die Antriebsriemen laufen auf Segmenten, die ähnlich wie Spannfutterbacken über Planspindeln von Verstellmotoren radial verschoben werden [Oerlikon]

Flügel pro Umdrehung vergrößert und verkleinert werden. Die periodische Änderung dieser Räume verursacht die pumpende bzw. antreibende Wirkung. Durch Verstellen der Exzentrizität wird die Drehzahl geändert bzw. in ihrem Drehsinn umgekehrt. Hydraulische Getriebe haben einen geringeren Wirkungsgrad als Zahnradgetriebe wegen der unvermeidlichen Spalt- und Leckverluste. Man ist natürlich bemüht, die Dichtflächen möglichst genau herzustellen, um diese Verluste klein zu halten (Abb. 100a und b).

Mechanische und hydraulische Getriebe arbeiten mit einem Antriebsmotor konstanter Drehzahl (evtl. polumschaltbar) unmittelbar oder mit einem Rädergetriebe zusammen. Man kann dann verschiedene Drehzahlbereiche schalten und innerhalb dieser stufenlos einstellen (Abb. 101).

Bei der stufenlosen elektrischen Drehzahlsteuerung wird die Drehzahl unmittelbar im Motor selbst gewandelt, ein besonderer Drehzahlwandler ist dann im allgemeinen nicht mehr erforderlich. Es sind jedoch verschiedene Einrichtungen notwendig, um die Drehzahlwandlung im Motor zu ermöglichen, so daß die Gesamtanlage gegenüber den mechanischen und hydraulischen Getrieben nicht billiger wird.

Man verwendet meistens einen Gleichstromnebenschlußmotor für die elektrische stufenlose Drehzahlsteuerung. Die Drehzahl eines Gleichstromnebenschlußmotors läßt sich steuern

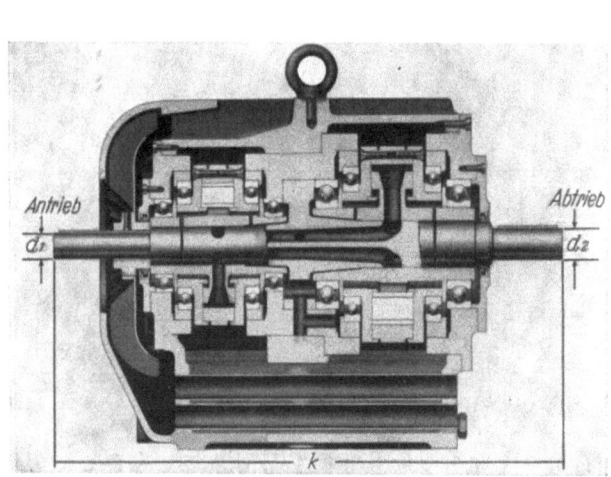
Abb. 100a

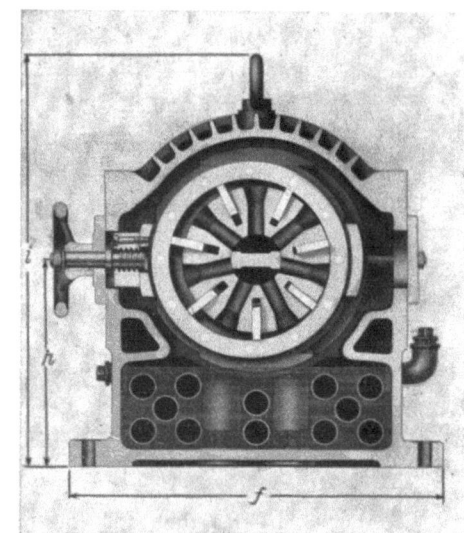
Abb. 100b

Abb. 100a u. b. Hydraulisches Getriebe System Boehringer-Sturm. Dieses Getriebe wird wahlweise in verschiedene VDF-Drehbankmodelle eingebaut (d_1; d_2; k; h; f serienmäßige Einbaumaße) [Boehringer]

durch Änderung der Ankerspannung von Null bis zur Nenndrehzahl bei gleichbleibendem Drehmoment und ansteigender Leistung und Änderung der Feldspannung bei konstanter Leistung und hyperbolisch abfallendem Drehmoment (Abb. 102).

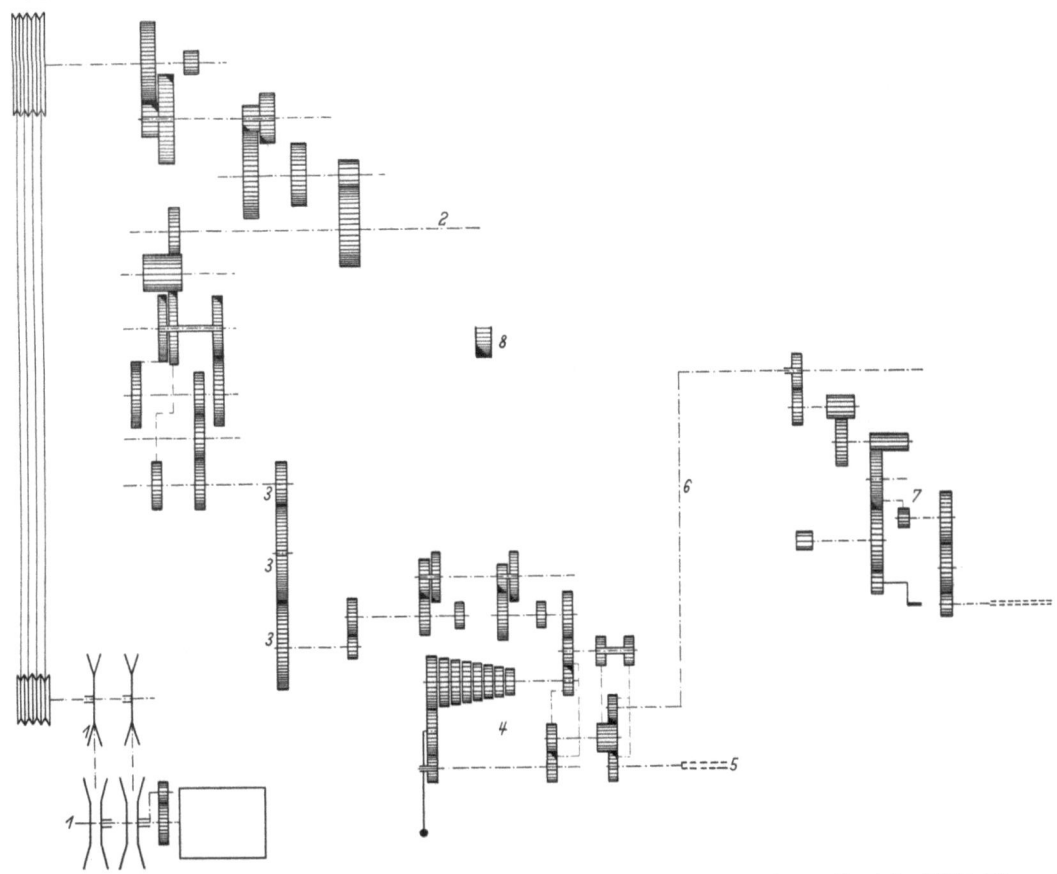

Abb. 101. Beispiel für einen Drehbankspindelantrieb mit vorgeschaltetem stufenlosen Getriebe (PIV) [Grupp]
1 Stufenloses Getriebe im Bettfuß; *2* Arbeitsspindel mit Schieberadgetriebe im Spindelkasten; *3* Wechselräder; *4* Vorschub- und Gewindeschneidgetriebe; *5* Leitspindel; *6* Zugspindel; *7* Bettschlittengetriebe; *8* Symbol für Schieberad

Da Gleichstrom in der Werkstatt sehr oft nicht vorhanden ist, gehört zu dieser Steuerungsart neben dem eigentlichen Antriebsmotor eine Einrichtung zur Erzeugung und geeignete Vorrichtungen zur Änderung der dem Feld und dem Anker zugeführten Gleichspannung. Hierfür gibt es verschiedene Möglichkeiten. Die Gleichspannung kann einem Trockengleichrichter mit vorgeschaltetem Verstelltransformator entnommen, sie kann elektromechanisch von einem Gleichstromgenerator erzeugt werden, der seinerseits von einem Drehstrommotor mit konstanter Drehzahl angetrieben wird (Leonardschaltung — Abb. 103). Es lassen sich magnetische und elektronische Regelgeräte verwenden, die den Vorteil aufweisen, keine beweglichen Teile zu besitzen. Die Wechselspannung wird bei der elektronischen Steuerung über einen Transformator aus dem Netz entnommen und Entladungsröhren (Gleichrichterröhren, Thyratronröhren) zugeleitet. Beispielsweise verwendet

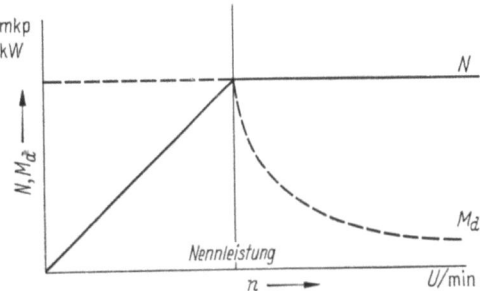

Abb. 102. Leistung N und Drehmoment M_d eines Gleichstromnebenschlußmotors in Abhängigkeit von der Drehzahl n

man die folgende Anordnung. Die Thyratronröhren liefern die Spannung für den Ankerkreis, die Gleichrichter jene für das Feld. Die Gleichspannung bzw. der Gleichstrom im Ankerkreis wird durch Beaufschlagung des Gitters der Thyratronröhre geändert und damit die Drehzahl geregelt. Zu diesem Zweck vergleicht man eine konstante, von einem Potentiometer (Regelwiderstand) beliebig eingestellte Gleichspannung (der Sollwert) mit derjenigen Spannung, die eine mit dem Antriebsmotor gekuppelte Dynamomaschine (Drehzahlmesser) liefert (der Istwert). Die Differenz beider Spannungen wird dann über geeignete Einrichtungen in eine phasenverschobene Gitterwechselspannung am Gitter der Thyratronröhre umgewandelt (Abb. 104).

Es gibt zahlreiche Schaltungen, um entweder den Anker oder das Feld allein oder auch beide zu regeln. Die Aggregate können mit und ohne Einrichtungen zum Konstanthalten der Drehzahl versehen sein.

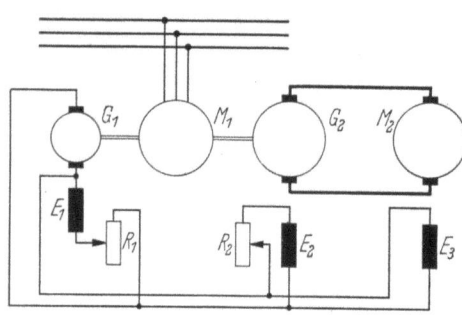

Abb. 103. Drehzahlsteuerung mit Hilfe der Leonardschaltung [10]

M_1 Drehstrommotor mit konstanter Drehzahl gekuppelt mit
G_1 Gleichstromgenerator für die Feldspeisung und
G_2 Gleichstromgenerator für die Ankerspeisung
M_2 Gleichstromantriebsmaschine
E_1—E_3 Feldwicklungen
R_1, R_2 Regler

Bemerkenswert ist, daß die stufenlosen elektrischen Antriebe gegenüber einem Drehstromasynchronmotor einschließlich Schaltgerät ein Mehrfaches an Raum, Gewicht und Kosten erfordern. Die größeren Aufwendungen ergeben sich daraus, daß die Schalteinrichtungen für eine röhrengesteuerte Drehbank erheblich mehr Platz beanspruchen als die für unmittelbare oder Sterndreieckschaltung erforderliche Geräte. Es ist außerdem zu beachten, daß der elektrisch gesteuerte Motor auch bei den niedrigen Drehzahlen die volle Leistung abgeben muß. Er wird also erheblich größer als ein Motor gleicher Leistung mit der konstanten Drehzahl 1500 U/min, wie allgemein in Verbindung mit Drehbankgetrieben üblich. Bei Drehbänken mit Antrieb durch Drehstromkurzschlußmotor betragen die Kosten der elektrischen Ausrüstung etwa 5 bis 12% des Gesamtpreises, während der Aufwand für einen elektronischen Antrieb gleicher Leistung etwa 40 bis 60% dieses Wertes erreicht.

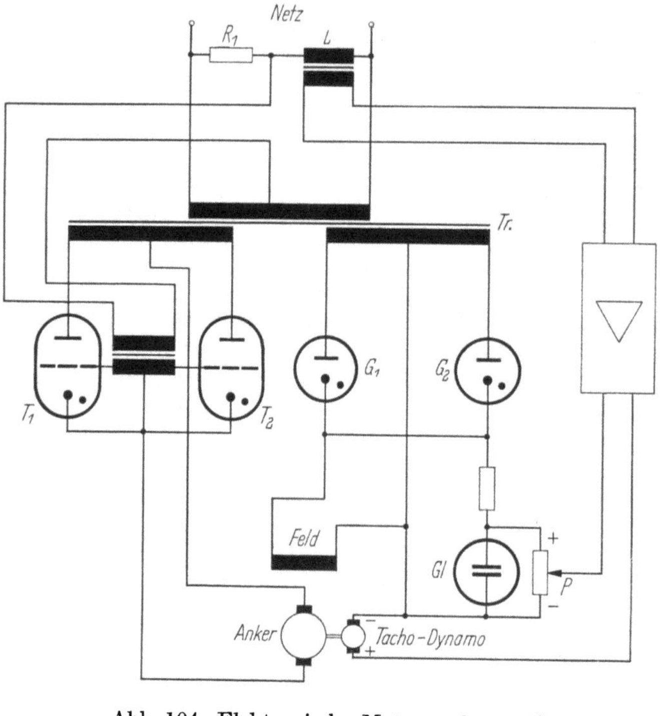

Neben dem eigentlichen, für die Drehzahlumwandlung erforderlichen Getriebe sei noch kurz auf die Steuer- und Regeleinrichtungen eingegangen. Unter „Steuern" versteht man das einfache Einschalten der gewünschten Drehzahl durch ein Schaltmanöver, während mit „Regeln" das selbsttätige Konstanthalten des einmal eingestellten Wertes bzw. das gesetzmäßige Ändern der Drehzahl etwa nach dem Drehdurchmesser bezeichnet werden soll (z. B. Regeln auf konstante Schnittgeschwindigkeit).

Abb. 104. Elektronische Motorregelung [10]

Tr Transformator; T_1; T_2 Thyratronröhren; G_1; G_2 Gleichrichterröhren; R_1 Widerstand; L regelbare Drossel; P Potentiometer

Zum Steuern der Zahnradgetriebe dienen hauptsächlich Verschiebegabeln, die die Zahnräder oder Kupplungskörper mit Hilfe eines Schalthebels und Verbindungsgestänges, häufig über Zahnsegment und Zahnstange, auf ihrer Welle hin- und herbewegen. Es kann damit nur bei Stillstand und im Auslauf des Getriebes geschaltet werden (Abb. 105).

2.2 Die Erzeugung der Schnittbewegung 73

Die gewünschte Drehzahl läßt sich bei den sogenannten Schnellschaltungen mit einer Trommel oder einem Drehknopf einstellen, während die Drehbank noch mit einer anderen Drehzahl arbeitet. Beim Stillsetzen der Arbeitsspindel im Auslauf legt der Dreher dann nur einen

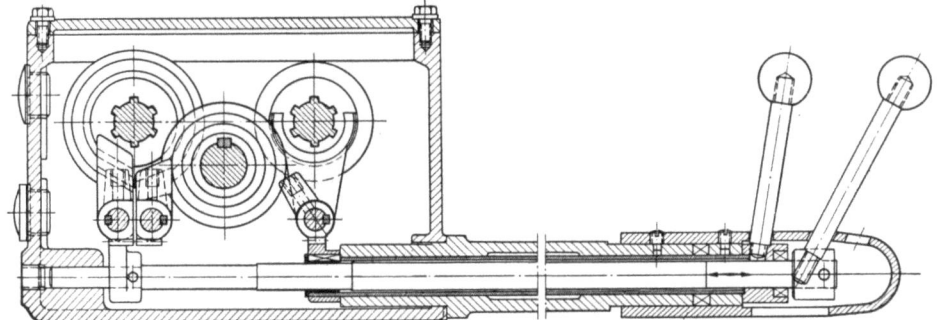

Abb. 105. Schnitt durch das Schaltgestänge eines achtstufigen Getriebes
Man erkennt die Schaltgabeln, die die auf Mehrfachkeilwellen sitzenden Radblöcke verschieben. Die Schaltgabeln werden von Zahnsegmenten bewegt [Kern]

Hebel um, mit dem die vorgewählte Schaltung ausgeführt wird (Abb. 106). Die Schnellschaltungen arbeiten mit Nocken, die beim Vorwählen so verdreht werden, daß sie nur die für die erwünschten Räderübersetzungen in Frage kommenden Verschiebegabeln erfassen. Wird dann der eigentliche Schalthebel betätigt, verschieben sich die Nocken und nehmen die betreffenden Schaltgabeln mit.

Diese sind entweder mit ihrem Schalthebel unmittelbar verbunden, so daß ebensoviel Bedienungshebel wie verschiebbare Räderblöcke vorhanden sind. Es können aber auch alle Schaltgabeln von einem Einheitshebel oder einem Schaltrad betätigt werden. Hierfür verwendet man Trommeln mit Steuerkurven (Einhebelschaltung) (Abb. 107).

Für Getriebe mit elektromagnetischen Kupplungen ist ein besonderes Schaltgetriebe nicht erforderlich, da die Übersetzungsverhältnisse unmittelbar elektrisch über Druckknöpfe hergestellt werden. Die gewünschte Drehzahl wird bei laufender Maschine durch Verdrehen eines Drehknopfes vorher eingestellt und bei Bedarf durch Drücken desselben Knopfes eingeschaltet, ohne daß die Drehbank stillgesetzt werden muß (Lastschaltgetriebe) (Abb. 108 und 109).

Ähnlich arbeiten die Getriebe mit hydraulisch betätigten Kupplungen. Der Öldruck für die einzelnen Kupplungen wird dabei über mechanisch betätigte Steuerschieber oder elektrisch geschaltete Magnetschieber gesteuert (Abb. 110).

Bei den stufenlos steuerbaren mechanischen und hydraulischen Getrieben muß mechanisch ein Getriebeteil verstellt werden. Man kann dies am Getriebe selbst unmittelbar von Hand machen, oder eine Fernbedienung durch Anbau eines Verstellmotors einrichten, der entweder über Druckknöpfe oder selbsttätig gesteuert bzw. geregelt wird, beispielsweise in Abhängigkeit vom Drehdurchmesser.

Während die Rädergetriebe mit Verschieberädern und Klauen-(Zahn-) Kupplungen nur im Auslauf oder Stillstand geschaltet werden dürfen, ist es bei den mechanischen Reibgetrieben umgekehrt.

Abb. 106. Schalttrommel zum Einstellen von Getriebeübersetzungen bei laufender Maschine. (Hier Vorschub- und Gewindeschaltgetriebe.) Der Hebel wird nach links gelegt und die Trommel auf den gewünschten Wert eingestellt. Der Hebel ist dann im Auslauf nach rechts zu schwenken, woraufhin die neue Übersetzung eingeschaltet ist [IWK-Schaerer]

Hydraulische Getriebe lassen sich im Stillstand und auch während des Betriebes betätigen.

Die Arbeitsspindel ist das wichtigste Maschinenelement im Spindelkasten der Drehbank. Sie in Umdrehungen zu versetzen, ist letzten Endes der Sinn der gesamten Antriebseinrichtung. Da sie das Werkstück aufnimmt bzw. führt, hängt von ihr in hohem Maße die erreichbare Fertigungsqualität ab (geometrische Form, Abmessungstoleranzen und Oberflächengüte). Welche

Abb. 107. Beispiel einer Schaltwalze (im Bilde ist ein Vorschubgetriebe gezeigt). Durch Verdrehen des Handkreuzes (oben rechts) verschieben sich die in den Kurven der Walze geführten Schaltgabeln [Heyligenstaedt]

Forderungen sind an die Arbeitsspindel zu stellen, um Bestwerte zu erreichen? Im wesentlichen sind es zwei, nämlich Schwingungsfreiheit und genaue Achsenlage.

Abb. 108. Mit elektromagnetischen Kupplungen ausgerüstetes Getriebe einer Drehbank [Weisser, Heilbronn]

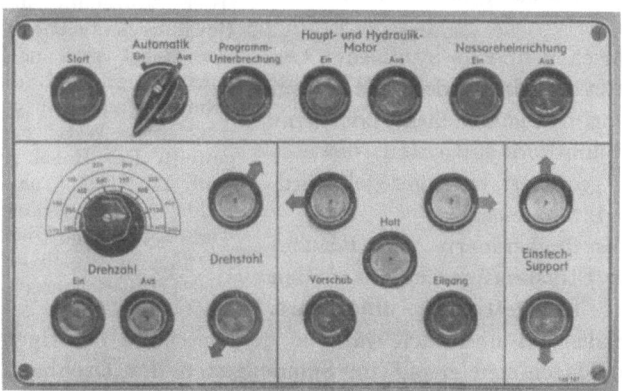

Abb. 109. Steuertafel einer Kopierdrehmaschine
In der Mitte links der Drehknopf zum Vorwählen und Schalten der Spindeldrehzahlen [IWK-Schaerer]

Die Schwingungen der Arbeitsspindel sind Biege- und Verdrehschwingungen. Die Durchbiegung der Spindel, bedingt durch den Kraftangriff an der Zerspanungsstelle und den Antrieb (Riemenscheibe oder Zahnrad), läßt sich klein halten durch große Durchmesser, geringen Lagerabstand, Anordnung des Antriebsrades möglichst nahe dem vorderen Lager, Entlastung der Spindel durch besondere Lagerung des Antriebsrades und Übertragung des Drehmomentes über eine Kupplung, Lagerung in 3 Lagern. Maßgebend für die Durchbiegung ist der Starrheitsgrad $C = \dfrac{P}{f}$ [kp/μ] (6). Für Rohre mit den Durchmessern d und D, dem Lagerabstand l und Kraftangriff in der Mitte ist

$$C = \frac{480\,E\,J}{l^3} = 49{,}5\,\frac{(D^4 - d^4)}{l^3}\quad [\text{kp}/\mu], \tag{55}$$

$E = 21000$ [kp/mm²], D, d, l [mm], J [cm⁴].

Der Wert $C = 49{,}5\,\dfrac{(D^4 - d^4)}{l^3}$ soll ≥ 25 kp/μ sein. Ausgeführte Spindeln haben größere Werte; z. B. 72,5 kp/μ bei einer Drehbank mit 250 mm Spitzenhöhe. Bei eingebauten Spindeln ist zu berücksichtigen, daß die Lager praktisch keine starren Schneiden sind. So wurde an der erwähnten Drehbank, deren Spindel allein einen Wert von 72,5 kp/μ aufwies, eine Gesamtsteife von 34,5 kp/μ gemessen, während die Lager allein 67 kp/μ hatten (OPITZ). [17]

Drehschwingungen können herrühren von Verzahnungsfehlern, Schwingungen der Antriebsriemen, Unwuchten, Drehschwingungen im Motor usw., aber auch aus dem Zerspanungsvorgang. Diese gering zu halten, ist Aufgabe einer sorgfältigen Herstellung des Getriebes. Freiheit von jeglichem Zahneingriff und Riemenantrieb ist für höchste Genauigkeit zu empfehlen.

Für die Achsenlage, d. h., das Zusammenfallen der Spindelachse mit der Spitzenlinie bei allen Betriebszuständen ist neben der Durchbiegung hauptsächlich die Lagerung verantwortlich. Hier ist besonders das vordere, auch als Hauptlager bezeichnete Lager wichtig. Ist das Lagerspiel zu groß, wird die Spindel unter der Schnittkraft ausweichen, so daß der Drehkörper mehr oder weniger von dem mathematischen Zylinder abweicht.

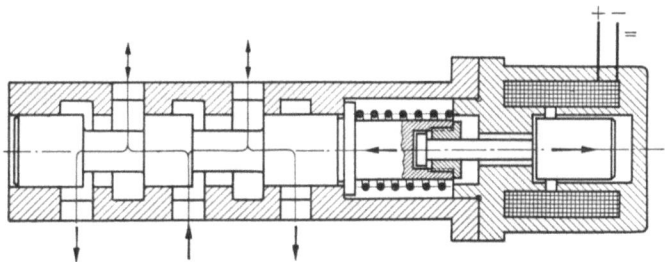

Abb. 110. Federbelasteter Magnetschieber
Unten: Ölzu- und -abfluß. Oben: Weiterleitung des Ölstromes in 2 Arbeitsleitungen. Im Bild fließt das Öl in die rechte Leitung hinein und aus der linken zurück. Rechts: Betätigungsmagnet [7]

Das Lagerspiel soll also möglichst klein sein. Nun dreht sich die Spindel mit verschiedenen Drehzahlen (es gibt Maschinen mit Drehzahlbereichen 1 : 445!) und unter wechselnden Schnittkräften. Das bedingt unterschiedliche Reibungskräfte und Erwärmungen und damit Lageänderungen der Spindelmitte zur Drehmitte wegen der ungleichen Ausdehnung von Spindel und Lager. Um dem Ideal, der Konstanz des einmal festgelegten Lagerspieles bei *allen* Betriebsbedingungen, möglichst nahe zu kommen, ist eine Reihe von Gleitlagerbauarten entwickelt

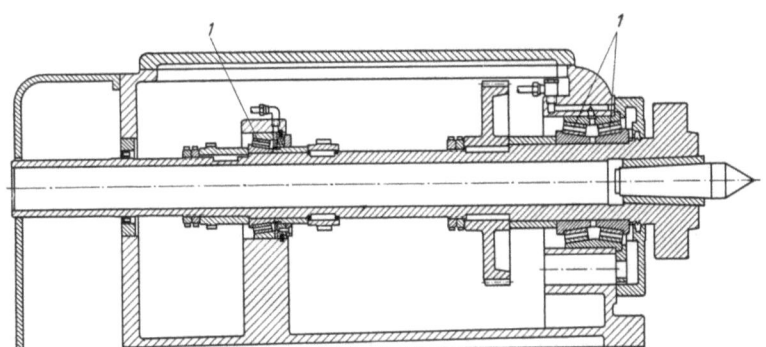

Abb. 111. Drehbankspindel in Kegelrollenlagern, System Gamet, gelagert
Vorn 2, hinten 1 Lager. Die Wälzrollen sind durchbohrt (*1*). Schmieröleintritt in der Mitte. Die Lager nehmen gleichzeitig axiale und radiale Kräfte auf [IWK-Schaerer]

worden. Man versucht bei diesen Lagern durch die Gestaltung der Gleitflächen zu erreichen, daß sich die Lagerbohrung bei Erwärmung genauso verändert wie der Zapfen, damit das Spiel unverändert bleibt.

Sehr wichtig für dieses Problem ist die Schmierung. Je mehr das Öl neben der Schmierauch eine Kühlwirkung ausübt, so daß die Lagertemperatur möglichst gleichbleibt, um so geringer werden die Veränderungen des Lagerspieles sein.

Ob Gleitlager oder Wälzlager vorzuziehen sind, ist immer noch eine offene Frage. Das Wälzlager zeigt geringere Reibung und damit kleinere mit der Reibungswärme verbundene Schwierigkeiten. Dem Gleitlager werden größere Dämpfungseigenschaften gegenüber Spindelschwingungen (wegen des Schmierfilms und der Lagerlänge) und längere Lebensdauer (bei richtiger Wartung) nachgesagt.

Oft überlassen die Drehbankfabriken ihren Kunden die Entscheidung, indem sie beide Lagerungen zur Auswahl anbieten. Für die Drehbank ist die Genauigkeit der Lagerung sehr wesentlich. Das Gleitlager muß stets ein Lagerspiel aufweisen, damit sich ein Schmierfilm ausbilden kann, auf dem die Spindel von einer bestimmten Drehzahl an schwimmt. Das Wälzlager läßt sich zwar spielfrei einstellen und erscheint somit dem Gleitlager überlegen. Das gilt aber nur dann, wenn die Summe aus den Formfehlern aller Teile (Außenring, Wälzkörper und Innenring) nicht größer ist als das Lagerspiel des Gleitlagers.

Um welche Größenordnung es hierbei geht, wird aus den Zahlenwerten für die Rundlaufgenauigkeit deutlich. Man erreicht bei Drehbänken mit etwa 200 bis 250 mm Spitzenhöhe an der

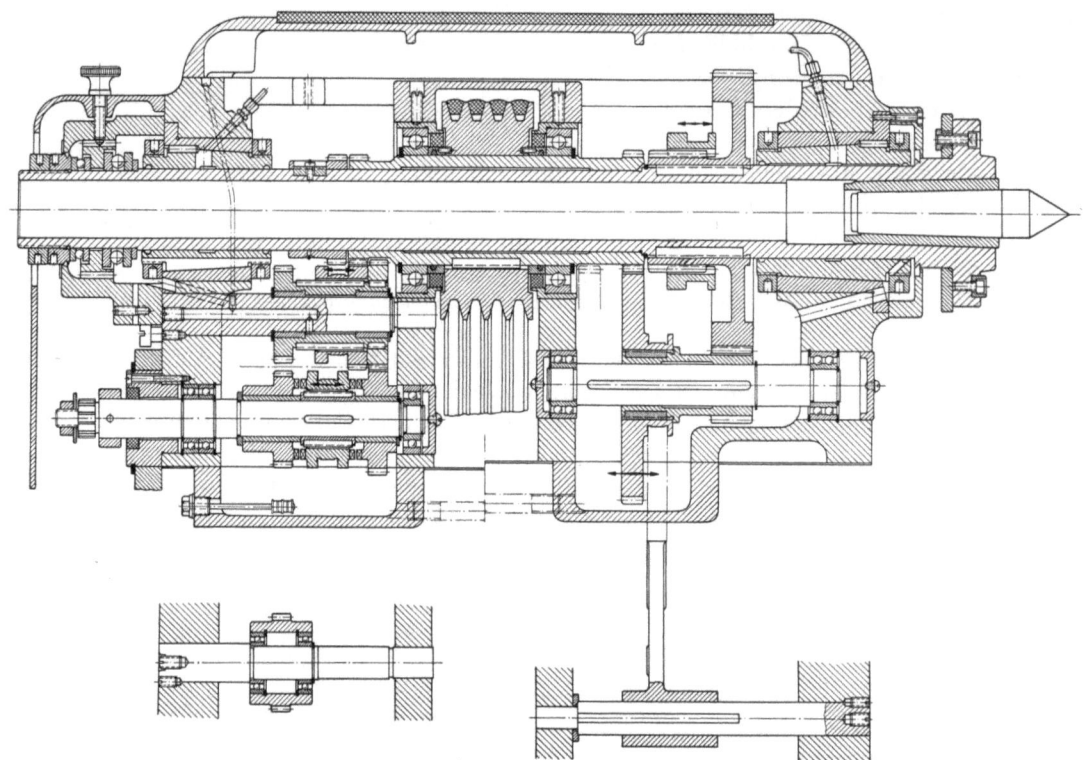

Abb. 112. Drehbankspindel in Gleitlagern vorn und hinten. Nachstellen durch Verschieben der kegeligen Lagerbüchse. Die Riemenscheibe ist gesondert gelagert. Bei hohen Drehzahlen Antrieb über Riemenscheibe und Zahnkupplung [NMW]

eingebauten Arbeitsspindel eine Rundlaufgenauigkeit von etwa 2 μ und an feingedrehten Werkstücken Abweichungen von der Kreisform von 5 μ und weniger bei Einhaltung bestimmter Maßnahmen. Wälzlager für Drehbankspindeln müssen also sehr genau sein. Keramische Schneidstoffe verlangen einerseits hohe Drehzahlen, andererseits sehr ruhigen Lauf, da sie schwingungsempfindlich sind. Wegen der hohen Drehzahlen wäre das Wälzlager, wegen der Schwingungsdämpfung das Gleitlager günstiger.

Da die Drehzahlen laufend höher werden, nimmt die Verwendung von Wälzlagern zu, zumal heute von der Wälzlager-Industrie Lagerbauarten mit den erforderlichen Genauigkeiten geliefert werden, so daß die früher gegen das Wälzlager vorgebrachten Bedenken praktisch gegenstandslos sind. Man vergrößert die Laufruhe durch Doppelrollenlager (Zylinder oder Kegel), bei denen die Rollen gegeneinander versetzt sind.

Zur Erzielung einer guten Kühlung werden die Lagerrollen auch durchbohrt, so daß das Schmieröl durch sie hindurchfließen kann (Gametlager). Die Abb. 111 bis 120 zeigen Beispiele gebräuchlicher Arbeitsspindellagerungen.

Gewöhnlich ist eine Kupplung zur Verbindung des Motors mit dem Getriebe vorhanden, so daß man die Arbeitsspindel stillsetzen kann, ohne den Antriebsmotor auszuschalten. Man verwendet hierfür meistens eine aus 2 Teilen bestehende Lamellenkupplung (für den Rechts- und Linkslauf der Arbeitsspindel). Die Kupplung wird über eine am Bett parallel zur Leit- und Zugspindel verlaufende Schaltwelle vom Vorschubkasten und vom Bettschlitten aus

2.2 Die Erzeugung der Schnittbewegung

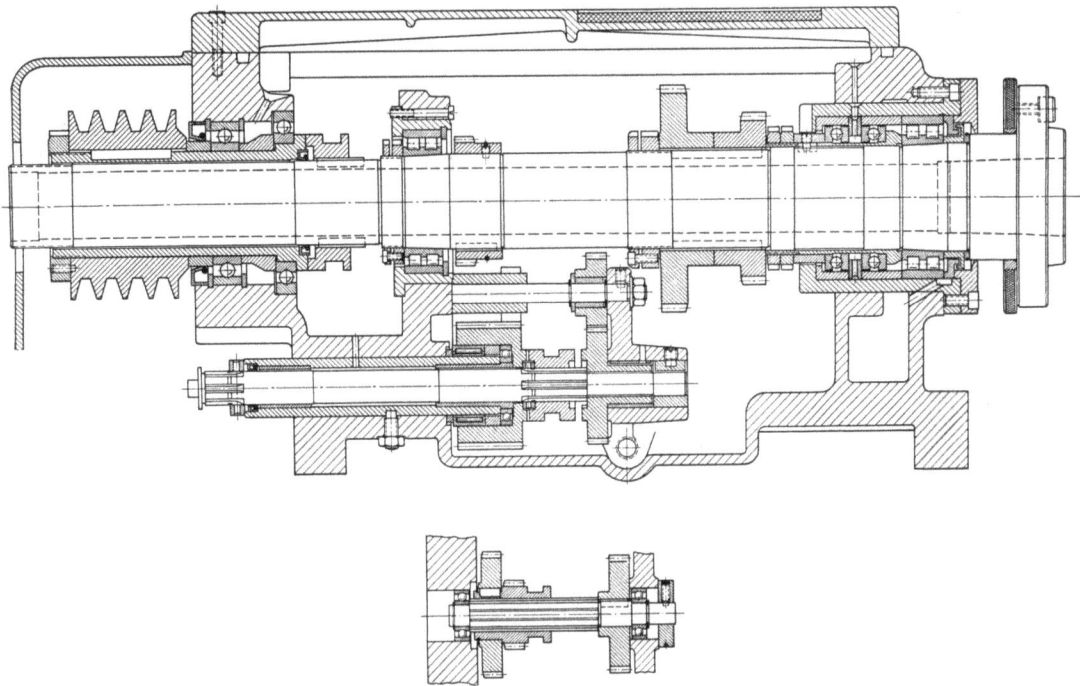

Abb. 113. Lagerung einer Drehbankspindel in doppelreihigen Zylinderrollenlagern. Zusätzliche Kugellager zur Aufnahme des Längsdruckes. Nachstellen des vorderen Lagers durch Verschieben des konischen Innenringes. Die Antriebsscheibe sitzt auf einer gesondert gelagerten Hülse [Weisser, St. Georgen]

betätigt. Zwischen den Hebellagen für Rechts- und Linkslauf liegt die „Halt"-Stellung, bei der eine Bremse einfällt. Als Bremse verwendet man Bandbremsen oder Lamellenbremsen (Abb. 121 und 122). Elektromagnetische Lamellenkupplungen und Bremsen sind neben den mechanisch betätigten in Gebrauch. Bei Getrieben mit elektromagnetischen Kupplungen ist eine besondere Bremse nicht erforderlich, da zum Bremsen einfach zwei gegeneinanderlaufende Kupplungen gleichzeitig eingeschaltet werden.

Von den Bremsen werden höchste Bremsleistungen verlangt, da die Arbeitsspindel natürlich so schnell wie möglich stillgesetzt werden soll, um Nebenzeiten zu sparen. Diese Forderung ist in Hinblick auf die umlaufenden, oft verhältnismäßig großen Massen (Getriebe, Spannfutter, Werkstück) nicht leicht zu erfüllen. Bei einigen Bauarten wird daher bei Einschalten der unmittelbar auf der Spindel sitzenden Bremse das Getriebe abgekuppelt. Im übrigen läßt sich ein stetiges Vordringen der elektromagnetischen Kupplungen und Bremsen auch bei Universaldrehbänken beobachten (Abb. 123).[1]

Abb. 114. Arbeitsspindel in Wälzlagern mit einem zusätzlichen Stützlager in der Mitte [VDF]

Die Kupplungen und Bremsen sind naturgemäß erhebliche Wärmequellen, insbesondere bei Spindeln mit Rechts- und Linkslauf, da dann die Lamellen der einen Kupplungsseite mit

---

[1] Wenn auch die bei EM-Kupplungen mögliche Druckknopfschaltung gegenüber der Handhebelschaltung bequemer ist, so bietet die hebelbetätigte mechanische Kupplung den Vorteil des weicheren Schaltens, was beim Gewindeschneiden erwünscht ist.

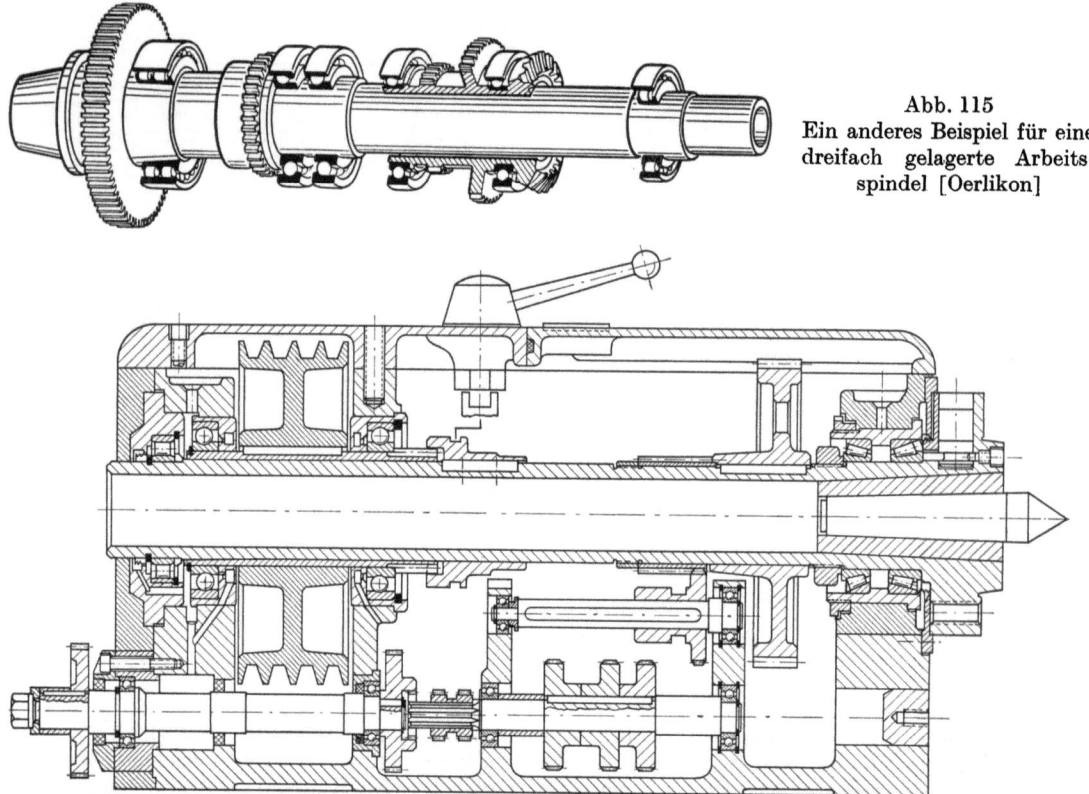

Abb. 115
Ein anderes Beispiel für eine dreifach gelagerte Arbeitsspindel [Oerlikon]

Abb. 116. Arbeitsspindel mit Kegelrollenlagern vorn und Zylinderrollenlager hinten. Nachstellen durch Verschieben der Innenringe. Getrennt gelagerte Antriebsriemenscheibe mit Zahnkupplung zur Arbeitsspindel [Voest]

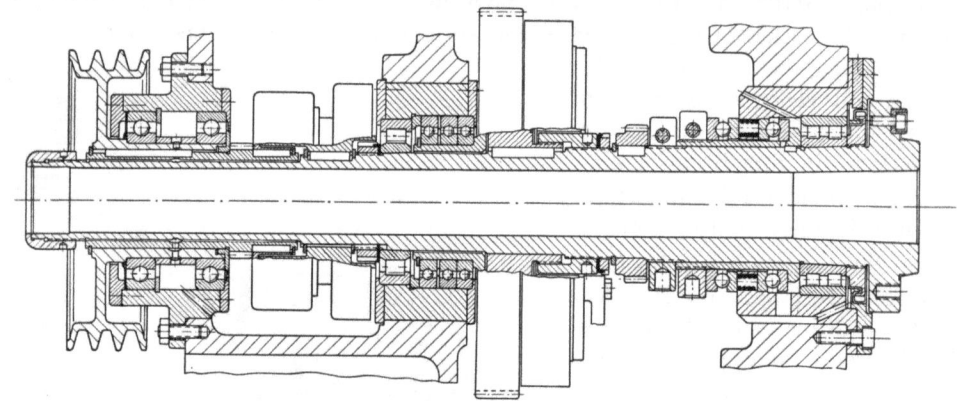

Abb. 117. Arbeitsspindel einer Revolverdrehbank mit Zylinderrollenlagerung [Gildemeister]

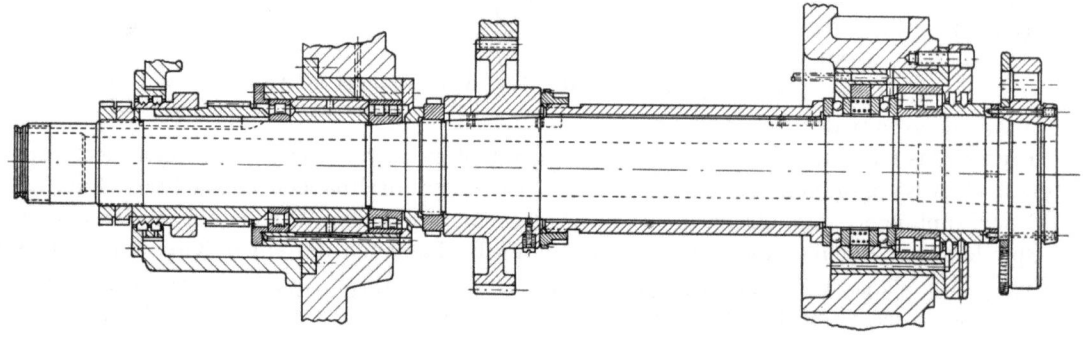

Abb. 118. Arbeitsspindel mit Zylinderrollenlagerung. Bodenrad in der Nähe des hinteren Spindellagers [Loewe]

doppelter Drehzahl gegeneinander laufen. Bei den heute üblichen hohen Drehzahlen ist eine gute Schmierung, Schmierkontrolle und Kühlung des Öles daher von Wichtigkeit. Der Schmierkreislauf wird überwacht durch Schaugläser oder Druckschalter, die eine Kontrolllampe aufleuchten lassen.

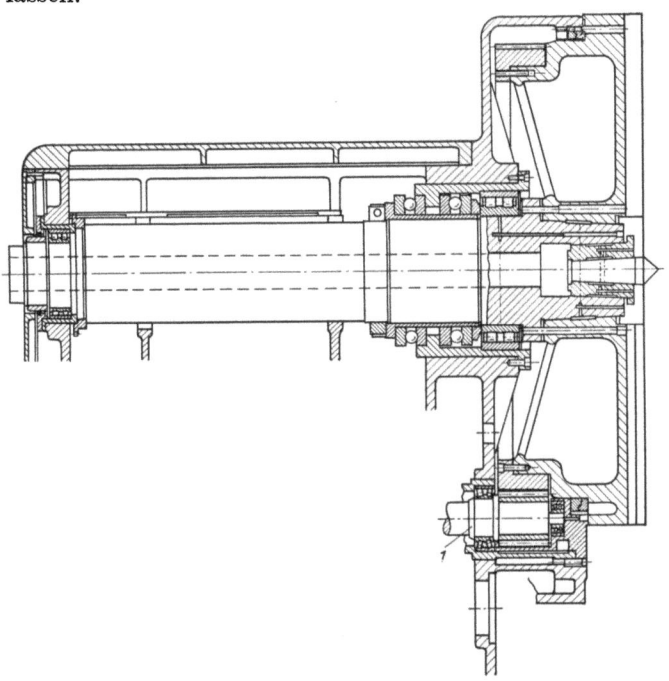

Abb. 119. Arbeitsspindel einer schweren Drehbank mit Planscheibenantrieb in Wälzlagern [Heyligenstaedt]
1 Antriebsritzel für den Planscheibenzahnkranz

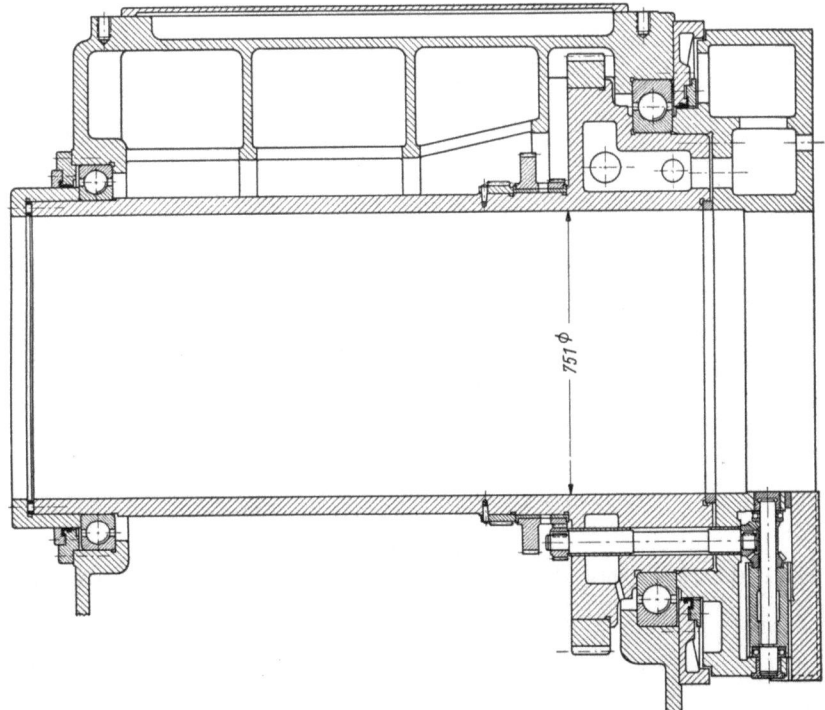

Abb. 120. Arbeitsspindel eines Drehwerkes mit sehr großer Spindelbohrung. Lagerung in Kugellagern, die gleichzeitig die Längs- und Querkräfte aufnehmen [Heyligenstaedt]

80 2. Die Baugruppen der Drehmaschine

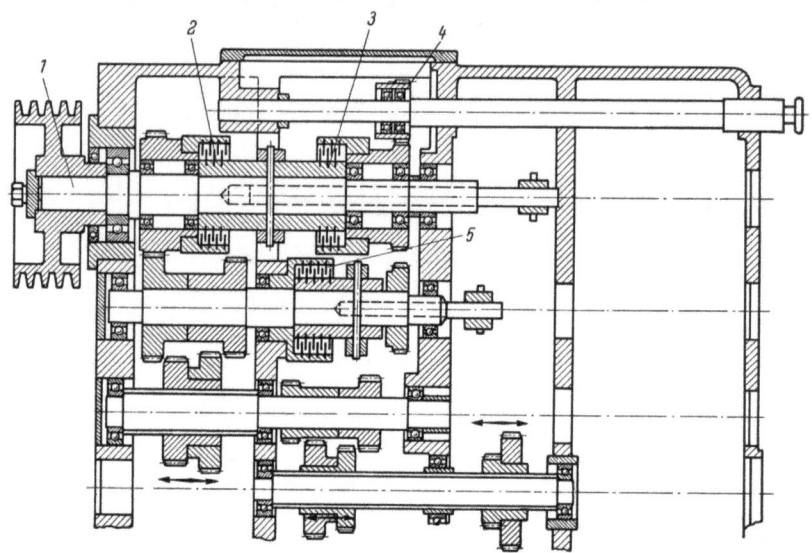

Abb. 121. Getriebeplan der Antriebsgruppe mit mechanisch betätigten Kupplungen [IWK-Schaerer]
1 Antriebswelle; *2* Lamellenkupplung für Vorlauf; *3* Lamellenkupplung für Rücklauf; *4* Zwischenzahnrad für die Drehsinnumkehrung; *5* Lamellenbremse
Ähnliche Ausführung mit elektromagnetischen Kupplungen

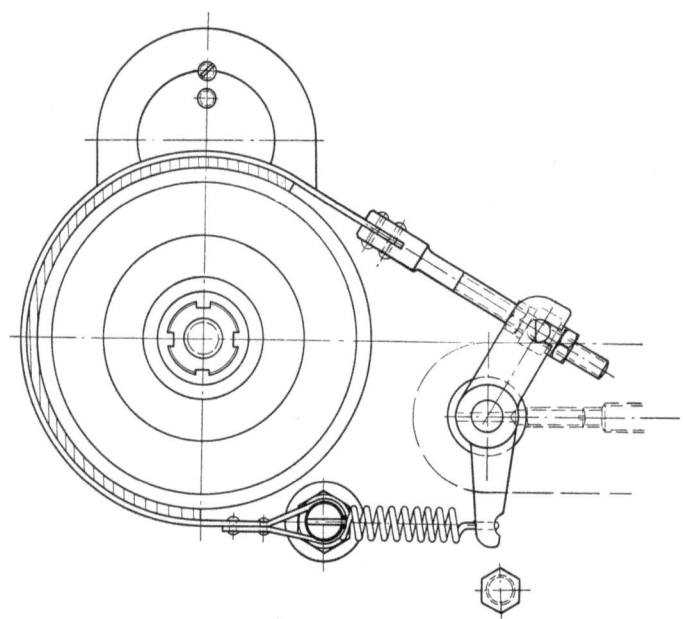

Abb. 122
Bandbremse eines Drehbankgetriebes, die von der Schaltwelle aus betätigt wird [Weisser, St. Georgen]

Abb. 123. Einscheibentrockenmagnetbremse unmittelbar auf der Arbeitsspindel [Weisser, Heilbronn]

2.3 Die Erzeugung der Vorschub- und Gewindeschneidbewegung

Um einen Drehkörper herzustellen, ist neben der Drehbewegung des Werkstückes eine Längs- oder Querverschiebung des Schneidmeißels (Vorschub) nötig. Dieser Vorschub muß in einem bestimmten Verhältnis zur Drehzahl stehen und in einem gegebenen Bereich wählbar sein. Er wird daher als Weg pro Umdrehung des Werkstückes gemessen [mm/U].

Somit sind grundsätzlich erforderlich ein Übertragungsgetriebe von der Arbeitsspindel bzw. einer mit dieser in Verbindung stehenden Welle zum eigentlichen Vorschubgetriebe, das Vorschubgetriebe selbst, in dem die verschiedenen Vorschübe durch einstellbare Übersetzungen erzeugt werden, die Verbindung zwischen Vorschubgetriebe und Bettschlitten, meistens eine Welle, die Zugspindel, und schließlich ein am Bettschlitten in der Schloßplatte oder Schürze untergebrachtes Getriebe, das die Drehbewegung der Zugspindel in eine Längsbewegung des Bettschlittens bzw. Querbewegung des Querschiebers umwandelt (Abb. 124).

Die Arbeitsspindel wird mit dem Vorschubgetriebe meistens über die sogenannte Wechselräderschere verbunden, die durch Auswechseln ihrer Räder Veränderungen des Übersetzungsverhältnisses gestattet (Abb. 125). Man findet aber auch bei Drehbänken ohne Gewindeschneideinrichtung einen Riementrieb (Abb. 126). Drehbänke, die nur zum Drehen, nicht jedoch zum Gewindeschneiden bestimmt sind (Produktionsdrehbänke), haben ein verhältnismäßig einfaches Vorschubgetriebe (Abb. 127). Das Vorschubgetriebe der Universaldrehbänke muß die häufig vorkommenden genormten Gewinde erzeugen, ohne daß Wechselräder ausgetauscht werden. Dies bedingt eine Anzahl von eng nebeneinanderliegenden Übersetzungsverhältnissen. Hierfür hat sich die klassische Getriebeform der Nortonschwinge bewährt (Abb. 128). Die für die Gewinde benötigten Übersetzungsverhältnisse werden dadurch gebildet, daß ein in einer längsverschiebbaren Schwinge gelagertes Rad mit den Rädern eines Räderkonus kämmt.

Dieses Getriebe ist zwar klar überschaubar und in seinem Aufbau einfach, hat aber den Nachteil, daß der Getriebekasten eine Öffnung für den Handgriff der Schwinge haben muß und die ganze Anordnung nicht sehr stabil ist, da sie im eingeschalteten Zustand nur von einem Indexstift gehalten wird. Man kommt daher immer mehr von dem Nortongetriebe ab und ersetzt es durch ein Schieberadgetriebe. Wegen der geringen Unterschiede der Drehzahlstufen ist der Entwurf eines solchen Getriebes nicht ganz einfach. Sonderverzahnungen sind nicht

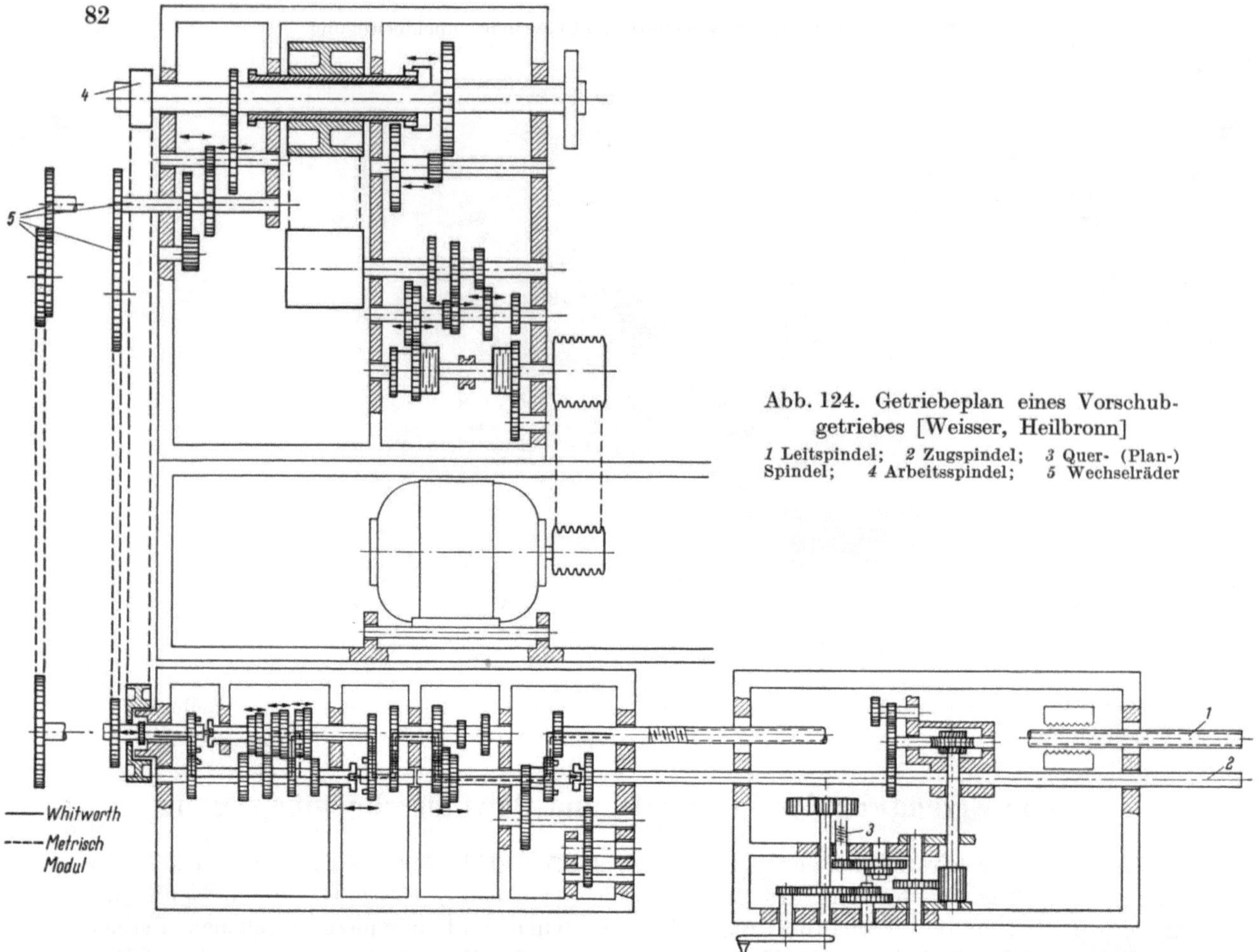

Abb. 124. Getriebeplan eines Vorschubgetriebes [Weisser, Heilbronn]

1 Leitspindel; *2* Zugspindel; *3* Quer- (Plan-) Spindel; *4* Arbeitsspindel; *5* Wechselräder

Abb. 125. Blick auf die Wechselräder. Um verschiedene Übersetzungen einstellen zu können, ist der Lagerbolzen für das Zwischenrad auf einem Schwenkarm, der sog. Wechselräderschere angeordnet [VDF]

Abb. 126. Antrieb des Vorschubgetriebes mit Keilriemen für eine Drehbank ohne Gewindeschneideinrichtung [IWK-Schaerer]

2.3 Die Erzeugung der Vorschub- und Gewindeschneidbewegung

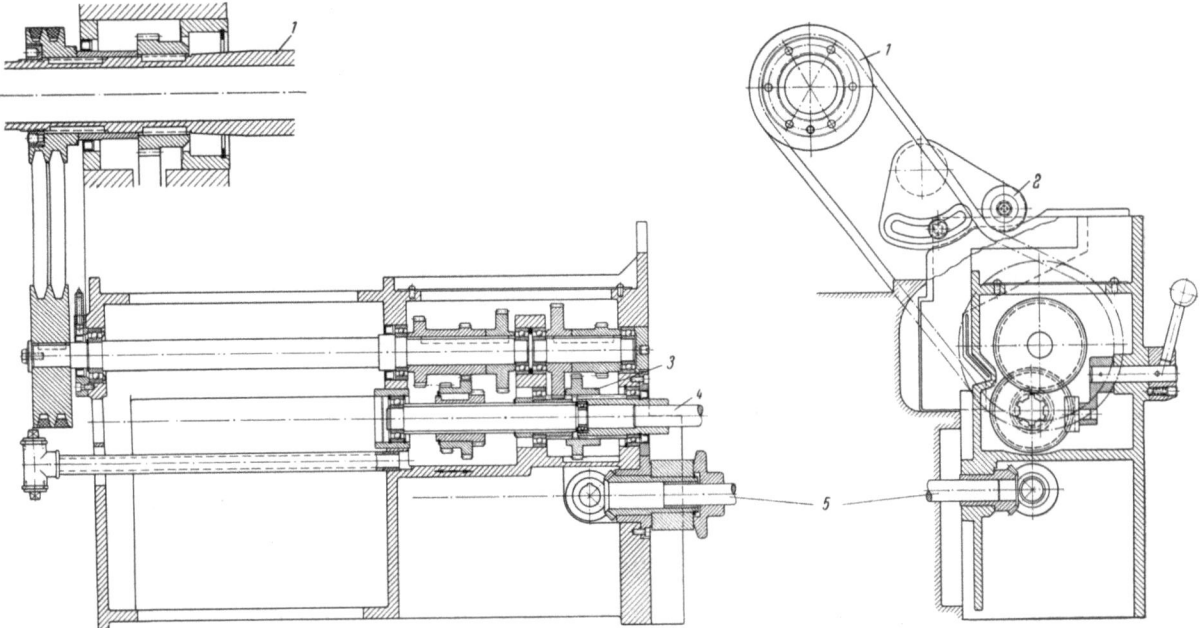

Abb. 127. Einfaches Vorschubgetriebe für eine Drehbank ohne Gewindeschneideinrichtung [IWK-Schaerer]
1 Arbeitsspindel; *2* Spannrolle; *3* sechsstufiges Schieberadvorschubgetriebe; *4* Zugspindel; *5* Schaltwelle für die Arbeitsspindelsteuerung

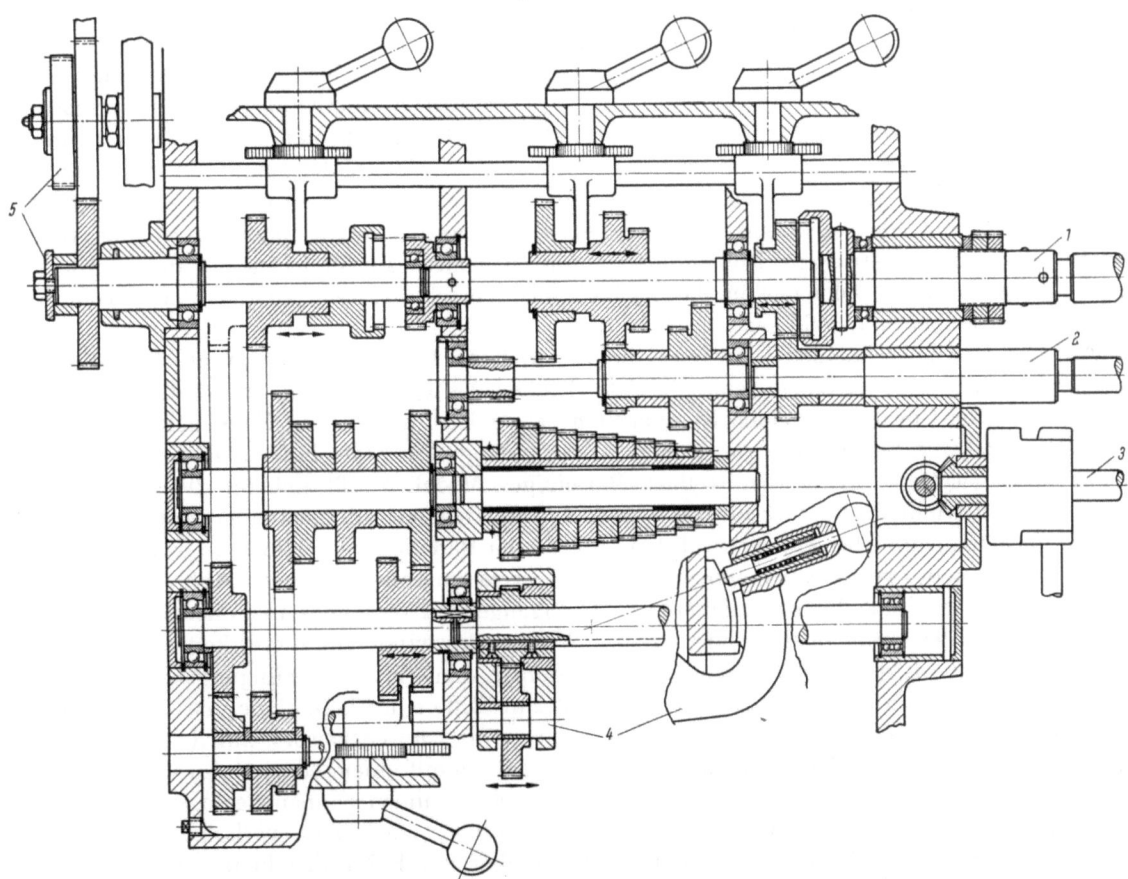

Abb. 128. Vorschubgetriebe mit Nortongetriebe [Weisser, Heilbronn]
1 Leitspindel; *2* Zugspindel; *3* Schaltwelle; *4* Nortonschwinge; *5* Wechselräder (Die neueren Modelle dieser Firma haben Schieberadgetriebe an Stelle der Nortonschwinge)

zu umgehen (Abb. 129 bis 131). Das Vorschubgetriebe wird wie beim Spindelkasten über eine Mehrhebel- oder Einhebel- bzw. Handradschaltung betätigt. Die Einhebelschaltung arbeitet ebenfalls mit Nocken oder Schalttrommeln.

Wenn Gewinde geschnitten werden sollen, ist grundsätzlich ein Zahnradgetriebe erforderlich, da für die Erzeugung einer Gewindesteigung der „Vorschub", d. h., die Steigung pro Umdrehung des Werkstückes, sehr genau sein muß. Getriebe mit Schlupf sind dafür nicht zu gebrauchen.

Der Vorschub muß beim Drehen nicht unbedingt exakt eingehalten werden. Man verwendet daher als Übertragungsmittel, wie schon erwähnt, auch Riemenantriebe. An Stelle des Zahnradvorschubgetriebes tritt gelegentlich ein stufenlos steuerbares mechanisches oder hydraulisches Getriebe (Abb. 132). Man geht von der Vorschuberzeugung in dem bisher geschilderten Sinne manchmal ganz ab und ersetzt den aus Rädern und Wellen bestehenden mechanischen Trieb durch einen unmittelbar wirkenden hydraulischen. Der Bettschlitten wird dabei mit dem Kolben bzw. Zylinder der Hydraulik verbunden, das Gegenstück mit dem Bett starr befestigt (Abb. 133). An Stelle von Kolben und Zylinder kann auch eine Gewindespindel treten, die von einem Hydraulikmotor angetrieben wird (Abb. 134).

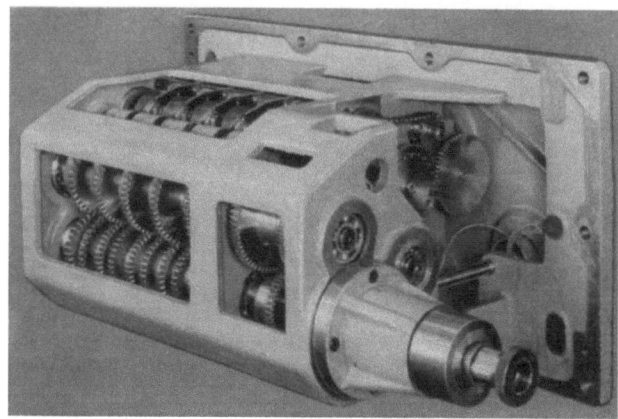

Abb. 129. Vorschubgetriebe mit Schieberädern, s. auch Abb. 130. Blick auf die Antriebsseite [Weisser, Heilbronn]

Ein Zusammenhang zwischen Vorschub und Arbeitsspindelumdrehung ist in diesen unmittelbaren hydraulischen Vorschubgetrieben nicht vorhanden. Der Vorschub ist daher nicht mehr der Weg pro Umdrehung der Arbeitsspindel (mm/U), sondern ein Weg in der Zeiteinheit mm/min (Vorschubgeschwindigkeit). Es gibt aber auch Drehmaschinen, in denen der Zusammenhang zwischen Arbeitsspindel und hydraulischem Vorschubgetriebe hergestellt wird, indem z. B. eine von der Arbeitsspindel angetriebene Kolbendosierpumpe im Ölkreislauf sitzt. Diese Pumpe fördert eine drehzahlabhängige Ölmenge in das hydraulische Vorschubsystem, so daß der Vorschub in mm/U einstellbar und ablesbar ist (Abb. 135).

Für das Gewindeschneiden wird eine besonders hohe Genauigkeit verlangt. Der durch Zugspindel und Schloßplattengetriebe gebildete Antrieb des Bettschlittens erfüllt diese Bedingung nicht. Zum Gewindeschneiden ist daher eine besondere, parallel zur Zugspindel laufende Gewindespindel, die Leitspindel, vorgesehen. Diese bewegt den Bettschlitten über eine in der Schloßplatte gelagerte Mutter unmittelbar. Bei einigen Modellen läßt sich für die Erzeugung sehr genauer Gewinde darüber hinaus der Vorschub- bzw. Gewinderäderkasten ganz ausschalten. Die jeweils gebrauchte Übersetzung wird dann nur an der Räderschere gebildet, so daß zwischen Arbeitsspindel und Drehmeißel möglichst wenig Übertragungsglieder liegen (Abb. 136).

Es leuchtet ein, daß die Genauigkeit des zu erzeugenden Gewindes in hohem Maße von der Genauigkeit der Leitspindel abhängt, da das Werkstückgewinde von dieser kopiert wird. Es sind daher für die Leitspindel besondere Vorschriften in den Abnahmebedingungen festgelegt.

Die Erzeugung von Gewinden auf der Drehbank mit Hilfe einer Leitspindel hat heute nicht mehr die Bedeutung wie früher. Trotzdem erscheint es oft wünschenswert, auf der Drehbank ein Gewinde zu schneiden. Manchmal lohnt es sich nicht, ein mit einem Gewinde zu versehendes Werkstück auf eine besondere Gewindeschneidemaschine umzuspannen, gelegentlich sind wirtschaftliche Gewindeschneidverfahren nicht anwendbar, oder man verlangt eine hohe Genauigkeit, die mit anderen Verfahren nicht herstellbar ist. Bei vielen kleineren Betrieben sind Spezialgewindeerzeugungsmaschinen oder Einrichtungen auch nicht vorhanden. Jedenfalls ist die Leit- und Zugspindeldrehbank, die *Universaldrehbank*, immer noch die am weitesten verbreitete Bauart der Gattung Drehmaschinen.

2.3 Die Erzeugung der Vorschub- und Gewindeschneidbewegung

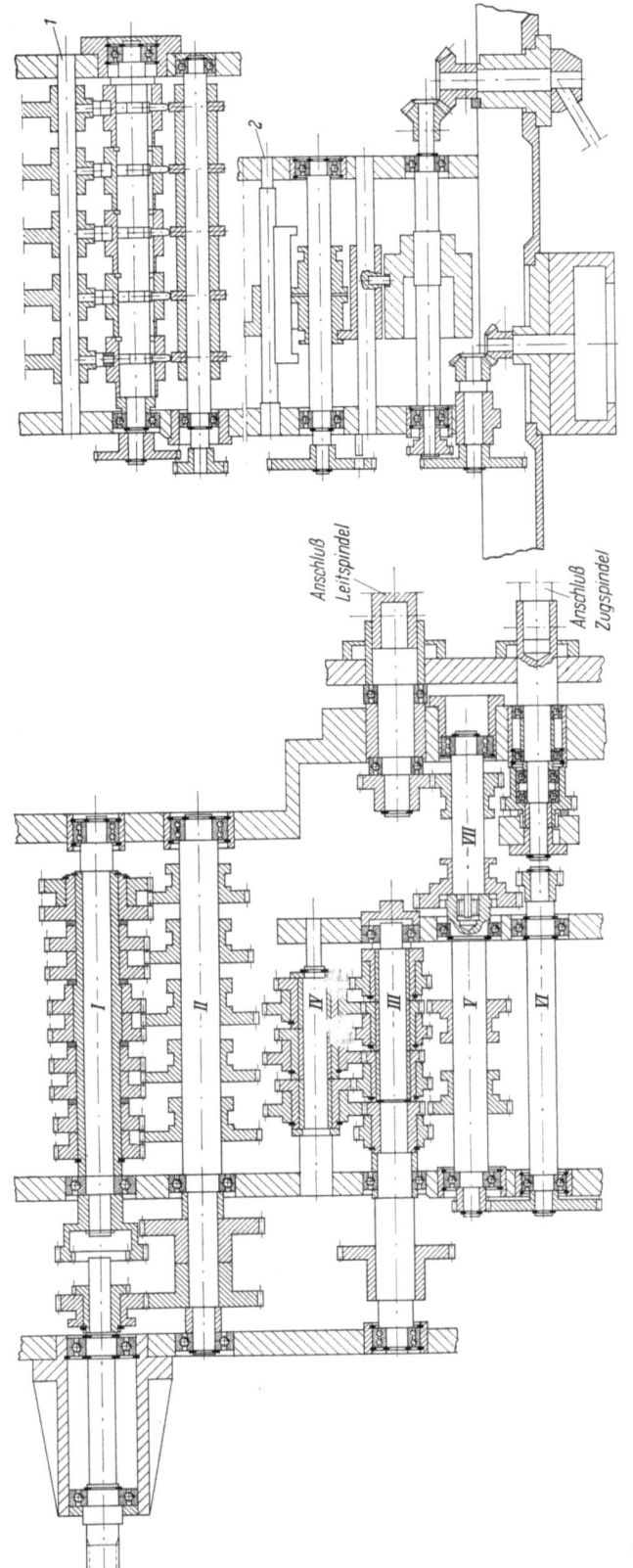

Abb. 130. Getriebeplan des Vorschubgetriebes der Abb. 129
Links: Schieberadgetriebe. *Rechts*: Schaltgetriebe zum Einstellen der Übersetzungen [Weisser, Heilbronn]
1 Vorwahlgruppe; *2* Einstellgruppe

86 2. Die Baugruppen der Drehmaschine

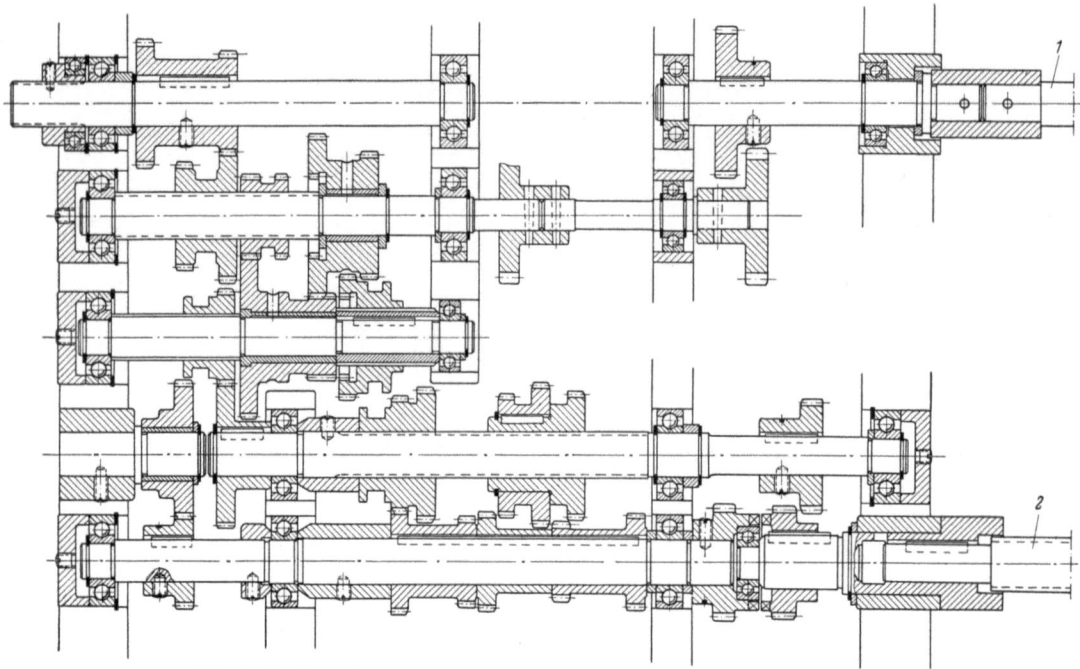

Abb. 131. Vorschubgetriebe mit Schieberädern [Weisser, St. Georgen]
1 Zugspindel; 2 Leitspindel

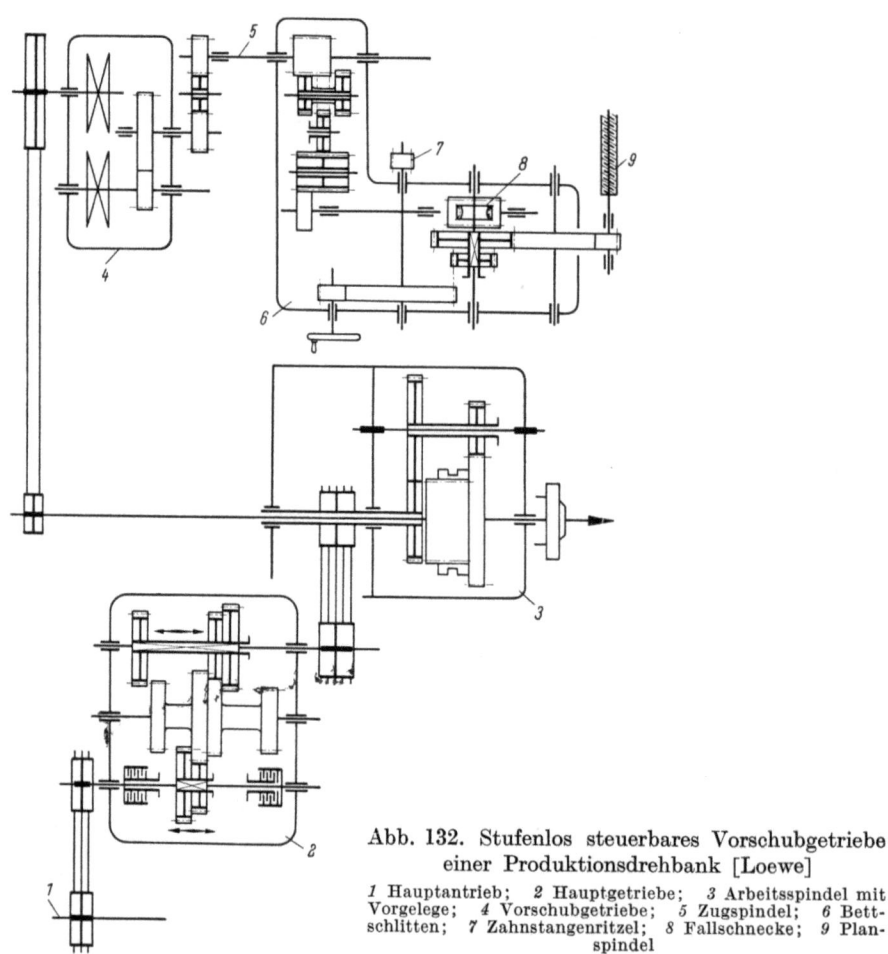

Abb. 132. Stufenlos steuerbares Vorschubgetriebe einer Produktionsdrehbank [Loewe]

1 Hauptantrieb; 2 Hauptgetriebe; 3 Arbeitsspindel mit Vorgelege; 4 Vorschubgetriebe; 5 Zugspindel; 6 Bettschlitten; 7 Zahnstangenritzel; 8 Fallschnecke; 9 Planspindel

2.3 Die Erzeugung der Vorschub- und Gewindeschneidbewegung

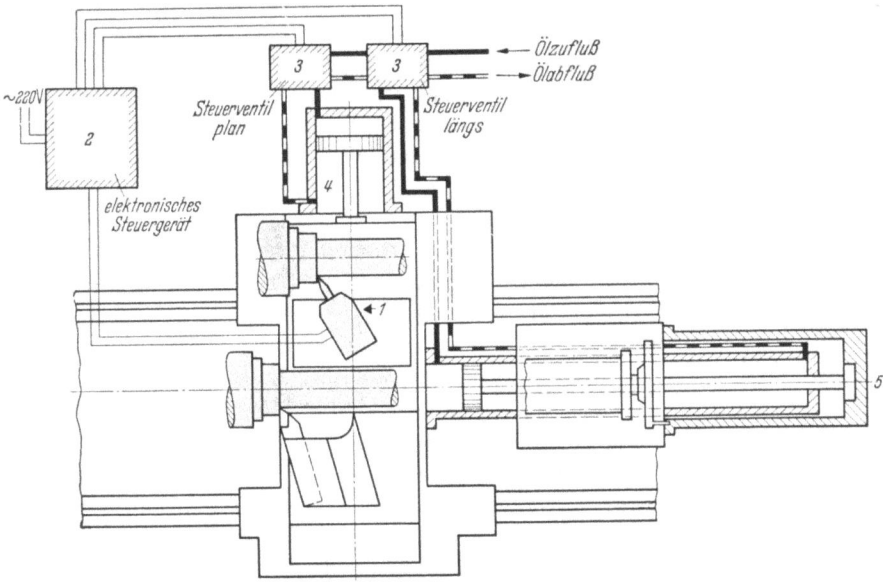

Abb. 133. Beispiel für ein hydraulisches Vorschubgetriebe (in Verbindung mit einer elektrohydraulischen Kopiereinrichtung) ohne mechanische Glieder [VDF]

1 Taster; *2* Steuergerät; *3* Hydraulikventile; *4* Zylinder und Kolben für den Quervorschub; *5* Zylinder und Kolben für den Längsvorschub

Beim Schneiden von Gewinden mit der Leitspindel kann nur mit niedrigen Drehzahlen gearbeitet werden, da der Dreher den Schneidmeißel am Ende des Gewindes aus dem Gang herauskurbeln muß. Es wurden Verfahren entwickelt, um dieses Herausziehen zu automatisieren. Damit ist es möglich, höhere Schnittgeschwindigkeiten zu verwenden und kürzere Arbeitszeiten zu erzielen. Hierzu gehören Verdrehen der Planspindel durch einen gegen einen Anschlag fahrenden Hebel (Abb. 137), Herausziehen des Meißelhalters hydraulisch oder elektromagnetisch über Endschalter oder mit Hilfe der hydraulischen Kopiereinrichtung über eine Schablone (Abb. 138). Daneben können verschiedene Drehmaschinen mit selbsttätig arbeitenden Gewindeschneideinrichtungen ausgestattet werden. Diese beruhen darauf, daß der Schneidmeißel ein Rechteckprogramm abfährt, wobei bei jedem Durchgang automatisch die Spantiefe zugestellt wird, bis die vorgesehene Gewindetiefe erreicht ist. Hierzu werden Leit- und Planspindel durch besondere Motoren über Kupplungen umgesteuert. Andere Maschinen steuern die Bewegung des Bettschlittens mit einer Steuerkurve, die gewissermaßen einen Gang der Leitspindel darstellt, wobei ein steiles Kurvenstück den Eilrücklauf erzeugt (CRIDAN).

Um ein genaues Gewinde zu erhalten, muß die Drehbank die für die Genauigkeit des Gewindes maßgeblichen Abmessungen richtig her-

Abb. 134. Vorschuberzeugung durch einen Hydraulikmotor, der eine Gewindespindel antreibt [VDF]

---
[1] Neben den selbsttätigen Verfahren gibt es auch Sondermeißelhalter für den Schnellrückzug des Meißels von Hand (s. S. 120).

stellen. Hierzu gehören die Gewindedurchmesser (Außendurchmesser, Innen- oder Kerndurchmesser, Flankendurchmesser), die Steigung, der Steigungswinkel, der Flankenwinkel, die Gewindetiefe, die Tragtiefe, das Spitzenspiel, das Grundspiel und das Flankenspiel. Außerdem ist noch der sogenannte Taumelfehler zu beachten, d. h. die Veränderung der Steigung innerhalb einer Windung der Schraubenlinie (Abb. 139).

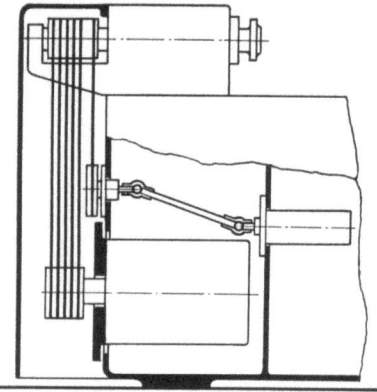

Abb. 135. Antrieb einer Dosierpumpe von der Arbeitsspindel für den hydraulisch betätigten Vorschub [Dubied]

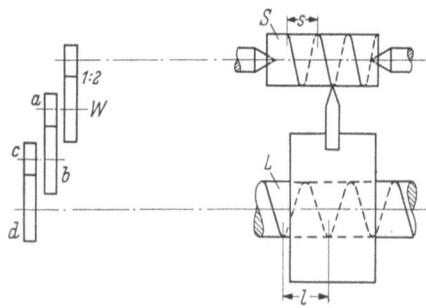

Abb. 136
Schema des Gewindeschneidgetriebes
S Werkstück; W Wechselräderschere; L Leitspindel; s Steigung des Werkstückgewindes; l Steigung der Leitspindel; a—d Wechselräder

Abb. 137. Zurückziehen des Gewindeschneidmeißels nach beendetem Schnitt durch Fahren gegen einen Anschlag, der eine Schnellverstellung der Planspindel auslöst [VDF]

Ein gutes Gewinde ist nicht nur ein Spiegelbild der Drehbankgenauigkeit. Neben der Maschine beeinflussen das Werkzeug und die allgemeinen Arbeitsbedingungen die Güte der Arbeit. Hat der Meißel nicht die vorgeschriebenen Winkel, oder ist er nicht richtig eingespannt, entsteht ebensogut ein fehlerhaftes Gewinde wie etwa bei Temperaturschwankungen durch ungünstig zu zerspanenden Werkstoff oder durch die Eigenschaften gezogener Werkstoffe, beim Eindrehen eines Gewindes ihre Länge zu verändern (hervorgerufen durch verschiedene Spannungszonen innerhalb des Querschnittes).

Die Erzeugung der Gewindedurchmesser und Spiele ist davon abhängig, inwieweit die Drehbank genau rund drehen kann. Der Flankenwinkel ergibt sich aus Lage und Winkel des Werkzeuges, aber auch aus der Steigung und dem Durchmesser. Die Steigung hängt ab von der Steigungsgenauigkeit der Leitspindel, ihrer Lage parallel zur Drehachse und der Art, wie die Drehbewegung der Arbeitsspindel auf die Leitspindel übertragen wird. Damit kommt der Steigungsgenauigkeit der Leitspindel eine erhöhte Bedeutung zu. Viele Hersteller bieten daher neben der Leitspindel mit normaler Steigungsgenauigkeit (z. B. 0,03 mm auf 300 mm Länge DIN 8605) auch Leitspindeln mit erhöhter Genauigkeit (0,02 oder 0,01 mm auf 300 mm Länge) an. Für die Herstellung genauer Leitspindeln sind verschiedene Verfahren in Gebrauch [28].

Bei großen und langen Drehbänken findet man neben dem Antrieb des Bettschlittens durch die Leitspindel auch die „elektrische Welle". Eine Zug- oder Leitspindel ist dann nicht mehr vorhanden. Die elektrische Welle besteht im wesentlichen aus 2 Motoren, dem Geber und dem Empfänger. Der Gebermotor sitzt am Spindelkasten. Er wird von der Arbeitsspindel angetrieben, so daß seine Drehzahl von der Werkstückdrehzahl abhängt. Der Empfänger ist am Bettschlitten angebaut und treibt diesen mit der gleichen Drehzahl an (Abb. 140 und 141). Wie die Schaltskizze zeigt, sind die Statoren des Gebers und des Empfängers an das Netz angeschlossen, während die Rotoren elektrisch über Schleifringe miteinander verbunden sind. Aus dem Netz wird nur so viel Energie entnommen, wie zur Erzeugung des Feldes nötig ist. Vor der Inbetriebnahme sind die Motoren zu synchronisieren. Der zulässige Verdrehungswinkel gegenüber dem Gebermotor kann bei zu großer Belastung des Empfängermotors überschritten werden. Die Synchronisation reißt dann ab. Die Gleichlaufmotoren müssen daher groß genug bemessen sein.

2.3 Die Erzeugung der Vorschub- und Gewindeschneidbewegung 89

Wenn die elektrische Spannung ausfällt, bleiben Bettschlitten und Werkstück nicht gleichzeitig stehen. Das Werkstück oder Werkzeug könnte dadurch beschädigt werden. Man versieht daher den Meißelhalter mit einer Einrichtung, um den Schneidmeißel bei Ausbleiben der Spannung schnell aus dem Werkstück herauszuziehen (Abb. 142). Diese besteht z. B. aus einem Drehstrommagneten, der den Meißelhalter über ein Kniegelenk gegen Federdruck in Arbeitsstellung hält. Bleibt die Spannung fort, wird der Meißelhalter außer Eingriff gebracht.

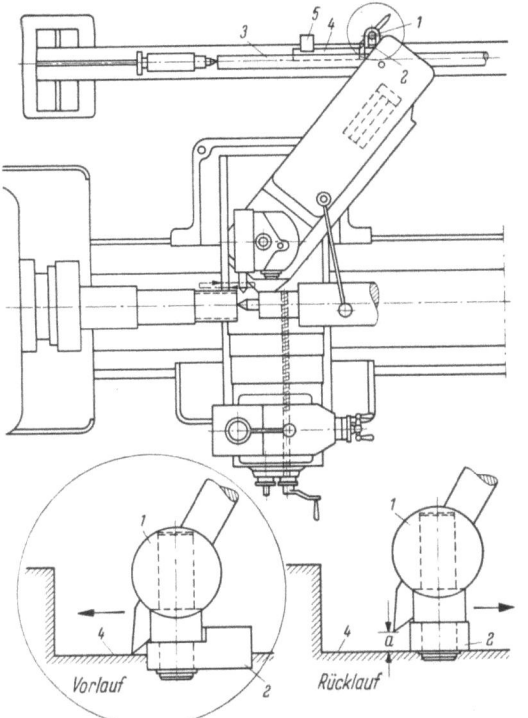

Abb. 138. Zurückziehen des Gewindeschneidmeißels nach beendetem Schnitt mit Hilfe der hydraulischen Kopiereinrichtung
[IWK-Schaerer]

1 Taster; *2* Klinke; *3* Schablonenträger; *4* Führungslineal; *5* Begrenzungsstück

Wenn der Kopierschieber, am Begrenzungsstück (*5*) angekommen, zurückfährt, fällt die Klinke (*2*) herunter, so daß der Taster beim Rücklauf im Abstand a von dem Lineal gehalten wird und damit der Meißel außerhalb des Gewindes bleibt

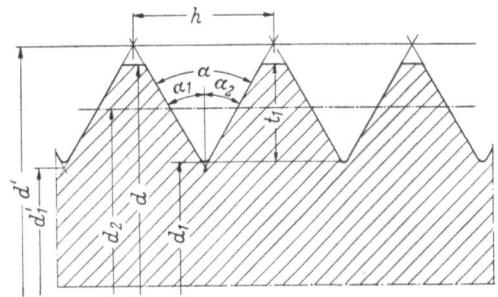

Abb. 139. Bestimmungsstücke eines Gewindes

d' größter Abstand der Profilendpunkte; d'_1 kleinster Abstand der Profilendpunkte; d Außendurchmesser; d_1 Innen- oder Kerndurchmesser; d_2 Flankendurchmesser $d_2 - \dfrac{d' + d'_1}{2}$; α Flankenwinkel; α_1; α_2 Teilflankenwinkel; t_1 Gewindetiefe; h Steigung

Wenn auch der mechanische Leitspindelantrieb genauer ist als die mit Schlupf behaftete elektrische Welle, so ist doch zu berücksichtigen, daß der Verdrehfehler bei langen Leitspindeln große Werte annehmen kann. Die elektrische Welle arbeitet daher von einer bestimmten Spitzenweite an genauer. Darüber hinaus hat sie für den Konstrukteur den Vorteil des freizügigen Entwerfens.

Das Getriebe in der Schloßplatte (Schürze) des Bettschlittens (Abb. 143) soll die Drehbewegung der Zugspindel in eine Längsbewegung des Bettschlittens bzw. Querverschiebung des auf dem Bettschlitten sitzenden Quer-, Plan- oder Unterschiebers umwandeln. Zu diesem Zweck treibt es ein Ritzel an, das in eine am Bett angeschraubte Zahnstange eingreift, und eine Plan- oder Querspindel für die Bewegung des Querschiebers. Das Getriebe dient gleichzeitig als Umkehrgetriebe, um den Längsvorschub nach links

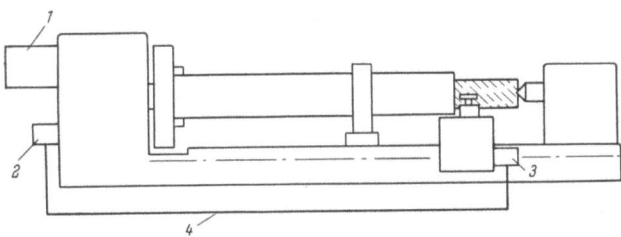

Abb. 140. „Elektrische Welle" [Heyligenstaedt]
1 Hauptantriebsmotor; *2* Geber; *3* Empfänger; *4* Verbindungsleitung

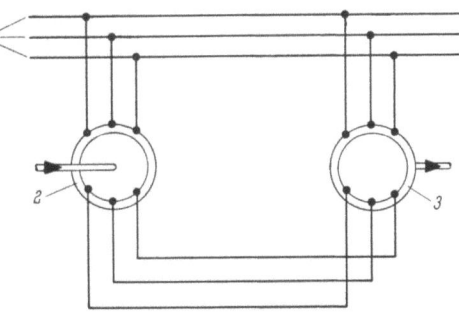

Abb. 141. Schaltschema der „elektrischen Welle" [Heyligenstaedt]
1 Netz; *2* Geber; *3* Empfänger

90 2. Die Baugruppen der Drehmaschine

Abb. 142
Meißelhalter einer Drehbank mit elektrischer Welle.
Haltemagnet für den Meißel [Heyligenstaedt]

und rechts, den Quervorschub gegen die Drehachse oder von ihr fort einstellen zu können. Weiter muß eine Umschaltmöglichkeit von Längs- auf Quervorschub vorhanden sein, damit nicht beide Vorschübe gleichzeitig laufen. Die Blockierung zwischen Leit- und Zugspindel ist ein weiteres sehr wichtiges Element. Die Leitspindeldrehung wird unmittelbar über eine Mutter, die sie im eingeschalteten Zustand umfaßt, in die Längsbewegung des Schlittens umgewandelt. Wenn die Leitspindelmutter eingeschaltet ist, muß das Zugspindelgetriebe außer Eingriff sein, und umgekehrt. Die verschiedenen Vorschubgeschwindigkeiten durch die Leit- bzw. Zugspindel würden sonst einen Getriebebruch verursachen.

Zu dem Schloßplattengetriebe gehört noch eine Einrichtung, die den Vorschub stillsetzt, sobald Bettschlitten oder Planschieber gegen einen Widerstand fahren. Die Längs- und Querbewegungen können von am Bett bzw. Bettschlitten festgeschraubten Anschlägen begrenzt werden, wenn eine genaue Drehlänge gewünscht wird. Die Auslösung des Vorschubgetriebes muß sehr genau arbeiten. Allgemein gebräuchlich ist hierfür die sogenannte Fallschnecke (Abb. 144). Die Rotation der Zugspindel wird einer Schnecke mitgeteilt, die das Schürzengetriebe über ein Schneckenrad an-

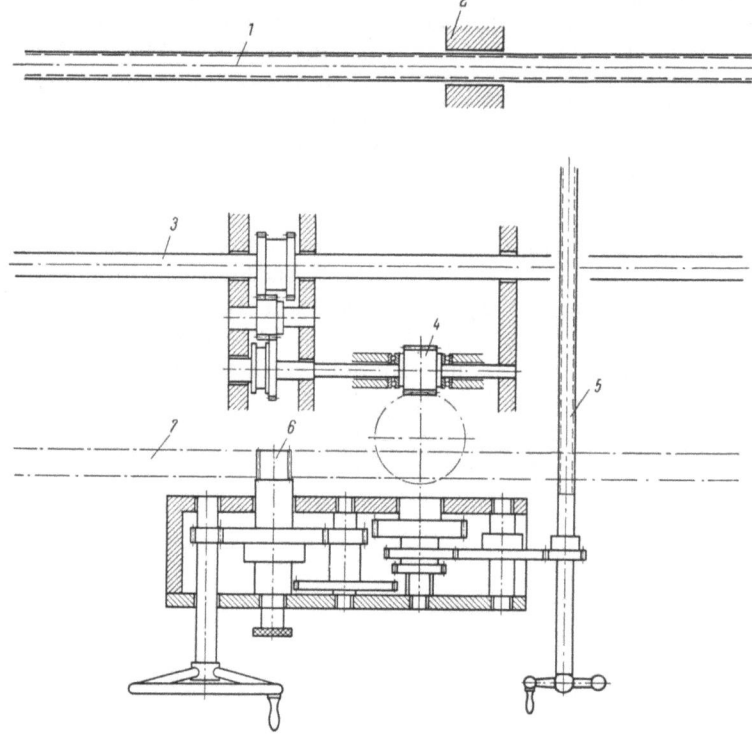

Abb. 143. Schloßplatten- (Schürzen-) Getriebe [Heyligenstaedt]
1 Leitspindel;   *2* Leitspindelmutter;   *3* Zugspindel;   *4* Schnecke;   *5* Quer- (Plan-) Spindel;   *6* Bettschlittenritzel;   *7* Bettzahnstange

2.3 Die Erzeugung der Vorschub- und Gewindeschneidbewegung

treibt. Diese Schnecke ist jedoch nicht fest eingebaut, sondern in einem Hebel gelagert, der, um einen Drehpunkt schwenkbar, von einer Sperrklinke gehalten wird. Wird nun der Bettschlitten bzw. Querschieber durch einen Anschlag in seinem Vorschub aufgehalten, schraubt sich die Fallschnecke aus dem dann stillstehenden Schneckenrad heraus. Die hierdurch entstehende Längsbewegung der Schnecke löst die Sperrklinke aus. Die Fallschnecke fällt ab und kommt außer Eingriff.

Eine andere Konstruktion bedient sich an Stelle des Schneckentriebes einer zweiteiligen Kupplung, deren mit Vertiefungen versehene Hälften durch Kugeln verbunden sind (Abb. 145). Wird der abtreibende Teil der Kupplung durch Fahren gegen den Anschlag angehalten, drehen sich die Kugeln aus ihren Lagern heraus und drücken dadurch die Kupplung auseinander. Ein Indexbolzen schnappt in das zur Seite gedrückte Kupplungsteil ein und hält dieses fest, so daß die Kupplung gelöst ist.

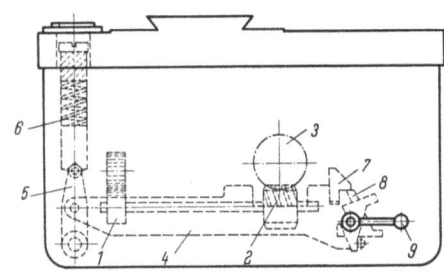

Abb. 144. Fallschnecke zum Auslösen des Vorschubes [Loewe]

1 Von der Zugspindel angetriebene Schneckenwelle; *2* Schnecke; *3* Schneckenrad; *4* Fallhebel; *5* Gegenhebel; *6* Belastungsfeder einstellbar; *7* Klinkenlager; *8* Sperrklinke; *9* Einrückhebel

Neben diesem „klassischen" Schloßplattengetriebe gibt es noch zahlreiche Sonderausführungen, insbesondere bei den Nachformdrehbänken. Zum Beispiel sind bei einigen Modellen für den Nachformvorgang wesentliche Elemente, wie Kupplungen zum Ein- und Ausrücken des Quer- und Längsvorschubes, in die Schloßplatte eingebaut (s. Abschn. 2.7). Bei Produktionsdrehbänken findet man auch das gesamte Vorschubgetriebe oder einen Teil in der Schloßplatte, so daß der Dreher seinen Platz zum Einschalten eines anderen Vorschubes nicht zu verlassen braucht. Einige Drehbankkonstruktionen haben am Bettschlitten eine Klemmvorrichtung, mit der der Bettschlitten für genaue Planarbeiten auf dem Bett mit einen an der Schloßplatte sitzenden Handhebel festgeklemmt wird.

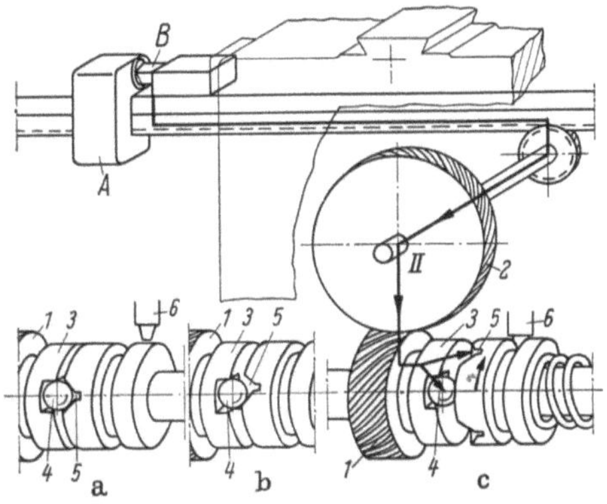

Eine Eilverstellung des Bettschlittens ist besonders bei längeren und schwereren Drehbänken neben dem Arbeitsvorschub am Platze, um die Verstellzeiten zu verkürzen und dem Dreher die Arbeit zu erleichtern. Zu diesem Zweck wird an den Bettschlitten ein Motor angebaut, der ihn unter Ausschaltung des Zugspindelantriebes unmittelbar antreibt. Auch hierbei muß eine Verblockung gegenüber dem Leit- und Zugspindelantrieb vorhanden sein. Weitere Variationen, wie selbsttätiges Ein- und Ausschalten des Eilganges für bestimmte Partien des Werkstückes oder Einschalten des Eilrücklaufes nach beendetem Schnitt, sind möglich und werden im Rahmen von Programmschaltungen ausgeführt.

Abb. 145a—c. Kugelkupplung zum Auslösen des Vorschubes [IWK-Schaerer]
a) Eingekuppelter Zustand; b) Beginn der Auslösung; c) ausgekuppelter Zustand

A Bettausschlag; *B* Anschlagschraube
1 Von der Zugspindel angetriebenes Zahnrad; *2* Abtrieb zum Zahnstangenritzel; *3, 5* Kupplungskörper; *4* Kugeln; *6* Indexbolzen

Von einer Universaldrehbank wird verlangt, daß man mit ihr alle gebräuchlichen Gewinde ohne weiteres schneiden kann. Hat die Leitspindel eine Steigung l und soll am Werkstück eine Steigung h erzeugt werden, muß der Getriebezug zwischen Arbeitsspindel und Leitspindel das Übersetzungsverhältnis

$$i = \frac{h}{l} \tag{56}$$

darstellen (Abb. 136).

Für die weiteren Betrachtungen sei vermerkt, daß bei den Übersetzungsverhältnissen immer in Richtung des Kraftflusses gerechnet werden soll, d. h., die treibenden Räder stehen im Zähler und die getriebenen im Nenner. Bei den Zähnezahlbezeichnungen gehören die ungeraden Indizes den treibenden und die geraden den getriebenen Rädern. Stellt man sich Arbeitsspindel und Leitspindel ausschließlich durch ein Wechselrädergetriebe mit 4 Rädern verbunden vor, so müssen zur Erzeugung des gewünschten Verhältnisses $\frac{h}{l}$ Räder mit den Zähnezahlen $\frac{z_1 z_3}{z_2 z_4}$ aufgesteckt werden.

Hat die Leitspindel z. B. eine Steigung $l = 6$ mm und das zu schneidende Gewinde eine solche von 1 mm, wird

$$\frac{h}{l} = \frac{1}{6} = \frac{z_1 z_3}{z_2 z_4}.$$

Der Bruch $\frac{1}{6}$ kann z. B. durch die Räder $\frac{30}{90} + \frac{60}{120}$ dargestellt werden. Da der Vorschub in diesem Fall bei einer Umdrehung der Leitspindel 6 mm wäre, müßte sich das Werkstück in der gleichen Zeit 6mal gedreht haben, um die gewünschte Gewindesteigung von 1 mm zu erzielen, was mit den Rädern $\frac{30}{90} + \frac{60}{120}$ erreicht wird.

Bei modernen Drehbänken besteht die getriebliche Verbindung zwischen Arbeitsspindel und Leitspindel nun nicht nur aus den Wechselrädern. Hinzu kommt im Spindelkasten ein Getriebe zwischen der Arbeitsspindel und der Antriebswelle für die Wechselräder und hinter den

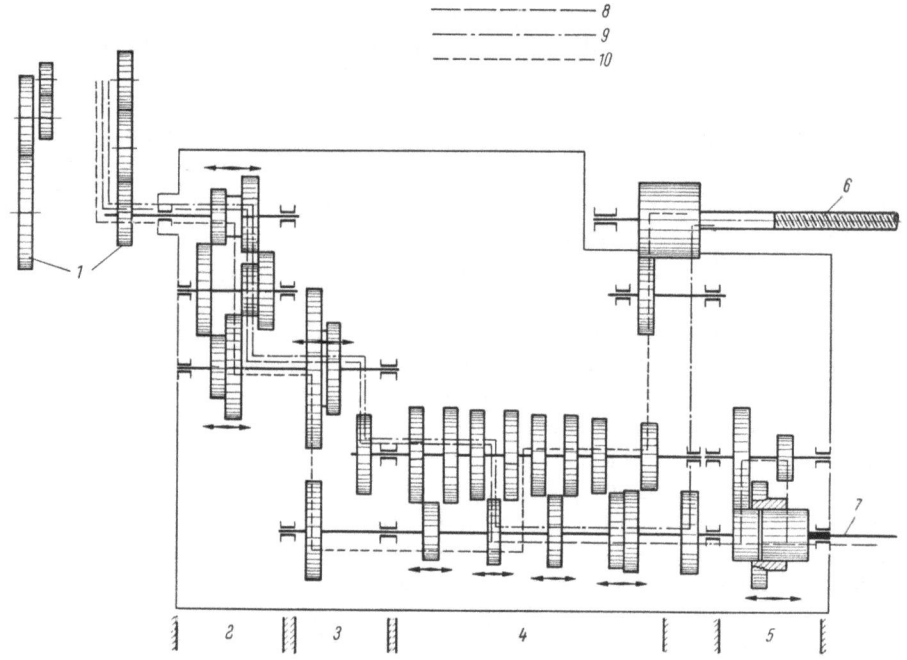

Abb. 146. Vorschubgetriebe [IWK-Schaerer]

1 Wechselräder;   *2* Vervielfachungsgetriebe;   *3* Umschaltgetriebe metrisch-Zoll;   *4* Stufengetriebe;   *5* Umkehrgetriebe für die Zugspindel;   *6* Leitspindel;   *7* Zugspindel;   *8* Getriebezug für Vorschub;   *9* Getriebezug für metrische Gewinde;   *10* Getriebezug für Zollgewinde

Wechselrädern das eigentliche Vorschubgetriebe. Dieses läßt sich je nach Konstruktion unterteilen in das Stufengetriebe, mit dem eine Anzahl von Grundgewindesteigungen erzeugt werden, dem Vervielfältigungsgetriebe, z. B. mit den Übersetzungsverhältnissen 2:1, 1:1, 1:2, 1:4, und dem Umschaltgetriebe metrisch-Zoll.

An dieser Stelle sei gleich angemerkt, daß sich der Kraftfluß beim Schneiden von Zollgewinden umkehrt, wenn das Stufengetriebe gleichzeitig für metrische und Zollgewinde verwendet wird. Soll z. B. ein Gewinde mit 2,5 mm Steigung bei einer Leitspindel mit 6 mm Steigung geschnitten werden, ist das Übersetzungsverhältnis

$$i = \frac{h}{l} = \frac{2,5}{6}.$$

Wenn an der Räderschere und im Vervielfachungsgetriebe jeweils 1:1 geschaltet ist, kann am Stufengetriebe z. B. das Verhältnis

$$\frac{z_1}{z_2} = \frac{20}{48}$$

gewählt werden.

Ist jetzt ein Zollgewinde mit der Bezeichnung $2\frac{1}{2}$ Gg/1″ entsprechend einer Steigung $\frac{25,4}{2,5}$ mm zu schneiden, wird das Übersetzungsverhältnis

$$\frac{h}{l} = \frac{25,4}{2,5 \cdot 6} = \frac{127}{75}.$$

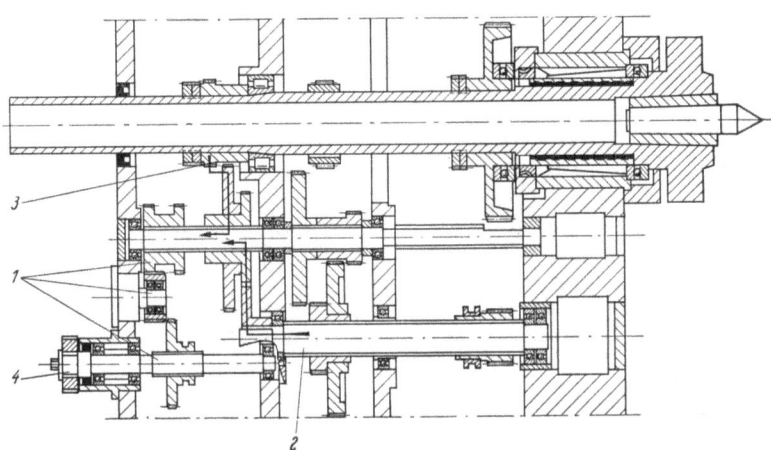

Abb. 147. Steilgewindegetriebe im Spindelkasten [IWK-Schaerer]

1 Umkehrgetriebe für Linksgewinde; *2* Antrieb von der Vorgelegewelle (Übersetzung Arbeitsspindel zu Welle 4 4:1) *3* Antrieb von der Arbeitsspindel (Übersetzung Arbeitsspindel zu Welle 4 1:2); *4* Abtrieb zur Räderschere (Welle 4)

Während also die Steigung in mm im Zähler steht, ist die gleiche Zahl als Gg/1″ im Nenner zu finden. Dieser Bruch läßt sich aufgliedern in die Faktoren $\frac{127}{180} \cdot \frac{48}{20}$, wobei der Teilbruch $\frac{127}{180}$ mit dem Umwandlungsgetriebe zoll-metrisch und dem Vervielfachungsgetriebe dargestellt werden kann, während der Wert $\frac{48}{20}$ bereits in dem Stufengetriebe vorhanden ist. Es muß dann allerdings umgekehrt angetrieben werden. $z_2 = 48$ wird zum treibenden, $z_1 = 20$ zum getriebenen Rad (Abb. 146).

Ist die Steigung des Werkstückgewindes größer als die Steigung der Leitspindel, läuft diese schneller als die Arbeitsspindel. Um ein Antreiben in das Schnelle an der Wechselräderschere zu vermeiden, wird die Wechselradantriebswelle bei großen Steigungen (sog. Steilgewinden) nicht unmittelbar mit der Arbeitsspindel, sondern mit einer vor dieser liegenden schneller laufenden Vorgelegewelle verbunden. Ein zwischengeschaltetes Getriebe im Spindelkasten erzeugt die Übersetzungsverhältnisse Arbeitsspindel zu Wechselradwelle. Dieses Getriebe hat meistens noch ein Wendegetriebe zum Schneiden von Linksgewinden (Abb. 147).

Wenn auch die mit dem Vorschubgetriebe darstellbaren Gewinde im allgemeinen ausreichen, kann es doch vorkommen, daß Son-

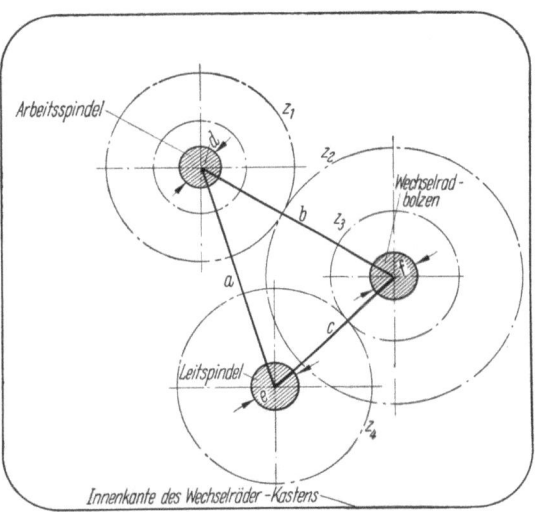

Abb. 148. Blick auf die Räderschere

a = fester Abstand zwischen Arbeitsspindel bzw. Wechselradwelle 4 (Abb. 147) und Leitspindel bzw. Antriebswelle des Vorschubkastens (Abb. 146)

$$b = \frac{m z_1 + m z_2}{2}; \quad \frac{m z_2}{2} < c = 25$$

$$c = \frac{m z_3 + m z_4}{2}; \quad \frac{m z_3}{2} < b = 25 \quad [18]$$

dergewinde geschnitten werden müssen, die sich nicht mehr ohne weiteres an der Drehbank mit Hebeln einstellen lassen. Es sind dann besondere Wechselräder zu berechnen, wobei zu prüfen ist, inwieweit man sich der vorhandenen einschaltbaren Übersetzungen mit Vorteil bedienen kann.

Beim Errechnen dieser Wechselräder kommt es nicht nur darauf an, das gewünschte Übersetzungsverhältnis mit möglichst großer Genauigkeit zu finden, sondern die Räder sollen nach Möglichkeit in dem der Maschine mitgegebenen Satz auch enthalten sein. Außerdem dürfen sie nicht zu groß werden, damit sie sich einbauen lassen, und sie müssen so bemessen sein, daß sie von den beiden Wellenenden der Räderschere (Antrieb und Abtrieb) frei gehen. Hierfür gilt als Faustregel, daß z_2 etwa 25 Zähne kleiner sein soll als $(z_3 + z_4)$ und z_3 mindestens 25 Zähne kleiner ist als $(z_1 + z_2)$ (Abb. 148).

Abb. 149. Blick auf den Spindelkopf
Man erkennt oben links einen verschiebbaren Zeiger, der auf einen vollen Grad der auf dem Spindelflansch eingeritzten Gradeinteilung eingestellt wird. Beim Verdrehen der Spindel (nach Ausschalten des Vorgelegeritzels) läßt sich dann der gewünschte Winkel leicht ablesen [IWK-Schaerer]

Zum Auffinden der zweckmäßigen Zähnezahlen für die Wechselräder gibt es verschiedene Methoden. Die einfachste ist die Benutzung eines Rechenschiebers. Werden die beiden Werte h/l übereinandergestellt, sieht man mit einem Blick, welche ganzzahligen Verhältnisse dem gewünschten Bruch h/l am nächsten kommen. Die gefundenen Werte müssen dann wegen der Rechenschieberungenauigkeit auf ihre Brauchbarkeit (Abweichung von dem Sollwert) nachgerechnet werden. Eine andere, ebenfalls verhältnismäßig einfache Art ist die Näherungsrechnung mit einer Faktorentafel, in der die Zahlen der Zahlenreihe 1 bis 1000 oder 1 bis 10000 in ihre kleinsten Faktoren zerlegt sind. Für genaue Rechnungen sei dann noch die Kettenbruchrechnung empfohlen. Mit diesem Verfahren, das als bekannt vorausgesetzt werden darf, läßt sich die Annäherung an den Sollwert mit beliebiger Genauigkeit durchführen. Außerdem gibt es Zahnradübersetzungstabellen, aus denen viele Werte abgelesen werden können. [*18*]

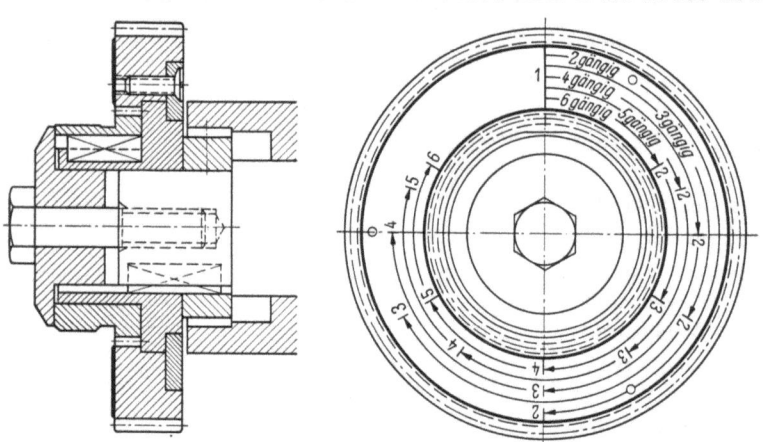

Abb. 150. Feinzahnkupplung als Mehrfachteileinrichtung
Die Verdrehwinkel für die Gangzahlen sind auf der Kupplungsscheibe vermerkt [Martin]

Wenn Schnecken mit einem Schneckenrad zusammenarbeiten, muß die Schneckensteigung der Teilung t des Schneckenrades (t Abstand zweier gleichliegender Punkte an benachbarten Zähnen auf dem Teilkreis) entsprechen. Das Verhältnis t/π nennt man bekanntlich den Zahnmodul m.

Der Umfang des Teilkreises eines Zahnrades ist $tz = \pi D_T$ (D_T Teilkreisdurchmesser in mm). Mit $t/\pi = m$ wird somit

$$m z = D_T \quad [\text{mm}], \tag{57}$$

2.3 Die Erzeugung der Vorschub- und Gewindeschneidbewegung

t ist also gleichzeitig die erforderliche Steigung der Schnecke. $t = m\pi$ ist wegen π ein unendlicher Bruch, der durch Räderübersetzungen nur angenähert wiedergegeben werden kann. Das Übersetzungsverhältnis

$$\frac{8 \cdot 97}{13 \cdot 19} = 3{,}1417004$$

weicht z. B. um etwa 0,003% von $\pi = 3{,}1415926$ ab. Das Verhältnis $\frac{5 \cdot 71}{113} = 3{,}1415929$ nähert sich dem Sollwert schon bis auf 0,0001%.

Ähnlich liegen die Verhältnisse im Zoll-Maßsystem. Hier rechnet man mit DP (Diametral Pitch), wobei DP die Zähnezahl auf 1 Zoll Länge des Teilkreisdurchmessers D' in Zoll bedeutet. Eine Verzahnung DP = 6 hat also bei einem Teilkreisdurchmesser $D'_T = 10''$ 60 Zähne.

$$\mathrm{DP} = \frac{z}{D'_T}. \tag{58}$$

Da $D'_T = \frac{mz}{25{,}4}$, wird

$$\mathrm{DP} = \frac{z \cdot 25{,}4}{mz} = \frac{25{,}4}{m}. \tag{59}$$

Außerdem ist noch das Maß CP (Circular Pitch) gebräuchlich. CP ist die Länge einer Zahnteilung in Zoll auf dem Teilkreis gemessen, also

$$\mathrm{CP} = \frac{m\pi}{25{,}4}, \tag{60}$$

mit

$$\mathrm{DP} \cdot m = 25{,}4 = \frac{m\pi}{\mathrm{CP}},$$

wird

$$\mathrm{DP} = \frac{\pi}{\mathrm{CP}}. \tag{61}$$

Für das Einstellen dieser Werte kann die Zahl π im Übersetzungsgetriebe nicht entbehrt werden.

Sind mehrgängige Gewinde zu schneiden, muß die Leitspindel gegen die Arbeitsspindel um den Winkel $360/g$ verdreht werden (g Anzahl der Gänge). Dies kann dadurch geschehen, daß man im Spindelkastengetriebe das Antriebsritzel für die Arbeitsspindel außer Eingriff bringt und diese dann um den gewünschten Wert verdreht. Ein Zeiger am Spindelkopf zeigt den Drehwinkel an (Abb. 149). Dieses Verfahren läßt sich allerdings nur anwenden, wenn die Zähnezahl des Bodenrades durch die Gangzahl ganzzahlig teilbar ist.

Vielfach findet man die Mehrfachteileinrichtung an der Wechselräderschere. Im Prinzip handelt es sich hierbei um eine an der Wechselradwelle des Spindelkastens angebaute Feinzahnkupplung mit Gradeinteilung. Die Kupplung wird gelöst und der mit der Leitspindel verbundene Abtrieb um den gewünschten Winkel verdreht (Abb. 150). Daneben werden geteilte Mitnehmerscheiben verwendet oder man benutzt einfach das Zwischenrad der Wechselräderschere.

Die genaue Lagerung sehr langer Leitspindeln ist ein schwieriges Problem. Um ein Durchhängen zu vermeiden, werden solche Leitspindeln in regelmäßigen Abständen unterstützt. Damit die Bewegung des Bettschlittens nicht behindert wird, müssen die Stützlager verschwinden, sobald sich dieser der Unterstützungsstelle nähert. Hierzu verwendet man Hängelager, die vom Bettschlitten mit einem Schlepphaken mitgezogen bzw. geschoben werden (Abbildung 151). An den vorgesehenen Unterstützungspunkten klinkt der Schlepphaken aus und läßt das Hängelager stehen. Bei größeren Drehbänken findet man auch Unterstützungslager, die bei Annäherung des Bettschlittens in das Bett hineingezogen werden und nach dem Vorbeifahren wieder herauskommen.

Gelegentlich sind Gewinde mit veränderlicher (progressiver) Steigung zu drehen. Die Steigung ändert sich hierbei um ein bestimmtes Maß von Gewindegang zu Gewindegang. Die Änderung kann gleichförmig sein (h; $h + a$; $h + 2a$; $h + 3a$ usw.) oder ungleichförmig (h; $h + a$; $h + b$; $h + c$ usw.). In diesem Fall verschiebt man die Leitspindel in ihrer Längsrichtung um das Maß a, b, c. Der Verschiebewert wird z. B. von einer umlaufenden Schablone abgenommen [VDF]. In gewissen Grenzen lassen sich solche Gewinde auch unrund kopieren (Abschnitt 3.1.3.2.4).

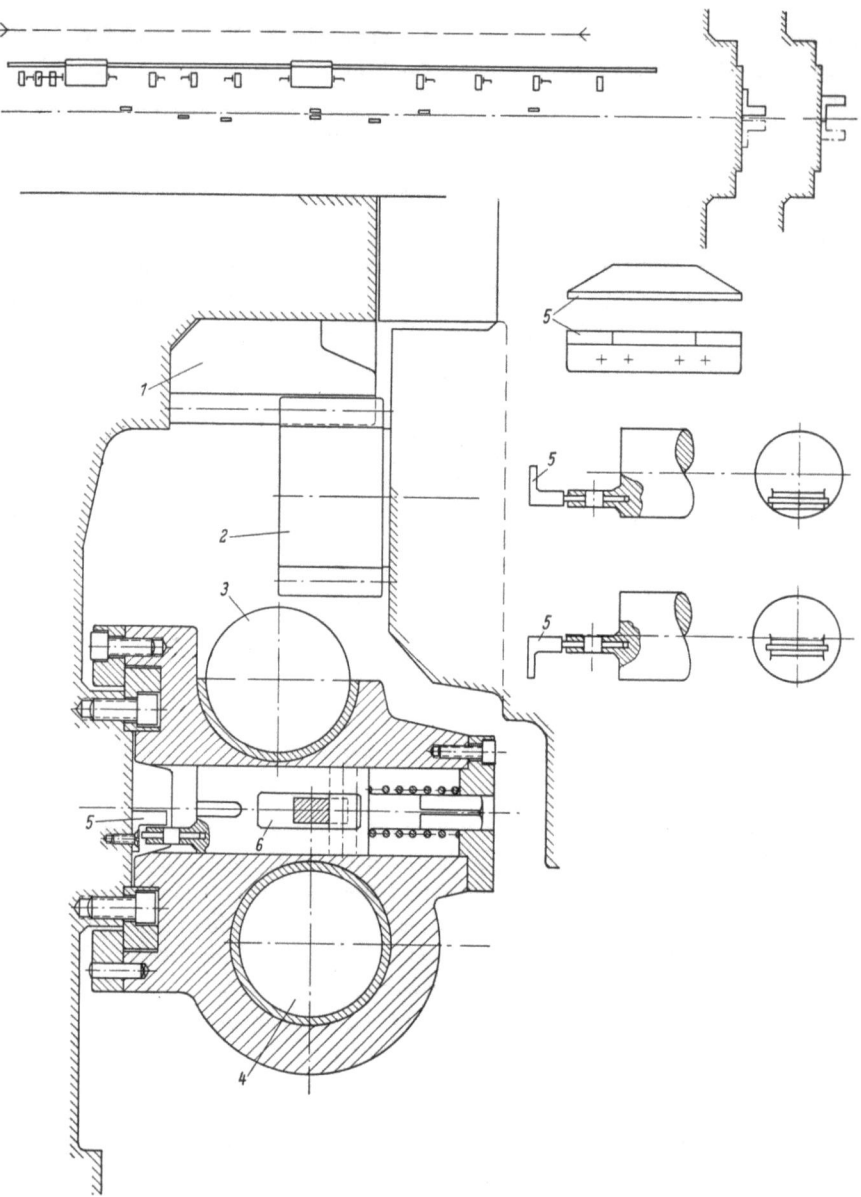

Abb. 151. Schlepplager zur Unterstützung langer Leitspindeln [MFD]
1 Bettzahnstange; *2* Bettschlittenritzel; *3* Leitspindel; *4* Zugspindel; *5* Führungsschiene zum Auslösen des Kupplungsbolzens; *6* Kupplungsbolzen mit Ausnehmung für den Schlepphaken

2.4 Der Bettschlitten

Der Bettschlitten trägt die Quer- und Oberschieber. Er soll die an der Zerspanungsstelle entstehenden Schnittkräfte an das Bett weiterleiten und leicht und gleichförmig auf den Führungsbahnen gleiten. Er darf sich nicht um seine senkrechte Achse drehen (das sog. Klettern des Bettschlittens) und muß den Schneidmeißel genau achsenparallel führen.

Die gleitenden Flächen sind daher genügend groß zu wählen, um die spezifische Flächenpressung gering zu halten. Die Führungsflächen des Schlittens müssen lang genug sein, damit die seitlich wirkenden Kräfte den Schlitten nicht zum Klettern bringen (Abb. 23). Im Prinzip stellt der Bettschlitten einen Balken dar, der in 2 Stützen (den Bettführungsbahnen) aufliegt. Er wird von dem Gewicht der auf ihm aufgebauten Schieber, Meißelhalter und Werkzeuge

2.4 Der Bettschlitten

sowie von der Schnittkraft belastet. Diese Belastung bewirkt eine Durchbiegung, die mit Rücksicht auf die Genauigkeit möglichst klein bleiben soll. Sein für die Durchbiegung maßgebender

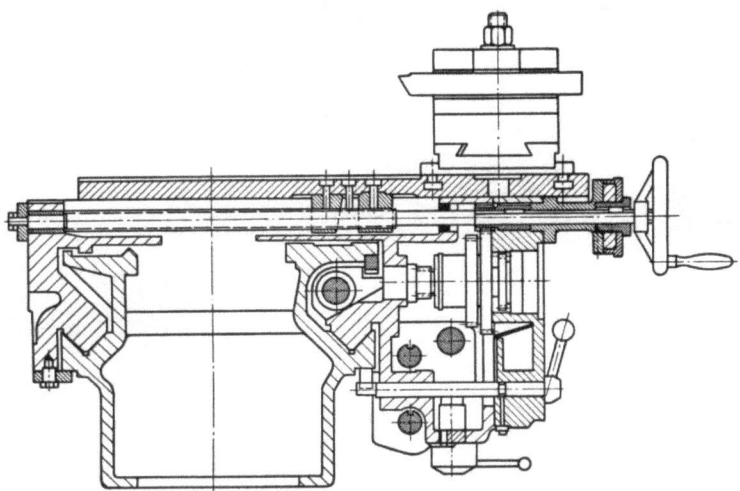

Abb. 152. Querschnitt durch einen Bettschlitten
Die Bauhöhe ist durch die vorgegebene Spitzenhöhe begrenzt [IWK-Schaerer]

Querschnitt, d. h. die Bauhöhe, ist durch die Spitzenhöhe begrenzt, da in dem senkrechten Abstand Drehachse — Bettoberfläche (Spitzenhöhe) die Bauhöhen des Schlittens, Querschiebers, Obersupportes und Meißelhalters untergebracht werden müssen (Abb. 152). Ein Ausweichen in

Abb. 153. Bettschlitten einer Drehbank, der über die gesamte Bettbreite greift. Durchgehender langer Querschieber [IWK-Schaerer]

die Breite hilft wenig, da die Durchbiegung eines Balkens von seiner Breite nur linear, von der Höhe jedoch in der 3. Potenz beeinflußt wird.

Es gibt je nach dem Verwendungszweck zahlreiche Ausführungen. Die Normalform ist die über die gesamte Breite des Bettes Greifende, von den seitlich am oder auf dem Bett angeordneten Führungsbahnen Getragene (Abb. 153). Daneben findet man den einseitigen Schlitten, der nur an der vorderen bzw. hinteren Seite des Bettes geführt wird mit Führung oben und unten, so daß 2 Bettschlitten aneinander vorbeifahren können. Bei großen Drehbänken mit 3 oder 4 Bahnen ist eine solche Anordnung stets üblich (Abb. 154). Für Spezialdrehbänke wurden Sonderbettschlitten entwickelt (Abb. 155).

Abb. 154. Bettschlitten einer schweren Drehbank mit 3-Bahnen-Bett. Der Schlitten ist auf der vorderen und mittleren Bahn geführt [MFD]

Auf dem Bettschlitten bewegt sich der Quer- oder Planschieber (auch Unterschieber oder Untersupport genannt) rechtwinklig zur Drehachse. Er wird vorwiegend in einer Schwalbenschwanzführung gelagert (Abb. 156). Um die Abnutzung der Führungsfläche auszugleichen und ein Lagerspiel einstellen zu können, bedient man sich meist einer konischen Leiste.

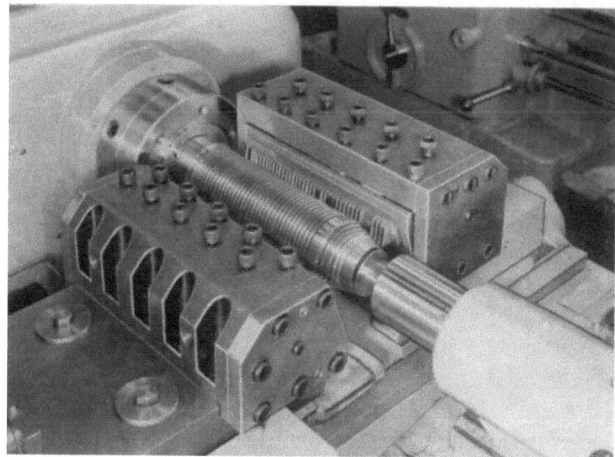

Abb. 155. Sonderbettschlitten mit zwei unabhängigen Querschiebern und hydraulischem Vorschub für programmgesteuerte Einstecharbeiten [IWK-Schaerer]

Der Planschieber wird von der im Bettschlitten gelagerten Planspindel verstellt, während am Schieber die Spindelmutter sitzt. Oft ist diese zweiteilig ausgeführt. Beide Teilmuttern sind gegeneinander um das Flankenspiel des Gewindes versetzt, so daß eine Mutter mit der rechten, die andere mit der linken Flanke zusammenarbeitet. Damit wird der sogenannte „tote

2.4 Der Bettschlitten

Abb. 156. Schwalbenschwanzführung für den Querschieber. Rechts neben der Handkurbel die Keilleiste zum Einstellen des Führungsspiels [Martin]

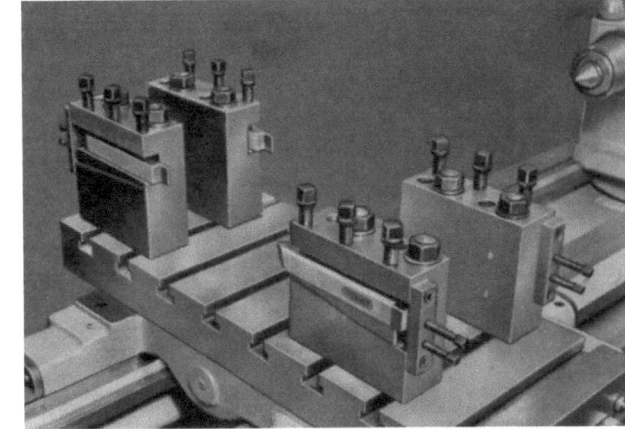

Abb. 157. Querschieber mit querliegenden T-Nuten zum Aufbau von Meißelhaltern vor. und hinter der Drehachse.
Ähnliche Ausführungen mit Längsnuten, wobei vorn der normale Oberschieber sitzt [Martin]

Gang" vermieden. Hierunter versteht man denjenigen Winkel, um den sich die Planspindel drehen läßt, bis die Flanken anliegen und die Verschiebung des Querschiebers beginnt. Da das Gewindespiel nicht ganz vermeidbar ist, soll der Schieber beim Zustellen des Drehmeißels erst

Abb. 158. Doppelsupportausführung
Auf dem Schlitten sitzen zwei voneinander unabhängige Querschieber. Jeder Schieber hat seine eigene Verstellspindel [IWK-Schaerer]

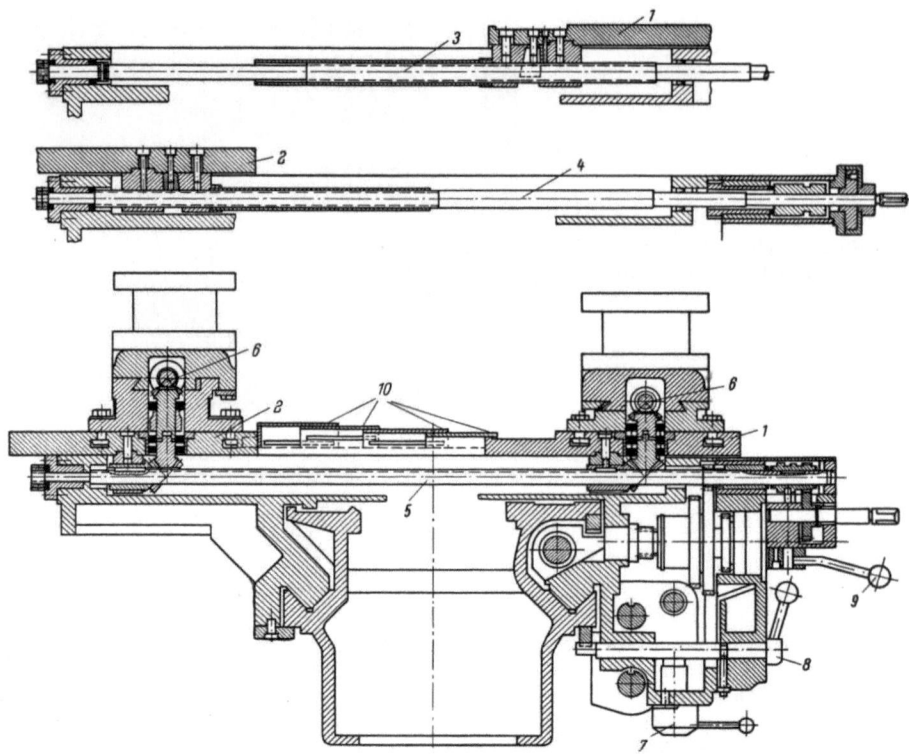

Abb. 159. Schnitt durch einen Bettschlitten mit Doppelsupport und Selbstgang in den Oberschiebern [IWK-Schaerer]

Welle 5 und Spindel 6 sind durch Kegelräder miteinander verbunden
1 vorderer Querschieber; 2 hinterer Querschieber; 3 Planspindel für den vorderen Querschieber; 4 Planspindel für den hinteren Querschieber; 5 Antriebswelle für den Selbstgang; 6 Verschiebespindel im Obersupport; 7 Schmierpumpe; 8 Bettschlittenfestklemmung; 9 Schalthebel für Selbstgang; 10 Schutzbleche

Abb. 160
Bearbeiten eines Kegelradkörpers mit 2 Oberschiebern. Selbsttätiger Vorschub in den Oberschiebern. Bettschlitten und Querschieber stehen still [IWK-Schaerer] [21]

so weit zurückgefahren werden, daß der tote Gang beim Erreichen der ursprünglichen Stellung überwunden ist. Die Zustellung entspricht dann genau dem an der Skalenscheibe abgelesenen Wert.

Als Planschieber verwendet man den kurzen Planschieber, der nur einen Oberschieber und Meißelhalter vor der Drehachse trägt, und den langen Planschieber (Abb. 157), der mit T-Nuten ausgerüstet den Aufbau von Werkzeughaltern hinter der Drehachse gestattet. Eine Reihe von Drehbankkonstruktionen kennen den Doppelsupport mit zwei voneinander unabhängigen Querschiebern. Jeder dieser Querschieber, die naturgemäß nur kurz sein können, besitzt seine eigene Planzugspindel. Es können somit der vordere, der hintere oder auch beide Schieber zusammen verschoben werden. Diese Bewegungen lassen sich selbstverständlich auch selbsttätig über das Schloßplattengetriebe als Planvorschub schalten (Abb. 158 und 159).

Auf dem Querschieber sitzt der Oberschieber (Obersupport), der den Meißelhalter trägt. Die Auflagefläche des Querschiebers ist mit einer Ringnut ausgestattet, in der die Befestigungsschrauben für das Unterteil oder Drehteil des Oberschiebers ruhen. Dieser kann somit in alle Richtungen geschwenkt werden. Er ist ebenfalls in einer Schwalbenschwanzführung geführt. Eine Gewindespindel gestattet das Verschieben in Führungsrichtung. Im allgemeinen verstellt man den Oberschieber von Hand zur Feineinstellung einer Meißellage in Drehbanklängs-

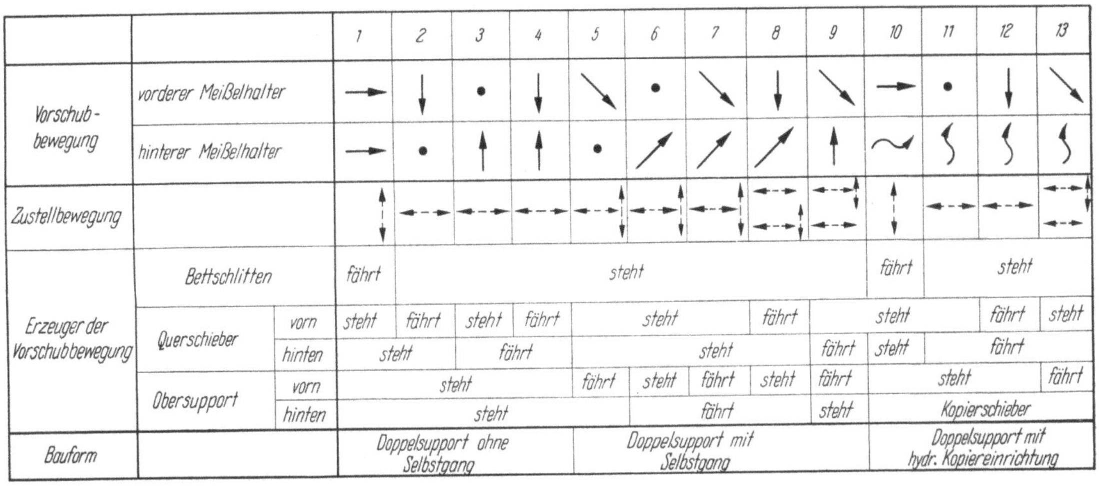

		1	2	3	4	5	6	7	8	9	10	11	12	13
Vorschub-bewegung	vorderer Meißelhalter	→	↓	•	↓	↘	•	↘	↓	↘	→	•	↓	↘
	hinterer Meißelhalter	→	•	↑	↑	•	↗	↗	↗	↑	∼	↯	↯	↯
Zustellbewegung		↕	↕	↕	↕	↔	↔	↔	↔	↔	↔	↔	↔	↔
Erzeuger der Vorschubbewegung	Bettschlitten	fährt	steht								fährt	steht		
	Querschieber vorn	steht	fährt	steht	fährt	steht					fährt	steht	fährt	steht
	Querschieber hinten	steht		fährt			steht		fährt		steht	fährt		fährt
	Obersupport vorn		steht			fährt	steht	fährt	steht	fährt		steht		fährt
	Obersupport hinten		steht				fährt		steht		Kopierschieber			
Bauform			Doppelsupport ohne Selbstgang				Doppelsupport mit Selbstgang				Doppelsupport mit hydr. Kopiereinrichtung			

Abb. 161. Bewegungsmöglichkeiten der Drehmeißel bei einer Drehbank mit Doppelsupportanordnung. Doppelsupport mit zwei normalen Oberschiebern bzw. mit 1 Oberschieber und Kopiereinrichtung mit und ohne Selbstgang in den Oberschiebern

richtung. Der Vorschub des Oberschiebers kann aber auch selbsttätig sein. Dieser Selbstgang des Oberschiebers wird gerne verwendet zum Drehen von kurzen Kegeln (Abb. 160). Die Oberschieberspindel wird von einer Antriebswelle im Bettschlitten angetrieben, die über Kegelräder und eine senkrechte, im Drehpunkt des Drehteiles gelagerte Welle die Vorschubbewegung an den Obersupport weiterleitet. Der Selbstgang läßt sich wahlweise ein- und ausschalten (Abb. 159).

Bei der Doppelsupportausführung mit Selbstgang im Oberschieber stehen demnach 3 Bewegungen für den Vorschub bzw. zur Einstellung des Drehmeißels zur Verfügung: Längsvorschub durch den Bettschlitten, Quervorschub in den Planschiebern und Vorschub in beliebiger Richtung in den Obersupporten. Wenn an Stelle eines Oberschiebers der vielfach zu finden hydraulische Kopierschieber tritt, erweitern sich die Bewegungsmöglichkeiten entsprechend. Abb. 161 zeigt eine systematische Zusammenstellung dieser Bewegungen und ihrer Kombinationen. Es lassen sich also bei einer Universaldrehbank 2 Werkzeuge gleichzeitig in den Schnitt bringen. Das verkürzt nicht nur die Drehzeit, sondern gestattet auch eine Aufteilung des Spanes in einen Schrupp- und Schlichtschnitt, was oft vorteilhaft ist. Die Aufteilung eines Arbeitsganges in 2 Drehstufen ist besonders interessant bei Verwendung der Kopiereinrichtung. Der vordere Meißel dreht beispiels-

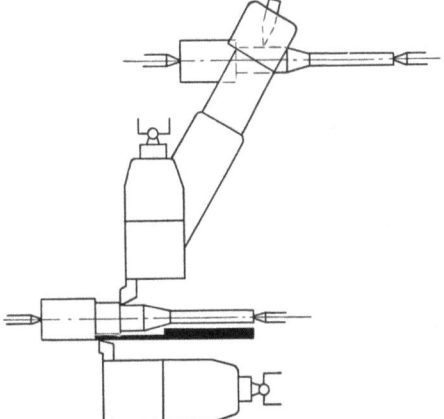

Abb. 162. Bearbeiten eines Werkstückes mit 2 Meißeln gleichzeitig
Der vordere normale Oberschieber ist auf einen konstanten Durchmesser eingestellt und dreht die Schmiede- bzw. Gußhaut usw. ab. Der hinten sitzende hydraulische Kopierschieber bearbeitet die gewünschte Form nach Schablone

weise von dem Rohling die Kruste ab, während der Kopiermeißel nur in dem sauberen Werkstoff zu schneiden braucht und dadurch entsprechend länger scharf bleibt (Abb. 162). Zuweilen ist an einem Werkstück eine genaue Passung zu drehen, die die hydraulische Kopiereinrichtung nicht mehr hergibt. Hierfür ist dann ebenfalls der zweite normale Oberschieber nützlich.

Der Selbstgang im Obersupport kann auch verwendet werden, um auf einem Kegel ein Gewinde zu schneiden, dessen Ganghöhe parallel zur Mantellinie des Kegels liegt (Abb. 163). Im Gegensatz dazu stehen die Kegelgewinde, deren Ganghöhen parallel zur Achse des Kegels liegen

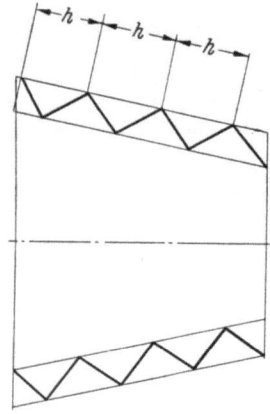

Abb. 163. Kegelgewinde mit Ganghöhen parallel zur Mantellinie. Drehmeißel senkrecht zur Mantellinie

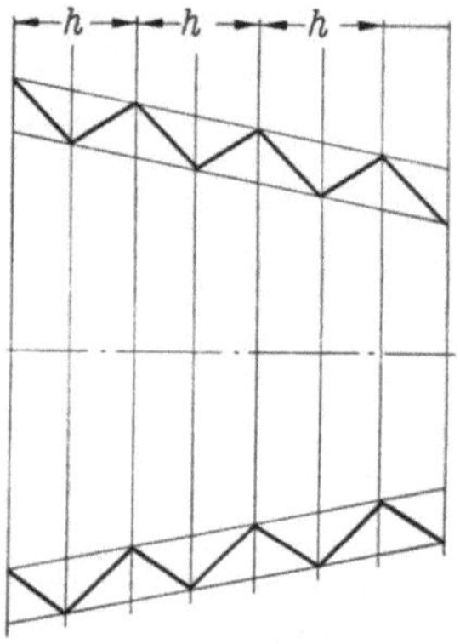

Abb. 164. Kegelgewinde mit Ganghöhen parallel zur Drehachse. Drehmeißel senkrecht zur Drehachse. (Der Meißel kann natürlich auch senkrecht zur Mantellinie gespannt werden)

(Abb. 164). Allerdings reicht der normale Vorschubantrieb für das Gewindeschneiden mit dem Selbstgang nicht aus, da er hierfür nicht genau genug ist. Die Oberschieberspindel muß dann von dem Gewinderäderkasten unmittelbar über Gelenkwellen angetrieben werden. Man kann die

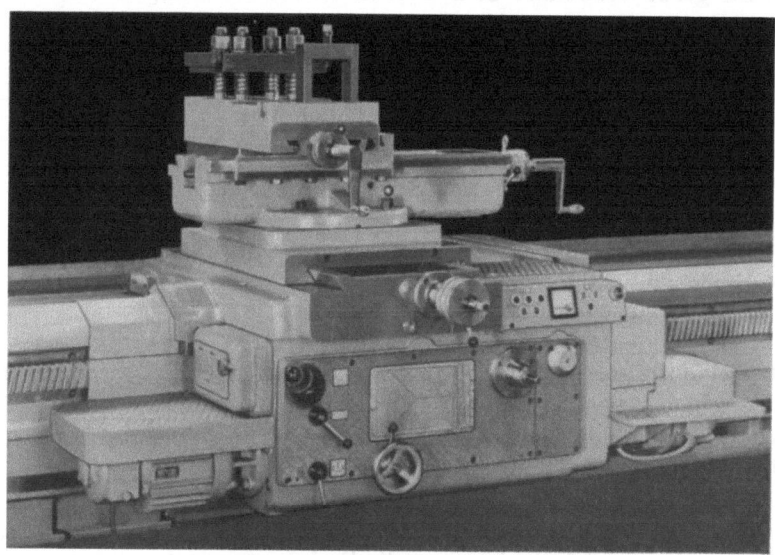

Abb. 165. Kreuzsupport einer schweren Drehbank.
Insgesamt 4 Bewegungsmöglichkeiten für den Meißel [VDF]

Gewinde gemäß Abb. 163 auch mit dem Kegellineal schneiden. Die Wechselradübersetzungen sind dann für die Steigung

$$h' = h \cos \alpha \qquad (62)$$

$h =$ Steigung parallel zur Drehachse, $\alpha =$ halber Kegelwinkel.

zu berechnen.

Bei schweren Drehbänken findet man oft den sog. Kreuzsupport. Auf dem Planschieber sitzt in diesem Fall ein Oberschieber mit zwei rechtwinklig zueinanderliegenden Führungsbahnen, so daß die Feineinstellung in Längs- und Planrichtung mit dem verhältnismäßig kleinen und handlicheren Kreuzschieber vorgenommen werden kann (Abb. 165).

Abb. 166. Bettschlitten einer Kopiermaschine
Der Kopierschieber ist unmittelbar im Schlitten gelagert und kann sich nur in Führungsrichtung verschieben. Auf dem Schlitten sitzt ein ebenfalls unmittelbar geführter Oberschieber mit Verstellmöglichkeit rechtwinklig zur Drehachse [IKW-Schaerer]

Neben den bisher beschriebenen Standardbauarten gibt es zahlreiche Spielarten für besondere Zwecke. Erwähnt seien davon die Bettschlitten der Kopierdrehmaschinen, in denen der Kopierschieber meistens unmittelbar ohne einen zwischengeschalteten Unterschieber gelagert ist

Abb. 167. Auf dem Vorbett einer Kopierdrehmaschine festgespannter Einstechschieber. Bewegung nur rechtwinklig zur Drehachse [IWK-Schaerer]

(Abb. 166). Bei diesen Maschinen gibt es Hilfssupporte in zahlreichen Ausführungen. Teils sind sie als einfache Einstechschieber ausgebildet, die, von Hand an die richtige Stelle auf dem Bett verschoben und festgeklemmt, nur eine Einstechbewegung ausführen (Abb. 167). Teils besitzen sie neben der Einstechbewegung auch eine Längsbewegung (Abb. 168).

Bei kleineren Drehbänken entfällt oft das ganze Vorschubgetriebe in Planrichtung. Der Planvorschub wird einfach von Hand mit einem Handhebel erzeugt.

Abb. 168. Auf dem Vorbett einer Kopierdrehmaschine angeordneter 2. Schlitten mit Bewegungsmöglichkeit parallel zur Drehachse. Auf diesem Schlitten können Querschieber ähnlich Abb. 167 oder Kopierschieber (Abb. 168) aufgebaut werden [IWK-Schaerer]

2.5 Der Reitstock

Der Reitstock trägt die Gegenspitze, die zusammen mit der in der Arbeitsspindel sitzenden Spitze bzw. dem Spannfutter das Werkstück im Körnerloch aufnimmt. Das Drehen zwischen den Spitzen ist das genaueste Drehverfahren, da alle Einflüsse aus ungenauen Spanneinrichtungen ausgeschaltet sind. Voraussetzung ist natürlich, daß die im Reitstock sitzende Spitze auch in der Spitzenlinie liegt. Das bedingt eine genaue Führung der die Spitze aufnehmenden Reitstockpinole und eine stabile Konstruktion des Reitstockkörpers. Der Reitstock ruht auf dem Bett und wird meistens von einem besonderen Prisma geführt, das ausschließlich für den Reitstock und die Setzstöcke vorgesehen ist. Das Reitstockprisma wird also nicht durch die hin- und herfahrenden Bettschlitten abgenutzt. Die Pinolenbohrung muß sehr sorgfältig ausgeführt werden. Von ihr hängt die Lage der Pinolenachse zur Spitzenlinie ab. Beide müssen sich decken, damit sich die Reitstockspitze beim Verstellen der Pinole nicht seitlich und der Höhe nach verlagert. Beim Einschaben des Reitstockes auf dem Bett ist zu beachten, daß die Reitstockspitze gegenüber der Spindelkastenspitze bei kalter Maschine etwas höher liegt. Im betriebswarmen Zustand hat sich durch die wärmebedingte Ausdehnung des Spindelkastens die Arbeitsspindel gehoben, der Spindelkasten ist „gewachsen". Erst dann soll die Spitzenlinie genau waagerecht und parallel zu den Bettführungen liegen. Von dem Reitstock wird weiter verlangt, daß die Spitze unter Belastung nicht ausweicht. Das bedingt eine feste und sichere Klemmung des Reitstockkörpers auf dem Bett und der Pinole in ihrer Führung. Die Pinole wird von einer Gewindespindel mit Handrad verschoben. Dieses Gewinde muß selbsthemmend sein. Außerdem wird die Pinole geklemmt. Die Klemmeinrichtung soll so ausgebildet sein, daß die Pinole in ihrer Führung, wenn überhaupt, nur in der Senkrechtebene ausweichen kann. Bei senkrechter Verschiebung des Werkstückes ist der Drehfehler klein gegenüber einer Verschiebung in der Waagerechtebene. Verlagert sich nämlich die Drehachse um einen Wert „a" in der Waagerechtebene gegenüber der Meißelspitze, verringert oder vergrößert sich der Durchmesser D des Werkstückes um $2a$ (Abb. 47). Verlagert sich die Achse jedoch um den gleichen Betrag in der Senkrechten, entsteht nur ein Fehler
$$2\delta = \sqrt{D^2 + 4a^2} - D. \tag{63}$$
Die Verlagerung um $a = 0{,}1$ mm bedeutet z. B. für $D = 20$ mm in der Waagerechten einen Fehler von $20 \pm 0{,}2$ mm. In der Senkrechten verändert sich der Durchmesser bei Verlagerung

der Achse um 0,1 mm jedoch nur um den Betrag

$$2\delta = \sqrt{20^2 + 4 \cdot 0{,}1^2} - 20 = \frac{1}{10}\sqrt{40000 + 4} - 20 = 20 + 20{,}001 = 1\mu.$$

Abb. 169. Bohrreitstock mit angeflanschtem Vorschubmotor für die Pinole (auf der Rückseite). Vorn links Wechselräderverdeck. Selbsthemmung. Kann auch als gewöhnlicher Reitstock verwendet werden [IWK-Schaerer]

Kleine Reitstöcke werden von Hand verschoben, bei mittleren Größen sieht man auch Handkurbeln mit Zahntrieb, dessen Ritzel in die Bettzahnstange eingreift. Schwere Reitstöcke haben oft eigene Verschiebemotoren.

Neben den einfachen, nur der Werkstückaufnahme dienenden Reitstöcken sind auch Bohrreitstöcke in Gebrauch. Man kann zwar mit einem gewöhnlichen Reitstock durch Vorschub der

Abb. 170. Bohrreitstock mit Vorschubantrieb der Pinole von der Zugspindel aus. Vervielfachungsgetriebe für den eingeleiteten Vorschub im Bohrreitstock [IWK-Schaerer]

Reitstockpinole von Hand auch bohren. Für die Produktion empfiehlt sich jedoch ein Reitstock, dessen Pinole einen selbsttätigen Vorschub besitzt. Die Pinole wird von einem am Reitstock angeflanschten Motor verschoben, wobei verschiedene Vorschubwerte durch Umstecken von Zahnrädern wählbar sind (Abb. 169).

Der Vorschub der Reitstockpinole läßt sich auch von der Zugspindel ableiten. In diesem Fall stehen sämtliche Vorschubwerte der Drehbank zur Verfügung. Darüber hinaus ist oft am Bohrreitstock noch ein Vervielfachungsgetriebe vorgesehen (Abb. 170).

Diese Bohrreitstöcke weisen nur eine selbsttätige Längsbewegung der nicht drehbaren Reitstockpinole für den Bohrvorschub auf, während die Schnittbewegung durch das sich drehende Werkstück erzeugt wird. Eine solche Anordnung ist dann ungünstig, wenn beim

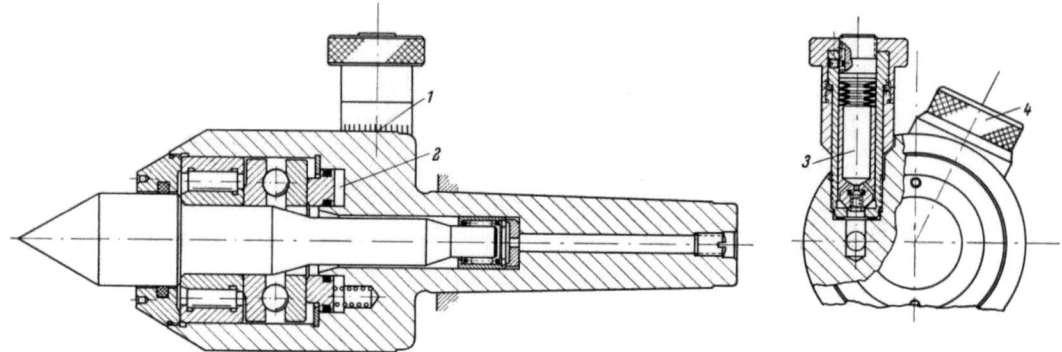

Abb. 171. Einsteckbare mitlaufende Körnerspitze mit Druckregelung [Röhm]
1 Einstellskala für den vorgewählten Axialdruck; *2* Druckmedium; *3* Vorwähleinrichtung mit automatischem Regelventil; *4* Druckanzeiger

Drehen an einem großen und Bohren eines kleinen Durchmessers gleichzeitig zwei verschiedene Drehzahlen wünschenswert sind. In derartigen Fällen sind Bohrreitstöcke mit umlaufender Pinole günstiger. Das sind dann schon auf die Drehbank aufgesetzte Bohrmaschinen (Abb. 452).

Die Bohrreitstöcke übernehmen die Funktion des gewöhnlichen Reitstockes, wenn sichergestellt ist, daß die Pinole nicht zurückweichen kann. Einige Konstruktionen sind für eine sichere Klemmung und Selbsthemmung nicht eingerichtet. Der Bohrreitstock muß dann bei Spitzenarbeiten gegen einen gewöhnlichen Reitstock ausgewechselt werden.

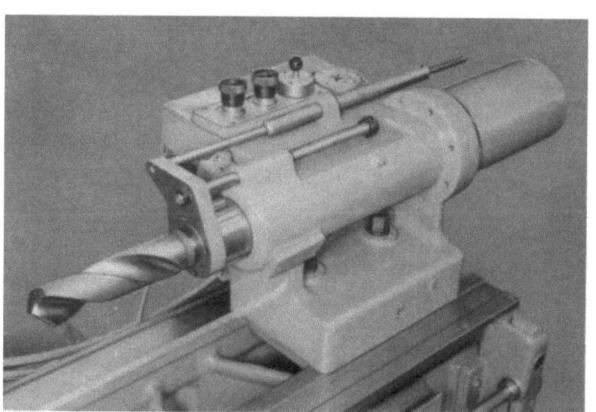

Abb. 172. Reitstock mit hydraulisch verschiebbarer Pinole [IWK-Schaerer]

Abb. 173. Reitstock mit durch Preßluft verschiebbarer Pinole [IWK-Schaerer]

Verschiedene Schwierigkeiten können beim Drehen mit dem Reitstock auftreten. Wenn sich das Werkstück durch Erwärmung (insbesondere bei schweren Schnitten) ausdehnt, sollte die Spitze zurückweichen, damit sich der Drehkörper nicht verzieht. Der Druck an der Spitze ist sonst unkontrollierbar. Man verwendet in solchen Fällen besondere Druckausgleichspitzen (Abb. 171).

Beim Einspannen braucht der Dreher eine Hand zum Anstellen der Pinole, so daß er das Werkstück nur mit der anderen Hand halten kann. Das ist bei schwereren Teilen recht unbequem. Hier läßt sich Abhilfe schaffen durch kraftbetätigte Reitstockpinolen, die von Fußschaltern bedient werden. Derartige Reitstöcke findet man besonders bei Drehmaschinen für die Serienfertigung (hydraulische oder preßluft-betätigte Pinolen) (Abb. 172 und 173).

Es sei noch erwähnt, daß insbesondere bei Universaldrehbänken üblicher Bauart das Reitstockoberteil gegen den Untersatz seitlich verschiebbar ist. Damit lassen sich Kegel mit geringer Steigung ohne Verwendung eines Kegellineals drehen. Die Verschiebung darf natürlich nur klein sein, weil sonst die Reibung an der Körnerspitze zu hoch werden würde.

2.6 Spannmittel

2.6.1 Spannmittel für das Werkstück

Die Wahl des Spannmittels ist abhängig von der Gestalt des Werkstückes und der Art der Bearbeitung. In Längsrichtung ausgedehnte Teile spannt man auf der Spindelkasten- und Reitstockseite, kurze nur auf der Spindelkastenseite (fliegend). Eine grobe Einteilung ergibt sich aus den spannbaren Flächen:

1. Spannen an den Stirnseiten (zwischen den Spitzen),
    a) Mitnahme am Umfang (Drehherz, GF-Mitnehmer, Ausgleichfutter u. ä.),
    b) Mitnahme an der Stirnfläche (Stirnmitnehmer).
2. Spannen am Umfang (Spannfutter, Planscheiben, Klemmfutter, Spannzangen).
    (Bei langen Teilen mit Gegenspitze im Reitstock.)
3. Spannen in der Bohrung (Spanndorn).

Wegen der Genauigkeit wird das Drehen zwischen den Spitzen bevorzugt. Wenn große Drehmomente zu übertragen sind, ist das Teil jedoch mit einem Spannfutter zu spannen. Neben den Standardspannmitteln verlangen kompliziert geformte Werkstücke — insbesondere bei der Serienfertigung — auf das betreffende Teil zugeschnittene Spannvorrichtungen.

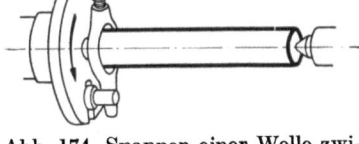

Beim Drehen zwischen den Spitzen muß das zu bearbeitende Teil irgendwie von der Arbeitsspindel mitgenommen werden. Die klassische Form des Mitnehmers ist das Drehherz (Abb. 174), das auf das Werkstück geschraubt wird und gegen den Mitnehmerbolzen der Mitnehmerscheibe anschlägt. Diese Einrichtung hat verschiedene Nachteile. Das Einspannen ist umständlich, die Mitnahmekraft gering und das ganze System nicht ausgewuchtet. Außerdem ist Unfallgefahr vorhanden.

Abb. 174. Spannen einer Welle zwischen den Spitzen. Mitnahme durch Drehherz und Mitnehmerscheibe [19]

Eine bessere Lösung ist der bekannte GF-Mitnehmer, der die vorgenannten Nachteile vermeidet (Abb. 175). Der GF-Mitnehmer besteht im wesentlichen aus drei um einen Drehpunkt schwenkbaren Spannbacken, die das Teil um so kräftiger spannen, je größer das aufgebrachte Drehmoment wird. Das ganze System ist ausgewuchtet und von einem glatten Schutzgehäuse umgeben. Entspannt wird durch Verdrehen des Gehäuses. Sowohl der einfache Mitnehmer als auch der GF-Mitnehmer benötigen zur Mitnahme einen Abschnitt des Drehteiles. Es läßt sich dann nicht die gesamte Länge des zwischen den Spitzen eingespannten Werkstückes in einem Zuge überdrehen.

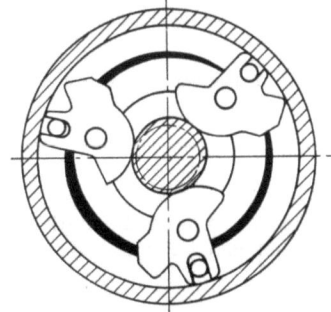

Diesen Nachteil vermeiden die Stirnmitnehmer (Abb. 176). Sie bestehen aus einer Körnerspitze, um die ein Kranz scharfer Spitzen gelagert ist. Mit dem Reitstock wird das Werkstück gegen die Mitnahmespitzen gepreßt, so daß sich diese in seine Stirnfläche eindrücken. Da die Stirnfläche nicht immer eben ist, z. B. bei abgesägten Abschnitten, ist ein Druckausgleich vorgesehen,

Abb. 175. GF-Mitnehmer [GF]

der ein Verschieben der einzelnen Spitzen gegeneinander gestattet. Die Mitnahmekraft derartiger Spitzen ist begrenzt, da die Anpreßdrücke wegen der Spindellagerung nicht beliebig hoch sein dürfen. Der Spitzenkreis soll möglichst nahe dem größten Durchmesser der mitzunehmenden Stirnfläche sein, da dann das Mitnahmedrehmoment naturgemäß am höchsten ist. Das bedingt die Vorratshaltung von mehreren Stirnmitnehmern. Man verwendet sie im allgemeinen dann, wenn der Drehdurchmesser den Mitnahmedurchmesser nicht wesentlich überschreitet.

Dem gleichen Zweck dienen feste Kegelspitzen mit gezahntem Kegelmantel. Diese werden vornehmlich gebraucht, um in einer Bohrung des Werkstückes zu spannen.

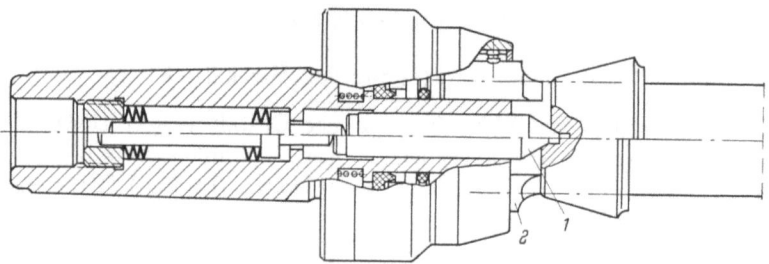

Abb. 176. Stirnmitnehmer [Kosta]

1 Körnerspitze, die gegen Federdruck zurückweichen kann; *2* Mitnehmerspitze. Die Spitzen sind miteinander durch ein Druckübertragungsmedium verbunden, so daß sie sich einer unebenen Fläche anpassen und in diese mit gleicher Kraft eindrücken können

Neben den festen, in der Längsrichtung unbeweglichen Spitzen gibt es federnde Körnerspitzen, die unter dem Anpreßdruck des Reitstockes zurückweichen, bis das Werkstück gegen eine Anschlagscheibe stößt (Abb. 177 und 178). Diese Bauart hat besondere Bedeutung beim Kopierdrehen, weil hier die Werkstückenden von einem festen Bezugspunkt aus gespannt werden müssen, um die Schablone nicht jedesmal zu verschieben. Das Einspannen mit einer festen Körnerspitze ist in dem Fall nicht genau genug, da die Körnerlöcher verschieden tief sein können. Dem gleichen Zweck dienen in die Arbeitsspindel eingesetzte verstellbare Anschläge bei Futterarbeiten.

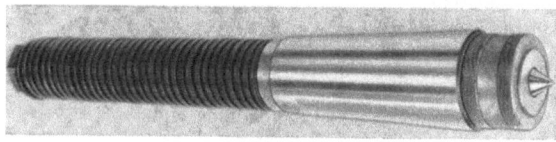

Abb. 177. Federnde Anschlagspitze für Kopierdrehmaschinen [GF]

Bei Dreharbeiten mit großen Zerspanungskräften benutzt man Spannfutter und Planscheiben. Man unterscheidet Futter mit gleichzeitiger Verstellung aller Spannbacken (zentrisch spannend) und solche mit Einzelverstellung der Backen (exzentrisch spannend). Die letzten heißen im allgemeinen Planscheiben. Einen Übergang zwischen den beiden Gruppen bilden die zentrisch und exzentrisch verstellbaren Futter. Die eigentlichen Spannfutter werden als 2-, 3- und 4-Backenfutter ausgeführt. Die Futterkörper bestehen aus Gußeisen oder Stahl.

Die Futterbauarten unterscheiden sich in der Art der Backenverstellung. Allgemein gebräuchlich ist die Backenverschiebung mit einer Tellerspirale. In dem Futter sitzt eine Scheibe mit

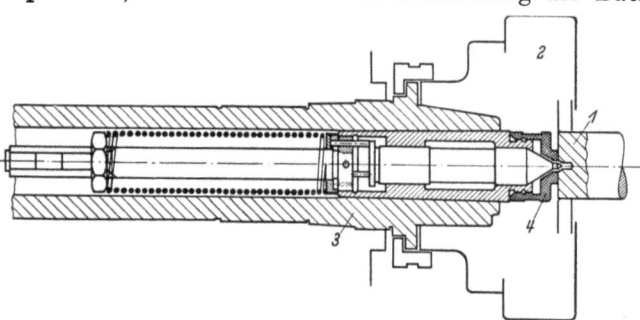

Abb. 178. Schnitt durch die Anschlagspitze aus Abb. 177 [GF]

1 Werkstück; *2* Mitnehmer; *3* Arbeitsspindel; *4* Anschlag für das Werkstück

einem Plangewinde (Spirale). In die einzelnen Backen sind auf der Rückseite Teile dieses Plangewindes eingearbeitet, so daß sie beim Verdrehen der Spirale in ihrer Führung radial verschoben werden. Der Spiralteller trägt auf seiner Rückseite eine Kegelradverzahnung, in die Antriebskegelräder mit Vierkantlöchern für den Verstellschlüssel eingreifen (Abb. 179).

Dieses Futter hat den Vorteil, daß die Backen über den gesamten Spanndurchmesser durch Drehen mit dem Verstellschlüssel verschoben werden können. Sein Nachteil liegt in dem prinzipiellen Fehler des Spiraltriebes. Der Krümmungsradius der Spirale ist abhängig von ihrem

Verdrehwinkel und damit von dem jeweiligen Spanndurchmesser. Da die Zähne, mit denen die Backen in die Spirale eingreifen, eine bestimmte unveränderliche Krümmung besitzen,

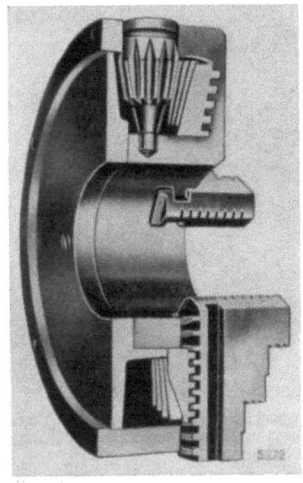

Abb. 179. Dreibackenfutter mit Plangewindetrieb
Links oben: Kegelrad mit Vierkant für den Futterschlüssel [Röhm]

Abb. 180. Dreibackenfutter mit Keilzahnstangentrieb
Links: Treibring mit Keilzahnstange und Verstellspindel. Rechts: Grund- und Aufsatzbacken [Forkardt]

tragen sie infolgedessen nur an *einem* Durchmesser der Spirale in voller Breite. In allen anderen Lagen findet nur eine punktförmige (d. h. von der Seite her gesehen linienförmige) Berührung statt. Infolgedessen ist die Abnutzung relativ hoch.

Man hat andere Konstruktionen entwickelt, die diesen Nachteil vermeiden. Die bekannteste ist das Forkardtfutter (Abb. 180). Bei dieser Bauart werden die Backen von Keilzahnstangen verschoben. Da die Zähne gerade sind, findet eine Berührung in der gesamten Fläche statt. Flächenpressung und Abnutzung sind infolgedessen geringer. Die Keilzahnstangen werden ihrerseits über Zapfen von einem Treibring verstellt. Eine Keilzahnstange trägt eine Gewindespindel für den Verstellschlüssel. Sie treibt den Treibring an, wenn die Spindel gedreht wird. Die gleiche Spannbacke kann für Innen- und Außenspannung verwendet werden, da ein Umdrehen wegen der geraden Zähne keine Schwierigkeiten macht. (Bei dem Spiraltrieb müssen wegen der gekrümmten Zähne für Innen- und Außenspannung getrennte Backensätze vorhanden sein.)

Ein Nachteil des Forkardtfutters ist der verhältnismäßig kleine Spannweg. Die Backen werden dem jeweiligen Werkstückdurchmesser entsprechend vorher auf den ungefähren Spanndurchmesser eingestellt. Die Spannkraft ist stärker, da das Übersetzungsverhältnis Verstellspindel — Keilzahnstange — Keilzahnstange — Backe größer ist als in dem Spiralfutter die Übersetzung Kegelrad — Tellerrad — Spirale — Backe.

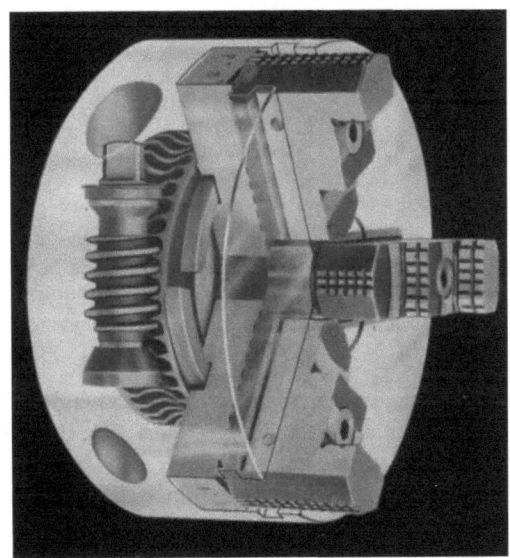

Abb. 181
Dreibackenfutter mit Kurvenscheibentrieb
Links: Verstellschnecke und Schneckenrad mit Kurvenstücken. Rechts: Grund- und Aufsatzbacken [Scheelen]

Eine andere Ausführung ersetzt die Keilzahnstange durch eine Kurvenscheibe, die durch einen Schneckentrieb verstellt wird. Auch hier ist der Backenhub nur klein (Abb. 181).

Als Spannbacken verwendet man einfache oder zusammengesetzte Backen, wobei auf die Grundbacke harte oder weiche Backen aufgeschraubt werden. Die weichen Blockbacken lassen sich dann nach dem zu spannenden Werkstück auf der Drehbank ausdrehen.

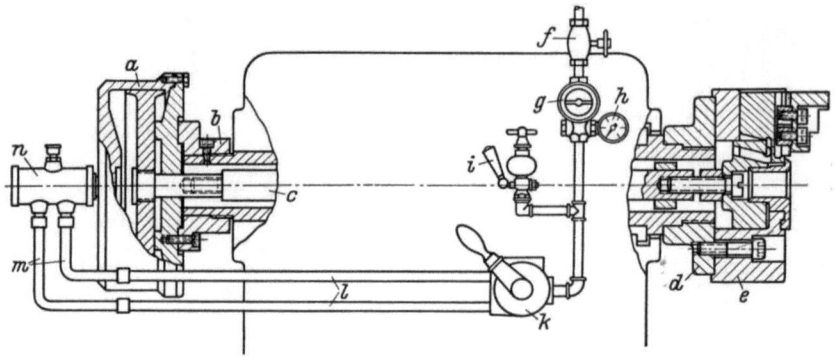

Abb. 182. Preßluftfutter an einem Spindelstock [Forkardt]
a Preßluftzylinder (läuft mit der Spindel um); b Zylinderflansch; c Verbindungsstange (Spannstange); d Zwischenscheibe; e Spannfutter; f Absperrventil; g Druckminderventil; h Druckmesser; i Öler; k Handsteuerhahn; l Luftleitung (Gasrohr); m Schläuche; n Luftzuführung

Neben den Handspannfuttern nimmt man insbesondere bei Serienfertigungen gern kraftbetätigte Spannfutter. Die Spannbewegung wird hydraulisch, pneumatisch oder elektrisch erzeugt. Ein kraftbetätigtes Futter besteht grundsätzlich aus 3 Teilen, dem eigentlichen Spannfutter am Spindelkopf, dem Krafterzeuger (Druckzylinder u. ä.) am hinteren Spindelende

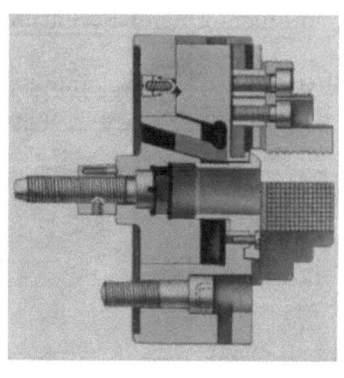 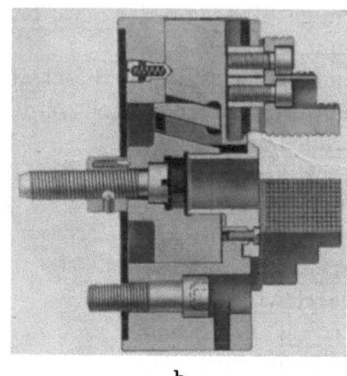 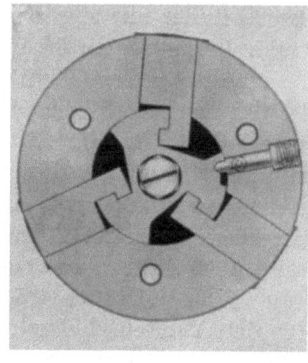

a b c

Abb. 183a—c. Wirkungsweise eines Kraftspannfutters. Backenverschiebung durch Keilflächen.
In der Mitte Verbindungsschraube zur Spannstange mit Keilkörper
a) Spannkolben zurück, Backen geschlossen;   b) Spannkolben vor, Backen geöffnet;   c) Ansicht der Vorderseite [Forkardt]

und dem in der Arbeitsspindel liegenden Verbindungsrohr, das die Spannbewegung des Krafterzeugers auf das Futter überträgt. Der Spannvorgang wird durch Hand- oder Fußschaltung ausgelöst. Bei den Kraftspannfuttern ist der Hub der Backen ebenfalls klein, so daß dieser vorher dem Werkstück angepaßt sein muß (Abb. 182 bis 185). Wenn am Spindelende kein Platz für einen Spannzylinder ist, verwendet man Vorderendfutter. Bei dieser Bauart werden die Backen von Federn gespannt und bei stillstehendem Futter von außen entspannt (z. B. durch Preßluft über Gummimembranen).

Relativ große oder unregelmäßig geformte Werkstücke spannt man auf Planscheiben. Ihre Backen werden unabhängig voneinander mit Hilfe von Gewindespindeln verstellt, so daß das Werkstück auch auf der Planscheibe ausgerichtet werden kann. Hinsichtlich der Backenführung unterscheidet man die einfache Führung (deutsche Planscheibe), und die doppelte Führung (amerikanische Planscheibe) (Abb. 186 und 187). Die Planscheiben bestehen aus Stahlguß oder Gußeisen. Neben den Backenführungen sind auch Langlöcher vorhanden, um Werkstücke oder Gegengewichte unmittelbar mit Spanneisen zu spannen. Diesem Zweck dienen auch glatte Planscheiben ohne Backenführungen (Spannscheiben), die ebenfalls mit Löchern zur

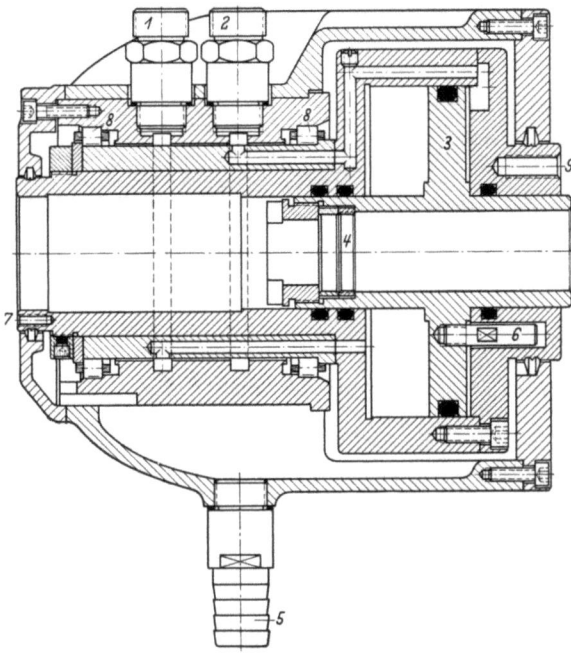

Abb. 184a. Hydraulisch betätigtes Kraftspannfutter. Zylinderseite [Röhm]

1 Druckölanschluß für „Backenöffnen"; *2* Druckölanschluß für „Backenschließen"; *3* Kolben; *4* Befestigung der Rohrzugstange; *5* Leckölabfluß; *6* Sicherung gegen Verdrehung; *7* Anschluß für Materialführung; *8* Zylinderrollenlager; *9* Flanschaufnahme

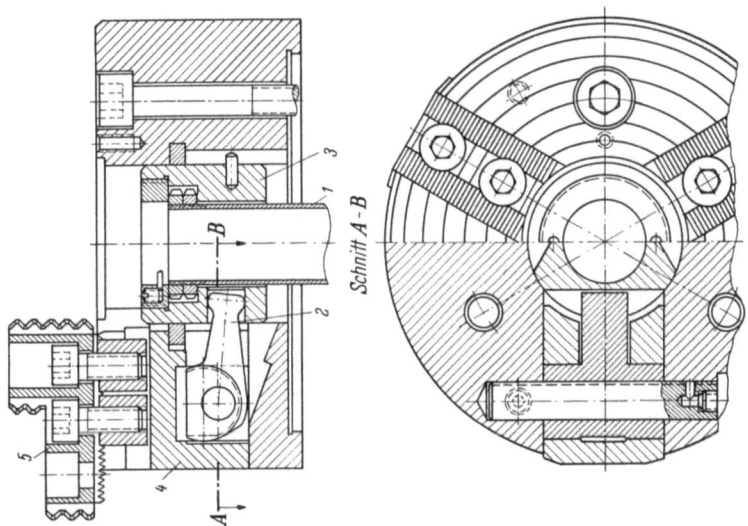

Abb. 184b. Hydraulisch betätigtes Kraftspannfutter. Futterseite [Röhm]

1 Rohrzugstange; *2* Winkelhebel mit selbsthemmendem Exzenter; *3* Schiebehülse; *4* Backenunterteil mit T-Nuten; *5* Aufsatzbacke

Aufnahme von Spannschrauben versehen sind (Abb. 188). Schwere Planscheiben haben Backenschuhe, in denen die eigentlichen Backen verschiebbar gelagert sind. In dem Schuh ist eine Verstellspindel angeordnet (Abb. 189).

Planscheiben, Futter und Mitnehmer müssen an der Arbeitsspindel befestigt werden. Hierzu dient der Spindelkopf. Er soll das Spannmittel festhalten und seinen genauen Rundlauf sichern. Es muß also ein Befestigungsteil und ein Zentrierteil vorhanden sein. Früher wurde vorwiegend

112 2. Die Baugruppen der Drehmaschine

der Spindelkopf mit Zentrierzylinder und Gewinde nach DIN 800 verwendet (Abb. 190). Diese Befestigungsart hat einige Nachteile. Das Futter kann sich festsetzen bzw. bei Rückwärts-

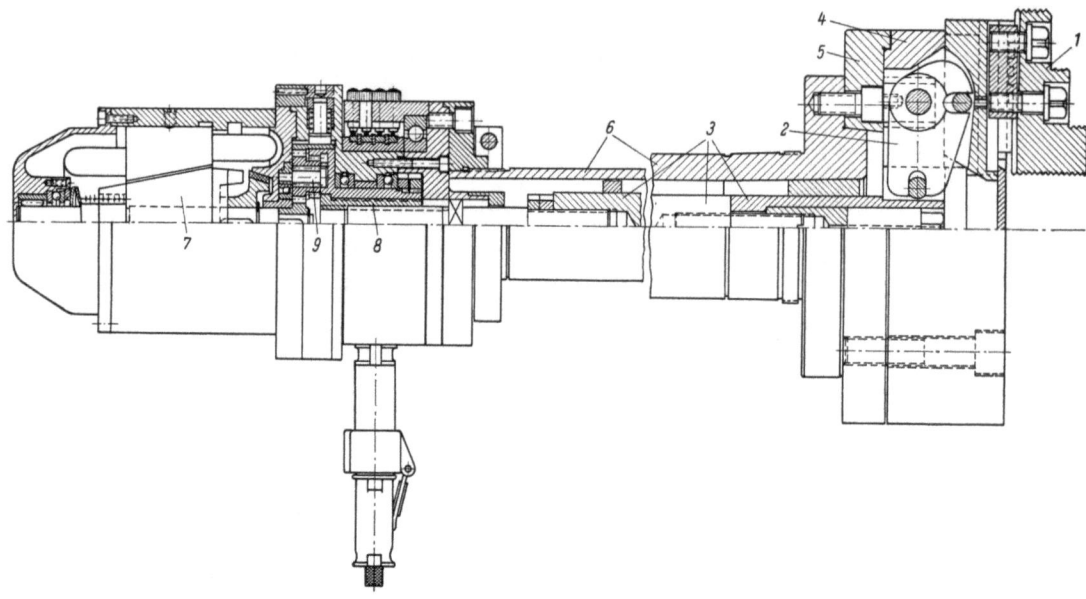

Abb. 185. Elektrospannfutter [Berg]

1 Aufsatzbacke; *2* Winkelhebel; *3* Zugstange; *4* Futterkörper; *5* Futterflansch; *6* Arbeitsspindel; *7* Rotor des Verschiebeankermotors, der beim Abschalten durch Federkraft in die Bremse gedrückt wird; *8* Spannmutter; *9* Planetengetriebe

lauf der Spindel auch ablaufen. Das Aufsetzen ist schwierig. Es besteht die Gefahr einer Beschädigung des Spindelgewindes. Außerdem liegt der Futterschwerpunkt verhältnismäßig weit vom Spindellager entfernt. Gegen das Ablaufen wurde bei einigen Drehbankmodellen eine

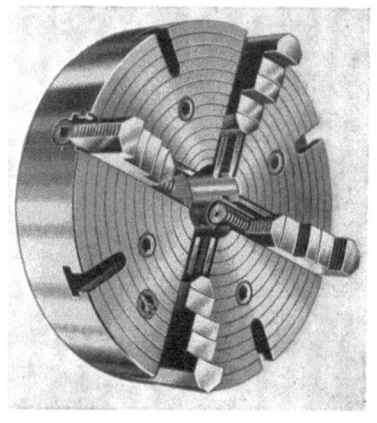

Abb. 186
Planscheibe mit doppelter Backenführung

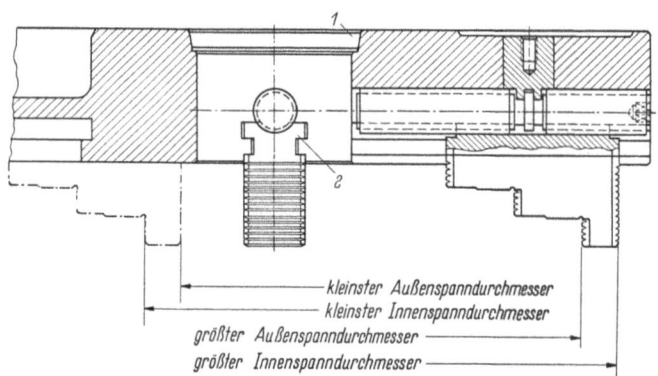

Abb. 187
Schnitt durch eine Planscheibe mit doppelter Backenführung
1 Kurzkegel zur Aufnahme auf die Arbeitsspindel; *2* Führung für die Spannbacken

Sicherungsmutter am Spindelkopf angeordnet, die einen zusätzlichen Handgriff beim Spannen erforderte.

Um diesen Nachteilen zu begegnen, wurde der Spindelkopf mit Zentrierkegel eingeführt. Dieser besteht aus einem Flansch, gegen den das Futter gespannt wird, und einem auf dem Flansch sitzenden Kegel (Kurzkegel oder Langkegel) für die Zentrierung. Die Vorteile dieser

Anordnung sind leichtes Auf- und Abspannen des Futters und Heranrücken des Schwerpunktes an das vordere Arbeitsspindellager (Abb. 191 bis 193).

Während die Vorteile der Zentrierung durch einen Kegel unbestritten sind, besteht noch keine Einigkeit über die Art des Festspannens. Ein einfaches Anschrauben an den Spindelflansch kommt in Frage, wenn das Spannfutter nur in großen Zeiträumen gewechselt wird.

Abb. 188. Glatte Planscheibe (Spannscheibe) [IWK-Schaerer]

Sonst muß eine Schnellspanneinrichtung vorhanden sein. Hier haben sich in den letzten Jahren 2 Bauarten durchgesetzt: die Camlockspannung und die Spannung nach DIN 55022 (Abbildung 192 und 193). Bei der Camlockspannung trägt das Futter Bolzen mit halbkreisförmiger Ausnehmung. In dem Spindelflansch sind exzentrische Nocken (Cams) gelagert. Nach

Abb. 189. Schwere Planscheibe mit Backenschuhen [Wagner u. Co.]
Die Backenschuhe sind in T-Nuten geführt und festgespannt. Die Backen werden von Verstellspindeln bewegt, die in den Schuhen gelagert sind

dem Einführen der Futterbolzen in die Bohrungen des Flansches werden die Exzenter mit einem Vierkantschlüssel um etwa 180° verdreht und damit das Futter gegen den Flansch festgespannt.

Die Spannung nach DIN 55022 sieht hinter dem Spindelflansch einen Ring mit Langlöchern vor, der Spindelflansch selbst hat Durchgangslöcher. Am Futter sitzen Schrauben-

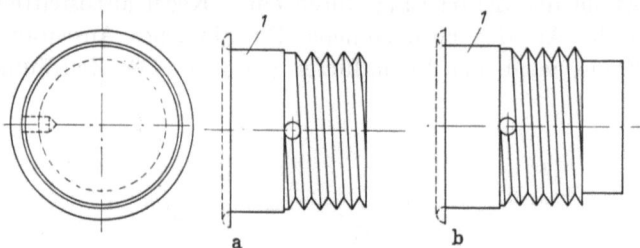

Abb. 190a u. b. Spindelkopf nach DIN 800
a) ohne Führungszapfen   b) mit Führungszapfen
1 Zentrierzylinder

bolzen mit Muttern, die durch die Bohrungen hindurchgesteckt werden. Der Ring wird dann verdreht, bis die Muttern eine Anlage haben. Durch Festziehen der Muttern wird das Futter festgespannt. Die Camlockeinrichtung ist zwar schwieriger herzustellen, das Spannen selbst dürfte aber schneller vor sich gehen als bei der Ausführung nach DIN 55022. Die Zentrierkegel selbst sind bei beiden Spielarten gleich.

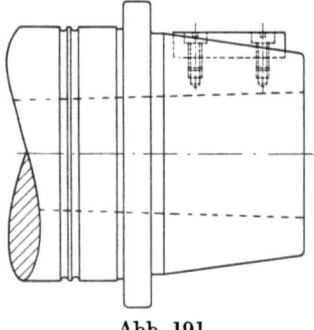

Abb. 191
Spindelkopf mit Langkegel

Wenn die Spannfutter nicht für eine Aufnahme auf den Spindelkopf eingerichtet sind, muß ein Zwischenflansch eingeschaltet werden, der fest mit dem Spannfutter verschraubt und auf der Gegenseite zur Befestigung am Spindelkopf vorgesehen ist (Abb. 194).

Futter, Planscheiben und Mitnehmerscheiben sind oft für den unmittelbaren Anbau auf bestimmte Spindelköpfe konstruiert, so daß Zwischenflansche dann nicht mehr benötigt werden.

Bei der Auswahl des zweckmäßigsten Spannfutters sind einige allgemeine Bedingungen zu beachten. Hierzu gehört in erster Linie die Forderung nach Sicherheit. Die Spannung darf sich während des Drehens nicht lösen. Sie muß so kräftig sein, daß das Werkstück durch die beim Zerspanen auftretenden Kräfte und Erschütterungen nicht aus dem Futter herausfliegen kann. Diese Forderung wird verhältnismäßig leicht erfüllt von den Kraftspannfuttern, bei denen der Preßluft- bzw. Öldruck und damit die Spannkraft an den Backen während der Arbeit im wesentlichen

Abb. 192. Spindelkopf mit Kurzkegel. Flanschbefestigung durch Bolzen, die von Exzentern gehalten werden, die im Spindelkopf sitzen. Camlockspannung [IWK-Schaerer]

Abb. 193. Spindelkopf mit Kurzkegel. Flanschbefestigung nach DIN 55022. Im Spindelkopfflansch sind Durchgangslöcher, durch die die Befestigungsschrauben einschließlich Muttern gesteckt werden. Hinter dem Flansch sitzt ein Ring mit Langlöchern, der den Muttern als Anlage dient [Weisser, Heilbronn]

konstant bleibt. Auch das Elektrofutter läßt sich mit einer Feder ausstatten, die nach Abstellen des Spannmotors eine Kraftreserve abgibt. Schwieriger ist es bei den Handspannfuttern. Hier ist eine Federung als Kraftreserve in Gestalt der elastischen Verformung aller Bauteile des Futters vorhanden. Diese Vorspannung ist jedoch nur gering. Es besteht die Gefahr, daß

Abb. 194. Mitnehmerscheibe und Futterflansch.
Links: Mitnehmerscheibe mit Kurzkegel und Camlockbolzen
Rechts: Futterflansch mit Kurzkegel und Schraubenbolzen für die Befestigung nach DIN 55022 [IWK-Schaerer]

Abb. 195. Zentrisch spannendes Vierbackenfutter [Röhm]

sie von der Fliehkraft, insbesondere bei höheren Drehzahlen, kompensiert wird.[1] Die Fliehkraft errechnet sich bekanntlich nach der Formel

$$Z = \frac{m\,r\,w^2}{1000} \quad [\text{kp}] \tag{64}$$

mit $\omega = \frac{\pi n}{30}$; $m = \frac{G}{g}$ und $d = 2\,r$ wird

$$Z = \frac{G\,d\,\pi^2\,n^2}{g\,2 \cdot 10^3 \cdot 30^2} \quad [\text{kp}]$$

$$= \frac{G\,d\,n^2}{1{,}8 \cdot 10^6} \quad [\text{kp}]. \tag{65}$$

Bei einem Backengewicht von 1,5 kp, einem Schwerpunktabstand $r = 60$ mm (an einem Futter mit 250 mm Durchmesser) und der Drehzahl $n = 1200$ min^{-1} ergibt sich bereits eine an der einzelnen Backe angreifende Fliehkraft von

$$Z = \frac{1{,}5 \cdot 120 \cdot 1{,}44 \cdot 10^6}{1{,}8 \cdot 10^6} = 144\,\text{kp}.$$

Diese Überlegung haben zu dem Entwurf besonders leichter Futter für hohe Drehzahlen geführt.

Das Problem wird in Zukunft eine noch größere Rolle spielen, wenn die Spindeldrehzahlen im Zusammenhang mit der Entwicklung oxydkeramischer Schneidstoffe weiter ansteigen sollten.

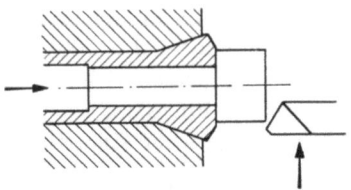 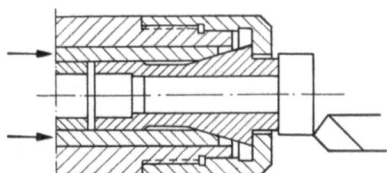

Abb. 196. Spannzange für Zugspannung [15]   Abb. 197. Spannzange für Druckspannung [15]

Oft kommt es nicht darauf an, möglichst kräftig zu spannen, sondern die Spannkraft klein zu halten, damit das Werkstück nicht verformt wird. In solchen Fällen, empfiehlt sich die Verwendung eines Vierbackenfutters (Abb. 195), um die mitnehmende Reibungsfläche zu ver-

---

[1] Diese Gefahr besteht grundsätzlich auch bei Kraftspannfuttern, wenn der Spannkraftüberschuß zu gering ist.

größern und den Druck der einzelnen Backe zu verkleinern. Sonst ist ein Dreibackenfutter vorzuziehen, da die Spannkraft einer Backe im Gegensatz zu den statisch unbestimmten Vierbackenfutter gleich der vom Dreher bzw. Kraftspanner vorgegebenen Gesamtspannkraft geteilt durch die Backenzahl ist.

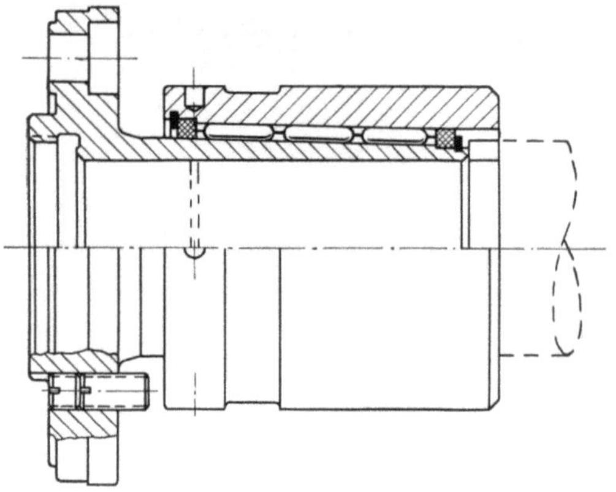

Neben der Sicherheit verlangt man von der Spanneinrichtung kurze Ein- und Ausspannzeiten, Genauigkeit und im Hinblick auf die hohen Drehzahlen kleine Massen und geringe Unwuchten. Es ist unmöglich, im Rahmen dieses Buches das Thema „Spannen" erschöpfend zu behandeln. Neben den Standardspanneinrichtungen gibt es zahllose Sonderbauarten, die für bestimmte Werkstücke oder Gruppen gleichartiger Werkstücke (z. B. Zahnräder usw.) entworfen wurden.

Die genannten Forderungen an eine gute Spanneinrichtung schließen sich z. T. gegenseitig aus. Sie zwingen immer wieder zu neuen Lösungen, die der Gestalt des Werkstückes angepaßt sind.

Abb. 198. Schrumpf- oder Klemmfutter mit Befestigungsflansch.
(Rollkupplung nach Stieber) [15]
Die Hülse wird auf der kegeligen Spannbuchse verdreht und dadurch nach links verschoben. Die Spannbuchse verengt sich entsprechend

Zum Spannen kleiner Werkstücke verwendet man vielfach Spannzangen oder Spannpatronen. Die Spannzange ist eine geschlitzte Buchse, die das Werkstück in ihrer zylindrischen Bohrung aufnimmt. Mit ihrem kegeligen Außendurchmesser wird sie in eine ebenfalls kegelige in der Arbeitsspindel sitzenden Hülse hineingezogen oder gedrückt. Der Spannhebel für die Längsbewegung der Spannpatrone sitzt am Spindelkopf oder am hinteren Spindelende (Abb. 196 und 197).

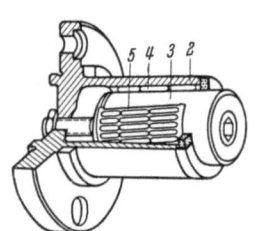

Abb. 199. Dehndorn Bauart Stieber [19]
2 Dornkörper; 3 kegeliger Bolzen; 4 u. 5 Stahlrollen

Weiter seien erwähnt die Schrumpf- und Klemmfutter, bei denen das Werkstück ähnlich wie bei einer Spannzange in einer Hülse sitzt (Abb. 198), die durch radiale Kräfte zusammengedrückt wird. In Frage kommen hierfür Rollkupplungen und Ringspannelemente (Abb. 199 u. 203), aber auch hydraulische Kräfte u. ä. Für derartige Spannungen sind natürlich engtolerierte Werkstücke erforderlich. Auch hier gibt es neben den erwähnten Standardspanneinrichtungen zahlreiche Sonderausführungen für bestimmte Zwecke. Die Konstruktion der Spannmittel ist oft eine wesentliche Aufgabe bei dem Entwurf einer Sonder- oder Einzweckmaschine für große Stückzahlen.

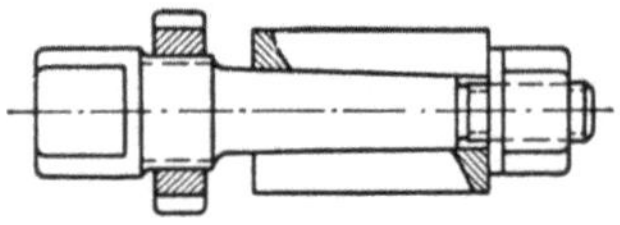

Während die Mitnehmerspitzen das Werkstück an seiner Stirnseite und die Futter und Spannzangen es am Umfang fassen, nehmen die Spanndorne das Teil in der Bohrung auf. Nach der Art ihres Einsetzens in die Drehbank lassen sich 3 Grundtypen unterscheiden:

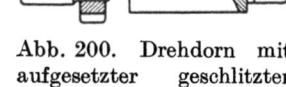

Abb. 200. Drehdorn mit aufgesetzter geschlitzter Spreizbüchse [19]

1. der Spitzendorn, der zwischen Spitzen aufgenommen und von einem Mitnehmer mitgenommen wird (Abb. 203),
2. der Kegeldorn, der mit einem kegeligen Schaft versehen in die Arbeitsspindel gesteckt wird, Abb. 202,
3. der Flanschdorn, der an der Spindelnase befestigt wird (Abb. 199).

Das Werkstück selbst wird vom Dorn durch Reibung mitgenommen. Es gibt zahlreiche Bauarten, die sich nach der Art der Dornaufweitung unterscheiden.

Auf den leicht konischen Spitzendorn nach DIN 523 (Kegel 1 : 100) wird das Werkstück aufgetrieben. Die Genauigkeit dieser Aufspannung ist nicht sehr groß, da nur ein Teil des Kegels fest in der zylindrischen Bohrung des Werkstückes sitzen kann.

Die gleiche Schwierigkeit liegt bei den Spreizdornen vor, in deren aufgeschlitzte Bohrung eine Kegelschraube eingedreht wird. Auch hier trägt das Werkstück nicht auf der ganzen Länge seiner Bohrung.

Dieser Nachteil entfällt bei der Ausführung mit Spreizhülse, die auf den kegeligen Spanndorn aufgeschoben wird (Abb. 200). Die Hülse dehnt sich in ihrem äußeren zylindrischen Umfang gleichmäßig aus und berührt somit das Werkstück in seiner ganzen Länge.

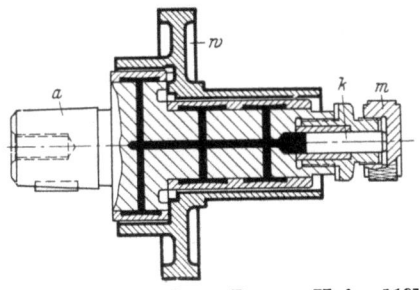

Abb. 201. Dehndorn, Bauart Hofer [19]

a Aufnahmeschaft;   *w* Werkstück;   *k* Kolben;
m Druckmutter, drückt auf den Kolben K und erzeugt damit den Flüssigkeitsdruck

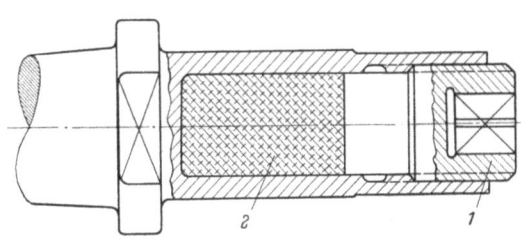

Abb. 202. Dehndorn nach Kienzle mit konischem Schaft zum Einsetzen in die Arbeitsspindel

1 Druckschraube;   *2* Plastisches Druckmittel

Die bisher beschriebenen Dorne verlangen eine verhältnismäßig hohe Spannkraft. Diese wird verringert bei Dornen mit Rollkupplung. In den außen zylindrischen, innen konischen Dorn wird ein Spannkegel eingeführt. Zwischen Spannkegel und Dorn sitzt eine gewindeartig aufgewundene Reihe Kugeln oder Rollen. Wird der Spannkegel verdreht, schraubt er sich in den Dorn hinein und weitet ihn im Bereich der elastischen Dehnung auf (Abb. 199), oder drückt die Spannbuchse zusammen (Abb. 198).

Voraussetzung ist natürlich, daß der Werkstückdurchmesser dem Spanndurchmesser sehr nahe kommt. Der Spannbereich Sp ist bei derartigen Spanneinrichtungen etwa gleich dem doppelten Durchmesser in µ

$$Sp = \frac{2D}{1000} \quad [\mu]. \quad [15] \quad (66)$$

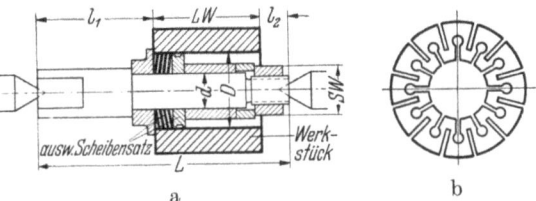

Abb. 203a u. b. Ringspanndorn und Ringspannscheibe, Patent Maurer [19]

Aus der Fülle der Bauarten sei noch der hydraulische Spanndorn nach HOFER erwähnt. Bei dieser Konstruktion wird in zwischen Dorn und Spannhülse angeordneten Hohlräumen mittels einer Druckschraube Drucköl eingepreßt, das die Spannhülse dehnt bzw. bei Außenspannung schrumpft. Die Spannkraft ist sehr hoch und die Rundlaufgenauigkeit gut (Abb. 201). An Stelle des Drucköles kann nach einem Vorschlag von Kienzle auch eine plastische Masse oder Gummi verwendet werden. Der Vorteil dieser Anordnung sind die geringen Abdichtungsschwierigkeiten, was bei Dauerspannung wichtig ist (Abb. 202).

Die bisher genannten Spanndornbauarten nehmen das Werkstück durch Aufweiten des Aufnahmeteiles (Spanndorn, Spreizhülse usw.) mit. Demgegenüber sitzen bei den Ringspanndornen bzw. Futtern in der Werkstückbohrung auf einem zylindrischen Zapfen kegelige, geschlitzte Blechscheiben. Diese Scheiben werden durch Verschieben einer Hülse zusammengepreßt. Sie spreizen dadurch unter Vergrößerung ihres Durchmessers auseinander, so daß das Werkstück auf der gesamten Spannlänge sicher aufgenommen wird (Abb. 203a und b).

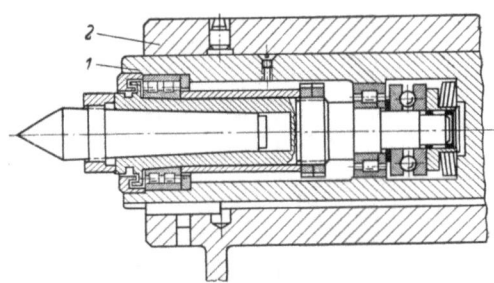

Abb. 204. Reitstockpinole mit eingebauter mitlaufender Körnerspitze [IWK-Schaerer]

1 Pinole;   *2* Reitstockkörper

Für die Serienfertigung gibt es kraftbetätigte Spanndorne verschiedener Bauart.

Während die Spannmittel am Spindelstock im allgemeinen 2 Aufgaben zu erfüllen haben, nämlich das Werkstück zu halten und das Spindeldrehmoment zu übertragen, dienen die Spannmittel am Reitstock — von Ausnahmen abgesehen — nur der Unterstützung des Werkstückes. Die einfachste und genaueste Form ist auch hier die feste Körnerspitze (auch als halbe Spitze ausgeführt), die in die kegelige Bohrung der Reitstockpinole eingesetzt wird. Um die im Körnerloch bei fester Spitze auftretende Reibung zu vermeiden, verwendet man gern mitlaufende Körnerspitzen. Die eigentliche Spitze ist in

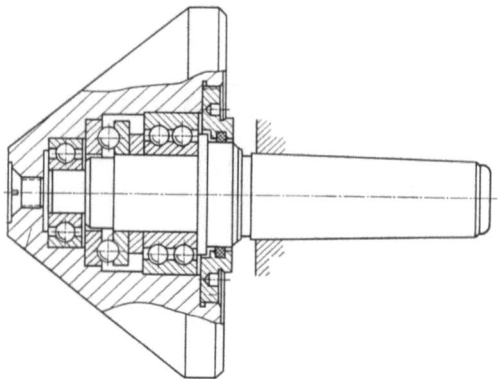

Abb. 205. Zentrierkegel auf Wälzlagern gelagert [Röhm]

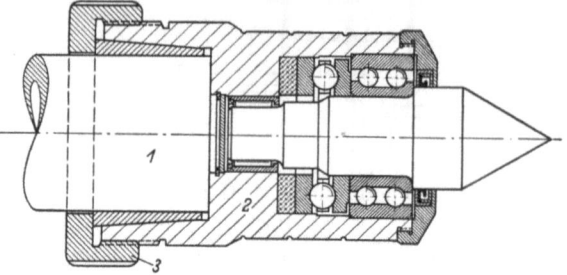

Abb. 206. Körnerspitze mit Hülse zum Aufschieben auf die Reitstockpinole [Röhm]
1 Reitstockpinole; *2* Körnerspitzenhülse; *3* Spannmutter

Wälzlagern gelagert, der Lagerkörper wird mit einem Kegelschaft in die Pinole eingesetzt. Da die Lagerung außerhalb der Reitstockpinole sitzt, ist die mitlaufende Körnerspitze nicht so genau wie eine feste. Man kann diese Schwierigkeit beseitigen durch Lagerung der mitlaufenden Spitze innerhalb der Pinole (Abb. 204). Diese Ausführung ist natürlich teurer. Für die

Abb. 207. Mitgehender Setzstock mit festen Backen, auf dem Bettschlitten montiert [IWK-Schaerer]

Abb. 208. Fester Setzstock mit Rollenbacken für eine mittelgroße Drehbank [IWK-Schaerer]

eingebaute mitlaufende Körnerspitze wird eine besondere Pinole geliefert. Für Rohre verwendet man Zentrierkegel (Abb. 205).

Neben der einsteckbaren Spitze findet man bei größeren Drehbänken auch Spitzen zum Aufschieben auf die Pinole. Diese können größere Kräfte aufnehmen (Abb. 206). Darüber hinaus gibt es Sonderbauarten, wie z. B. die beim Drehen von Walzen benutzten Spannglocken.

Ein wichtiges Problem ist der Druckausgleich an der Reitstockpinole. Näheres hierzu S. 106, Abb. 171.

Ist das Verhältnis von Länge zu Durchmesser bei einem Werkstück zu groß, biegt es sich wegen seines Eigengewichtes und der Schnittkraft durch. Es muß dann an einer oder an mehreren Stellen unterstützt werden. Hierzu bedient man sich der Setzstöcke oder Lünetten. Es gibt 2 Grundtypen, den mitgehenden und den festen Setzstock. Der mitgehende Setzstock wird auf den Bettschlitten aufgesetzt. Er fährt mit diesem mit und unterstützt das Werkstück unmittelbar neben der Schneidstelle. Er kann nur verwendet werden, wenn der ursprüngliche oder abgedrehte Durchmesser gleichbleibt (Abb. 207). Für Kopierarbeiten gibt es allerdings auch Sonderformen, die sich dem veränderlichen Durchmesser anpassen.

Der feste Setzstock ist auf dem Bett aufgespannt. Wird die Unterstützungsstelle bearbeitet, muß er entfernt werden (Abbildung 208 bis 210). Sonderbauarten gestatten auch selbsttätiges Ausweichen des Setzstockes beim Herannahen des Bettschlittens.

Das Werkstück wird im Setzstock von Backen geführt, die mit Schraubenspindeln auf den gewünschten Durchmesser eingestellt werden. Die Backen können Gleitbacken (Grauguß, Bronze, Holz) oder Rollbacken sein. Neben Standardausführungen findet man zahlreiche Sonderbauarten, die dem zu unterstützenden Werkstück angepaßt sind.

Abb. 209. Feste Setzstöcke mit festen Backen auf einer schweren Drehbank [Froriep]

Abb. 210. Fester offener Setzstock mit Rollen für schwere Drehbänke [Froriep]

2.6.2 Spannmittel für das Werkzeug

Von den Spannmitteln für die Drehwerkzeuge verlangt man hauptsächlich 3 Eigenschaften:

Stabile und schwingungsfreie Einspannung,
gute Beobachtungsmöglichkeit,
schnelles und leichtes Auswechseln.

Die einfachste und universalste Form ist der Herzklauenmeißelhalter (Abb. 211). Breite und Höhe des einzuspannenden Meißels ist in gewissen Grenzen frei wählbar, auch die Lage zur Drehachse ist beliebig. Nachteilig ist, daß das Einspannen verhältnismäßig lange dauert und im allgemeinen nur ein Werkzeug eingespannt werden kann.

Für die Serienfertigung verwendet man gern Mehrfachmeißelhalter (Vierfach- und Sechsfach-), die sich um bestimmte Winkel schwenken lassen und durch Raststifte und Klemmeinrichtungen festgehalten werden (Abb. 212). Derartige Meißelhalter gestatten das gleichzeitige Einspannen mehrerer Werkzeuge, die nacheinander durch Schwenken des Halterkopfes in Schnitt gebracht werden. Die einspannbaren Meißelquerschnitte sind durch die Konstruktion des Halterkopfes festgelegt. Ein Problem ist die Umschlaggenauigkeit. Die Rasten zur Festlegung der Werkzeuglage haben naturgemäß einen geringeren Abstand vom Drehpunkt als die Meißelspitze. Infolgedessen wird eine mit der Zeit auftretende Ungenauigkeit in der Rasteinrichtung (z. B. Indexbolzen) an der Meißelspitze vergrößert.

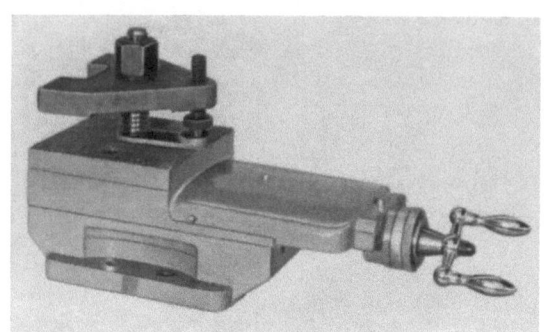

Abb. 211. Oberschieber mit Herzklauenmeißelhalter [IWK-Schaerer]

Derartige Schwierigkeiten vermeiden die Schnellwechselmeißelhalter (Abb. 213 und 214). Hier steht der Kopf grundsätzlich fest. Er nimmt die einzelnen Werkzeugträger auf, die in ihrer Lage durch Prismen u. ä. einwandfrei festgelegt sind. Neben der höheren Dauergenauigkeit haben die Schnellwechselmeißelhalter den weiteren Vorteil, daß eine beliebige Anzahl von Werkzeugen außerhalb der Maschine für die Arbeit vorbereitet werden kann. Der Schnellwechselmeißelhalter braucht auch nicht erst von der Schneidstelle zurückgekurbelt werden, wie es beim Vierfachmeißelhalter zum Umschlagen des Werzeugkopfes erforderlich ist.

Bei Drehbänken mit durchgehendem Querschieber können hinter der Drehachse auf einem Untersatz mit T-Nuten oder unmittelbar auf dem Querschieber weitere Meißelhalter aufgebaut werden (Abb. 212). Man spart dann das Auswechseln der Meißel.

Auch bei den Werkzeugspannern gibt es — bedingt durch die jeweiligen Bearbeitungsaufgaben — zahlreiche Bauarten. Dies tritt besonders deutlich in Erscheinung bei Vielschnittdrehbänken, wo eine ganze Reihe von Mei-

Abb. 212. Vierfachmeißelhalter vor und feste Meißelhalter hinter der Drehachse [Martin]

ßeln gleichzeitig im Schnitt sind (Abb. 215). Auch bei Schwerdrehbänken und Kopierdrehmaschinen sind Sonderformen gebräuchlich.

Spezielle Drehprobleme haben den Bau von Sondermeißelhaltern veranlaßt. Eines dieser Probleme ist z. B. das Gewindeschneiden. Hier kommt es darauf an, den Meißel am Ende des Gewindes schnell aus dem Gang herauszuziehen, insbesondere, wenn gegen einen Bund gedreht werden muß. Das Zurückkurbeln des Supportes von Hand wird oft als zu langsam und umständlich empfunden. In solchen Fällen verwendet man einen Rückzugmeißelhalter, der z. B. über einen Exzentertrieb und Handhebel das schnelle Herausziehen des Meißels aus dem Gewindegang ermöglicht. Schwierig ist auch das Ein- und Abstechen. Hierbei treten sehr leicht Schwingungen auf, die zum Bruch des Werkzeuges führen. Für derartige Arbeiten wurden federnde Meißelhalter entwickelt.

2.6 Spannmittel

Bei Produktionsmaschinen wünscht man einen schnellen Werkzeugwechsel. Der eigentliche Schneidmeißel, meistens ein Hartmetallplättchen, wird außerhalb der Drehbank mit Hilfe einer Lehre in einen Klemmhalter eingesetzt. Dieser Klemmhalter sitzt in der Maschine, durch Anschlagleisten fixiert, stets an der gleichen Stelle und ist mit wenigen Handgriffen am Support befestigt

Abb. 213. Schnellwechselmeißelhalter. Halterkopf mit Aufnahmen für Werkzeugträger an 3 Seiten. Bestückt mit einem Werkzeugträger [Ideal]

Abb. 214. Schnellwechselmeißelhalter auf einem Oberschieber. Halterkopf mit einer Aufnahme für Werkzeugträger [Multifix]

(Abb. 216). Die Klemmhalter klemmen die Hartmetallschneiden (im Gegensatz zu den Drehmeißeln mit aufgelöteten Hartmetallplättchen). Sie gewinnen immer mehr an Bedeutung, seitdem man die sogenannten Wegwerfplättchen verwendet. Diese haben mehrere Schneiden, die entsprechend in den Klemmhalter eingespannt, nacheinander abgenutzt und dann weggeworfen werden. Dieses in den USA übliche Verfahren ist in Deutschland für Hartmetall zwar noch teurer als das Nachschleifen, bei keramischen Körpern jedoch billiger.

Die richtige Höhenlage der einzuspannenden Meißel wird meistens durch Unterlegen von Blechstreifen erreicht. Bei Schnellwechselhaltern sind hierfür Einstellschrauben vorhanden. Außerdem sieht man aus 2 Keilen gebildete Unterlagen, mit denen sich die richtige Höhe durch Verschieben der Keile einstellen läßt.

Das Bohren auf der Drehbank mit einer Bohrstange ist um so schwieriger, je länger die Bohrstange und je kleiner die auszudrehende Bohrung ist. Die Bohrstange stellt einen einseitig eingespannten, durch die Schnittkraft und das Eigengewicht belasteten Balken dar. Berücksichtigt man nur die Einwirkung der Zerspanungskraftkomponente R_1 (Abb. 23), ist die Durchbiegung aus der Formel

$$f = \frac{R_1 \cdot l^3}{3 \cdot 10^4 E J} \quad \text{[mm]} \qquad (67)$$

l = Abstand Meißelspitze — Einspannstelle [mm]

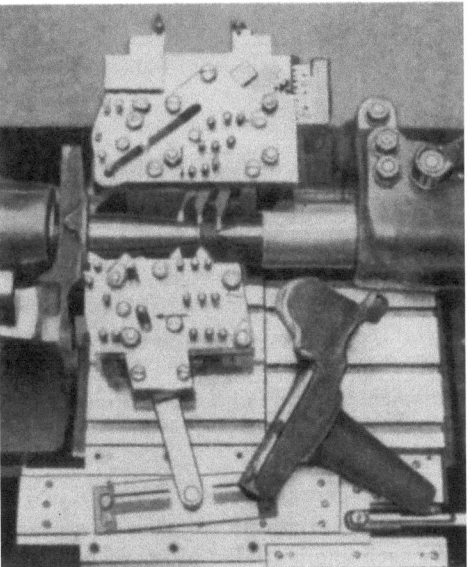

Abb. 215. Sonderwerkzeughalter an einer Vielschnittdrehbank [Heinemann] [9]

zu entnehmen.

Da die Schnittkraft in ihrer Richtung nicht festliegt, empfiehlt sich für die Bohrstange ein kreisförmiger Querschnitt, der sich auch am besten der Bohrung anpaßt.

Es ist dann

$$f = \frac{64\,R_1\,l^3}{3\pi\,d^4\,E} \approx 6{,}8 \cdot \frac{R_1\,l^3}{E\,d^4} \quad [\text{mm}], \tag{68}$$

d. h., eine Bohrstange von 50 mm Durchmesser und 500 mm freier Länge würde sich bei einer Schnittkraft R_1 von 10 kp und $E = 21\,000$ kp/mm² um den Betrag

$$f = \frac{6{,}8 \cdot 10 \cdot 500^3}{21\,000 \cdot 50^4} = 0{,}064 \quad [\text{mm}]$$

durchbiegen.

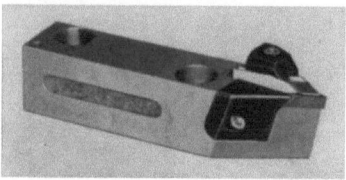

Abb. 216
Klemmhalter für Hartmetall bzw. keramische Schneidplatten

Dieser kurze Hinweis zeigt, wie schwierig es ist, genaue Bohrungen auf diese Weise zu drehen, da wechselnde Schnittkräfte u. U. erhebliche Durchmesserunterschiede nach sich ziehen können. Es ist also sehr wichtig, die Bohrstangen so sicher wie möglich einzuspannen und hierfür größere Einspannquerschnitte als sonst üblich zu wählen. Für viele Maschinen sind daher besondere Bohrstangenhalter lieferbar (Abb. 217).

Es dürfte klar sein, daß die richtige Gestaltung der Werkzeugspanner bei Drehbänken für die Serienfertigung eine sehr wichtige Aufgabe ist.

Abb. 217. Bohrstangenhalter an einem Kopierschieber [IWK-Schaerer]

2.7 Mittel zum Drehen nichtzylindrischer Werkstücke

Wenn auch die Herstellung von zylindrischen und ebenen Flächen (Längs- und Plandrehen), die Hauptaufgabe der Drehbank ist, so verwendet man sie ebenfalls für die Fertigung anderer Flächen und Körper.

Die Herstellungsverfahren von Flächen lassen sich in 2 Gruppen einteilen, die Erzeugungsverfahren und die Nachformverfahren. Wird die Meißelspitze von einem Getriebe entlang einer durch dieses Getriebe festgelegten Kurve geführt, spricht man von „Erzeugungsverfahren". Beispiele hierfür sind das Drehen eines Kegels durch gleichzeitiges Einschalten des Längs- und Planvorschubes oder einer Kugel durch Herumschwenken des Oberschiebers um einen Drehpunkt.

Im Gegensatz dazu stehen die „Nachformverfahren". Hier ist der Weg des Schneidmeißels von einem Bezugsformstück bestimmt. Bezugsformstücke sind Kegel- oder Kurvenlineale, Blechschablonen oder Musterwerkstücke.

2.7.1 Die Erzeugungsverfahren

Die Erzeugungsverfahren spielen in der Dreherei keine sehr große Rolle mehr, da sich die hiermit herstellbaren Flächen oft ebensogut durch die universeller verwendbaren Nachformverfahren gewinnen lassen.

2.7 Mittel zum Drehen nichtzylindrischer Werkstücke

Grundsätzlich sind sie genauer als die Nachformverfahren. Zum Beispiel läßt sich ein Zylinder durch einfaches Parallelverschieben des Schlittens genauer herstellen als durch Kopieren eines Bezugsformstückes (in diesem Fall ein Lineal).

Zu den Erzeugungsverfahren an der Drehbank gehören die Kugel- und Rillendreheinrichtungen. Der den Drehmeißel tragende Support wird von einem Vorschubgetriebe um einen festen Punkt herumgeschwenkt, so daß die Meißelspitze einen Kreisbogen beschreibt. Es lassen sich mit dieser Anordnung Voll- und Hohlkugeln drehen. Halbkreisförmige Rillen, wie sie bei Rohrwalzen erforderlich sind, können mit ähnlichen Einrichtungen bearbeitet werden (Abb. 218 und 219).

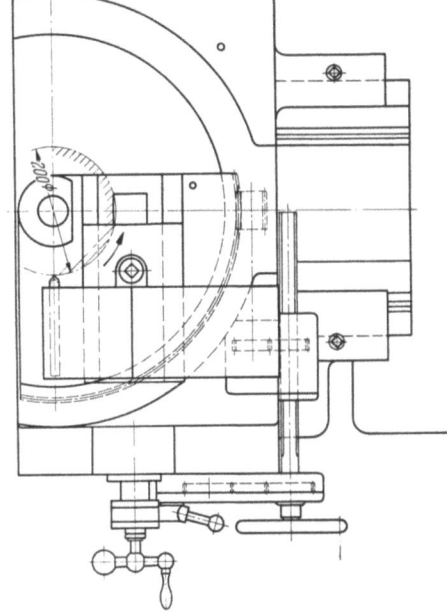

Kugelflächen lassen sich auch mit Nachformeinrichtungen herstellen. Abgesehen davon, daß die Musterkugel Fehler aufweisen könnte, die mitkopiert werden, und die Nachformeinrichtung selbst eine Fehlerquelle ist, gibt es hierbei eine prinzipielle Schwierigkeit. Der Schneidmeißel des Kugeldrehapparates in Abb. 218 schließt mit der an das Werkstück gelegten Tangentialebene im Berührungspunkt stets den gleichen Einstellwinkel $\varkappa$ ein, da er immer zum Kreismittelpunkt hin gerichtet ist. Beim Nachformdrehen verschiebt sich der Meißel aber parallel zu sich selbst, d. h., der Winkel $\varkappa$ und damit die Schnittbedingungen ändern sich dauernd. Außerdem muß der von der Nachformeinrichtung gesteuerte Meißel eine auf- und absteigende Bewegung machen. Er kehrt daher während der Bearbeitung seine Bewegungsrichtung

Abb. 218. Kugeldrehapparat, in den Bettschlitten einer Drehbank eingebaut. Der Oberschieber wird durch eine vom Vorschubgetriebe abgeleitete Bewegung herumgeschwenkt [VDF] [21]

um. Diese Umkehrung bildet sich auf der Kugelfläche als Drehfehler ab, da das Ändern der Bewegungsrichtung nicht zeitlos vor sich geht (Umkehrspanne) (Abb. 220).

Ein anderes Erzeugungsverfahren ist das Drehen von Ovalen mit Hilfe sogenannter Ovalwerke, die man gelegentlich in den Werkstätten findet. Das Werkstück wird von einem Getriebe zwangsläufig so geführt, daß damit bestimmte, durch die Art des betreffenden Getriebes vorgegebene Kurven (Ovale) erzeugt werden (Abb. 221 u. 475).

Wie schon erwähnt, lassen sich auch Kegel nach dem Erzeugungsverfahren fertigen. Bettschlitten und Planschieber werden gleichzeitig angetrieben. Die Meißelspitze bewegt sich dann auf einer zur Drehachse geneigten Geraden, deren Neigung das Verhältnis Planvorschub zu Längsvorschub bestimmt. Von dieser Möglichkeit macht man bei großen Drehbänken Gebrauch. Kleine und mittlere Drehbänke sind nicht dafür eingerichtet, beliebige Übersetzungsverhältnisse zwischen Plan- und Längsvorschub zu bilden. Hierzu wäre ein veränderliches Übersetzungsgetriebe am Bettschlitten erforderlich.

Abb. 219. Rillendrehapparat
Der Meißel ist in die senkrechte Welle eingesetzt, die vom Selbstganggetriebe des Bettschlittens angetrieben wird [IWK-Schaerer]

Ein anderes Erzeugungsverfahren für Kegel ist das Drehen mit dem Obersupport. Man schwenkt den Obersupport in die gewünschte Kegelneigung und verschiebt ihn dann von Hand, oder, wenn vorhanden, durch den Selbstgang, wobei Bettschlitten und Querschieber stillstehen (Abb. 160).

Zu den Erzeugungsverfahren für Kegel gehört schließlich noch das Verschieben des Reitstockes rechtwinklig zur Drehachse. Zu diesem Zweck ist meistens zwischen Ober- und Unterteil des Reitstockes eine Gleitführung vorgesehen. Durch das Verschieben wird die Spitzenlinie schräg gestellt. Mit dieser Methode lassen sich

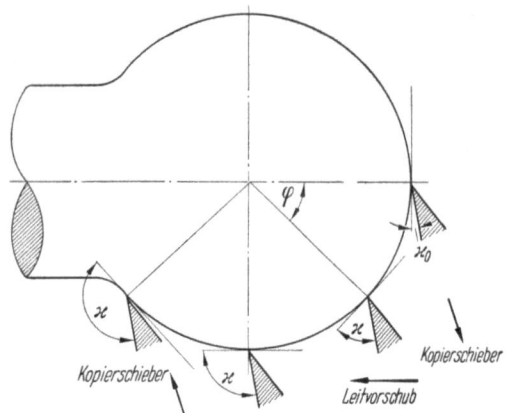

Abb. 220. Nachformen einer Kugel. Abhängigkeit des Einstellwinkels $\varkappa$ von dem Lagewinkel φ. $\varkappa = \varphi + \varkappa_0$

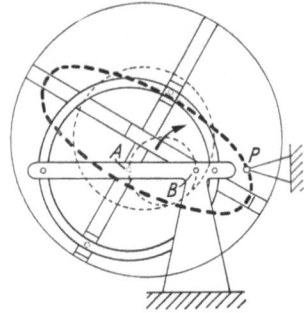

Abb. 221. Ovalwerk von L. da Vinci
Die mit Kreuzführungen versehene Planscheibe dreht sich um B. Die Punkte A, B und P sind festgehalten. [20]

nur Kegel mit kleiner Steigung drehen, da sonst die Reibung an der Körnerspitze zu groß wird (Abb. 222).

Das Gewindeschneiden nimmt eine Mittelstellung ein. Man kann es zu den Erzeugungsverfahren rechnen, da das Gewinde durch die kreisende Bewegung des Werkstückes und der Längsverschiebung des Werkzeuges entsteht. Es läßt sich aber auch als Nachformverfahren betrachten, da das herzustellende Gewinde von einem Mustergewinde (der Leitspindel) abgeformt wird. Die Berechtigung dieser Auffassung wird deutlich bei der Betrachtung der Gewindefehler. Steigungs- und Taumelfehler sind der Drehbankleitspindel zugeordnet. Sie werden auf das Werkstück übertragen, also nachgeformt.

Abb. 222. Drehen eines Kegels durch Reitstockverschiebung. α und β entsprechen der Kegelneigung bei verschieden tiefen Körnerlöchern [9]

2.7.2 Die Nachformverfahren

Die Nachformverfahren haben in den letzten 15 Jahren durch die Entwicklung elektrischer, pneumatischer und hydraulischer Kopiereinrichtungen eine außerordentliche Bedeutung erlangt. Früher kannte man nur mechanische Nachformeinrichtungen, deren Anwendungsbereich begrenzt ist. Der Hauptgrund für die starke Verbreitung nichtmechanischer Nachformeinrichtungen in unseren Tagen ist die universelle Verwendungsmöglichkeit. Man kann ohne zeitraubende Umstellungen nahezu alles nachformen, wobei schon kleinste Stückzahlen, im Mittel etwa 10, bei schwierigen Werkstücken u. U. bereits 2 Werkstücke, genügen, um gegenüber den hergebrachten Drehverfahren Ersparnisse an Drehzeit zu erzielen.

Die Nachformeinrichtungen lassen sich nach verschiedenen Gesichtspunkten gliedern. Betrachtet man die Art und Weise, wie die Gestalt des Musterwerkstückes (Bezugsformstückes) auf das Werkstück übertragen wird, ergibt sich eine zwanglose Einteilung in mechanische, hydraulische, pneumatische und elektrische Einrichtungen, sowie Kombinationen dieser Grundformen.

Ein anderes Einteilungsschema geht von der Art der Kraftübertragung aus. Diese kann unmittelbar sein oder durch Zwischenschalten eines Servomotors vorgenommen werden.

Bei den unmittelbar arbeitenden Einrichtungen wird auf das Bezugsformstück die volle Schnittkraft des Schneidmeißels bzw. bei Hebelübertragung das volle Drehmoment aus Schnittkraft und Hebelarm ausgeübt. Die mittelbar wirkenden Nachformeinrichtungen besitzen hingegen zwischen Bezugsformstück und Werkstück einen Servomotor. Dieser vergrößert

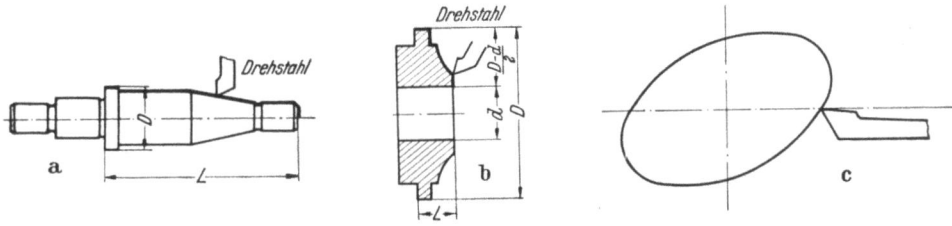

Abb. 223a—c. Die Nachformmethoden [21]

a) und b) Rundnachformen;   a) Längsnachformen (Längskopieren) $L > D$ L = Kopierweg;   b) Quernachformen (Querkopieren) $D > L$ $\dfrac{D-d}{2}$ = Nachformhub (Kopierweg);   c) Unrundnachformdrehen

die am Bezugsformstück angreifenden Abtastkräfte auf die für den Schneidmeißel erforderlichen Werte.

Schließlich wären die Nachformeinrichtungen nach der Gestalt der Werkstücke zu ordnen. Das Nachformen von Werkstücken, die an allen Stellen einen kreisrunden Querschnitt senkrecht zur Drehachse aufweisen, heißt Rundnachformen (Abb. 223a und b). Das Nachformen anderer Querschnitte, bei denen der Schneidmeißel für jede Umdrehung des Werkstückes eine dem Querschnitt entsprechende hin- und hergehende Bewegung macht, während die Mantellinien des Körpers parallel verlaufen, nennt man Unrundnachformen (Abb. 223c). Beide Verfahren können auch miteinander verbunden werden.

Eine der ältesten und bekanntesten unmittelbaren Nachformeinrichtungen ist das Kegel- oder Konuslineal. Es besteht im wesentlichen aus einer Schiene, die auf einer Zwischenplatte

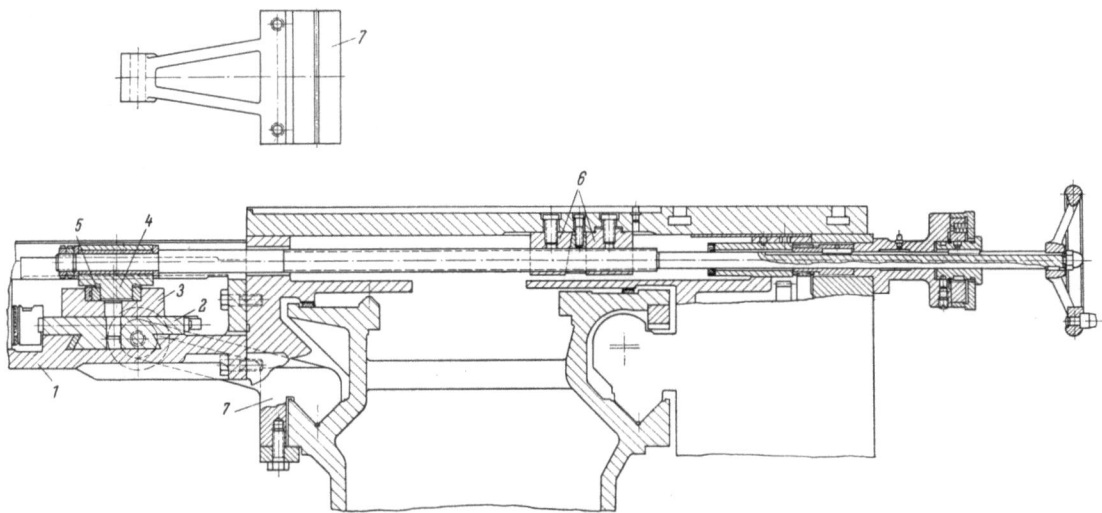

Abb. 224. Schnitt durch den Bettschlitten mit Kegellineal [IWK-Schaerer]

1 Grundplatte, am Schlitten oder Bett befestigt; 2 Zwischenplatte (wenn die Grundplatte am Bett befestigt ist, nicht erforderlich); 3 Kegellineal; 4 Lager der Planspindel; 5 Schieber; 6 Geteilte Planspindelmutter; 7 Klemmvorrichtung für die Zwischenplatte

ruhend in einem bestimmten Bereich schräg gestellt werden kann. Die Zwischenplatte ist ihrerseits in Führungen einer am Bettschlitten oder Bett befestigten Grundplatte gelagert. Auf dem eigentlichen Kegellineal bewegt sich ein Schieber, der mit dem Ende der Planzugspindel verbunden ist. Diese ist als Teleskopspindel ausgebildet. Soll ein Kegel gedreht werden, wird das Kegellineal entsprechend dem gewünschten Kegelwinkel schräg gestellt und die Zwischenplatte mit einer Klemmeinrichtung am Bett festgeklemmt, wenn sie nicht von vornherein fest mit dem Bett verbunden ist. Wird jetzt der Vorschub eingeschaltet, bleibt das Kegellineal stehen, der Schieber gleitet auf diesem und verschiebt dabei den mit der Planzugspindel verbundenen Plansupport. Der Schneidmeißel muß sich damit parallel zum Kegellineal bewegen (Abb. 224 und 225).

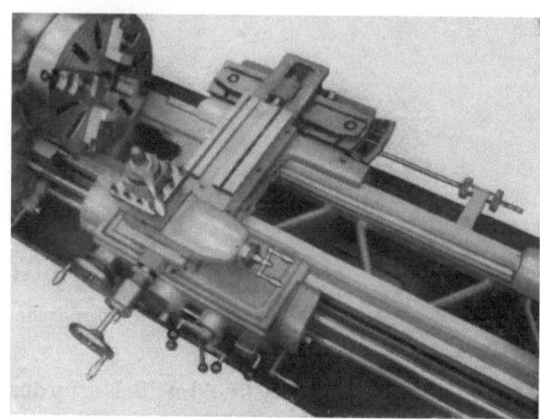

Abb. 225. Blick auf das Kegellineal
Rechts: Zugstange mit Klemmvorrichtung für die Zwischenplatte [IWK-Schaerer] [*21*]

An Stelle des geradlinigen Kegellineals lassen sich auch kurvenförmige Führungsstücke auf die Zwischenplatte aufsetzen. Statt des Schiebers verwendet man dann Leitrollen, die durch Feder- oder Gewichtsdruck gegen das Formlineal gedrückt oder von zwei parallelen Linealen geführt werden (Abb. 226).

Bei diesen Nachform- und Kegellinealen muß die Führungsschiene den vollen Schnittwiderstand, vermehrt um die Reibungskräfte des gesamten Systems, aufnehmen.

Legt man an den Berührungspunkt von Tastrolle und Bezugskurve eine Tangente, so schließt diese mit der Vorschubrichtung, in diesem Fall der Längsachse der Maschine, einen Winkel α ein (Abb. 227). Auf die Tangente wirkt eine Normalkraft P_N, die sich in eine senkrecht gerichtete Teilkraft P_2 und eine parallel zur Vorschubrichtung liegende P_1 zerlegen läßt. P_2 ist die Anstellkraft des Planschiebers. P_1 der Widerstand in Vorschubrichtung, der einen Höchstwert nicht überschreiten darf, um Klemmen zu verhüten. Da $P_1 = P_2 \operatorname{tg}\alpha$, wächst P_1 bei Winkeln über 45° sehr stark an. Im allgemeinen sollen etwa 30° nicht überschritten werden.

Bei Kurven mit größerer Neigung kann die Bezugskurve nicht mehr unmittelbar nachgeformt werden. Man verwendet dann an Stelle einer Kurve in natürlicher Größe und Form eine sogenannte Begleitkurve. Begleitkurven sind u. a. die Konchoide

Abb. 226
Mechanische unmittelbar wirkende Nachformeinrichtung. Der Querschieber wird durch Seilzug mit Gewichtsbelastung gegen das Kurvenlineal gedrückt [Martin]

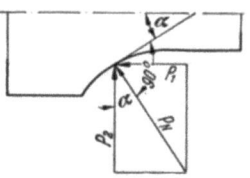

Abb. 227
Kraftwirkungen beim Abfahren eines Kurvenlineals [*21*]
P_N Normalkraft im Berührungspunkt; P_1 Vorschubkraft; P_2 Anstellkraft

und Gegenkonchoide. Zieht man von einem festen Punkt aus Strahlen und trägt auf diesen Strahlen von ihren Schnittpunkten mit der Grundkurve eine konstante Strecke „a" ab, so liegen die Endpunkte dieser Strecke auf einer Konchoide (Abb. 228). Liegt die Grundkurve innerhalb eines durch den Radius a gegebenen Kreises, heißt die Kurve Gegenkonchoide.

Von diesen Zusammenhängen macht die Kopiereinrichtung für Eisenbahnräder Gebrauch (Abb. 229). Wie aus der Abbildung zu erkennen ist, werden die Tastrollen am Bezugsformstück von einer Kurbel bewegt. Die für diesen speziellen Verwendungszweck konstruierte Nachformeinrichtung besteht aus 2 Nachformschiebern, die die Lauffläche und den Spurkranz gleichzeitig bearbeiten (Abb. 230 und 231).

Neben der Verwendung von Begleitkurven kommt in Sonderfällen auch eine lineare oder Winkelstreckung der Bezugskurve in Frage. Ein einfaches Beispiel hierfür sei Abb. 232. Der steile Anstieg am Werkstück läßt sich unmittelbar nicht nachformen, da der Taster wegen des zu großen Winkels α hängenbleiben würde. Man erzielt hier den gewünschten Erfolg dadurch, daß man der Schablone eine geringere abtastbare Neigung gibt, sie aber gegenüber dem Werkstück linear verschiebt, so daß der Hub h von der Schablone in der gleichen Zeit ausgeführt wird, wie er am Werkstück notwendig ist.

So gibt es manche Möglichkeiten, sich zu helfen. Nach Einführung der mittelbaren, hauptsächlich hydraulischen Nachformeinrichtungen haben diese Lösungen jedoch sehr an praktischer Bedeutung verloren.

Anders liegen die Verhältnisse beim Unrundnachformen. Wenn man heute auch prinzipiell alle unrunden für das Verfahren geeignete Werkstücke mit mittelbaren, insbesondere hydraulischen Nachformeinrichtungen drehen kann, so haben die unmittelbar arbeitenden Systeme sich doch in einigen

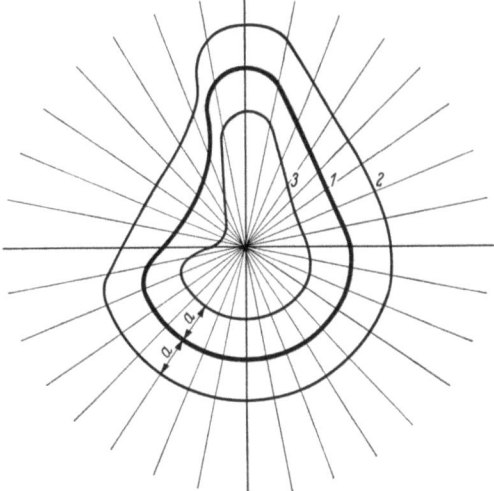

Abb. 228. Konchoide [20]

1 Grundkurve; *2* äußere Konchoide; *3* innere Konchoide

Sonderfällen behauptet. Die unmittelbare Zwangsführung des Supportes durch die Bezugskurve ermöglicht höhere Geschwindigkeiten und größere Formgenauigkeiten als die mittelbar arbeitenden Einrichtungen.

Wichtige Beispiele dieser Gruppe sind das Hinterdrehen, das Nockenwellendrehen und das Blockdrehen.

Hinterdreheinrichtungen verwendet man zum Bearbeiten von Fräsern, Kupplungen und ähnlichen Werkstücken. Der Fräser wird an der Spanfläche geschliffen, die zum Fräsermittelpunkt gerichtet ist (Abb. 233). Damit dabei das Schneidprofil z. B. bei Zahnradfräsern nicht verzerrt wird, muß der Zahnrücken theoretisch nach einer logarithmischen Spirale gekrümmt sein, weil nur bei dieser Kurve der Winkel zwischen Tangente und Radius im Berührungspunkt der Tangente gleichbleibt. Man verwendet in der Praxis jedoch meistens eine archimedische Spirale, da sich diese leichter herstellen läßt und die Abweichung von der logarithmischen Spirale nur gering ist.

Um diese Krümmung zu erzeugen, erhält der Drehmeißel je Fräserzahn eine zusätzliche, zum Fräsermittelpunkt gerichtete Bewegung (Hinterdrehbewegung genannt). Der Meißel schiebt sich also entsprechend den geschilderten Gesetzmäßigkeiten in den Fräserzahn hinein und springt nach Ablauf des Zahnes und Erreichen des Hubes h ruckartig zurück.

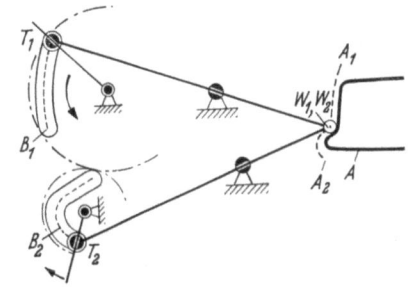

Abb. 229

Nachformdrehen eines Radsatzes nach dem Prinzip der Gegenkonchoide [20]

B_1; B_2 Grundkurven; A_1; A_2 Gegenkonchoiden; $T_1 - W_1$ bzw. $T_2 - W_2$ entsprechen dem Radius a; A Rad; W Werkzeug; T Tastrolle

Die Hinterdrehbewegung wird von Hinterdreheinrichtungen, die an Universaldrehbänken angebracht werden, oder auf besonderen Hinterdrehbänken erzeugt. Diese haben an Stelle des gewöhnlichen Bettschlittens einen Sonderbettschlitten, der das für die radiale Hubbewegung des Supportes notwendige Getriebe enthält. Der Hinterdrehsupport wird im allgemeinen von einer Hubkurvenscheibe bewegt, die im Mittelpunkt des Schlittendrehteiles sitzt. Die nach einer Spirale gekrümmte Hubscheibe schiebt den Hinterdrehschlitten gegen die Drehachse unter Überwindung der Kraft einer Rückholfeder vor (Abb. 234). Die Hubscheibe macht also je Fräserzahn eine Umdrehung. Andere Bewegungsmittel sind Nutenrollen mit Gleitzähnen oder 2 Kupplungshälften mit spitzen Zähnen, die sich unter Federdruck gegeneinander verschieben und jeweils nach Bearbeitung eines Fräserzahnes ineinander zurückspringen.

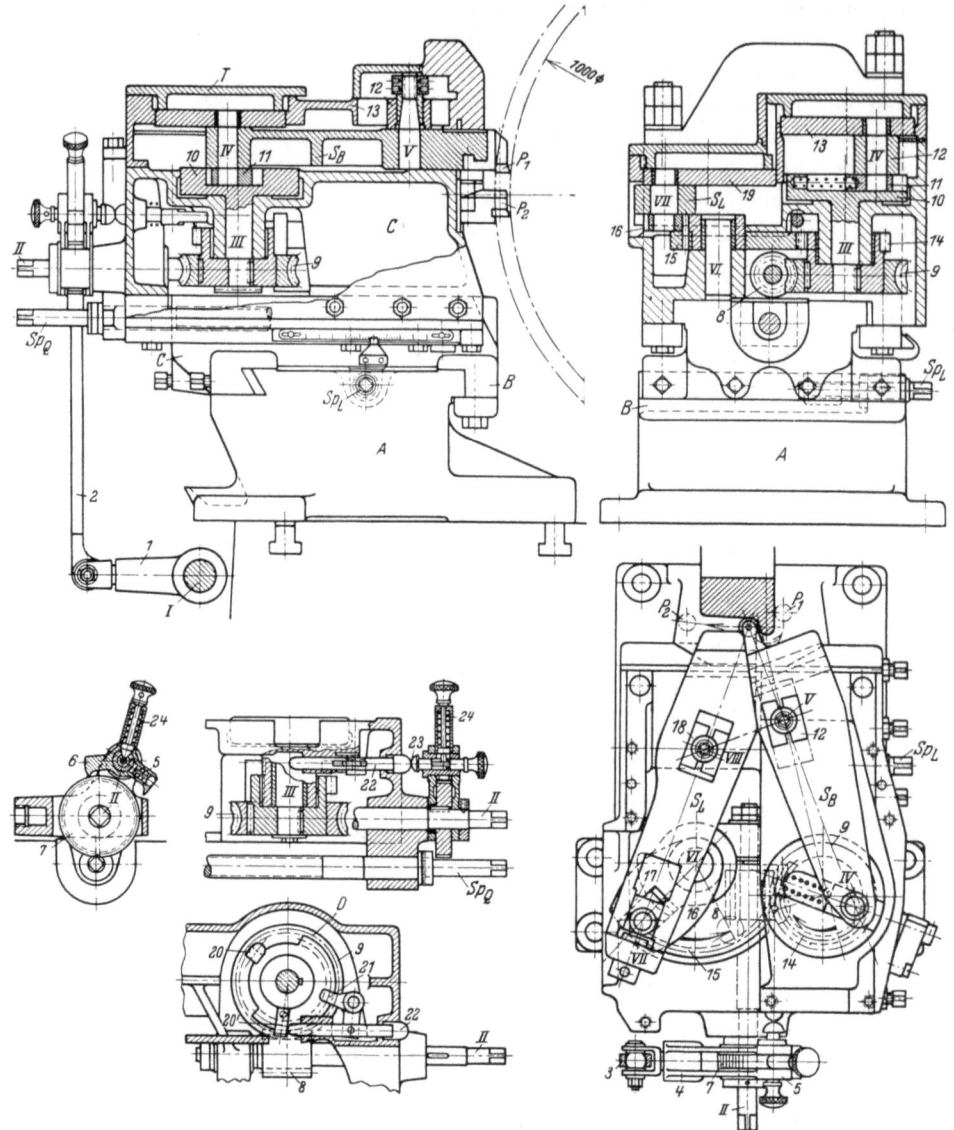

Abb. 230. Konstruktion der in Abb. 229 schematisch dargestellten Einrichtung. [Hegenscheidt] [*21*]

A Untersatz; *B* Zwischenschieber zum Ausrichten, parallel zur Radachse verschiebbar; *C* Oberschieber mit Maßstab für Werkzeugtiefenstellung; *D* Tragscheibe für die Anschläge; *8, 9, 10* Schneckentrieb mit Kurbelscheibe als Schwinghebelantrieb, Bordstahlschwinghebel S_B mit Gleitstein (*11*) für Kurbelscheibe (*10*) unten und Gleitstein (*12*) für Schablonenführung (*13*) im Deckel oben. Der Bordstahl hat Pilzform (P_1) für den Hohlkehlenübergang zwischen Lauffläche und Bord. IV/V-Schwingbolzen fest mit Bordstahlhebel (S_B) verbunden; S_L Laufflächenstahlhalterhebel mit Gleitschein (*16*) unten im Stirnradsegment (*14/15*) und Gleitstein (*17*) oben in der Deckelschablone (*19*); *14* u. *15* Stirnradübertragung vom Bordstahl-Schneckenradantrieb auf Schwinghebel (S_L) für die Lauffläche (*15* ist Zahnradsegment); *13* u. *19* auswechselbare Deckelschablonen; *1* bis *7* Sperrad-Schaltgetriebe für den Vorschub längs der Kurvenumrisse für Lauffläche und Bordrand; *20, 20', 21* bis *24* Ausrückwerk für Bewegung der Schalthebel, sobald Pilzstähle P_1, P_2 in den Endstellungen innen oder außen angekommen sind; Sp_L Gewindespindel zum Einstellen des Oberschlittens in der Längsrichtung; Sp_Q Spindel zur Einstellung des Zwischenschiebers in der Querrichtung auf Tiefe

Die Hubscheibe wird über ein Kegelradgetriebe von der Hinterdrehspindel angetrieben, die entweder in der Bettmitte oder an der Rückseite des Bettes gelagert ist. Da die Hubscheibe im Mittelpunkt des Hinterdrehschlittendrehteiles sitzt, läßt sich dieser in alle Richtungen

2.7 Mittel zum Drehen nichtzylindrischer Werkstücke

schwenken, so daß Hinterdreharbeiten in radialer, axialer und schräger Richtung ausgeführt werden können. Die Abb. 235 bis 237 zeigen einige Bearbeitungsbeispiele.

Beim Hinterdrehen von Fräsern mit schraubigen Nuten (in der Werkstatt meist als „Spiralnuten" bezeichnet)[1], muß die Hubscheibe entsprechend der Nutensteigung vor- oder nacheilen. Diese Zusatzbewegung wird der Hinterdrehspindel über ein Summengetriebe von der Leit- bzw. Zugspindel erteilt. Der Getriebeplan einer Hinterdrehbank (Abb. 238) enthält demnach:

a) Antrieb der Hinterdrehspindel über Wechselräder von der Arbeitsspindel zur Erzeugung der eigentlichen Hinterdrehbewegung mit der Hubkurvenscheibe.

b) Antrieb der Leitspindel über Wechselräder von der Arbeitsspindel zur Erzeugung von Gewinden am Werkstück (z. B. erforderlich bei der Herstellung von Abwälzfräsern, die aus der Getriebeschnecke hervorgegangen sind).

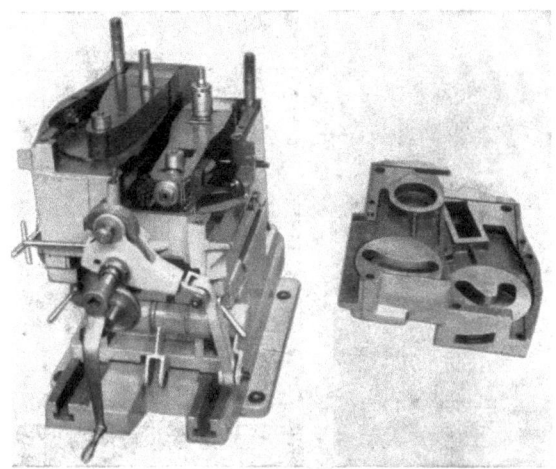

Abb. 231
Nachformeinrichtung für Eisenbahnräder
Blick auf die Schwinghebel [Hegenscheidt] [21]

c) Antrieb der Zugspindel über ein Vorschubgetriebe von der Arbeitsspindel.

d) Zusätzlichen Antrieb der Hinterdrehspindel für die Bearbeitung von schraubig genuteten Fräsern, der von der Leitspindel bzw. Zugspindel über Wechselräder einem Summengetriebe mitgeteilt wird.

Da rechts- und linkssteigende Nuten vorkommen, muß der Zusatzantrieb mit Rechts- und Linksablauf versehen werden. Der Antrieb der Hinterdrehspindel wird von der Arbeitsspindel unmittelbar oder von einer schneller laufenden Welle abgeleitet. Neuere Maschinen haben Schaltgetriebe, so daß die Wechselräder nur bei

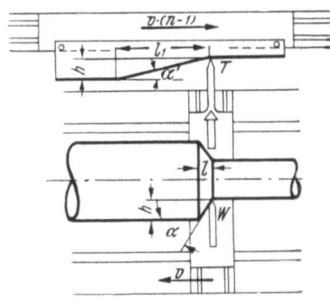

Abb. 232
Winkelstreckung an der Bezugskurve
Die Geschwindigkeit v_T, mit der der Taster T
die Strecke l_1 abfährt, ist $v_T = \frac{l_1}{l} v$, da
$v = \frac{l}{t}$ und $v_T = \frac{l_1}{t}$, $\frac{l_1}{l} = n$ (Streckungsfaktor) [20]

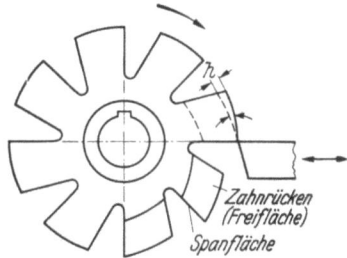

Abb. 233. Hinterdrehen eines Fräsers
h Hub der Hinterdrehbewegung [21]

ungewöhnlichen Gewindesteigungen geändert zu werden brauchen.

An Stelle des Hinterdrehmeißels läßt sich auf dem Oberschlitten auch eine Schleifspindel einspannen, die von einem besonderen, auf dem Bettschlitten angebrachten Schleifmotor angetrieben wird, so daß die hinterdrehten Werkstücke auch hinterschliffen werden können. Ferner versieht man Hinterdrehbänke mit Nachform-

---

[1] Die Bezeichnung „spiralgenuteter" Fräser ist grundsätzlich ebenso falsch, wie die Bezeichnung „Spiralbohrer". In beiden Fällen haben wir „schraubenförmige" Nuten vor uns. Bei den Federn spricht man heute im ähnlichen Falle schon durchweg von Schraubenfedern, um Verwechslungen zu vermeiden mit den Spiralfedern (z. B. Uhrfedern), deren Windungen in einer Ebene liegen, entsprechend den geometrischen Spiralen.

2. Die Baugruppen der Drehmaschine

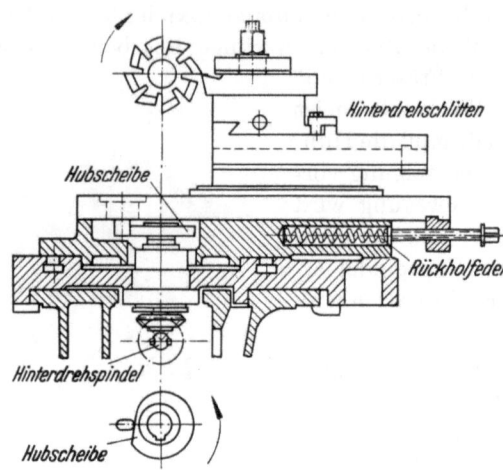

Abb. 234. Schnitt durch den Bettschlitten einer Hinterdrehbank.
Der Hinterdrehschlitten ist um die Hubscheibenmitte drehbar [21]

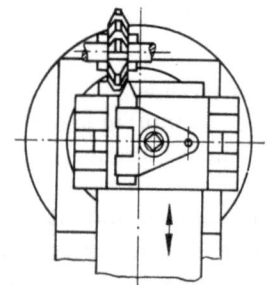

Abb. 235. Radiales Hinterdrehen. Bearbeiten eines Zahnformfräsers [21]

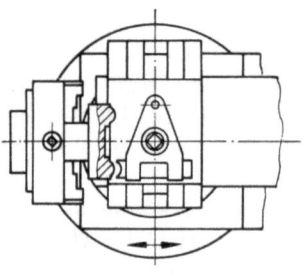

Abb. 236. Axiales Hinterdrehen. Bearbeiten eines Stirnfräsers [21]

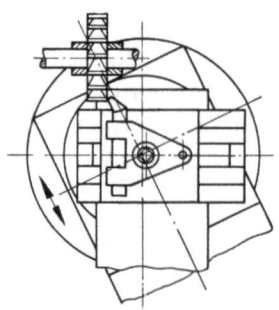

Abb. 237. Schräges Hinterdrehen. Bearbeiten eines Scheibenstirnfräsers [21]

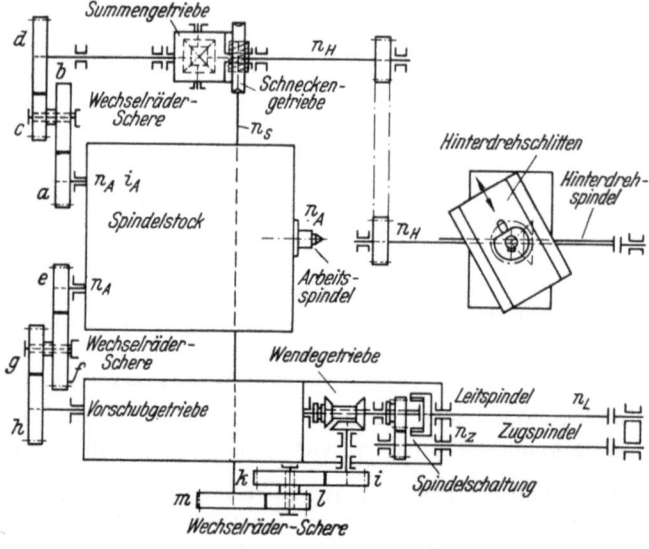

Abb. 238. Getriebeplan einer Hinterdrehbank mit Summengetriebe [21]

2.7 Mittel zum Drehen nichtzylindrischer Werkstücke

einrichtungen, die das Nachformen und Hinterdrehen verwickelter Werkstücke gestatten (s. S. 267ff.).

Zur Berechnung der Maschineneinstellung beim Hinterdrehen werden folgende Bezeichnungen gewählt (Abb. 238 und 239):

- n_A Drehzahl der Arbeitsspindel (min^{-1})
- n_L Drehzahl der Leitspindel (min^{-1})
- n_Z Drehzahl der Zugspindel (min^{-1})
- n_H Drehzahl der Hinterdrehspindel (min^{-1})
- n_S Drehzahl der Schnecke am Summengetriebe (min^{-1})
- h_L Steigung der Leitspindel (mm)
- h_G Steigung des zu schneidenden Gewindes (mm)
- h_S Steigung der Schraubennute am Werkstück (mm)
- z_F Zähne- bzw. Nutenzahl des Werkstückes
- s Vorschub je Umdrehung der Arbeitsspindel (mm/U)
- o Weg des Bettschlittens bei einer Umdrehung der Zugspindel (mm/U)
- p Vorschub bei einer Umdrehung der Hubscheibe (mm/U)
- i_S Übersetzungsverhältnis des Schneckentriebes am Summengetriebe
- i_A Übersetzungsverhältnis zwischen Arbeitsspindel und Räderantrieb der Hinterdrehspindel
- i_V Übersetzungsverhältnis zwischen Arbeitsspindel und Zugspindel
- r Radius des Werkstückes (mm)
- h, h' Größe der Hinterdrehung (mm)
- β Keilwinkel
- e Basis der natürlichen Logarithmen

a, a', φ, φ' aus Abb. 239

a) *Berechnung der Hubscheibe* (Abb. 239): Die Polargleichung der logarithmischen Spirale lautet:

$$r = a e^{m\varphi}, \quad \text{wobei} \quad m = \operatorname{ctg}\beta \quad [\text{mm}]; \tag{69}$$

der arithmetischen Spirale

$$r = a \varphi \quad [\text{mm}]. \tag{70}$$

Ferner ist

$$\varphi' = \frac{2\pi}{z_F}; \quad \varphi < \varphi'.$$

Der Drehmeißel braucht selbstverständlich nicht den Hub h', der der ganzen Zahnteilung entspricht, auszufahren, sondern kann schon nach Erreichen von h zurückspringen. Die Größe der Zahnlücke $\varphi' - \varphi$ hängt von praktischen Erfahrungen ab. Sie soll einerseits so groß sein, daß das Rückspringen des Meißels und das rechtzeitige Wiederansetzen für den nächsten Zahn gesichert ist, andererseits soll die Zahnlücke natürlich klein bleiben, um den Fräser möglichst oft nachschleifen zu können. Nach Abb. 239 ist

$$a = r - h,$$

folglich unter Hinzunahme von Gl. (69):

$$h = r\left(1 - \frac{1}{e^{\operatorname{ctg}\beta\,\varphi}}\right) \quad [\text{mm}], \tag{71}$$

$$h' = r\left(1 - \frac{1}{e^{\operatorname{ctg}\beta\,\varphi'}}\right) \quad [\text{mm}]. \tag{72}$$

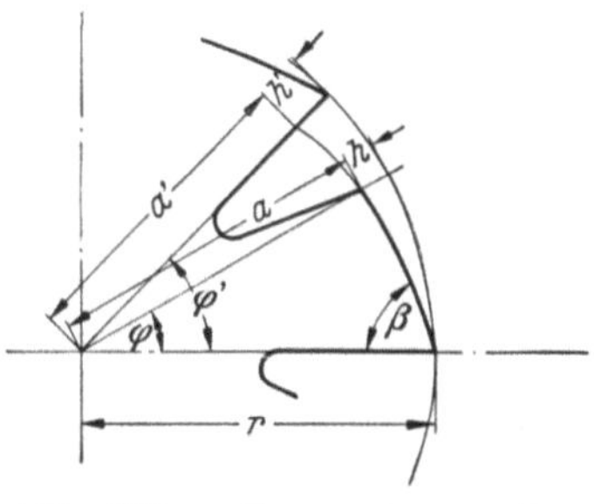

Abb. 239. Abmessungen des Fräserzahnes zur Berechnung der Hubscheibe [*21*]

Der Hub ist also abhängig von dem Radius des Fräsers, dem gewählten Fräser-Keilwinkel β und der Anzahl der Zähne (φ).

b) *Wechselräder für die Leitspindel* (Abb. 238). Diese errechnen sich genauso wie bei der Universaldrehbank

$$n_A h_G = n_L h_L,$$

$$\frac{n_L}{n_A} = \frac{h_G}{h_L} = \frac{z_e}{z_f}\frac{z_g}{z_h}. \tag{73}$$

132   2. Die Baugruppen der Drehmaschine

c) *Wechselräder für die Hinterdrehspindel.* Die Wechselräderübersetzung für die Hinterdrehspindel ergibt sich aus der Forderung, daß diese und damit die Hubscheibe je Umdrehung der Arbeitsspindel so viele Umdrehungen machen muß, wie der Fräser Zähne besitzt.

$$\frac{n_H}{n_A} = \frac{z_F}{1} = \frac{z_a}{z_b}\frac{z_c}{z_d} i_A. \qquad (74)$$

d) *Übersetzung des Vorschubgetriebes.* Der Berechnung des Vorschubgetriebes liegen die gleichen Gedankengänge zugrunde wie der Berechnung des Leitspindelantriebes.

$$n_A s = n_Z o,$$
$$\frac{n_Z}{n_A} = \frac{s}{o}. \qquad (75)$$

e) *Wechselräder für den Antrieb des Summengetriebes.* Beim spiralig (richtiger: schraubig) genuteten Fräser von der Nutensteigung h_S muß die Hubscheibe z_F Hübe mehr oder weniger machen als bei einem Werkstück mit geraden Nuten. Beim Hinterdrehen eines Zahnes, also

$$\pm \frac{z_F p}{h_S}$$

mit $z_F p = h_G$ bei Leitspindelantrieb oder $z_F p = s$ bei Zugspindelantrieb, wird die Anzahl der zusätzlichen Hübe je Zahn

$$\pm \frac{h_G}{h_S} \quad \text{oder} \quad \frac{s}{h_S},$$

für n_H Umdrehungen der Hinterdrehspindel ist also hinzuzufügen:

$$\pm n_H \frac{h_G}{h_S} \quad \text{bzw.} \quad \pm n_H \frac{s}{h_S} = n_S i_S.$$

Da

$$h_G = \frac{n_L h_L}{n_A} = \frac{n_L h_L z_F}{n_H}$$

bzw.

$$s = \frac{n_Z}{n_A} o = \frac{n_Z o z_F}{n_H},$$

wird

$$n_S = \pm \frac{1}{i_S}\frac{n_L h_L z_F}{h_S}$$

bzw.

$$\pm \frac{1}{i_S}\frac{n_Z o z_F}{h_S},$$

$$\frac{n_S}{n_L} = \pm \frac{1}{i_S}\frac{h_L z_F}{h_S}$$

bzw.

$$\frac{n_S}{n_Z} = \pm \frac{1}{i_S}\frac{o z_F}{h_S},$$

$$\frac{h_L z_F}{h_S} = \frac{z_i}{z_k}\frac{z_l}{z_m} i_S = \frac{o z_F}{h_S}, \qquad (76)$$

d. h. also, die an der Wechselräderschere für das Summengetriebe aufzusteckende Übersetzung errechnet sich unter Berücksichtigung von i_s

bei *Leitspindelantrieb* aus dem Produkt von Steigung der Leitspindel mal Zähnezahl des Fräsers, geteilt durch die Steigung der Nuten,

bei *Zugspindelantrieb* aus dem Produkt von Weg des Bettschlittens je Umdrehung der Zugspindel mal Zähnezahl des Fräsers, geteilt durch die Steigung der Nuten.

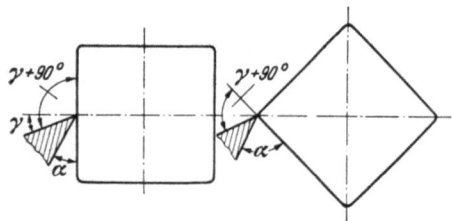

Abb. 240
Änderung des Freiwinkels α und des Spanwinkels γ beim Unrunddrehen [*21*]

Die für das Nachformen von Nockenwellen gebauten Spezialmaschinen sind dadurch gekennzeichnet, daß der Schneidmeißel in einem schwingenden Meißel-

2.7 Mittel zum Drehen nichtzylindrischer Werkstücke

halter sitzt. Beim Drehen von nicht kreisförmigen Profilen ändern sich laufend Freiwinkel und Spanwinkel (Abb. 240). Die wechselnden Schnittbedingungen schränken nicht nur die Schnittgeschwindigkeit ein, sondern sind auch die Ursache einer nicht gleichmäßigen Oberflächengüte. Beim Schwingmeißelhalter wird diese Schwierigkeit weitgehend beseitigt (Abb. 241). Für jeden Nocken ist ein Bezugsformstück für die hin- und hergehende Bewegung des Meißelhalters und eine zweite Kurve für das Schwingen des Meißels anzufertigen. Die Rüstkosten sind daher verhältnismäßig hoch.

Auch die für das Abdrehen von Vierkantblöcken verwendeten Dreheinrichtungen arbeiten mit einem schwingenden Meißelhalter (Abb. 242). Während der Meißelhalter der Nockenwellendrehbänke von einer Feder gegen die Steuerschablonen für die hin- und hergehende Bewegung gedrückt wird, erzeugt man diese beim Vierkantblockdrehen durch eine Getriebeanordnung in Verbindung mit Steuerkurven.

Wie bereits erwähnt, sind die unmittelbar wirkenden Nachformeinrichtungen nur in einigen Sonderfällen von Bedeutung. Dagegen haben sich die mittelbar arbeitenden Systeme so außerordentlich entwickelt, daß kaum noch eine Drehbankfabrik anzutreffen ist, die ihre Maschinen nicht auch mit einer Kopiereinrichtung als Regel- oder Sonderausrüstung ausstattet. Im Sprachgebrauch wird hierbei unter „Kopiereinrichtung" meistens eine hydraulische Nachformeinrichtung verstanden.

Abb. 241. Schwenkkurve und Meisterkurve für die Steuerung des Drehmeißels von Nockenformdrehmaschinen [Loewe] [21]

Die mittelbaren Nachformeinrichtungen bestehen grundsätzlich aus einem Tastgerät und einer den Meißel führenden Servoeinrichtung. Am Bezugsformstück (Blechschablone oder Musterwerkstück) gleitet der Taststift des Tastgerätes entlang. Eine Abweichung der Bezugskurve von der momentanen Bewegungsrichtung der Tasteinrichtung erzeugt eine Verschiebung des Taststiftes zu seiner Ruhestellung, die über Schaltkontakte, Steuerkolben usw. eine entsprechende Bewegungsänderung des Meißelhalters auslöst. Die auf dem Werkzeugschlitten befestigte Tasteinrichtung ist mit dem Schneidmeißel starr verbunden und macht somit seine Bewegungen mit. Der Servomotor wird so lange von dem an der Bezugskurve entlang fahrenden Tastfinger beeinflußt, bis der Finger seine Nullstellung wieder eingenommen, d. h., der mit dem Taster starr verbundene Drehmeißel die von der Schablone vorgeschriebene Lage zum Werkstück erreicht hat. Würde z. B. bei größerer Werkstoffzugabe und damit größerer Schnittkraft der Meißel stärker abgedrängt, so wird ihn der Taster sofort um das abgedrängte Maß anzustellen versuchen und umgekehrt.

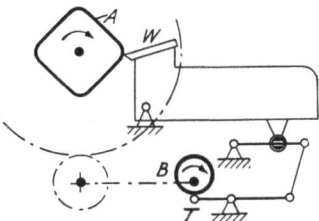

Abb. 242
Schema der Dreheinrichtung für Vierkantblöcke [20]

A Werkstück; *W* Meißel; *B* Bezugsformstück; *T* Tastrolle

Es kommt darauf an, die Relativbewegung des Fühlfingers gegenüber dem Tastgerät so früh wie möglich wirksam werden zu lassen, d. h. eine hohe Ansprechempfindlichkeit zu erhalten. Die Nachformeinrichtung ist also ein Regelkreis, der die Schneidmeißelspitze auf einer zur Bezugskurve parallelen Bahn einregeln soll.

Um Richtungsänderungen an der Bezugskurve zu registrieren, kommen grundsätzlich alle physikalischen Verfahren in Betracht, mit denen eine Wegänderung feinfühlig gemessen und zur Steuerung einer mit Kraftaufwand verbundenen Bewegung verwendet werden kann. Hierzu gehören: optische, akustische, pneumatische, hydraulische und elektrische Verfahren.

Die Empfindlichkeit des Tasters ist um so größer, je geringer die für den Fühlstift erforderlichen Verstellkräfte sind und je kleiner der vom Fühlstift zurückzulegende Weg ist, bis der Servomotor anspricht und der Schneidmeißel die befohlene Richtungsänderung aufnimmt.

134　　2. Die Baugruppen der Drehmaschine

In Hinblick auf den rauhen Betrieb in der Werkstatt sind jedoch nicht alle bekannten physikalische Verfahren für eine Nachformeinrichtung zweckmäßig.

Die Nachformeinrichtung besteht also aus 2 Teilen, dem Tastgerät und dem Servomotor, der den Schneidmeißel verstellt und hält.

Es haben sich aus den zahlreichen theoretisch in Frage kommenden Systemen die folgenden praktisch durchgesetzt:

A. Tasteinrichtung

1. elektrisch mit Kontakten (unmittelbar oder mit Verstärkung der Schaltströme),
2. hydraulisch,
3. pneumatisch.

B. Meißelbewegung

1. mechanisch über Verstellspindeln
   a) Antrieb der Verstellspindeln vom Drehbankgetriebe über Kupplungen (elektrische oder hydraulische),
   b) Antrieb durch besondere Elektromotoren,
   c) Antrieb durch besondere Hydraulikmotoren.
2. hydraulisch durch Zylinder und Kolben.

Wie noch gezeigt werden wird, benutzt man auch Kombinationen dieser Grundformen.

Eine beliebige Meißelbewegung läßt sich geometrisch aus 2 Teilbewegungen zusammensetzen. Hieraus ergibt sich ein weiteres Ordnungsprinzip:

1. Die Nachformbewegung entsteht dadurch, daß eine konstante, von dem Kopiersystem unabhängige Vorschubbewegung (Längs- oder Plan-), der sog. Leitvorschub, mit der vom Taster gesteuerten Nachformbewegung geometrisch addiert wird (Abb. 243).

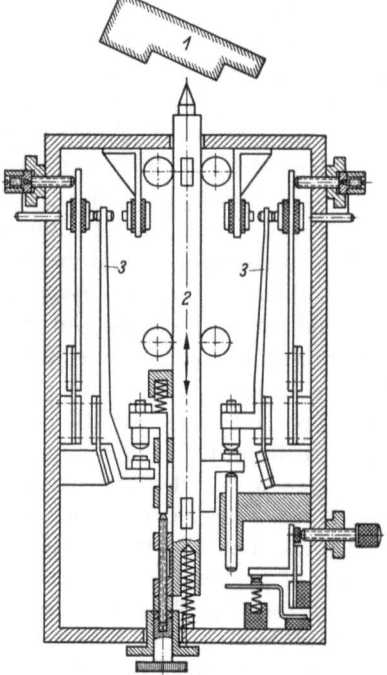

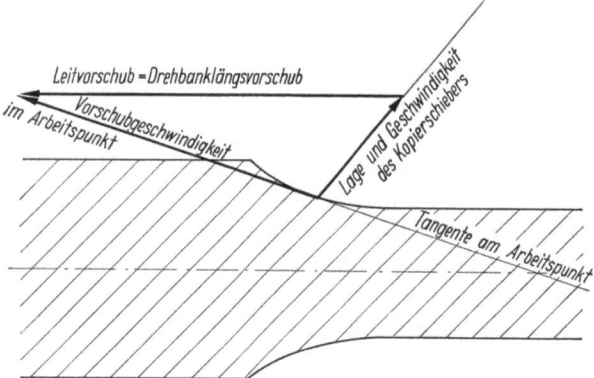

Abb. 243. Zusammenwirken von konstantem Leitvorschub und gesteuertem Kopierhub

Abb. 244. Tasteinrichtung mit elektrischen Kontakten [VDF]
1 Bezugsformstück; *2* Tastfinger (Fühlfinger); *3* Kontaktfedern

Hierbei liegt die Nachformbewegung meistens schräg zum Leitvorschub. Es kommt aber auch die rechtwinklige Lage vor.

2. Die Nachformbewegung entsteht dadurch, daß 2 Bewegungsrichtungen von der Tasteinrichtung gesteuert werden.

A. Paarung konstanter Leitvorschub — gesteuerter Nachformhub

1. Nachformhub senkrecht zum Leitvorschub.
2. Nachformhub schräg zum Leitvorschub.

B. Paarung Nachformhub — Nachformhub
Bewegungsrichtung rechtwinklig zueinander.

Die elektrischen Taster lösen die Bewegung des Schneidmeißels dadurch aus, daß der Fühlfinger bei Richtungsänderung der Bezugskurve einen Kontakt öffnet oder schließt (Abb. 244). Er muß sich dabei um ein bestimmtes Maß bewegen, bis der Schaltimpuls erfolgt. Die herzustellende Kurve setzt sich also aus kleinen Abschnitten zusammen, die den Schaltimpulsen entsprechen (Abb. 245). Da nur ein konstanter Längs- bzw. Planvorschub ein- und ausgeschaltet werden kann, gibt es für den Meißel nur Bewegungsrichtungen: Längs oder Plan und die geometrische Summe Längs + Plan.

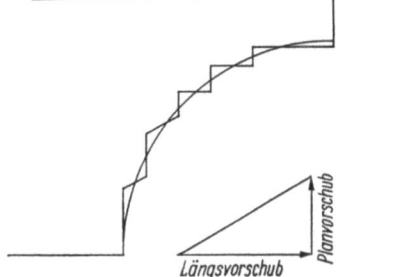

Abb. 245. Prinzipieller Weg eines durch Ein-Aus-Schaltungen geführten Meißels (Treppenkopieren)
Natürlich sind die Stufen so klein, daß sie im allgemeinen innerhalb der üblichen Nachformgenauigkeiten liegen

Bei den hydraulischen und pneumatischen Regelungen werden die Ein- und Austrittsquerschnitte allmählich geöffnet oder geschlossen, der Krümmung der Bezugskurve entsprechend. Es kann sich somit bei einer stetigen Bezugskurve ein Gleichgewichtszustand herausbilden.

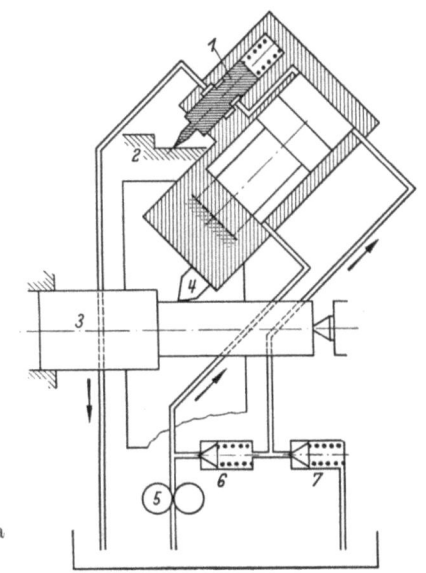

a

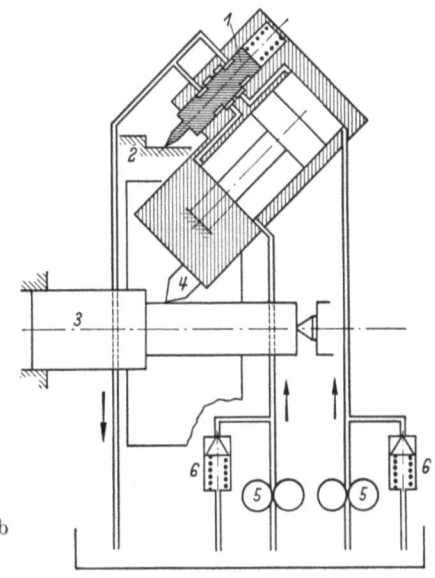

b

Abb. 246a—c. Beispiel für hydraulische Steuerungssysteme [25]
a) Einkantensteuerung. Es wird nur der Abfluß aus einer Zylinderseite gesteuert; b) Zweikantensteuerung. Es wird der Abfluß aus beiden Zylinderseiten gesteuert; c) Vierkantensteuerung (Bontempi). Es wird der Zufluß und Abfluß auf beiden Zylinderseiten gesteuert

1 Tastfinger mit Steuerkolben; *2* Bezugsformstück; *3* Werkstück; *4* Drehmeißel; *5* Pumpe; *6* Spannventil; *7* Sicherheitsventil

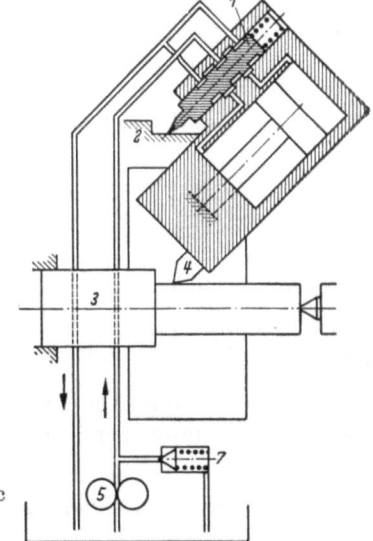

c

Die elektrische Regelung arbeitet also mit zwei, die hydraulische (und pneumatische) mit unendlich vielen Schaltstellungen. Zwischen beiden Prinzipien gibt es Übergänge. So wirkt z. B. eine hydraulische Steuerung solange wie eine elektrische, als der Steuerschieber bzw. das Steuerventil zwischen Öffnen und Schließen hin- und herpendelt. Sie arbeitet stetig, wenn entsprechend der Krümmung der Bezugskurve die Zu- und Ablaufquerschnitte mehr oder weniger weit geöffnet werden.

Man unterscheidet bei den hydraulischen Steuerungen für Nachformeinrichtungen 3 Grundformen:

1. die Einkantensteuerung,
2. die Zweikantensteuerung,
3. die Vierkantensteuerung[1].

Ein Beispiel für diese 3 Steuertypen zeigt Abb. 246a—c.

Bei der Einkantensteuerung (Abb. 246a) fließt das Drucköl von der Pumpe in beide Zylinderräume. Der mit dem Fühler verbundene Steuerschieber steuert nur den Abfluß des Öles aus einem Zylinderraum. Neben der im Bild gezeigten Form findet man auch Ausführungen mit durchbohrtem Kolben. Diese Bohrung übernimmt dann die Aufgabe des Drosselventils (Spannventils).

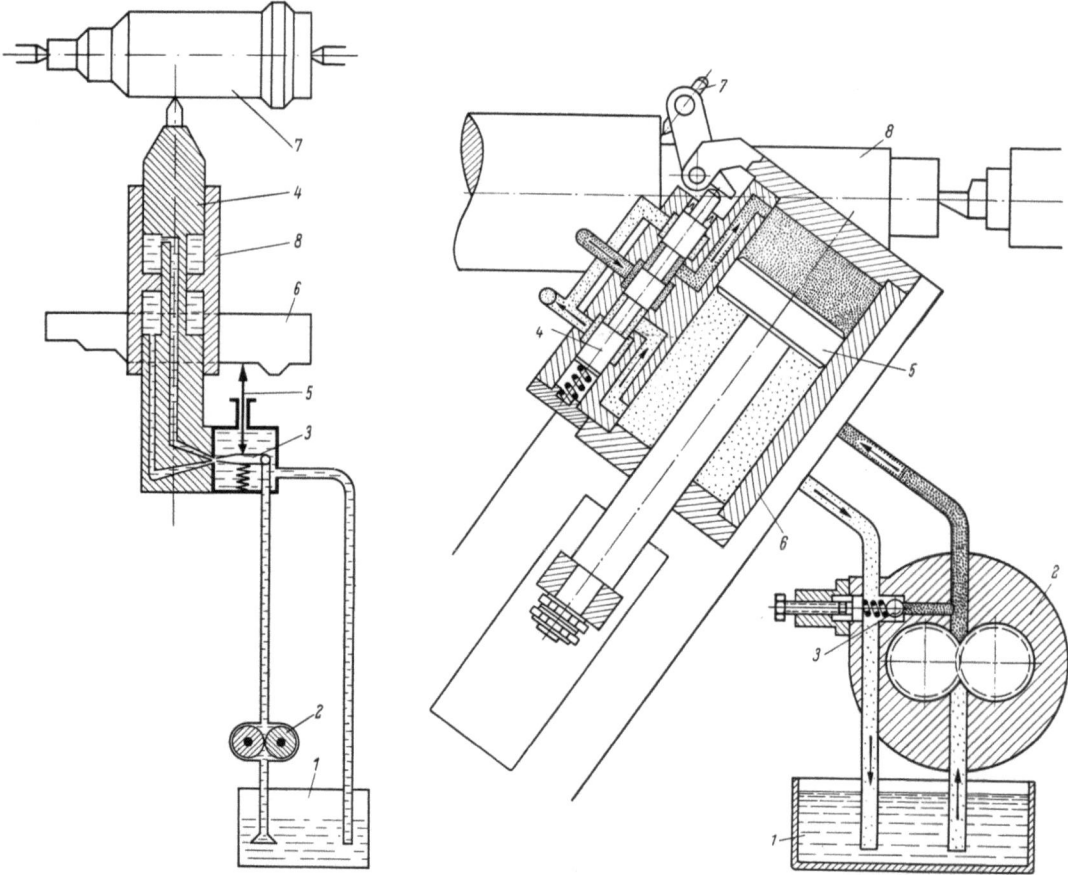

Abb. 247
Strahlrohrsteuerung [Stuhlmann]
1 Ölbehälter; *2* Pumpe; *3* Strahlrohr; *4* Arbeitskolben mit Meißelhalter; *5* Tastfinger; *6* Bezugsformstück; *7* Werkstück; *8* Zylinder

Abb. 248. Schräg liegende hydraulische Nachformeinrichtung in Verbindung mit einem konstanten Leitvorschub [IWK-Schaerer]
1 Ölbehälter; *2* Pumpe; *3* Druckregelventil; *4* Steuerschieber; *5* Kolben; *6* Zylinder; *7* Tastfinger; *8* Bezugsformstück

Die Zweikantensteuerung (Abb. 246b) steuert ebenfalls nur den Abfluß des Öles aus den Zylinderräumen. Im Gegensatz zur Einkantensteuerung jedoch den Abfluß aus *beiden* Zylinderräumen.

---

[1] Näheres zur Theorie der Nachformeinrichtungen für Drehmaschinen siehe [27].

2.7 Mittel zum Drehen nichtzylindrischer Werkstücke

Im Gegensatz zu den vorgenannten, bei denen das Öl durch die Zylinderräume hindurchfließt, steht die Vierkantensteuerung (Abb. 246c) (Bontempi). Hier fließt das Öl durch die gleichen Leitungen in die Zylinderräume hinein und heraus. Es wird somit auch der Öleintritt gesteuert.

Neben diesen durch Steuerschieber gekennzeichneten hydraulischen Regelungen gibt es noch die Steuerungen mit Hilfe eines Strahlrohres (Abb. 247). Durch ein um einen Endpunkt drehbares Rohr, das von dem Fühler geschwenkt wird, strömt das Drucköl. Der aus dem Rohr austretende Ölstrom trifft auf zwei durch eine Schneide getrennte Bohrungen, die mit den Zylinderräumen verbunden sind. Je nach Lage des Strahlrohres wird die eine oder die andere Bohrung stärker beaufschlagt.

Als typische Vertreter ihrer Gattung seien einige Bauformen dargestellt, um das Grundsätzliche zu zeigen.

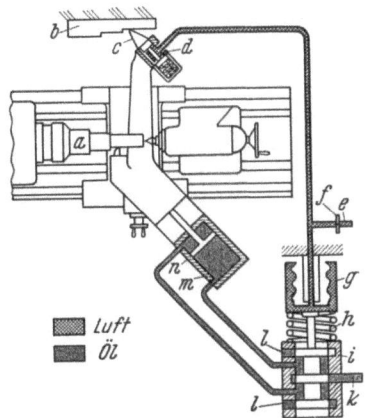

Abb. 249
Hydraulisch-pneumatische Nachformeinrichtung [Monarch] [*21*]

a Werkstück; *b* Bezugsformstück; *c* Tastfinger; *d* Luftsteuerventil; *e* Lufteintritt; *f* Blende; *g* Faltenmembran; *h* Feder; *i* Ölsteuerschieber; *k* Drucköleintritt; *l* Ölablauf; *m* Arbeitszylinder; *n* Arbeitskolben

Sehr feinfühliges Tastsystem, da die Bewegungen des Luftsteuerventils durch den Ölsteuerschieber verstärkt werden

A. *Paarung konstanter Leitvorschub — gesteuerter Nachformhub*
1. Taster hydraulisch — Meißelbewegung hydraulisch (Abb. 248),
2. Taster pneumatisch — Meißelbewegung hydraulisch (Abb. 249).

(Leitvorschub durch Zugspindel über Spindel und Hydraulikmotor oder Hydraulikzylinder und Kolben).

B. *Paarung Nachformhub — Nachformhub*
1. Taster elektrisch — Meißelbewegung hydraulisch unmittelbar mit Hydraulikzylinder (Abb. 133) oder mit Spindeln und Hydraulikmotor (Abb. 134),
2. Taster elektrisch — Meißelbewegung mechanisch über Verstellspindeln und Kupplungen (Abb. 251),
3. Taster elektrisch — Meißelbewegung mechanisch über Verstellspindeln und Elektromotoren (Abb. 250).

Die Hauptzeit kann von der Maschine her dann nicht mehr weiter verringert werden, wenn die gewünschten Werte für Schnittgeschwindigkeit, Vorschub und Spantiefe genau einstellbar sind. Das Interesse konzentriert sich daher auf die Verringerung der Nebenzeiten und Rüstzeiten. Die große Entwicklung der mittelbaren Nachformeinrichtungen im Laufe weniger Jahre dürfte darin begründet sein, daß mit ihnen Nebenzeiten und Rüstzeiten gespart werden. Umstellen des Schneidmeißels auf andere Durchmesser, genaues Einhalten der Längenabschnitte, Umstellen der Maschine auf Kegel usw., aber auch das Messen fällt weitgehend fort. Nach einmaligem Einrichten und Messen des 1. Durchmessers läuft der gesamte Drehprozeß selbsttätig und fehlerlos ab (natürlich im Rahmen der bei einer Kopiereinrichtung möglichen Toleranzen). Es wird dabei nicht nur Nebenzeit gespart, sondern auch der Ausschuß verringert. Manche Rüstzeiten entfallen beim Nachformdrehen. Andere treten neu hinzu durch das Anfertigen von Blechschablonen (wenn ein fertiges Werkstück als Bezugsform-

Abb. 250
Antrieb von Leit- und Zugspindel durch Motoren, die vom Taster gesteuert werden [Monarch] [*21*]

stück nicht in Frage kommt) und das Einrichten der Nachformeinrichtung nach dem Bezugsformstück.

Wie die praktische Erfahrung gezeigt hat, sind die Einsparungen an Boden zu Bodenzeit in den meisten Fällen wesentlich größer als die Mehraufwendungen durch die zusätzliche Rüstzeit. Um die Bearbeitungszeiten noch weiter zu senken, wurden eine Reihe von zusätzlichen Einrichtungen entwickelt. Hiervon seien erwähnt die Mehrfachschablonenhalter (Abb. 252), Doppelmeißelhalter (Abb. 253) und Schwenkmeißelhalter.

Abb. 251. Nachformeinrichtung, deren Tastimpulse an elektromagnetische Kupplungen weitergegeben werden, die den Längs- und Planzug einschalten. Die Kupplungen sitzen im Bettschlitten [Heid] [21]

Die Nachformeinrichtungen findet man in drei verschiedenen Anwendungsstufen:

1. Die Nachformeinrichtung wird an eine gewöhnliche Drehbank angebaut, wie man auch andere Geräte auf die Drehbank aufsetzt (Abb. 254).
2. Die Nachformeinrichtung ist in die Drehbank so eingebaut, daß die gewöhnlichen Funktionen dieser Maschine durch die Nachformeinrichtung nicht oder nicht wesentlich beeinträchtigt werden (Abb. 255).
3. Die Nachformeinrichtung bildet einen entscheidenden Bestandteil der Drehmaschine, die vorwiegend für Nachformarbeiten gedacht und nicht mehr für alle auf einer Universaldrehbank möglichen Arbeiten geeignet (Abb. 256) ist.

Den konstanten Maschinenvorschub bezeichnet man, wie schon erwähnt wurde, als den Leitvorschub. Ist das Werkstück länger als sein Durchmesser, wird der Längsvorschub als Leit-

Abb. 252. Mehrfachschablonenträger an einer Nachformdrehbank [VDF]
Nach beendetem Schnitt wird die nächste Schablone in Taststellung geschwenkt

vorschub verwendet, — man spricht dann vom Längskopieren oder Längsnachformen. — Benutzt man bei Werkstücken mit großen Durchmessern und im Verhältnis dazu geringer Längsausdehnung den Quer- oder Planvorschub als Leitvorschub, heißt das Drehverfahren Querkopieren oder Quernachformen (Abb. 223).

2.7 Mittel zum Drehen nichtzylindrischer Werkstücke

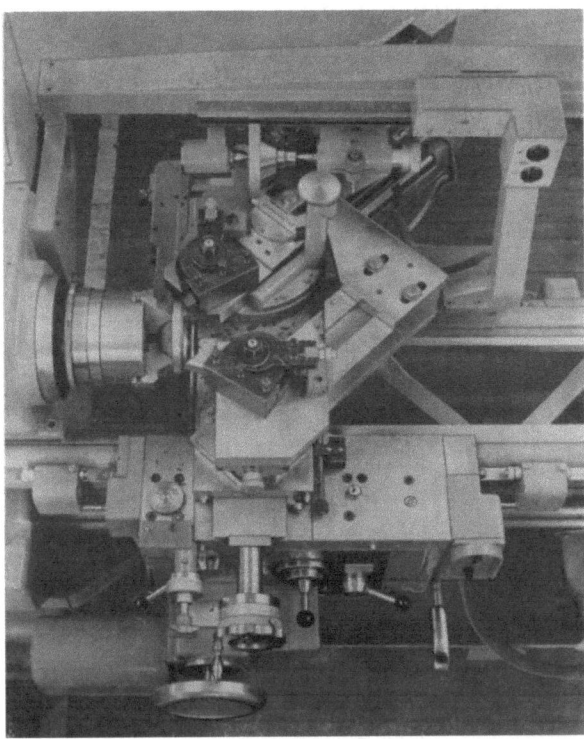

Abb. 253. Kopierschieber mit 2 Meißelhaltern [Loewe]

Abb. 254. Hydraulische Nachformeinrichtung, die unabhängig von der Drehbank an beliebige Modelle angebaut werden kann. Es ist nur der Kopierschieber mit 4 Schrauben auf dem Bettschlitten zu befestigen. Öltank mit Pumpe und Hilfsbett zur Aufnahme der Bezugsformstücke stehen getrennt von der Maschine [IWK-Schaerer]

Die Geschwindigkeit an der Umrißlinie des Werkstückes, also die wirkliche Vorschubgeschwindigkeit des Schneidmeißels, sei u [mm/min], der Vorschub selbst $s_u = u/n$ [mm pro Umdrehung des Werkstückes] (Abb. 257). Ferner sei v die Geschwindigkeit des Nachformschlittens [mm/min], s der Leitvorschub [mm/U] und c die Leitvorschubgeschwindigkeit [mm/min], so daß $s = c/n$ [mm/U]. α ist der Winkel zwischen Drehbanklängsachse und der Umrißlinie des Werk-

Abb. 255. Drehbank mit eingebauter Nachformeinrichtung. Modell Unicop [VDF]
Kopierbewegung durch Zylinder und Kolben für Längs- und Querrichtung. Stufenlose Einstellung der Längs- und Planvorschübe

stückes, β der Winkel zwischen der Senkrechten zur Drehbankachse und der Lage des Kopierschiebers. Es gilt dann

$$\frac{v}{u} = \frac{\sin\alpha}{\cos\beta}, \qquad v = u\frac{\sin\alpha}{\cos\beta},$$

$$\frac{u}{c} = \frac{\sin(90-\beta)}{\sin(90-\alpha+\beta)} = \frac{\cos\beta}{\cos(\alpha-\beta)},$$

$$u = \frac{c}{\cos\alpha + \sin\alpha\,\mathrm{tg}\,\beta},$$

$$u = n\,s_u = \frac{n\,s}{\cos\alpha + \sin\alpha\,\mathrm{tg}\,\beta},$$

$$s_u = \frac{s}{\cos\alpha + \sin\alpha\,\mathrm{tg}\,\beta} \quad [\mathrm{mm/U}], \tag{77}$$

$$v = \frac{\sin\alpha}{\cos\beta}\frac{c}{\cos\alpha + \sin\alpha\,\mathrm{tg}\,\beta} = \frac{c}{\cos\beta\,\mathrm{ctg}\,\alpha + \sin\beta} \quad [\mathrm{mm/min}]. \tag{78}$$

Die Geschwindigkeit v des Nachformschlittens Gl. 78 ist abhängig von c und den Winkeln α und β. Da c und β konstant sind, ist also

$$v = f(\alpha).$$

Die Funktion verläuft aufsteigend, mit dem Wert Null für $\alpha = 0°$ beginnend. Für $\alpha = 90°$, (senkrechte Schulter), wird

$$v = \frac{c}{\sin\beta} \quad \text{und} \quad u = c\,\mathrm{ctg}\,\beta.$$

Nun ist für v durch die Konstruktion des Nachformschiebers, den Öldruck usw. eine Höchstgeschwindigkeit v_{max} gegeben, auf die beim Drehen Rücksicht zu nehmen ist. Der Dreher muß also den Leitvorschub entsprechend dem Maximalwert für v und den nachzuformenden Winkeln einstellen.

$$c = v_{max}(\cos\beta\,\mathrm{ctg}\,\alpha + \sin\beta) \quad [\mathrm{mm/U}]. \tag{79}$$

Der Längsvorschub c darf die durch Gl. (79) gegebenen Werte nicht überschreiten.

Der Vorschub s_u am Umriß des Werkstückes ist bei einem an der Drehbank eingestellten festen Wert s, wie Gl. (77) zeigt, nur von dem Winkel α abhängig, da β konstant ist. Von dem Wert $s_u = s$ für $\alpha = 0°$ erreicht s_u über $s_u = s/\mathrm{tg}\,\beta$ an der Stelle $\alpha = 90°$ den Wert $s_u = \infty$ für $\alpha = 90 + \beta$.

2.7 Mittel zum Drehen nichtzylindrischer Werkstücke 141

Beim Drehen von Umrißlinien mit größeren Werten als $\alpha = 90°$ steigt der Vorschub steil an. Hierauf muß durch eine entsprechende Wahl des Längsvorschubs Rücksicht genommen werden.

Die Zusammenhänge werden deutlich durch Aufzeichnen der Geschwindigkeitsdreiecke und der Funktionen

$$c = f(\alpha) \quad \text{für} \quad v = v_{\max} \quad \text{(Abb. 258)},$$

$$s_u = f(\alpha) \quad \text{für} \quad s = \text{const} \quad \text{(Abb. 259)},$$

$$v = f(\alpha) \quad \text{für} \quad s' = \text{const} \quad \text{(Abb. 260)}.$$

Abb. 256. Speziell für das Kopierdrehen entwickelte Drehmaschine mit in seiner Schräglage unveränderlichem festeingebautem Kopierschieber (Näheres s. Abschnitt 3.1.2.3). Konstanter Längs- (Leit)- Vorschub durch eine Gewindespindel, die von einem in seiner Drehzahl steuerbarem Ölmotor bzw. von einem PIV-Getriebe angetrieben wird. Daher stufenlose Einstellung des Leitvorschubs möglich [IWK-Schaerer]

Da $v_{\max}$ eine in jedem Fall feststehende, nicht überschreitbare Grenze darstellt, interessiert in der Werkstatt eigentlich nur die Frage nach dem zulässigen größten Längsvorschub bei gegebenen α und β, also die Auflösung der Gl. (79).

Bei Nachformeinrichtungen mit zwei vom Taster geregelten, aufeinander senkrecht stehenden Nachformbewegungen (Nachformhub — Nachformhub) sind die Geschwindigkeiten v konstant. Das Nachformen der Bezugskurve kommt dann dadurch zustande, daß entweder die Längs- oder Planbewegung allein oder beide zusammen durch den Taster eingeschaltet werden. Es entsteht also ein Linienzug aus dem Geschwindigkeitselement v_l (parallel zur Drehachse), v_p (senkrecht zur Drehachse) und $v_z = \sqrt{v_l^2 + v_p^2}$ unter dem Winkel $\operatorname{tg}\delta = \dfrac{v_p}{v_l}$ (Abb. 261). Ist der

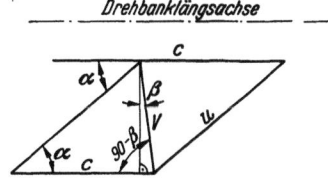

Abb. 257. Zusammenhang zwischen Leitvorschub, Vorschub am Werkstück und Geschwindigkeit des Kopierschiebers [21]

Neigungswinkel α der Kurve kleiner als δ, wird v_l dauernd, v_p nur zeitweise eingeschaltet. Ist er größer, tritt der umgekehrte Fall ein. Im Grenzfall $\delta = \alpha$ arbeiten beide dauernd. Die Geschwindigkeit an der Umrißlinie ist daher

$$s_u = \frac{v_l}{\cos\alpha} \quad \text{[mm/min]} \quad \text{für} \quad \alpha < \delta \tag{80}$$

bzw.
$$\frac{v_p}{\sin \alpha} \quad [\text{mm/min}] \quad \text{für} \quad \alpha > \delta. \tag{81}$$

Es ist nicht berücksichtigt, daß die Geschwindigkeiten v, v_z, v_l und v_p nicht sofort in voller Größe zur Verfügung stehen, sondern erst auf ihren Sollwert beschleunigt werden müssen. Auch

Abb. 258. Leitvorschubgeschwindigkeit c als Funktion von α bei konstantem $v_{\max}$ und β [21]

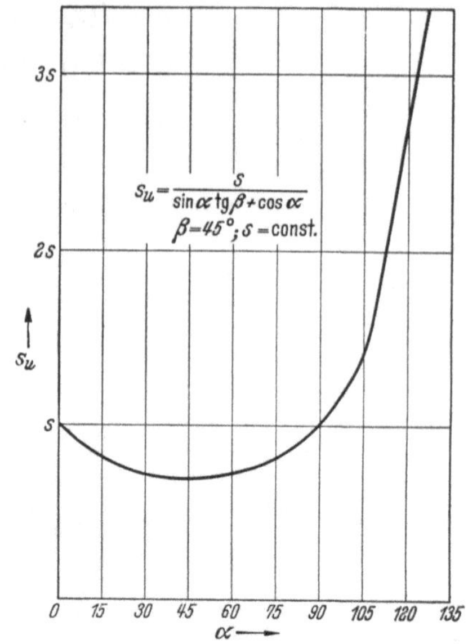

Abb. 259. Vorschub am Werkstück s_u als Funktion von α bei konstantem s und β [21]

die Fehlerquellen des ganzen Systems, wie Reibungen, Spaltverluste, Lichtbogen an Kontakten, Spiel in den Gelenken, Durchbiegungen, Atmen der Leitungen, Kompressibilität des Öles usw., sind vernachlässigt. Die Gln. (77 bis 81) sollen nur den prinzipiellen Unterschied der Systeme Leitvorschub — Nachformhub und Nachformhub — Nachformhub herausstellen.

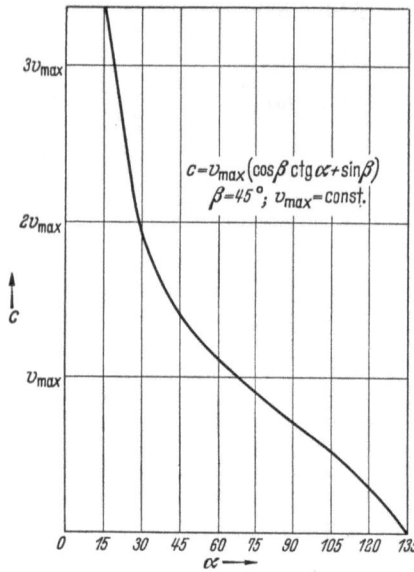

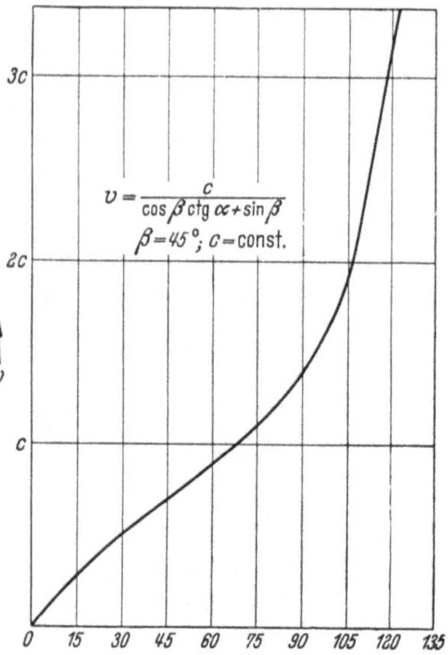

Abb. 260
Kopierschiebergeschwindigkeit v als Funktion von α bei konstantem c und β [21]

Der Fühlstift der Nachformeinrichtung wird im allgemeinen von einer Feder gegen das Bezugsformstück gedrückt. Ändert sich die Richtung der Umrißlinie, verschiebt sich der Fühlstift in seinem Gehäuse und löst dadurch (durch Berührung elektrischer Kontakte oder Verstellen eines hydraulischen Steuerschiebers) eine Bewegung des Meißels aus.

Zwischen dem Beginn der Fühlfingerverschiebung und einer Richtungsänderung am Schneidmeißel muß eine bestimmte Zeit t_0 verstreichen. Diese Zeit, die Verzugszeit, ist bedingt durch die Toleranzen der mechanischen, elektrischen oder hydraulischen Elemente und die bereits erwähnten Fehlerquellen, die nun einmal in einer Nachformeinrichtung unvermeidbar sind. Der Meißel wird der Bezugskurve also nicht genau folgen, sondern in einer wellen- bzw. treppenförmigen Linie um sie herumschwingen.

Eine wesentliche und interessante Frage ist die nach der Genauigkeit von Nachformeinrichtungen. Man unterscheidet zwischen der Genauigkeit, mit der sich die unbelastete Meißelspitze parallel zur Bezugskurve bewegt (Nachfahrgenauigkeit), und der Genauigkeit, mit der sich ein Werkstück im Nachformverfahren herstellen läßt (Nachformgenauigkeit). Die Nachfahrgenauigkeit kann gemessen werden, indem der Fühlstift einer am Nachformschieber befestigten Meßuhr auf den Taststift der

2.7 Mittel zum Drehen nichtzylindrischer Werkstücke 143

Kopiereinrichtung gesetzt und dann das Bezugsformstück abgefahren wird. Die Ausschläge der Meßuhr zeigen dann die Abweichung der von der Meißelspitze beschriebenen Kurve zur abgetasteten im unbelasteten Zustand an (Abb. 262).

Die Nachfahrgenauigkeit sagt also nur etwas über die Genauigkeit der Nachformeinrichtung selbst. Sie ist neben anderem hauptsächlich abhängig von dem Öldruck und der Vorschubgeschwindigkeit und natürlich von der bei ihrer Herstellung angewandten Sorgfalt.

Die Werkstatt interessiert sich mehr für die Genauigkeit, mit der ein Werkstück im Vergleich zum Musterstück bzw. im Vergleich zu dem vorangegangenen Werkstück von der Maschine kommt (Nachformgenauigkeit). Die Nachformgenauigkeit ist daher nicht nur von der Nachformeinrichtung im unbelasteten Zustand, sondern auch von ihrem Verhalten unter Last, den Fehlern der Drehbank sowie

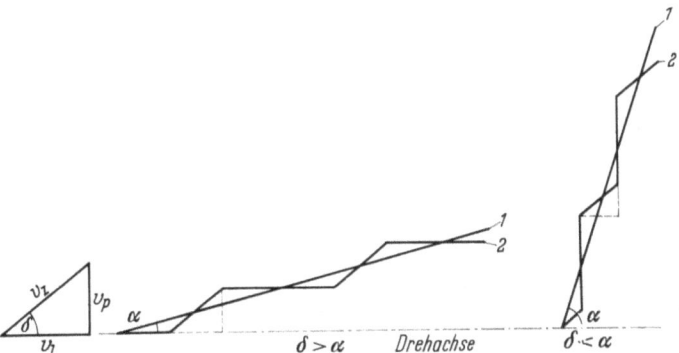
Abb. 261. Nachformen mit zwei aufeinander senkrecht stehenden geregelten Geschwindigkeiten

dem Drehverfahren abhängig. Hierzu gehören auch Fehler der Nachformeinrichtung, die außerhalb der Steuerung liegen. Eine Fehlerquelle ist z. B. die Schablone. Sie muß richtig eingespannt sein, so daß zylindrische Abschnitte genau parallel zur Drehachse liegen. Sie selbst muß natürlich formgenau sein und soll ihre Form durch mehrfaches Überlaufen des Taststiftes nicht ändern. Auch die Durchbiegung langer Schablonen kann Fehler verursachen. Eine andere Fehlerquelle ist die Gestalt von Fühlstift und Drehmeißel. Sind die Abrundungen beider nicht genau gleich, dreht der Meißel eine zur Bezugsform äquidistante Kurve. Ein wesentlicher Faktor ist weiterhin die Schnittkraft, dessen waagerechte Teilkraft vom Nachformschieber aufgefangen werden muß. Diese Kraft verursacht elastische Verformungen bzw. ein Zurückweichen des Schiebers wegen der Kompressibilität des Öles. Das macht sich dann besonders unangenehm bemerkbar, wenn sich die Schnittverhältnisse am Werkstück während des Arbeitsganges ändern. Von Einfluß ist

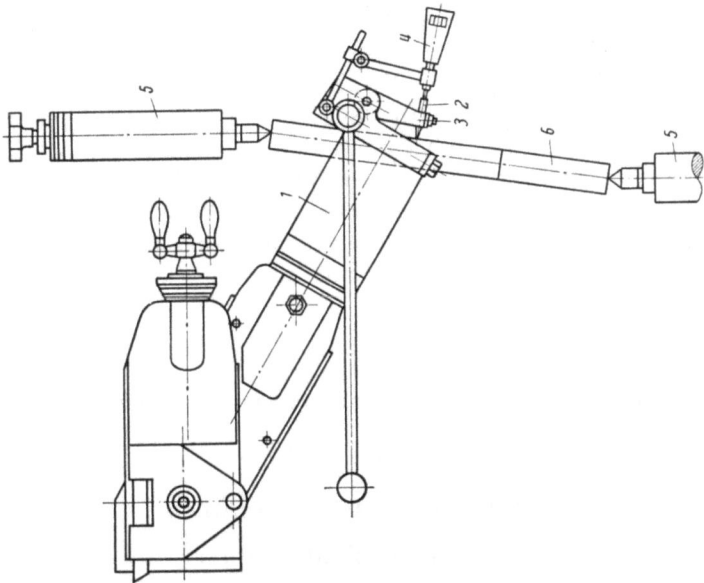

Abb. 262. Messen der Nachfahrgenauigkeit [IWK-Schaerer]

1 Kopiereinrichtung; *2* Taststift; *3* Winkelhebel, Taststift-Steuerschieber; *4* Meßuhr an der Kopiereinrichtung befestigt; *5* Reitstöcke zur Aufnahme von Bezugsformstücken; *6* Meßdorn

weiter die Temperatur. Reibungsverhältnisse, Öldrucke und Spiele ändern sich mit der Temperatur und führen damit zu Fehlern.

Zu diesen mit dem Kopiersystem verbundenen Fehlern kommen noch diejenigen, die jedem Drehvorgang von Haus aus anhaften: Statische und dynamische Stabilität der Drehbank, Gestalt des Werkstückes (Durchbiegung aus Eigengewicht und Schnittkraft), Einfluß wechselnder Schnittgeschwindigkeiten, wenn mit konstanter Drehzahl gearbeitet wird, Abstumpfung des Werkstückes pro Stück und pro Serie, Einfluß der Wärme u. a. m.

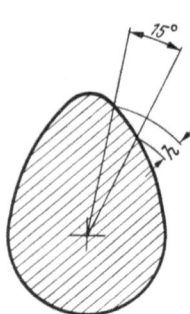

Abb. 263. Ermittlung der Steigung h eines Unrundquerschnittes in Abhängigkeit vom Drehwinkel φ. Winkel φ in Bild 263 = 15° gesetzt

Alle diese Fehler schlagen sich in einer Gesamtabweichung des Fertigmaßes vom Sollmaß nieder. Wenn jeder einzelne Faktor auch nur mit wenigen μ hieran beteiligt ist (die Nachfahrgenauigkeit wird bei guten Nachformeinrichtungen mit 2 bis 5 μ angegeben), so ist es nicht verwunderlich, daß insgesamt doch einige Hundertstel mm herauskommen. Wenn daher für erstklassige Fabrikate eine Nachformgenauigkeit von ± 0,02 mm genannt wird, so dürfte dies gegenwärtig für den Regelfall als die oberste Grenze der Nachformgenauigkeit angesehen werden, was nicht ausschließt, wie die Praxis gezeigt hat, daß unter Beachtung besonderer Maßnahmen auch höhere Genauigkeiten erzielt werden können.

Ein Teil der Fehler einer Nachformeinrichtung läßt sich, wie schon gesagt wurde, durch die Verzugszeit t_0 ausdrücken. Die Ansprechempfindlichkeit E des Systems ist dann

$$E = f\left(\frac{1}{t_0}\right) \quad [\text{sec}^{-1}]. \tag{82}$$

Die sich hieraus ergebende Gestaltabweichung F wird um so größer sein, je schneller der Taststift an der Bezugskurve entlangfährt. Es ist also

$$F = f(s_u; t_0) \quad [\text{mm}]. \tag{83}$$

Die Größe der Verzugszeit läßt sich bestimmen, wenn man einen Kreisbogen nachformt. Der Nachformschieber muß an dem obersten Punkt des Bogens seine Bewegungsrichtung umkehren. Hierzu braucht er eine bestimmte Zeit, die Umkehrspanne, die sich in einer Abweichung von dem Kreisbogen darstellt. Hieraus läßt sich auf t_0 schließen.

Beim Unrundnachformen treten zu den vorgenannten Fehlerquellen noch einige hinzu.

Unterschiede im synchronen Lauf von Werkstück und Musterstück erzeugen Gestaltfehler am Werkstück. Die Verzugszeit t_0 bewirkt Formfehler durch Abweichung von der Sollform und Verdrehen des Profils gegenüber dem Muster. Bei zu hohen Drehzahlen können Schwingungen auftreten, so daß sich der Fühlstift von dem Bezugsformstück abhebt.

Die zulässige Drehzahl beim Unrundnachformen ist abhängig von der Gestalt des Werkstückes, der Masse des hin- und herschwingenden Nachformschiebers m und der zur Verfügung stehenden hydraulischen Kraft P. Um die Gestalt des nachzuformenden Querschnittes zu erfassen, wird er in gleiche Winkelabschnitte eingeteilt (Abb. 263). Der Radiusunterschied h von einem Winkelabschnitt zum nächsten ist dann ein Maß für die mögliche Drehzahl. Die Beschleunigung des Nachformschiebers ist

$$b = \frac{d^2 h}{d t^2} = \frac{P}{m} \quad [\text{mm/sec}^2], \tag{84}$$

wobei $h = f(\varphi)$; $t = f(n)$; P die zur Verfügung stehende Verschiebekraft und m die Masse der hin- und herschwingenden Teile ist $\left[\frac{\text{kp sec}^2}{\text{mm}}\right]$ [22].

2.8 Sonstiges Zubehör

2.8.1 Die Kühlmittelzufuhr

Durch Benetzen der Zerspanungsstelle und des Drehmeißels mit einer Kühlflüssigkeit soll in erster Linie die Schneidentemperatur gesenkt und damit die Standzeit bzw. die Schnittgeschwindigkeit erhöht werden. Man rechnet im Durchschnitt mit einer Erhöhung der

2.8 Sonstiges Zubehör

Schnittgeschwindigkeit bei Schnellstahlmeißeln um etwa 40%, bei Hartmetallmeißeln um etwa 10%.

Die Kühlwirkung wird erhöht durch die Starkkühlung nach PAHLITZSCH. Hierunter versteht man eine Tiefkühlung der Kühlflüssigkeit. Bei Versuchen mit einem gebräuchlichen Kühlmittel bei Temperaturen von $+17\,°C$ und $+3\,°C$ wurden Standzeiterhöhungen von rund 100% festgestellt. [23]

Neben der Kühlwirkung hat jedes Kühlmittel auch eine schmierende Wirkung, wobei gesagt werden kann, daß die Kühlwirkung in dem Maße abnimmt, wie sich die Schmierfähigkeit verbessert. Durch das Schmieren wird der Zerspanungsvorgang begünstigt, was u. a. in einem

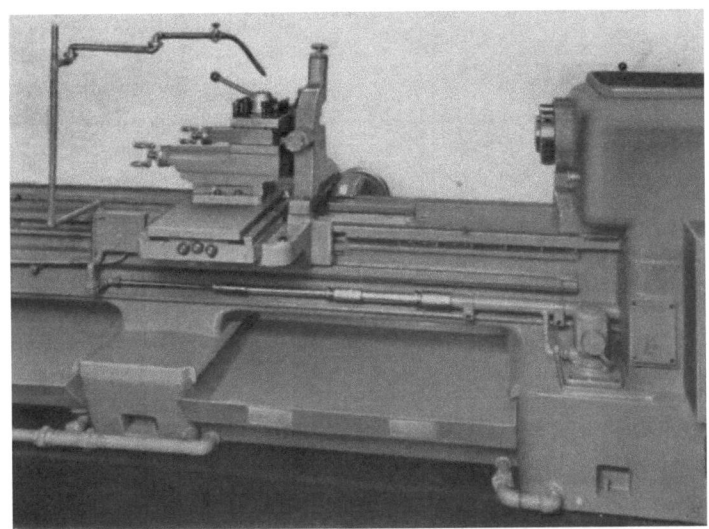

Abb. 264. Naßdreheinrichtung an einer Universaldrehbank. Feste Rohrleitung am Bett mit Teleskoprohr. Elektropumpe auf dem rechten Kastenfuß [IWK-Schaerer]

leichteren Übergang vom Scher- zum Fließspan zum Ausdruck kommt. Die Oberflächengüte wird verbessert, der Schnittwiderstand gesenkt.

Außerdem hat die Kühlflüssigkeit die Aufgabe, die Späne von der Zerspanungsstelle fortzuspülen.

Wenn trotz der unzweifelhaften, durch viele Versuche erhärteten Vorteile des Naßdrehens, insbesondere bei Gußeisenbearbeitung und bei Hartmetallmeißeln, trocken gedreht wird, so hat dies verschiedene Gründe. Die Maschine ist wegen der insbesondere bei Gußeisen in Verbindung mit der Kühlflüssigkeit entstehenden Schmiere schlechter sauberzuhalten. Die in der Spänefangschale liegenden heißen Späne bringen einen Teil der Kühlflüssigkeit zum Verdampfen. Diese Dämpfe können u. U. je nach Zusammensetzung der Flüssigkeit eine Rostgefahr bilden. Bei Hartmetallschneiden fürchtet man außerdem ein Ausbrechen der Schneidkanten durch Wärmespannungen, hervorgerufen durch nicht gleichmäßiges Benetzen des Hartmetalls.

Als Kühlmittel kommen 2 Gruppen von Flüssigkeiten in Frage: Die in Wasser nicht emulgierbaren Öle, die gemeinhin als Schneidöle bezeichnet werden, und die in Wasser emulgierbaren, Bohröle oder Bohrölemulsionen genannt. Es gibt eine Fülle von Ölsorten, die nach den Schnittbedingungen und Werkstoffqualitäten ausgewählt werden können.

Für den Hersteller und Konstrukteur einer Drehbank stellt sich die Aufgabe, die Kühlflüssigkeit zweckmäßig an die Schneidstelle heranzubringen, sie dort richtig zu dosieren und hinterher wieder zu sammeln. Eine Naßdreheinrichtung besteht daher aus 3 Teilen, dem Kühlmittelbehälter, der Pumpe und der Rohrleitung mit Spritzdüse. Das Öl läuft dem Kühlmittelbehälter über ein Sieb aus der Spänefangschale zu. Die Spänefangschale sollte dabei so angeordnet sein, daß das Öl gut von den Spänen abtropfen kann, damit der Verlust an Flüssigkeit gering bleibt. Oft sitzt die Pumpe mit ihrem Antriebsmotor gekuppelt unmittelbar auf dem Ölbehälter. Von der Pumpe führt eine Rohrleitung, aus festen und beweglichen Teilen bestehend, zum Meißel, wo sie in einer Ausflußtülle endet (Abb. 264). Die Tülle ist so gestaltet, daß der Flüssigkeitsstrahl gedämpft wird, und im übrigen dem Schneidmeißel angepaßt. Die Pumpen sind meistens Zahnradpumpen, seltener Kolbenpumpen. Vorherrschend ist die Einzelversorgung, d. h. an jede Drehbank ist ein vollständiges System Behälter — Pumpe — Rohrleitung angebaut. Einige Werke bevorzugen die Gruppenversorgung. Das Kühlmittel wird dann von einer Zentralstelle aus den einzelnen Maschinen zugeleitet. Bei langen Drehbänken ordnet man einen Kanal an, der von einer Pumpe aus dem Sammeltank gefüllt wird. Eine zweite am Bettschlitten angebaute entnimmt hieraus die Flüssigkeit und führt sie der Spritzdüse zu. Man spart dadurch die sonst erforderlichen umfangreichen Leitungen (Abb. 265).

Abb. 265. Flüssigkeitsrinne bei langen Betten. Elektropumpe am Bettschlitten [IWK-Schaerer]

2.8.2 Die Maschinenbeleuchtung

Auch hier sind die Ansichten verschieden. Viele Werkstattleiter bevorzugen Einzelleuchten, die an der Drehbank befestigt sind. Andere lassen den Arbeitsplatz nur durch die allgemeine Hallenbeleuchtung bestrahlen. Für die Maschinenleuchten sind in einigen Ländern Kleinspannungen (24 V, 42 V) vorgeschrieben, die über einen Transformator aus dem Versorgungsnetz entnommen werden. Meistens werden die Maschinenleuchten von einer am Bett befestigten Steckdose gespeist. Im allgemeinen verwendet man Glühlampen, gelegentlich auch Leuchtstoffröhren.

2.8.3 Meß- und Anzeigegeräte

An einer modernen Drehbank lassen sich eine Reihe von Anzeigegeräten mit Nutzen verwenden. Zur Überwachung der Antriebsleitung werden Strommesser, gelegentlich auch Leistungsmesser, eingebaut, um die Drehbank vor Überlastung zu schützen und dem Dreher die Möglichkeit zu geben, die Maschine jederzeit bis an die Grenze ihrer Leistungsfähigkeit auszunutzen. Nun schadet bekanntlich dem Motor eine kurzzeitige Überlastung nicht. Die Begrenzung des Stromes etwa durch eine Marke auf dem Strommesser sichert wohl gegen Überlastung, nimmt dem Dreher aber die Möglichkeit, seine Bank durch gelegentliche Überlastung wirklich auszunutzen. Manchmal tritt z. B. der Fall ein, daß an einem Teilabschnitt des Werkstückes ein Spanquerschnitt vorliegt, der nur durch Überschreiten der Nennstromstärke bzw. Nennleistung abgedreht werden kann. Will man diese Grenze nicht überschreiten, müßte der Span hier unterteilt werden. Es wäre daher richtiger, nicht die Grenzstromstärke festzulegen, sondern die Grenztemperatur, bis zu der sich der Motor erwärmen darf. Dies bedingt ein Temperaturanzeigegerät, das die Temperatur unmittelbar in der Wicklung mißt. Diese mit ipsothermen Motorschutz bezeichnete Einrichtung gestattet, die Motorleistung wirklich voll auszunutzen.

Beim Drehen wird von der vorgeschriebenen Schnittgeschwindigkeit ausgegangen und aus ihr in Verbindung mit dem Drehdurchmesser die Drehzahl festgelegt. Für Drehbänke mit gestuften Getrieben ist ein Drehzahlmesser im allgemeinen nicht erforderlich, da die Drehzahl mit genügender Genauigkeit aus der Hebelstellung zu ersehen ist. Der Drehzahlabfall des normalen Kurzschlußläufers ist gering. Bei stufenlosen Antrieben ist ein Drehzahlmesser wünschens-

2.8 Sonstiges Zubehör

wert (Abb. 266). An manchen Drehbänken mit stufenloser Drehzahlregelung findet man Schnittgeschwindigkeitsmesser, so daß die Schnittgeschwindigkeit nicht mehr errechnet zu werden braucht.

Zum Ermitteln der Drehzahl bedient man sich eines logarithmischen Schaubildes, in dem die Gleichung

$$v = \frac{\pi D n}{1000} \quad [\text{m/min}] \qquad (19)$$

dargestellt ist. Dieses Schaubild sieht man oft als Blechtafel am Spindelkasten (Abb. 268). Die Drehzahlen können auch mit Hilfe des bekannten Kienzle-Drehzahlwählers gefunden werden (Abb. 267). Der Drehzahlwähler ist ein Rädergetriebe mit Drehknöpfen für v und D. Man dreht die gewünschten Werte ein. In einem Fenster erscheint dann die entsprechende Drehzahl und die hierfür notwendigen Schalthebelstellungen. Es werden nur solche Drehzahlen angezeigt, die das betreffende Drehbankmodell besitzt. Ähnlich werden mit dem gleichen Gerät Vorschub und Schnittiefe ermittelt.

Wichtig ist die Kontrolle des Schmierölkreislaufes. Meistens benutzt man hierfür im Ölstrom liegende Schaugläser, die erkennen lassen, ob die Schmierölpumpe arbeitet bzw. wie hoch der Ölstand im Ölbehälter ist. Vereinzelt wird der Öldruck auch elektrisch durch einen Öldruckschalter überwacht. Unterschreitet der Öldruck einen vorgeschriebenen Wert, leuchtet am Spindelkasten eine Warnlampe auf.

Abb. 266. Drehzahlmesser auf dem Spindelkasten einer Drehbank [IWK-Schaerer]

Die Ausdehnung des Werkstückes durch die beim Drehen entstehende Wärme verursacht eine Drucksteigerung in der Reitstockspitze. Diese kann zur Verbiegung des Werkstückes, zum Aufbäumen des Bettes oder auch zur Beschädigung der Spitze führen. Es ist daher vorteilhaft, den Druck am Reitstock zu kontrollieren. Hierzu dienen Körnerspitzen mit Druckanzeiger (Abb. 171).

Hydraulische und pneumatische Einrichtungen an der Drehbank sind mit Druckmessern ausgestattet, damit der Dreher jederzeit den vorgeschriebenen Betriebsdruck überwachen kann.

Ein Anzeigegerät ganz anderer Art ist die Gewindeuhr (Abb. 269). Wenn Gewinde geschnitten werden, läßt man den Bettschlitten entweder bei geschlossenem Mutterschloß über den Leitspindelantrieb zurückfahren, oder

Abb. 267. Drehzahlwähler [Kienzle]

das Mutterschloß wird geöffnet und der Bettschlitten von Hand bzw. einem eingebauten Eilgang in die Ausgangsstellung gebracht. Der Dreher muß dann wissen, wann er das

Mutterschloß wieder schließen darf, um den Schneidmeißel richtig in den Gewindegang hinein zu bringen.

Die am Bettschlitten befestigte Gewindeuhr ist im Prinzip ein Schneckenrad, auf dessen Achse ein Zeiger sitzt. Das Schneckenrad kämmt mit der Leitspindel. Beim Gewindeschneiden

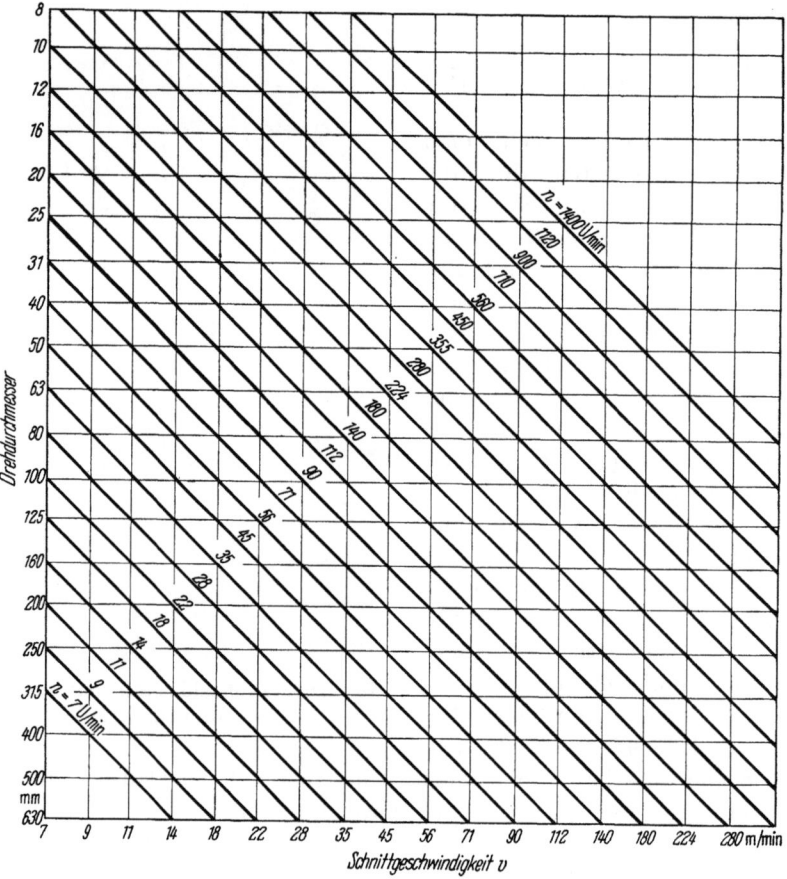

Abb. 268. Schnittgeschwindigkeitsschaubild

Logarithmische Darstellung der Beziehung $D = \dfrac{v \cdot 1000}{\pi\, n}$ entspricht $\log D = \log v - \log n \dfrac{\pi}{1000}$

bleibt der Zeiger stehen, da die Gewindeuhr von der Leitspindel zusammen mit dem Bettschlitten mitgenommen wird. Beim Rücklauf wälzt sich das Schneckenrad an der Leitspindel ab. Im einfachsten Fall habe das Zifferblatt der Gewindeuhr so viele Teilstriche, wie das Schneckenrad Zähne. In diesem Fall kann man nun das Mutterschloß immer dann wieder einrücken, wenn das Verhältnis Steigung der Leitspindel l zu Steigung des Werkstückes h multipliziert mit der Anzahl Leitspindelgänge, also der Teilstriche auf der Gewindeuhr Z_G (von der Zeigerstellung im Augenblick des Öffnens des Mutterschlosses aus), eine ganze Zahl bildet. Also

$$\frac{l}{h} Z_G = \text{ganze Zahl.}$$

Hat die Leitspindel z. B. eine Steigung von 6 mm und das Werkstück von 2,5 mm, so gerät der Schneidmeißel in die gleiche Lage zum Gewinde, wenn das Mutterschloß an all den Stellen der Leitspindel eingeschaltet wird, die sich vom Öffnungspunkt um 5 Gänge der Leitspindel oder deren Vielfachen unterscheiden, da $\dfrac{6 \cdot 5}{2,5} = 12$ die niedrigste ganze Zahl ist.

2.8.4 Hilfseinrichtungen für andere Zerspanungsverfahren

Die Hauptaufgabe einer Drehmaschine ist das Drehen in dem in Abschn. 1.1 definierten Sinne. Mit Hilfe von Zusatzeinrichtungen lassen sich in gewissen Grenzen auch andere Zerspanungsverfahren anwenden. Die Drehbank kann somit in beschränktem Umfang als Bohrmaschine, Fräsmaschine, Schleifmaschine usw. dienen.

Diese Möglichkeiten nutzt man vorwiegend in 2 Fällen aus:

1. Wenn ein Betrieb andere Bearbeitungsmaschinen nur gelegentlich benötigt, wird er versuchen, diese Arbeiten auf der Drehbank mitzuerledigen. Die höheren Fertigungszeiten werden in Kauf genommen, wenn die Anschaffung einer entsprechenden Werkzeugmaschine vermieden werden kann.
2. In Großbetrieben mit differenziertem Maschinenpark verwendet man die Drehmaschine für andere Bearbeitungsaufgaben, um die Kosten für das Umspannen eines schweren oder komplizierten Werkstückes zu sparen. Man führt daher einen Arbeitsgang, der sonst einem Bohrwerk oder einer Fräsmaschine zukommt, lieber in der gleichen Aufspannung auf der Drehbank aus.

Die am häufigsten vorkommende zusätzliche Bearbeitungsweise ist das Bohren. Im einfachsten Fall steckt man einen Spiralbohrer in die Reitstockpinole, die dann von Hand gegen das Werkstück vorgeschoben wird. Kommen häufiger Bohrarbeiten vor, empfiehlt sich die Verwendung eines Bohrreitstockes. Der Vorschub der

Abb. 269. Gewindeuhr [IWK-Schaerer]

Abb. 270. Supportfräsapparat auf dem Querschieber einer Drehbank. Verstellmöglichkeit der Frässpindel in der Höhenlage. Mit Teileinrichtung für Frässpindel [VDF]

Bohrpinole wird entweder mit einem angebauten Vorschubmotor und einem Wechselrädergetriebe erzeugt (Abb. 169) oder von der Zugspindel aus abgeleitet (Abb. 170).

Diese Bohrreitstöcke haben eine feststehende, nur in Längsrichtung verschiebbare Pinole. Das ist dann nachteilig, wenn gleichzeitig gedreht und gebohrt wird, und bei verschiedenen Durchmessern unterschiedliche Drehzahlen erwünscht sind. In solchen Fällen ist ein Bohrreitstock mit Pinolenantrieb zweckmäßig. Die Drehbewegung der Bohrpinole wird unabhängig von der Drehbank durch einen besonderen elektrischen Antrieb mit Schaltgetriebe erzeugt.

Manchmal drehen sich die Verhältnisse auch um. Das Bohren wird zur Hauptaufgabe, wie z. B. bei den Tieflochbohrbänken (Abschnitt 3.1.3.1.6).

Eine andere, allerdings nicht so oft vorkommende Bearbeitungsweise auf der Drehbank ist das Fräsen. Die Fräseinrichtungen werden auf den Querschieber des Bettschlittens aufgesetzt. Sie sind damit quer und längs, z. T. über einen zusätzlichen Schieber auch in der Höhe verfahrbar. Die Frässpindel wird von einem besonderen an der Einrichtung angebauten Motor angetrieben (Abb. 270 bis 273). Es lassen sich Längsnuten, Langlöcher, Keilwellen, Durchbrüche, Vierkante, Sechskante und ähnliche Körper fräsen, aber auch Schneckengewinde, Kegelräder und Schraubenräder. Hierfür muß das Gerät dann einen Teilkopf besitzen. In Verbindung mit einer Unrundkopiereinrichtung können auch Plankurven nach Schablonen hergestellt werden (Abb. 274). Für das Fräsen von Gewinden und Plankurven ist eine sehr niedrige Arbeitsspindeldrehzahl notwendig. Man erreicht diese durch

Abb. 271. Supportfräsapparat beim Fräsen eines Sechskantes. Vorschub im Querschieber der Drehbank [VDF]

Abb. 272. Supportfräsapparat beim Fräsen einer Längsnute. Vorschub im Bettschlitten [VDF]

Einbau eines besonderen Schleichganges. Dieser besteht aus einem zweiten Motor, der die Arbeitsspindel z. B. über einen Schneckentrieb antreibt (Abb. 274).

Abb. 273. Fräsen eines Zahnrades. Die Arbeitsspindel der Drehbank dient als Frässpindel. Teilung mit den Teilkopf des Supportfräsapparats [VDF]

Eine dem Fräsen verwandte Bearbeitungsart ist das Gewindewirbeln (Schlagzahnfräsen) (Abb. 275). Der Wirbelapparat besteht, ähnlich wie die Fräseinrichtung, aus einem Gestell, in dem Werkzeugträger und Antriebsmotor gelagert sind. Das Aggregat wird ebenfalls auf den Querschieber aufgesetzt. Das Werkzeug ist ein Einzahn-Hartmetallmeißel, der um das zu bearbeitende Werkstück herumläuft und, da der Mittelpunkt seines Drehkreises gegenüber der Werkstückachse versetzt ist, bei jeder Umdrehung einen Span abschält. Das Werkstück dreht sich dabei, während der Bettschlitten von der Leitspindel entsprechend der gewünschten Steigung längsverschoben wird. Das Gewinde wird demnach durch eine Anzahl Hüllschnitte erzeugt. Die Formgenauigkeit ist abhängig von dem Verhältnis Werkzeugdrehzahl zur Werkstückdrehzahl (Abb. 276).

Ähnlich wie ein Fräs- oder Wirbelgerät wird auch die Supportschleifeinrichtung auf die Drehmaschine aufgebaut (Abb. 277). Meistens setzt man sie an Stelle des Meißelhalters auf den Oberschieber. Auch hier sind die Schleifspindel und der Antriebsmotor in einem gemeinsamen Bock gehalten. Natürlich kann eine Drehbank keine Schleifmaschine ersetzen (ebensowenig eine Fräs- oder Bohrmaschine).

2.8 Sonstiges Zubehör

Dies um so weniger, wenn die Schleifeinrichtung in der beschriebenen verhältnismäßig unstabilen Weise befestigt ist. Es ist jedenfalls keine größere Fertigungsgenauigkeit zu erreichen, als die Drehbank selbst hergibt, u. U. läßt sich aber die Oberflächengüte des Werkstückes mit

Abb. 274. Fräsen einer Plankurve mit einem Supportfräsapparat, der von einer hydraulischen Unrundkopiereinrichtung gesteuert wird. Oben rechts Zusatzmotor zur Erzeugung sehr langsamer Drehzahlen [IWK-Schaerer]

einer Schleifeinrichtung verbessern, was in manchen Fällen von Vorteil ist. So schleift man auf diese Weise Papiermaschinenzylinder nach, wenn eine Zylinderschleifmaschine nicht zur Verfügung steht (Abb. 278).

Neben den beschriebenen spanabhebenden Verfahren verwendet man auch einige spanlose Fertigungsarten. Hierzu gehört z. B. das Rollen von Gewinden (Abb. 279). Der Rollkopf wird

Abb. 275. Wirbelgerät auf dem Querschieber einer Drehbank montiert [Burgsmüller]

auf dem Querschieber aufgebaut. Es sind mindestens 2 Rollen vorhanden, die das Gewinde in das Werkstück hineindrücken. Das von der Arbeitsspindel angetriebene Werkstück schraubt sich dabei durch die Rollen durch und erteilt damit dem Bettschlitten den erforderlichen, der Gewindesteigung entsprechenden Vorschub.

Während beim Rollen das Werkstück in seiner Gestalt verformt wird, hat das Glattwalzen nur die Aufgabe, die Oberfläche zu verbessern, ohne jedoch die geometrische Form zu verändern.

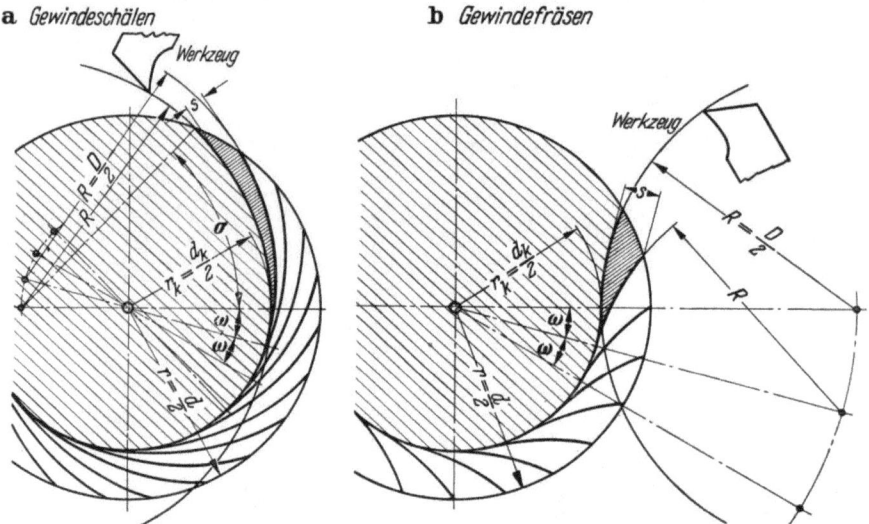

Abb. 276a u. b. Die beiden Verfahren des Gewindefräsens [26]
a) Das Werkstück liegt innerhalb des Werkzeugflugkreises. Gewindeschälen, Gewindewirbeln;   b) Das Werkstück liegt außerhalb des Werkzeugflugkreises. Gewindefräsen

R Radius des Werkzeugflugkreises [mm]; D Durchmesser des Werkzeugflugkreises [mm]; r Außenradius des Werkstücks [mm]; d Außendurchmesser des Werkstücks [mm]; r_k Innenradius des Werkstücks [mm]; d_k Innendurchmesser des Werkstücks [mm]; s Spandicke [mm]; ω Vorschubwinkel

Im einfachsten Fall wird eine in einem Schaft gelagerte Glättrolle wie ein Schneidmeißel in den Meißelhalter eingespannt und mit der Planspindel gegen das Werkstück gedrückt. Das

Abb. 277. Supportschleifeinrichtung, auf dem Oberschieber einer Drehbank aufgeschraubt. Eingerichtet für Außenschliff. Die Schleifspindel kann gegen Sonderspindeln für Innenschleifarbeiten ausgewechselt werden [Fortuna]

umlaufende Werkstück nimmt die Rolle mit, die von dem Drehbankvorschub an dem glattzuwalzenden Teil entlanggeführt wird.

Daneben gibt es besondere Glattwalzgeräte, die auf dem Querschieber sitzen. In diesen sind 2 bis 3 Glättrollen gelagert (Abb. 280). Die Rollen umschließen das Werkstück und werden mechanisch oder hydraulisch gegen die glattzuwalzende Oberfläche gedrückt, wobei Vorkehrungen getroffen sind, daß der Anpreßdruck bei allen Rollen gleich ist. Durch das Glattwalzen wird das beim Drehen entstandene Oberflächengebirge eingeebnet. Es lassen sich

Abb. 278
Drehbank mit Supportschleifeinrichtung zum Nachschleifen von Papiermaschinenwalzen (Kalanderwalzen)
Da die Walzen leicht ballig sind, wird der Querschieber, ähnlich wie beim Kegellineal, von einer Führungsschiene gesteuert. Diese Schiene sitzt auf einem kräftigen hinter der Drehbank aufgestellten Hilfsbett. Mit Druckschrauben wird die gewünschte Krümmung erzeugt [Fortuna]-[IWK-Schaerer]

Abb. 279. Gewinderollkopf auf dem Bettschlitten einer Drehbank montiert [Fette]

mittlere Rauhtiefen in der Größenordnung von 0,1 µ erzielen. Neben der Verbesserung der Oberfläche wird diese auch verdichtet und somit die Oberflächenhärte erhöht.

Abb. 280. Aus 2 Einheiten bestehendes Glattwalzgerät auf dem Querschieber einer Drehbank. Die Einheiten sind so gelagert, daß der Anpreßdruck bei beiden Rollen gleich ist [Hegenscheidt]

2.9 Antrieb, Steuerung und Regelung

Die Elektrotechnik wird bei modernen Drehmaschinen für verschiedene Zwecke herangezogen. Die älteste bei jeder Maschine zu findende Anwendung dient dem Antrieb. Hierzu gehören der Antrieb der Arbeitsspindel, als Hauptantrieb bezeichnet, der Antrieb von Kühlmittelpumpen oder Pumpen für hydraulische Nachformeinrichtungen und Spanneinrichtungen. Ferner sieht man Motoren für Eilganggetriebe des Bettschlittens, an Supportfräs- und Schleifeinrichtungen, Bohrreitstöcken usw. Alle diese Motoren laufen im allgemeinen als Drehstromkurzschlußläufer mit konstanter Drehzahl, die nur in den Betriebspausen bzw. zu Beginn und am Ende der betreffenden Arbeit ein- und ausgeschaltet werden.

Die elektrische Anlage einer Drehbank besteht neben den Motoren im wesentlichen aus 3 Teilen:

1. dem Hauptschalter, der sie mit dem Netz verbindet,
2. den Handschaltern für den Bedienungsmann und
3. den Schaltschützen einschließlich Sicherungen, die die Motorströme nach den von Hand über Steuerströme gegebenen Befehlen schalten (Abb. 281).

Der Hauptschalter muß so angebracht sein, daß er ohne weiteres von außen zugänglich ist und geschaltet werden kann. Die Handschalter werden meistens auf Bedienungstafeln am Spindelkasten oder in beweglichen Kästen in Reichweite des Drehers als Druckknopfschalter zusammengefaßt. Schaltschütze und Sicherungseinrichtungen sind bei neueren Maschinen in unabhängigen Schaltkästen oder Schaltschränken eingebaut (Abb. 282 und 283). Kleinere Motoren werden auch unmittelbar ein- und ausgeschaltet.

Neben diese klassische elektrische Antriebstechnik tritt in den letzten Jahren in immer stärkerem Maße die elektrische Steuer- und Regeltechnik. Während die Antriebstechnik die Aufgabe hat, eine gleichbleibende mechanische Bewegung zu erzeugen, soll die Steuer- und Regeltechnik diese Bewegung in Hinblick auf den Arbeitszweck verändern. Sie kann dabei auf die Antriebsmotoren unmittelbar einwirken, das liegt z. B. vor bei einer Drehzahlsteuerung des Antriebsmotors (meistens Gleichstrommotor). Sie kann aber auch mittelbar wirksam werden, indem elektrisch betätigte Elemente mechanische oder hydraulische Vorgänge auslösen. Diese Elemente sind im wesentlichen Verstellmotoren, elektromagnetische Kupplungen und elektromagnetische Ventile.

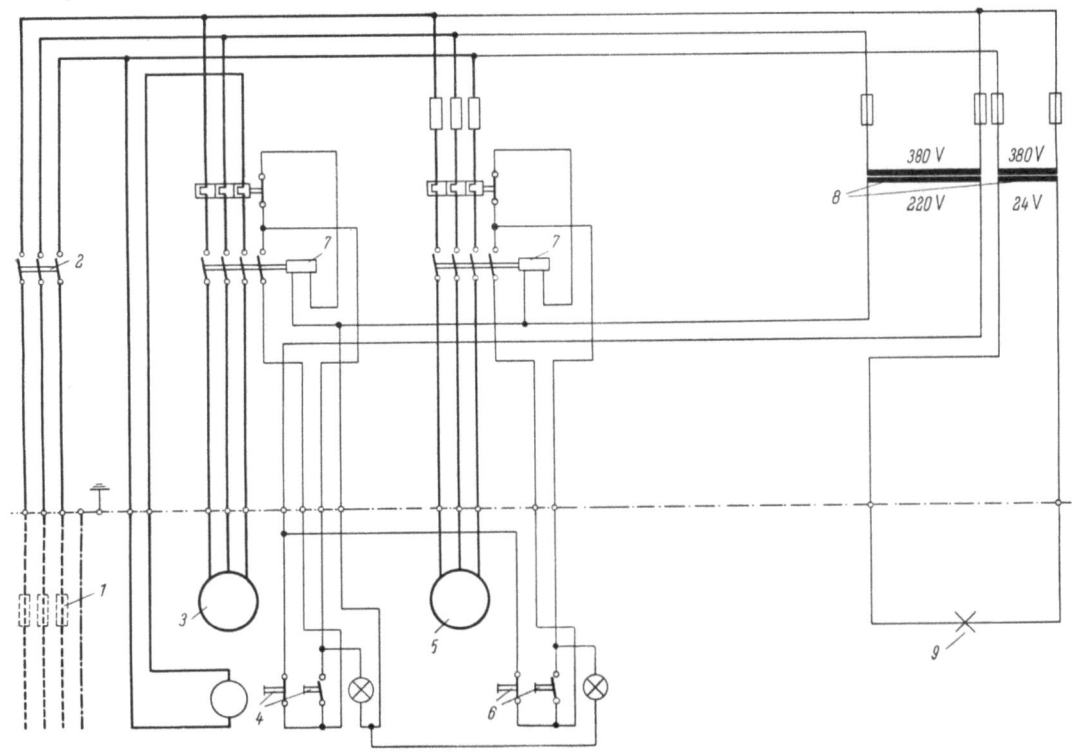

Abb. 281. Schaltplan einer mittelgroßen Universaldrehbank [IWK-Schaerer]

1 Zuleitung mit Hauptsicherung; *2* Hauptschalter; *3* Hauptantriebsmotor; *5* Nebenmotor, z. B. für die Naßdreheinrichtung; *4* u. *6* Druckknopfschalter mit Signallampe auf der Bedienungstafel; *7* Schaltschütze; *8* Transformatoren für die Steuerspannung 220 V und die Lichtspannung 24 V; *9* Lampe

Verstellmotoren findet man z. B. bei stufenlosen mechanischen Getrieben, als Antriebsmotoren für die Längs- und Planspindel bei elektrischen Nachformeinrichtungen, bei Elektrospannfuttern und ähnlichen Aufgaben.

Elektromagnetische Kupplungen werden verwendet im Arbeitsspindelgetriebe für die Schaltung vorwärts — rückwärts und für die Bremse der Arbeitsspindel, für die Schaltung der Drehzahlen (Lastschaltgetriebe), zum Ein- und Auskuppeln der Längs- und Planbewegung bei Nachformeinrichtungen, zum Umschalten von Vorschüben und Eilgängen u. a. m.

Mit Hilfe von elektromagnetischen Ventilen werden bei hydraulischen Einrichtungen die elektrischen Schaltbefehle in eine hydraulische Betätigung umgewandelt.

Die vorstehend skizzierten Geräte dienen der Umwandlung eines elektrisch gegebenen Befehls in eine mechanische Bewegung, die durch Zwischenschalten von elektrischen, hydraulischen oder pneumatischen Elementen erzeugt wird. Die Befehlsgabe selbst kann sich dabei in 3 Stufen vollziehen:

1. Es wird eine einfache zeit- und werkstückunabhängige Schaltung verwendet zum Ein- und Ausschalten der verschiedenen Antriebsmotoren, zum Ein- und Ausspannen des Werkstückes, zum Umschalten auf andere Drehzahlen und Vorschübe oder Eilbewegungen nach persönlichem Ermessen des Drehers.
2. Es ist eine Steuerschaltung vorhanden, d. h., die Anlage schaltet in Abhängigkeit von einer vorgegebenen Größe, ohne daß eine automatische Kontrolle über die richtige Schaltung stattfindet (Kennzeichen der Steuerung). (Der Steuerungsbegriff als solcher umfaßt auch den Fall, daß der Bedienungsmann zum Konstanthalten der Schnittgeschwindigkeit beispielsweise die Drehzahlen nach den Drehdurchmessern schaltet.)

156 2. Die Baugruppen der Drehmaschine

Im engeren Sinne des Wortes soll hierunter aber eine von der Maschine ausgehende selbsttätige Steuerung verstanden sein. Diese kann z. B. aus Nockenschaltern bestehen, die vorher gesetzte Nocken überfahren und dadurch bestimmte Vorgänge auslösen. Hierzu gehören Schaltungen im Rahmen eines Programms. Es wird z. B. bei jeder Durchmesseränderung des Werkstückes ein Nocken gesetzt und damit auf eine andere Drehzahl umgeschaltet. In gleicher Weise können Vorschübe an beliebigen, vorher bestimmten

Abb. 282. Blick in den Schaltschrank einer mittelgroßen Drehbank [Weisser, Heilbronn]

Stellen des Werkstückes umgeschaltet oder Eilgänge ein- und ausgeschaltet werden. Auch der einfache Endschalter zum Stillsetzen einer Bewegung fällt unter den Begriff „Steuerung".

3. Die dritte Stufe ist schließlich die Regelschaltung. Es wird nicht nur ein neuer Wert eingeschaltet, sondern die Schaltung vergleicht selbsttätig, ob der eingeschaltete Wert dem gewünschten Betriebszustand entspricht. Es wird also der Istwert mit dem Sollwert laufend verglichen und diesem angeglichen (Kennzeichen der Regelung). Eine Regelschaltung liegt z. B. vor, wenn die Maschine sich selbsttätig auf eine vorher bestimmte konstante Schnittgeschwindigkeit einregelt, oder wenn bei den Nachformverfahren der Weg des Schneidmeißels durch den Taster selbsttätig parallel zu dem Bezugsform-

2.9 Antrieb, Steuerung und Regelung

stück gehalten wird. Auch die sogenannten Meßsteuerungen, d. h. selbsttätige Zustellung des Schneidmeißels zum Abdrehen eines vorgegebenen Solldurchmessers, gehören in diese Gruppe.

Von der Bedienung der Maschine her betrachtet läßt sich die Schaltungstechnik in 3 Gruppen einteilen:
die unmittelbare Schaltung,
die Vorwählschaltung,
die Programmschaltung.

In die Gruppe der unmittelbaren Schaltung fallen alle Schaltvorgänge, bei denen unmittelbar nach Betätigen des Druckknopfes oder Hebelschalters der gewünschte Effekt eintritt.

Abb. 283. Blick in den Schaltschrank einer schweren Plandrehbank [Heyligenstaedt]

Dem gegenüber steht die Vorwählschaltung. Hier wird über einen Wahlschalter bei laufender Maschine ein neuer Vorgang (z. B. eine andere Drehzahl) vorgewählt, ohne daß sich der Betriebszustand zunächst ändert. Erst nach Drücken eines Schaltknopfes bzw. Bewegen eines Hebels wird der bisherige Zustand aus- und der vorgewählte eingeschaltet.

Die Programmschaltung ist eine erweiterte Form der Vorwählschaltung. Man wählt eine Reihe von Schaltungen beim Einrichten der Maschine vor, die später nacheinander ablaufen sollen. Während der Bedienungsmann bei der einfachen Vorwählschaltung zu einem *beliebigen* Zeitpunkt umschaltet, wobei in der Regel erst danach eine weitere Vorwahlschaltung möglich ist, werden bei der Programmschaltung sämtliche Vorgänge *vorher* festgelegt. Diese laufen dann selbsttätig nacheinander so ab, wie es die Programmbefehle vorsehen. Man braucht hierfür eine Einrichtung zum Aufspeichern des Programms. Als Programmspeicher kommen in Frage Nockenbahnen oder Trommeln, Drehwähler, Stecker- und Klinkenfelder, aber auch Lochstreifen, Tonbänder und Filme. Schon die Blechschablone einer Nachformeinrichtung ist ein Programmspeicher. Strenggenommen sogar jeder Anschlag zur Begrenzung von Längs- und Planwegen.

Die Programmeinrichtungen bestehen demnach aus einem Geber (Programmspeicher), in dem die Programme festgelegt werden, und dem Empfänger, der die Schaltbefehle in die gewünschten Wirkungen an der Maschine umsetzt. Diese Wirkungen lassen sich in 2 Gruppen einteilen, nämlich Kommandos für die Bewegungen der Schlitten, Supporte und Meißelhalter

(Weginformationen) und Betriebskommandos für das Umschalten von Drehzahlen, Vorschüben, Eilgängen, Spannen usw. (Schaltinformationen).

Die vorherrschende Form des Programmspeichers ist das Steckerfeld bzw. Klinkenfeld, auch Kreuzschienenverteiler genannt. Dieses besteht aus einer Anzahl von Steckbuchsen oder Schaltern, die jeweils eine waagerechte Stromschiene mit einer senkrechten verbinden, wenn ein Stecker gesteckt bzw. die Schaltklinke betätigt wird. Die waagerechten Reihen sind z. B. mit den einzelnen Kupplungen, Magnetventilen u. ä. verbunden, die senkrechten mit den Impulsschaltern, die beim Überfahren eines wegabhängigen Nockens oder beim Schwenken des Revolverkopfes usw. Spannung erhalten. Der entstehende Stromstoß schaltet das entsprechende Empfangsorgan, worauf ein Schrittschaltwerk den Impulsschalter mit der nächsten Schiene verbindet.

Andere Bauarten verwenden mehrere parallele Nockenbahnen und Schalter, die jede einem bestimmten Kommando zugeordnet sind. An Stelle des Steckerfeldes benutzt man auch Wahlschalter. Die vorhandene Anzahl von Wahlschaltern bzw. Reihen des Steckerfeldes ist gleich der Anzahl der möglichen Programmbefehle.

In den letzten Jahren haben sich Programmeinrichtungen mit Steckerfeldern sehr durchgesetzt. Hingewiesen sei noch auf die sogenannte Einprägsteuerung. Hier wird das Programm beim Drehen des ersten Werkstückes über Magnete in eine Schaltwalze eingeprägt. Diese trägt eine Anzahl Stifte, die eingedrückt werden und dann die Impulsschalter betätigen. Eine andere Ausführung arbeitet mit einer drehbaren Blechscheibe, in die von der Maschine Vertiefungen eingedrückt werden, auf die die Impulsschalter ansprechen.

An und für sich ist die Programmschaltung nicht neu. Jeder klassische Drehautomat ist mit Programmspeichern in Form von Steuerkurven ausgerüstet. Das Neue ist der Ersatz dieser Kurven durch elektrische Elemente und die Verwendung von elektrisch betätigten Kupplungen, Ventilen usw. Dadurch konnte der Anwendungsbereich der Programmtechnik im Werkzeugmaschinenbau erheblich erweitert werden.

Im Unterschied zu den Programmsteuerungen, die für die Auslösung der Befehle Bewegungen innerhalb der Maschine benötigen (Überfahren von wegabhängigen Nocken, Schwenken von Revolverköpfen usw.), steht die numerische Steuerung. Bei dieser werden zur Festlegung derjenigen Punkte am Werkstück, an denen Maschinenkommandos gegeben werden sollen, die Entfernungen dieser Punkte von einem Koordinatenursprung als Zahlenwerte in den Programmspeicher gegeben.

Man verwendet hierfür im allgemeinen einen Lochstreifen, wie er für Fernschreiber benutzt wird. Es gibt den fünfspurigen Streifen (übliche Fernschreiberbreite) oder den achtspurigen (hauptsächlich in den USA gebräuchlich). Die Maschinenbefehle sind als Zahlen- oder Buchstabengruppen verschlüsselt, ähnlich wie Morsezeichen, in den Streifen eingelocht (Morsezeichen: Striche und Punkte; Fernschreibcode: Loch — kein Loch).

Neben der Festlegung der Programmbefehle auf einem Lochstreifen gibt es auch Maschinen, in die die Zahlenwerte unmittelbar eingegeben werden.

Die Anlagen zur numerischen Steuerung von Werkzeugmaschinen sind vorläufig noch sehr teuer. Man rechnet hierfür etwa die gleiche Summe wie für die Maschine selbst.

Hinsichtlich der steuerbaren Wege unterscheidet man 2 Systeme: Die Einzelpunkt- und die Stetigbahnsteuerung. Die Einzelpunktsteuerung gestattet das Verfahren der Meißelspitze von einem durch 2 Koordinaten festgelegten Punkt zu einem anderen in gleicher Weise definierten. Demgegenüber können mit der Stetigbahnsteuerung Kurven abgefahren werden, wie sie von den Kopiereinrichtungen bekannt ist. Ein zusätzliches Gerät zerlegt die vorgegebene Kurve in eine genügend große Anzahl von Kurvenpunkten bzw. einfache Stücke wie Kreisbogen oder Geraden und legt für jede die Lagekoordinaten fest, die dann als Stellbefehle an die Längs- und Planspindel weitergegeben werden.

Der für die Programm- und insbesondere numerische Steuerung erforderliche Aufwand an Schaltgeräten ist sehr groß. Die Anlagen arbeiten mit Schwachstrom. Als Schaltelemente verwendet man Relais und Transistoren (Halbleiter). Die Entwicklung auf diesem Gebiet ist noch sehr im Fluß.

Drehmaschinen mit numerischer Steuerung sind bisher nur vereinzelt anzutreffen. Das Hauptanwendungsgebiet (aber auch hier noch in bescheidenem Umfang) sind neben Kopierfräsmaschinen Bohrwerke, bei denen das Werkzeug auf einen bestimmten Punkt eingesteuert (positioniert) wird. Immerhin sollen in den USA im Jahre 1962 bereits etwa 1000 Werkzeugmaschinen mit Lochbandsteuerungen gearbeitet haben. Den Hauptnutzen sieht man in der Fertigung kleiner und mittlerer Serien, da das Lochband leicht aufbewahrt und die Maschine schnell für das gewünschte Programm betriebsbereit gemacht werden kann. Im wesentlichen braucht ja nur das Lochband in das Lesegerät eingelegt und die Maschine auf den Koordinatenanfangspunkt eingestellt zu werden.

Mit den vorstehenden Ausführungen soll der mögliche Umfang der Elektrotechnik im Drehbankbau systematisch umrissen werden. Angaben über praktisch ausgeführte Konstruktionen findet der Leser bei der Beschreibung der einzelnen Maschinen (Abschnitt 3).

In dem Maße, wie die Elektrotechnik in den Werkzeugmaschinenbau eindringt, steht der Konstrukteur vor der Aufgabe, sich ein Urteil über die technischen Eigenschaften der elektrischen Elemente bilden zu müssen. Neben der Beurteilung der elektrischen Geräte nach ihren spezifischen Werten, wie höchstzulässiger Spannung und Stromstärke, Grenztemperaturen, Schaltzahlen und Lebensdauer, sind noch eine Anzahl von Gesichtspunkten zu beachten, die den Einbau in die Maschine betreffen. Hierzu gehören insbesondere für den Starkstromteil.

1. Sicherheit gegen Unfall. Spannungsübertritte nach außen dürfen nicht möglich sein. Schaltkästen sollten sich erst öffnen lassen, wenn die Anlage spannungslos ist.

2. Sicherheit gegen unbeabsichtigtes Einschalten. Schalthebel und Druckknöpfe sind so einzubauen, daß die Anlage nicht durch versehentliches Anstoßen eingeschaltet werden kann.

3. Kapselung gegen Schmutz und Feuchtigkeit. Schaltschränke oder Schaltkästen, in denen alle Geräte zusammengefaßt sind, bieten einen besseren Schutz gegen Verschmutzung, Feuchtigkeit oder Beschädigung als in Gestellhohlräume eingesetzte Geräteplatten oder Schalttafeln.

4. Ausbildung der Anschlüsse. Es ist darauf zu achten, daß Kabelanschlüsse staub- und wasserdicht in die Schaltkästen eingeführt werden.

5. Schutz gegen mechanische Beschädigung. Gehäuse elektrischer Geräte, Leitungen usw., müssen so kräftig bemessen sein, daß sie von den oft heißen und scharfkantigen Drehspänen oder durch Hantieren mit Werkzeugen usw. nicht beschädigt werden.

6. Lebensdauer. Elektrische Geräte sollten grundsätzlich die gleiche Lebensdauer haben wie die Maschine selbst. Das Auswechseln von elektrischen Teilen ist nicht einfach. Es erfordert Sachkenntnis, die nicht immer zur Verfügung steht. Auch die umgehende Versorgung mit Ersatzteilen ist nicht überall möglich.

7. Beanspruchung. Schaltgeräte sind nach ihrer mechanischen und elektrischen Beanspruchung zu beurteilen. Auf kräftige Ausführung und gute Lagerung beweglicher Teile ist zu achten. Öffnungslichtbogen müssen klein und in 1/4 Periode gelöscht sein.

8. Übersichtlichkeit bei Reparaturen. Die Werkstatt steht elektrischen Problemen im allgemeinen etwas fremd gegenüber. Es sollte daher größte Übersichtlichkeit und Einfachheit im Aufbau der elektrischen Anlage und bei den Schaltplänen angestrebt werden, damit Fehler leicht gefunden und behoben werden können.

9. Sicherheit gegen Fehlschaltungen. In dem Maße, wie die Verwendung der Elektrizität in der Drehmaschine zunimmt, sind Vorkehrungen erforderlich, damit die Maschine nicht durch falsches Schalten beschädigt oder der Bedienungsmann gefährdet wird. Zum Beispiel sollte die Arbeitsspindel erst dann anlaufen, wenn das Einspannen des Werkstückes beendet ist.

10. Schutz gegen elektrische Überlastung. Es ist selbstverständlich, daß die elektrischen Einrichtungen gegen Kurzschlüsse, zu hohe Stromstärken, Spannungsabfall und übermäßige Temperaturen zuverlässig abgesichert sind. Hat sich die Anlage bei Unterbrechung der Stromversorgung selbsttätig abgeschaltet, darf die Maschine nach Wiedereinsetzen der Spannung nicht allein wieder anlaufen.

3. Die Bauarten der Drehmaschinen

Es ist schwierig, die auf dem Markt befindlichen Drehmaschinenkonstruktionen systematisch zu ordnen, da es viele Bauformen gibt, die einen Übergang von der einen zur anderen Gruppe bilden. Die in diesem Buche gebildeten Gattungsbegriffe sind daher nur als Versuch zu betrachten, um in die Fülle der Erscheinungsformen eine gewisse Ordnung zu bringen.

3.1 Drehmaschinen mit umlaufendem Werkstück und festem Schneidmeißel

(Vorschub gewöhnlich am Schneidmeißel, gelegentlich am Werkstück)

3.1.1 Universaldrehmaschinen

Die Universaldrehbank soll, wie ihr Name sagt, möglichst allgemein verwendbar sein. Man erwartet von ihr, daß sich alle auf einer Drehbank denkbaren Arbeiten ausführen lassen, insbesondere auch genaues Gewindeschneiden. Mit Hilfe von Zusatzeinrichtungen müssen andere Fertigungsverfahren, wenigstens behelfsmäßig, anwendbar sein. Das Vermögen, genaue Gewinde mit einer Leitspindel zu schneiden, unterscheidet im Sprachgebrauch die Universaldrehbank von der Produktionsdrehbank, bei der Leitspindel und Gewinderäderkasten nicht vorhanden sind (die Produktionsdrehbank kann aber mit anderen Gewindeschneideinrichtungen, z. B. Strählern mit Leitpatronen u. ä., ausgestattet sein). Die Drehachse der Universaldrehbank liegt waagerecht. Ihr Drehzahl- und Vorschubbereich wird so groß wie möglich gewählt.

Trotz aller Bestrebungen nach Automatisierung nimmt die Universaldrehbank immer noch sowohl der Zahl als auch dem Verkaufswert nach weitaus den ersten Platz in der Rangordnung der Drehbänke ein. Wie Tabelle 6 zeigt, war der Anteil aller Universaldrehbänke einschließlich der einfachen Produktionsmaschinen (Universalmaschinen ohne Leitspindel) an den Drehmaschinen 1961 nach der Stückzahl 56,9 %, dem Gewicht 42,5 % und dem Wert 36 %.

Sie wird von den kleinsten bis zu den größten Abmessungen hergestellt. Am Anfang der Typenreihe steht die Uhrmacherdrehbank, auf der man die Teile einer kleinen Armbanduhr dreht, am Ende die Schwerdrehbank für Werkstücke mit Gewichten von vielen Tonnen. Die Aufgabe dieser Maschinen ist im Prinzip immer die gleiche, nur die Mittel müssen dem Gewicht und den Abmessungen der Werkstücke angepaßt werden.

Man kann die Universaldrehmaschinen in 3 Größenklassen ordnen:

1. Die Uhrmacher- und Mechanikerdrehbänke von der kleinsten Ausführung bis zu etwa 150 mm Spitzenhöhe (wobei diese Grenze durchaus als Richtwert zu betrachten ist),
2. die mittleren Universaldrehbänke von 155 bis 400 mm Spitzenhöhe,
3. die Schwerdrehbänke.

Der Unterschied zwischen der mittleren und der schweren Gruppe besteht u. a. darin, daß eine Serienfertigung von Drehmaschinen bei etwa 400 mm Spitzenhöhe aufhört. Darüber hinaus beginnt die Einzelfertigung. Das schließt nicht aus, daß auch Serienmodelle über 400 mm Spitzenhöhe gebaut werden. Meistens handelt es sich hierbei jedoch um Erhöhungen kleinerer Grundmodelle.

Wenn man die z. Z. gebauten Drehbankmodelle nach ihrer Spitzenhöhe ordnet, zeigen sich innerhalb der einzelnen Spitzenhöhenbereiche außerordentliche Unterschiede in den wesentlichen technischen Daten, wie Antriebsleistung, Drehzahlbereich, Maschinengewicht, Bettbreite und Arbeitsspindelabmessung. Die Fülle der angebotenen Typen entspricht der unterschiedlichen Auffassung der Kundschaft über die erforderliche Genauigkeit, Zerspanungsleistung, Handlichkeit in der Bedienung usw.

Die Industrie kommt diesen Wünschen im Rahmen ihres Programms vielfach dadurch nach, daß zu einem Grundmodell ein oder mehrere erhöhte Modelle angeboten werden. Es

3.1 Drehmaschinen mit umlaufendem Werkstück und festem Schneidmeißel

Tabelle 6. *Produktion von Drehmaschinen 1961*[1]

Statistik Nr.	Maschinenart	Produktion					
		Stück	%	t	%	1000 DM	%
321121	Spitzendrehmaschinen bis unter 800 mm Umlaufdurchmesser über Bett	7458	34,4	15209	31,0	137654	27,8
321122	Spitzendrehmaschinen ab 800 mm Umlaufdurchmesser über Bett	181	0,9	3935	8,0	24484	5,0
321125	Kleindrehmaschinen	4693	21,6	1695	3,5	16006	3,2
	Summe der Universal-Spitzendrehmaschinen mit und ohne Leitspindel	12332	56,9	20839	42,5	178144	36,0
321124	Karusseldrehmaschinen	299	1,4	6611	13,5	52316	10,5
321126	Außengewindeschneidmaschinen	1405	6,5	311	0,6	3785	0,8
321127	Abstechmaschinen und -automaten. Dreh-, Bohr- und Abstechmaschinen	172	1,0	214	0,4	2590	0,5
321128	Kopierdrehmaschinen	277	1,3	985	2,0	14166	2,9
321129	Sonderdrehmaschinen	420	1,9	5815	11,8	45554	9,2
321131	Trommelrevolverdrehmaschinen	853	3,9	1823	3,7	28906	5,7
321132	Stern- und Flachtischrevolverdrehmaschinen	979	4,5	1864	3,8	22770	4,6
321133	Langdrehautomaten	783	3,6	601	1,2	13218	2,7
321134	Sonstige Einspindeldrehautomaten	3154	14,5	3452	6,9	51348	10,3
321135	Mehrspindeldrehautomaten (einschl. Mehrspindelhalbautomaten)	490	2,3	5053	10,5	59379	11,9
321137	Einspindeldrehhalbautomaten	481	2,2	1546	3,1	24248	4,9
	Summe	21645	100,0	49114	100,0	496424	100,0

handelt sich hierbei um Maschinen, die nur durch Anheben der Spitzenlinie einen größeren Drehbereich erhalten, ohne daß sich die Abmessungen des Bettes oder Getriebes geändert hätten. So findet man dann für eine bestimmte Spitzenhöhe leichte und schwere Ausführungen nebeneinander und, bedingt durch die erhöhten Modelle, eine verhältnismäßig große Streuung der technischen Daten.

Eine Normung der Spitzenhöhen hat sich bisher nicht durchsetzen können. Es liegt zwar eine Normvorschrift vor, nach der sich viele Firmen in etwa auch richten. Aus Wettbewerbsgründen werden die tatsächlich möglichen Drehdurchmesser aber oft etwas größer gemacht als der Norm entspricht.[2]

---
[1] VDW-Statistik.
[2] Soweit in den folgenden Abbildungen technische Daten angegeben wurden, sind jeweils die Höchstwerte genannt. Meistens sind mehrere Drehzahlreihen, u. U. durch polumschaltbare Motore erweitert, und verschiedene Antriebsleistungen lieferbar. Die abgebildeten Modelle sind nur als Konstruktionsbeispiel zu werten. Oft sind verschiedene Spitzenhöhen und fast immer mehrere Spitzenweiten vorhanden. Die Gewichte verstehen sich für die Standardausführung ohne elektrische Ausrüstung.

3.1.1.1 Uhrmacher- und Mechanikerdrehbänke

Grundsätzlich weisen die Mechanikerdrehbänke die gleichen Merkmale auf wie die größeren Typen. In Hinblick auf die geringen Massen der zu bewegenden Teile, wie Bettschlitten und Supporte, und der Werkstücke, findet man insbesondere bei den kleinsten Ausführungen Vereinfachungen. So haben die kleinen Drehbänke oft keinen Längszug durch eine Zugspindel. Der Bettschlitten wird von Hand verschoben und mit einer unter dem Bett befindlichen Klemmschraube festgespannt. Reitstockpinole und Oberschieber verstellt man mit Handhebeln an Stelle von Verschiebespindeln, besonders dann, wenn die Maschinen für die Serienfertigung vorgesehen sind. Die Handhebel verstellen über ein Gelenk oder einen Zahntrieb die betreffenden Schieber. Die Arbeitsspindel wird durchweg über Stufenscheiben angetrieben. Der Antriebsmotor sitzt dabei unmittelbar am Spindelstock oder auch im Fuß des Untergestelles (Abb. 284). Kleinste Drehbänke stellt man unmittelbar auf den Arbeitstisch oder baut sie auf einem Gestell auf, das gleichzeitig als Werkzeugschrank dient, soweit nicht Getriebe und elektrische Geräte in ihm untergebracht sind (Abb. 285 und 286).

Abb. 284. Kleindrehbank [Boley]
Spitzenhöhe 50 mm; Spindeldrehzahlen bis 6000 U/min; Antriebsleistung 1,1 kW; Gewicht 7 kp bei 230 mm Spitzenweite

Oft werden sie nach dem Baukastenprinzip hergestellt. Man baut keine vollständigen Drehbänke auf Lager, sondern nur Baugruppen, wie Spindelstock, Bett, Schlitten usw. Diese Baugruppen sind einbaufertig mit einer so hohen Genauigkeit hergestellt, daß der Zusammenbau ohne Nacharbeit vorgenommen werden kann. Bei Bestellung hat der Kunde nicht nur die Auswahl aus einer bemerkenswert großen Reihe von Sonderzubehör, er kann auch aus verschiedenen Ausführungen des Spindelstocks, Reitstocks usw. die ihm geeigneten auswählen (Abb. 287). Nach dem Kundenauftrag wird die Drehbank dann fertig zusammengebaut. Ein weiteres, wenn auch äußerliches Kennzeichen dieser Gattung mag noch sein, daß die sitzende Arbeitsweise vorherrscht.

Innerhalb der Gruppe der kleinen Drehbänke findet man (vorwiegend in dem Spitzenhöhenbereich 100 bis 150 mm) eine Sondergattung, die Fein- und Feinst-

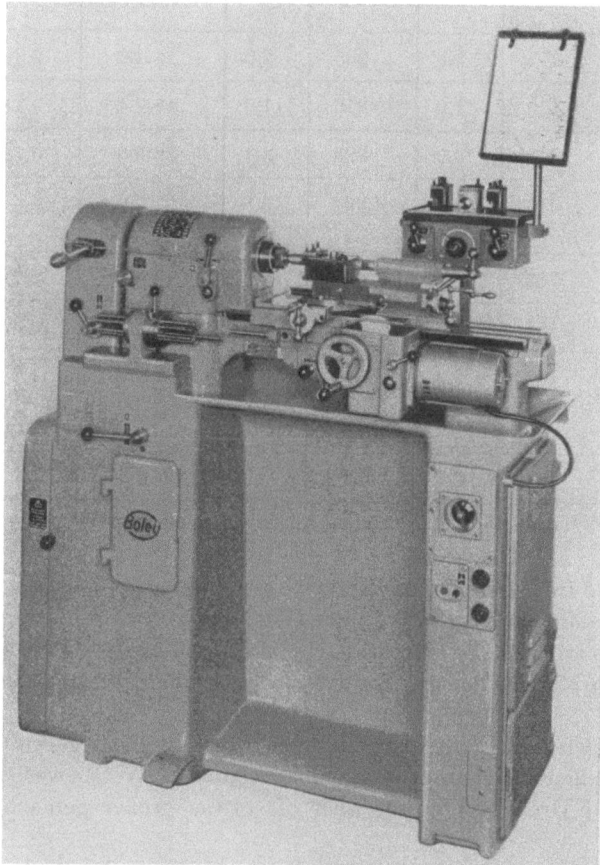

Abb. 285. Kleine Leitspindeldrehbank [Boley]
Leitspindel in der Mitte des Bettes gelagert (Abb. 49). Stufenlos regelbarer Vorschubantrieb mit einem Gleichstrommotor
Spitzenhöhe 120 mm; 12 Spindeldrehzahlen mit polumschaltbarem Motor 140 bis 1800 U/min; Antriebsleistung 1,4 kW; Gewicht 810 kp bei 370 mm Spitzenweite

drehbank. Diese ist gekennzeichnet durch höchste Präzision und Oberflächengüte der auf ihr gedrehten Werkstücke. Der Rauhtiefenbereich beim Feindrehen kann je nach Werk-

Abb. 286. Leit- und Zugspindeldrehbank [Carstens]
Spitzenhöhe 130 mm; Spitzenweite 600 mm; 18 Spindeldrehzahlen 50 bis 2800 U/min

stoff des Werkstückes und Werkzeuges (Hartmetallschneide, Diamant) Werte bis zu 0,1 µ, die Formgenauigkeit bis zu 0,6 µ erreichen (Abb. 288).

Nach dem Vorschlag des Ausschusses Feinbearbeitung im ADB/AWF zählen zu den Feindrehverfahren nicht nur jene mit umlaufendem Werkstück für die Schnittbewegung und längsbeweglichem in Werkzeug für die Vorschubbewegung, sondern auch solche, bei denen das Werkzeug von der Arbeitsspindel angetrieben umläuft und dem Werkstück eine Vorschubbewegung gegeben wird. Die Vorschubbewegung kann in beiden Fällen vom Bettschlitten oder vom Spindelkasten erzeugt werden [24].

Auch Maschinen mit senkrechter Drehachse für Innenbearbeitung werden der Gattung „Feindrehbänke" zugeordnet. Hier die Grenze zwischen Bohren und Drehen zu ziehen, ist schwierig. Bei jeder Drehbank läßt sich das Werkstück auf dem Bettschlitten und das Werkzeug in die Arbeitsspindel einspannen, womit also eine Bohrwerkarbeit nachgeahmt wird. Trotzdem bleibt die Maschine eine Drehbank, da die Bohrarbeit als Ausnahme

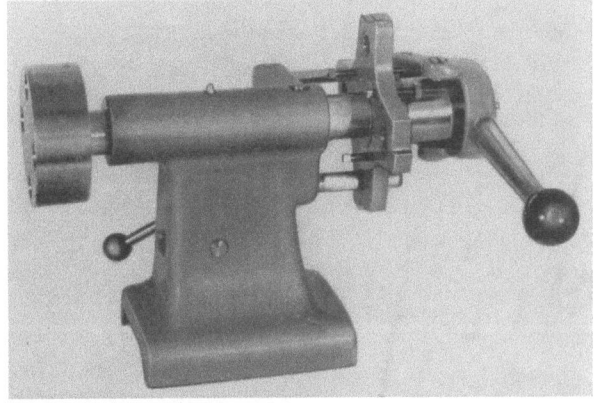

Abb. 287. Revolverreitstock für eine kleine Mechanikerdrehbank [Boley]
Beim Zurückziehen der Pinole mit dem Handhebel wird der Revolver selbsttätig weitergeschaltet

anzusehen ist. Umgekehrt bezeichnet man eine Maschine mit gewöhnlich umlaufenden Werkzeug, wobei das Werkstück nur eine Längsbewegung ausführen kann, als Bohrmaschine bzw. Bohrwerk. Das schließt nicht aus, daß auch hier im Sonderfall das Werkstück eine kreisende und das Werkzeug nur eine Längsbewegung macht. Trotzdem würde deswegen eine Bohrmaschine nicht als Drehbank bezeichnet werden.

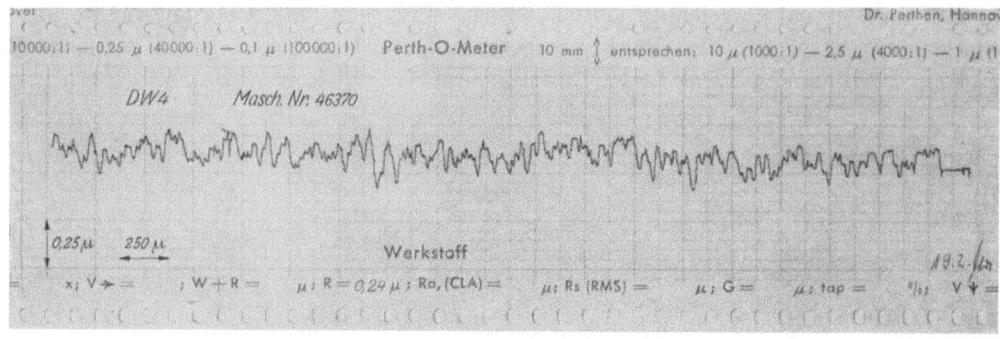

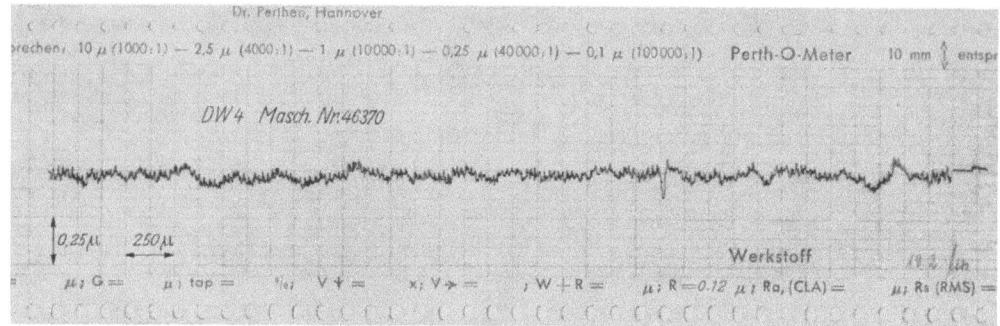

Abb. 288. Oberflächenkurven von auf einer Feinstdrehbank gedrehten Probestücken [Boley]

Oben: Welle: $D = 28$ mm, $l = 120$ mm, Werkstoff: MS 58; Werkzeug: Diamant, $n = 2000$ U/min, $s = 0,023$ mm/U; $a = 0,02$ mm; erzielte Rundheit etwa 1μ; Rauhtiefe $R = 0,24\mu$. Unten: Buchse: $D = 50$ mm, $d = 44$ mm, $l = 86$ mm, Werkstoff: Bronze; Werkzeug: Diamant, $n = 1500$ U/min, $s = 0,015$ mm/U, $a = 0,02$ mm; erzielte Rundheit etwa 1μ; Rauhtiefe $R = 0,12\mu$

Es ist daher fraglich, ob man die Begriffsbestimmung der Feindrehbank anders fassen soll als sie für die Drehbank im allgemeinen festgelegt ist. In diesem Buch werden daher Fein-

Abb. 289. Leit- und Zugspindeldrehbank für Feinstdrehen [Boley]

Spitzenhöhe 130 mm; 22 Drehzahlen 28 bis 3550 U/min; Antriebsleistung 2 kW; Gewicht 850 kp bei 500 mm Spitzenweite; erreichte Rauhtiefen: $R = 0,48\mu$, $n = 1400$ U/min, $R = 0,65\mu$, $n = 2800$ U/min (mit Rädervorgelege), $s = 0,02$ mm, $a = 0,05$ mm; Werkstoff: MS 58; Welle: $D = 30$ mm, $l = 120$ mm; Werkzeug: Diamant mit Schneidenradius $r = 1$ mm

3.1 Drehmaschinen mit umlaufendem Werkstück und festem Schneidmeißel

bearbeitungsmaschinen, die gewöhnlich mit umlaufenden Werkzeugen feststehende Werkstücke bearbeiten, nicht mehr zu der Gattung „Drehbank" gerechnet.

Unter „Feindrehen" selbst soll das Fertigbearbeiten einer bereits vorgedrehten Fläche verstanden sein. Es handelt sich also um ein Drehverfahren mit kleiner und kleinster Spanabnahme zur Erzielung einer besonders hohen Genauigkeit und Oberflächengüte. Alle für Genauigkeit und Oberflächengüte wichtigen Faktoren sind daher mit besonderer Sorgfalt zu beachten.

Eine solche Feindrehbank ist die in Abb. 289 dargestellte Maschine. Der Antriebsmotor mit Getriebekasten sitzt in ihrem Fuß. Die Arbeitsspindel wird von einem Flachriemen angetrieben. Sie ist vom Riemenzug entlastet und läuft in nachstellbaren Gleitlagern aus Hartbronze. Die Leitspindel befindet sich in der Mitte des Bettes (Abb. 60). Sie wird über Wechselräder angetrieben, um die in einem Gewinderäderkasten liegenden Fehlerquellen zu vermeiden. Die Führungsbahnen sind abgedeckt.

Ein Probestück aus Ms 58 mit 30 mm Durchmesser und 120 mm Länge ergab bei $n = 1400$ U/min und $s = 0,02$ mm/U (durch die Leitspindel) eine Rauhtiefe $R = 0,48\,\mu$; bei $n = 2800$ U/min und $s = 0,05$ mm/U eine Rauhtiefe $R = 0,65\,\mu$ — Werkzeug: Drehdiamant mit einem Spitzenradius $r = 1$ mm.

Bei einem anderen Modell des gleichen Herstellers ist die Antriebseinheit von der Drehbank vollständig getrennt aufgestellt und mit der Arbeitsspindel nur über den Antriebsriemen verbunden. Das Spindelstocklager wird mit Wasser gekühlt, so daß die Lagertemperatur konstant bleibt. Die Maschine ist auf Schwingmetall aufgestellt, um Schwingungen aus dem Fußboden aufzuhalten. An einem Probestück (Bronzebuchse 50 mm Durchmesser, 86 mm Länge) wurde eine Rauhtiefe $R = 0,1\,\mu$ und eine Rundheit von $1\,\mu$ erreicht ($n = 1500$ U/min; $s = 0,015$ mm/U; $a = 0,02$ mm).

Schwingungen wirken sich beim Fein- und Feinstdrehen in stärkerem Maße aus als beim gewöhnlichen Drehen. Fein- und Feinstdrehbänke müssen daher statisch und dynamisch besonders steif ausgeführt sein. Die Werkstücke werden zwischen den Spitzen oder in Spannzangen aufgenommen, nicht jedoch in Spannfuttern, da diese nicht so genau ausgewuchtet werden können, wie es für das Feinstdrehen erforderlich ist.

Die Schnittgeschwindigkeiten sind höher als gewöhnlich, insbesondere beim Drehen mit dem Diamanten, wo Werte bis zu 3000 m/min genannt werden (24). Die Vorschübe sind entsprechend fein und schwanken von 0,01 bis 0,2 mm/U. Die Schnittiefe ist verhältnismäßig klein und liegt, ähnlich wie der Vorschub, zwischen 0,02 und 0,2 mm. Wie aus diesen Werten zu erkennen ist, muß das Werkstück gut vorgearbeitet sein. Rundheit und Zylindrizität einer Welle z. B. können beim Feindrehen nur noch in sehr geringem Maße korrigiert werden.

Eine Sonderbauart der Mechanikerdrehbank ist die Kurzwangendrehbank, deren Kennzeichen das als Freiträger ausgebildete Bett ist.

Tab. 7 gibt einen Überblick über die gebräuchlichen Bauarten nach Spitzenhöhen geordnet.

Tabelle 7. *Universaldrehmaschinen unter 350 mm Drehdurchmesser über dem Bett* (Kleinste und größte Abmessungen. Untersuchte Modelle: 20)

Drehdurchmesser über dem Bett mm	Spitzenweite mm	Antriebsleistung kW	Gewicht kp	Drehzahlen			Arbeitsspindelbohrung mm
				Bereich	Anzahl	kleinste U/min	größte U/min	

Drehdurchmesser über dem Bett mm	Spitzenweite mm	Antriebsleistung kW	Gewicht kp	Bereich	Anzahl	kleinste U/min	größte U/min	Arbeitsspindelbohrung mm
110 bis 125	110 bis 320	0,1	13 bis 21	1 : 4 bis 1 : 5,6	6	670 bis 750	4200 bis 6000	8 bis 9,3
180 bis 200	300 bis 400	0,36 bis 0,75	65 bis 280	1 : 14 bis 1 : 46	4 bis 8	75 bis 475	1500 bis 4000	12,5 bis 25
220 bis 240	350 bis 800	0,7 bis 2	370 bis 1400	1 : 8,5 bis 1 : 12,6	6 bis 12	38 bis 225	1600 bis 3000	23 bis 26
260 bis 280	400 bis 800	0,6 bis 2	350 bis 900	1 : 2,5 bis 1 : 72	6 bis 22	28 bis 68	1515 bis 3550	23 bis 25
290 bis 300	500 bis 900	1,5 bis 3	650 bis 950		3 bis 18; ∞	300	3000 bis 3150	23 bis 26

3.1.1.2 Mittlere Universaldrehbänke

In dem Bereich von 155 bis 400 mm Spitzenhöhe, der etwa dem Begriff der „mittleren Universaldrehbank" entspricht, werden allein von den in der Bundesrepublik und in West-

Abb. 290. Leit- und Zugspindeldrehbank [Voest]

Spitzenhöhe 200 mm; Drehzahlbereich stufenlos 192 bis 900 U/min; Drehzahlbereich mit Rädergetriebe 12 Drehzahlen 41 bis 1500 U/min; Antriebsleistung 3 kW; Gewicht 970 kp bei 1000 mm Spitzenweite

berlin ansässigen Drehbankfabriken zwischen 100 und 150 verschiedene Baumuster angeboten (hierin sind aus Grundmodellen entwickelte erhöhte Ausführungen eingeschlossen). Betrachtet man diese Modelle im einzelnen, läßt sich bei dem größten Teil eine gewisse Einheitlichkeit

Abb. 291. Leit- und Zugspindeldrehbank [Pfeifer]

Spitzenhöhe 185 mm; 16 Drehzahlen 30 bis 1500 U/min; Antriebsleistung 4,4 kW; Gewicht 2100 kp bei 1000 mm Spitzenweite

der Konstruktion erkennen. Man findet daneben aber auch zahlreiche Ausführungen, in denen die verschiedenartigsten, von der Standardauffassung abweichenden konstruktiven Gedankengänge verwirklicht sind.

Die Standardauffassung wird repräsentiert durch eine Drehbank mit Schieberädergetriebe, Antrieb durch Flansch- oder Fußmotor über Kupplung für Rechts- und Linkslauf der Arbeits-

3.1 Drehmaschinen mit umlaufendem Werkstück und festem Schneidmeißel

Abb. 292. Leit- und Zugspindeldrehbank [Martin]
Spitzenhöhe 180 mm; Drehzahlen 31,5 bis 3150 U/min; Antriebsleistung 7,5 kW

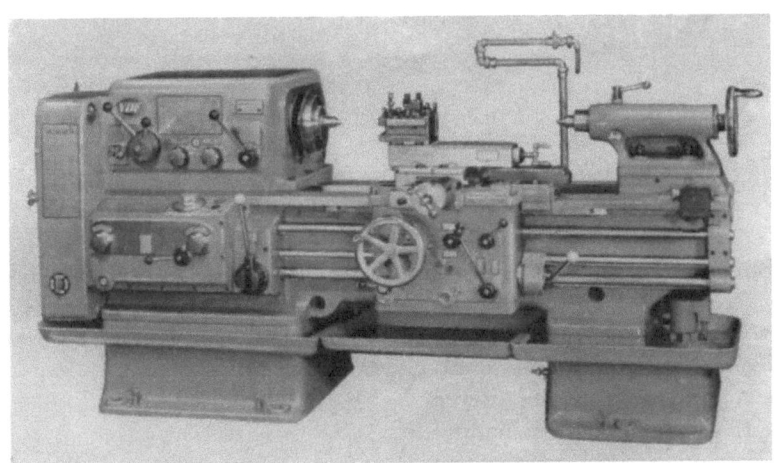

Abb. 293. Leit- und Zugspindeldrehbank [VDF]
Spitzenhöhe 255 mm; 18 Drehzahlen 22,4 bis 1120 U/min; Antriebsleistung 7,5 kW; Gewicht 2375 kp bei 1000 mm Spitzenweite

Abb. 294. Leit- und Zugspindeldrehbank [IWK-Schaerer]
Spitzenhöhe 320 mm; 24 Drehzahlen 7 bis 1400 U/min; Antriebsleistung 22 kW; Gewicht 3810 kp bei 1000 mm Spitzenweite

spindel, Abbremsen der Arbeitsspindel bei gleichzeitigem Abkuppeln des Getriebes von dem Antriebsmotor, der nur in größeren Arbeitspausen abgeschaltet wird. 12 bis 18 Drehzahlen

Abb. 295. Leit- und Zugspindeldrehbank [Weisser, Heilbronn]
Spitzenhöhe 300 mm; 24 Drehzahlen 9 bis 1800 U/min; Antriebsleistung 22 kW; Gewicht 6200 kp bei 1000 mm Spitzenweite

herrschen vor. Ein polumschaltbarer Motor zur Erweiterung des Drehzahlbereiches ist möglich. Die Drehzahlen werden mit Hebeln geschaltet. Die Arbeitsspindel ist vorn in Gleit- oder Wälzlagern, hinten vorwiegend in Wälzlagern gelagert. Oft kann der Kunde zwischen Gleit- oder Wälzlagern wählen. Antrieb des Bettschlittens durch Leit- und Zugspindel, deren wechselseitiges Einschalten gegeneinander blockiert ist. Vorschubgetriebe vorwiegend Schieberädergetriebe. Die Norton-Schwinge ist nur noch selten anzutreffen. Das Bett steht je nach Länge auf zwei oder mehreren Füßen oder auf durchgehendem Untersatz. Ein kastenförmiger Bettquerschnitt mit

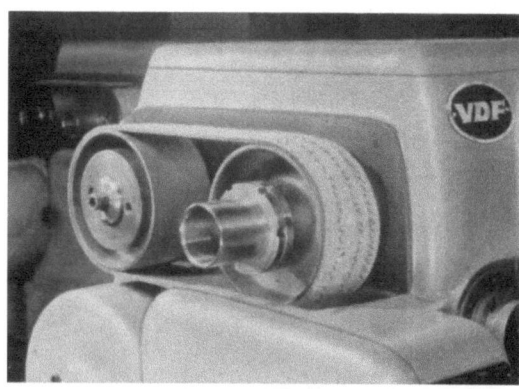

Abb. 296. Antrieb der Arbeitsspindel über einen Flachriemen für den oberen Drehzahlbereich [VDF]

Abb. 297. Schalttrommeln zum Vorwählen von Drehzahlen (oben) und Vorschüben bzw. Gewindesteigungen (unten) [IWK-Schaerer]

obenliegenden Führungsbahnen und Diagonalverrippung mit gehärteten oder ungehärteten Führungsbahnen bildet die Regel. Zum üblichen Zubehör gehören neben Werkzeughaltern,

Abb. 298. Drehbank mit verschiebbarem Oberbett [Heyligenstaedt]
Drehdurchmesser über dem Oberbett 515 mm; Drehdurchmesser über dem Unterbett 750 mm; 18 Drehzahlen 18 bis 900 U/min; Antriebsleistung 5,5 kW

Futtern und Setzstöcken die Kegeldreheinrichtung und eine entweder vom Hersteller der Drehbank entworfene oder von anderen Firmen bezogene hydraulische Nachformeinrichtung, die auf dem Querschieber aufgesetzt wird.

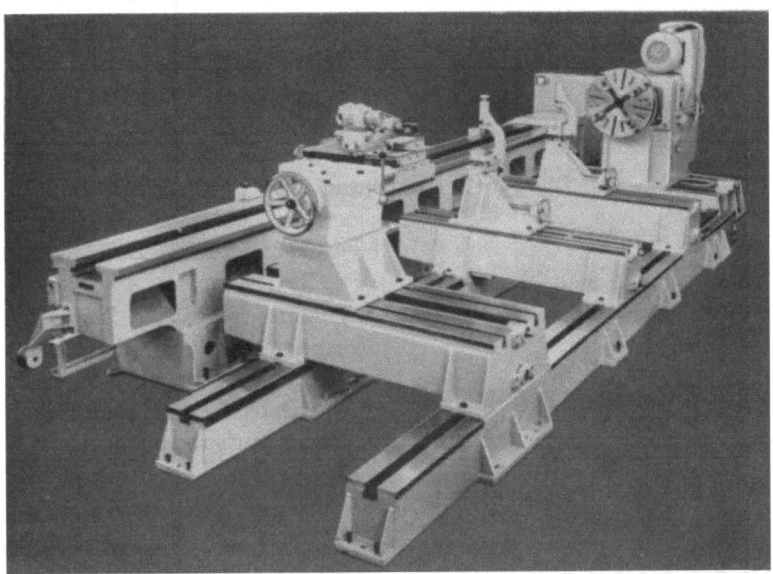

Abb. 299. Sonderdrehmaschine mit verstellbarem Spindelkasten, Reitstock und Setzstöcken zur Bearbeitung von Zylindern (Trommeln) mit großem Durchmesser [Weisser, Heilbronn]
Größter Drehdurchmesser 1820 mm; 18 Drehzahlen 12 bis 600 U/min; Antriebsleistung 11 kW; Gewicht etwa 10500 kp bei 4500 mm Spitzenweite

Abb. 290 bis 295 zeigen einige Modelle dieser Gruppe mit den erwähnten Merkmalen. In einigen Fällen ist die Kupplung zum Abbremsen der Arbeitsspindel und Umkehren ihrer Drehrichtung fortgelassen und deren Aufgabe dem Antriebsmotor übertragen.

Tabelle 8. *Universaldrehmaschinen von 350 bis 1800 mm Drehdurchmesser über dem Bett* (Kleinste und größte Abmessungen. Untersuchte Modelle: 115)

Drehdurchmesser über dem Bett mm	Spitzenweite mm	Antriebsleistung kW	Gewicht bei 1000 mm Spitzenwerte kp	Drehzahlen				Bettbreite mm	Arbeitsspindelbohrung mm
				Anzahl	kleinste U/min	größte U/min	Bereich		
350 bis 370	500 bis 3000	1,5 bis 10	700 bis 2020	8 bis 30	11 bis 500	720 bis 3800	1:8 bis 1:200	270 bis 355	35 bis 36
400 bis 420	600 bis 4000	2,2 bis 7,5	960 bis 2350	12 bis 36; ∞	15 bis 31,5	910 bis 2800	1:45 bis 1:200	290 bis 410	38 bis 51
430 bis 460	500 bis 4000	2,2 bis 15	970 bis 3220	12 bis 30	9 bis 31,5	600 bis 2240	1:40 bis 1:200	330 bis 410	36 bis 62
500 bis 520	500 bis 6000	3 bis 15	1460 bis 3200	12 bis 36; ∞	6 bis 22	710 bis 2500	1:45 bis 1:200	330 bis 475	36 bis 71
530 bis 580	750 bis 6000	5,5 bis 22	2300 bis 6100	12 bis 24	7,1 bis 18	560 bis 1800	1:50 bis 1:200	400 bis 500	62 bis 82
590 bis 680	750 bis 8000	5,5 bis 22	2755 bis 4800	18 bis 28	5,6 bis 14	560 bis 1400	1:50 bis 1:200	450 bis 580	60 bis 82
700 bis 780	1000 bis 10000	7,5 bis 24	3400 bis 8200	18 bis 36	1,8 bis 14	450 bis 1400	1:50 bis 1:350	515 bis 630	74 bis 100
800 bis 880	750 bis 8000	7,5 bis 30	3550 bis 7000	18 bis 28	2,2 bis 14	400 bis 1400	1:50 bis 1:200	515 bis 710	74 bis 100
900 bis 950	750 bis 10000	7,5 bis 30	4100 bis 8400	12 bis 36	1,8 bis 10	380 bis 900	1:45 bis 1:350	470 bis 650	80 bis 100
1000 bis 1100	1000 bis 10000	15 bis 52	6135 bis 14500	16 bis 36	1,12 bis 7,1	200 bis 800	1:50 bis 1:350	630 bis 850	80 bis 100
1250 bis 1350	1000 bis 10000	11 bis 59	8500 bis 19500	12 bis 36; ∞	1,12 bis 4,5	190 bis 280	1:45 bis 1:200	750 bis 1070	80 bis 130
1400 bis 1550	1000 bis 10000	11 bis 75	9000 bis 24000	12 bis 36; ∞	0,9 bis 3,55	180 bis 280	1:45 bis 1:200	850 bis 1120	80 bis 130
1600 bis 1800	1000 bis 10000	14 bis 150	11000 bis 25000	12 bis 24; ∞	0,9 bis 2,8	150 bis 280	1:45 bis 1:200	1030 bis 1120	80 bis 130

Der Wunsch, die Drehzahlen stufenlos zu verstellen, führt zu elektrisch, hydraulisch und mechanisch arbeitenden stufenlosen Getrieben, teilweise in Verbindung mit Zahnradgetrieben, da die stufenlos verstellbaren Bereiche meistens kleiner sind als der Drehzahlbereich der Drehbank. Die Anzahl der Modelle mit stufenloser Drehzahlregelung ist jedoch recht klein. Andere Bauarten verwenden Lastschaltgetriebe, mit denen man die Vorteile der stufenlosen Drehzahlregelung zum größten Teil auch erreicht.

Um einen möglichst ruhigen Lauf der Arbeitsspindel zu erzielen, wird diese bei verschiedenen Typen vom Rädergetriebe über eine Kupplung oder über einen Riemen (Keil- oder Flachriemen) angetrieben. Andere Drehbänke haben auch Riemen und Rädergetriebe nebeneinander, wobei der Riementrieb für die hohen und das Rädergetriebe für die niedrigen Drehzahlen vorgesehen ist (Abb. 296). Die Drehzahlschaltung ist gelegentlich in 1 oder 2 Schaltelementen (Handrädern oder Trommeln) vereinigt (Abb. 297).

Da eine Drehbank um so ruhiger läuft, je tiefer ihr Schwerpunkt liegt, sind die Spindelantriebe vielfach in den Fuß verlegt oder in ein Grund- und Spindelstockgetriebe aufgeteilt. Die Riemenscheiben auf der Arbeitsspindel werden gesondert gelagert, so daß die Spindel vom Riemenzug entlastet ist (s. Abschnitt 2.2).

Um den Arbeitsbereich zu erweitern, baut man Maschinen mit in Längsrichtung verschiebbarem Oberbett (Abb. 298). Einige Zeit gab es sogar eine Drehbank mit in der Höhe veränderlicher Spitzenlinie. Eine andere Lösung läßt Abb. 299 erkennen.

Entsprechend der bei den Universaldrehmaschinen gegebenen Zielsetzung sind zahlreiche Zubehöre lieferbar, mit deren Hilfe diese Gattung wirtschaftlich für die Serienfertigung und für Sonderaufgaben eingerichtet werden kann.

Wenn auch die Drehzahlen bei Maschinen über 220 mm Spitzenhöhe im allgemeinen über 2240 U/min nicht hinausgehen, werden für Sonderzwecke höhere Bereiche gewählt. So hat eine für Forschungszwecke gebaute Maschine folgende Daten:

Drehdurchmesser
  über dem Support .... 300 mm
Drehlänge .... 1250 mm
Drehzahlen .... 125—5000 U/min
Antriebsleistung .... 100 kW [VDF]

3.1 Drehmaschinen mit umlaufendem Werkstück und festem Schneidmeißel 171

Wie schon erwähnt, lassen sich mit Sonderausstattungen auch andere Fertigungsverfahren auf der Drehbank ausführen. Zum Abschluß sei noch eine Drehbank gezeigt, die die Universalität

Abb. 300. Mehrzweckwerkzeugmaschine [Leinweber]

Durch Aufbau eines Zusatzkopfes auf dem Spindelkasten kann die Drehbank als Vertikalfräsmaschine, Senkrechtstoßmaschine, Kurzhobelmaschine und durch weiteres Aufsetzen eines Gegenhalters an Stelle des Reitstockes als Waagerechtfräsmaschine verwendet werden. Der Bettschlitten dient dann als Arbeitstisch. Der Querschieber ist schwenkbar. Rundführungen für Schlitten und Reitstock

Spitzenhöhe 200 mm; 6 Drehzahlen 40 bis 1300 U/min; Antriebsleistung 2 kW; Gewicht 1100 kp bei 1000 mm Spitzenweite

bis zum Äußersten gesteigert hat. Diese Drehmaschine in Abb. 300 läßt sich mit wenigen Handgriffen in eine Fräs-, Stoß- und Kurzhobelmaschine verwandeln.

In Tab. 8 ist eine Übersicht über die wesentlichen technischen Daten der Drehmaschinen dieser und der folgenden Gruppe zusammengestellt.

3.1.1.3 Schwerdrehbänke

Die Grenze zwischen den schweren und mittleren Drehbänken liegt etwa bei 400 m Spitzenhöhe. Diese Grenzziehung ist insofern etwas willkürlich, weil es Drehbänke gibt, die für leichtere

Abb. 301. Leit- und Zugspindeldrehbank [IWK-Schaerer]
2 Bettschlitten mit je einer hydraulischen Kopiereinrichtung

Spitzenhöhe 480 mm; 24 Drehzahlen 4,5 bis 800 U/min; Antriebsleistung 30 kW; Gewicht 7400 kp bei 1500 mm Spitzenweite

Werkstücke (etwa 4 bis 5 t) gedacht, ihrem Charakter nach mehr zu der mittleren Gruppe zu rechnen sind, obgleich sie mit ihrer Spitzenhöhe in das Gebiet der großen Drehbänke hinein-

Abb. 302. Blick in den Spindelkasten einer schweren Drehbank mit 850 mm Spitzenhöhe [Froriep] Antrieb durch Gleichstromregelmotor. Hauptspindel in zweiteiligen Gleitlagern oder Rollenlagern (Diese vorzugsweise bei Schruppdrehbänken)

kommen (Abb. 301). Solche Maschinen wiegen etwa 8 bis 10 t. Demgegenüber stehen die eigentlichen schweren Drehbänke, die dadurch gekennzeichnet sind, daß sowohl Werkstück- als auch Maschinengewicht erheblich über die oben genannten Werte hinausgehen (z. B. 400 mm Spitzenhöhe — Werkstückgewicht 12 t und Maschinengewicht 20 t). Natürlich gibt es Übergänge.

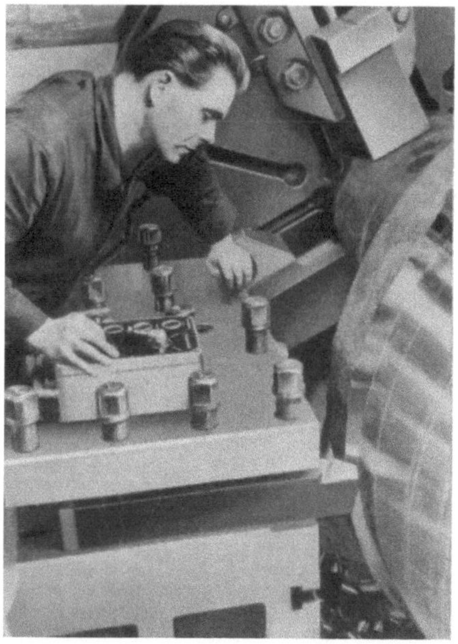

Wenn auch die Schwerdrehbänke im allgemeinen die gleichen Merkmale aufweisen wie die mittleren Größen, so zeigen sich doch gewisse Unterschiede, bedingt durch die hohen Werkstück- und Maschinengewichte und Abmessungen sowie die für das Abdrehen dieser Werkstücke erforderlichen großen Spanquerschnitte.

Die Arbeitsspindel wird über ein Schieberädergetriebe angetrieben (Abb. 302). Die Schieberäder verstellt man von Hand, elektromotorisch oder auch hydraulisch. Wahlweise ist ein stufenloser Antrieb mit Leonard-Schaltung oder Drehstrommotorantrieb möglich. Zum Ein- und Ausschalten, auch kurzzeitigem Einschalten beim Einrichten (Tippschaltung), sind Druckknöpfe am Spindelkasten und am Bettschlitten vorgesehen bzw. in einem beweglichen Schaltkasten eingeordnet (Abb. 303).

Abb. 303. Steuerung einer Schruppdrehbank von einer tragbaren Druckknopftafel aus [Froriep]

Der Schmierölkreislauf wird sorgfältig mit Schaugläsern, z. T. bei innen beleuchteten Spindelkästen, oder durch eine selbsttätige Schmierölkontrolle überwacht. Der Hauptmotor kann dann nur anlaufen, wenn der Schmierölpumpenmotor arbeitet. Eine Signallampe leuchtet auf, sobald der Ölstrom aussetzt.

Als Hauptlager der Arbeitsspindel verwendet man Gleitlager oder Wälzlager. Die Planscheibe ist fest mit der Arbeitsspindel verschraubt bzw. auf diese aufgeschrumpft. Sie wird über einen Zahnkranz mit Innen- oder Außenverzahnung angetrieben, um die großen Drehmomente zweckmäßig auf das Werkstück zu übertragen (z. B. 3150 mkg bei 500 mm Spitzenhöhe). Charakteristisch sind die Klauenkästen auf der Planscheibe, in denen die eigentlichen Backen und ihre Verstellspindeln gelagert sind (Abb. 189).

Der Vorschub wird von der Zugspindel oder über die elektrische Welle in die Bettschlitten eingeleitet. Zum Gewindeschneiden dient die Leitspindel, die an der Vorderseite des Bettes oder, bei 3 und 4 Bahnen-Maschinen, zwischen den vorderen Führungsbahnen gelagert ist. Auch hierfür kann die elektrische Welle verwendet werden. Zum Schneiden kürzerer Gewinde benutzt man den Oberschieber, dessen Verstellspindel von einer am Bettschlitten angebauten Wechselräderschere aus angetrieben wird. Die Vorschübe stellt man am Bettschlitten ein. Dieser wird entweder in üblicher Weise über Ritzel und Bettzahnstange oder durch ein Schneckenzahnstangengetriebe bewegt[1] (Abb. 304). Bettschlitten und Reitstöcke haben Verstellmotoren für Eilbewegungen, die Reitstöcke bei sehr großen Maschinen auch Motoren für die Pinolenverstellung und zum Festklemmen auf dem Bett. Da bei schweren Schrupparbeiten erhebliche Wärmedehnungen auftreten können, sind die Reitstockpinolen mit Ausgleichseinrichtungen versehen (Tellerfedern oder hydraulischer Druckausgleich). Auf die Reitstockpinole kann auch eine Planscheibe aufgesetzt werden.

Abb. 304. Schneckenzahnstangenantrieb für den Bettschlitten einer schweren Drehbank [Heyligenstaedt]

Abb. 305. Schwere Drehbank mit Dreibahnenbett
Der Bettschlitten kann an dem Reitstock vorbeifahren [Wagner u. Co.]

Die Anordnung von 3 und 4 Bahnen gestattet das Vorbeifahren der Bettschlitten an den Setzstöcken und dem Reitstock (Abb. 305). Beim Vierbahnenbett arbeitet der vordere unabhängig

---
[1] Der Vorteil der Schneckenzahnstange gegenüber einer Zahnstange mit geraden Zähnen liegt darin, daß beim Schneckenantrieb mehrere Zähne gleichzeitig im Eingriff sind.

von dem hinteren Bettschlitten (Abb. 306). Bei größeren Drehlängen haben die Maschinen mehrere Bettschlitten nebeneinander, so daß man gleichzeitig an verschiedenen Stellen des Werkstückes arbeiten kann (Abb. 307 und 308).

Abb. 306. Großschruppdrehbank mit 1080 mm Spitzenhöhe und 10000 mm Spitzenweite für Werkstücke bis 100 t Gewicht [Froriep]

Antriebsleistung 185 kW; Vierbahnenbett; 2 Bettschlitten auf der Vorderseite, 1 Schlitten auf der Rückseite

Bei großen und langen Werkstücken ist ein selbsttätiges Nachstellen des Drehmeißels interessant, da das Drehen eines Teiles oft viele Stunden dauert und das Werkzeug sich infolgedessen entsprechend abnutzt. Es wurden daher Meßsteuerungen entwickelt, die ein Konstanthalten

Abb. 307. Gleichzeitiges Bearbeiten eines Werkstückes mit 2 Bettschlitten [MFD]

3.1 Drehmaschinen mit umlaufendem Werkstück und festem Schneidmeißel 175

des gewünschten Drehdurchmessers überwachen, indem sie den Drehmeißel bei Veränderung sinngemäß nachstellen (Abb. 309).

Abb. 308. Schwere Drehbank mit 2 vorderen und 1 hinteren Bettschlitten. Vierbahnenbett [Waldrich]

Abb. 309. Pneumatisch arbeitendes Meßgerät (Meßdüse), das die Oberfläche des Werkstückes berührungslos abtastet. Es können damit Zylindrizität, Rundheit und Rauheit gemessen werden. Bei Abweichungen wird der Meißel mit $1\,\mu$ Genauigkeit nachgestellt. Diamatic [VDF]

Abb. 310. Doppelseitige Spitzendrehbank [Wagner u. Co.]
Spitzenhöhe 1400 mm; Spitzenweite 22500 mm; größtes Werkstück 100 t; größtes Drehmoment 20000 mkp

Der Bedarf an schweren Drehmaschinen ist gegenüber kleineren und mittleren Modellen verhältnismäßig gering. Sie werden daher einzeln nach den Wünschen des Kunden hergestellt, soweit dies die Grundmodelle des Herstellers zulassen. Bei den großen Summen, die für die Anschaffung einer solchen Drehbank nötig sind, möchte man diese so universal wie möglich einsetzen. Dem wird der Hersteller weitgehend Rechnung tragen und Sonderwünsche im Rahmen seiner Möglichkeiten erfüllen. Es sind daher zahlreiche Sondersupporte und andere Spezialeinrichtungen lieferbar.

Bemerkenswert ist z. B. die Möglichkeit zum Drehen langer Kegel durch gleichzeitig arbeitenden Längs- und Planzug. Das der Kegelsteigung entsprechende Verhältnis beider

Abb. 311. Die (soweit bekannt) z. Z. (1963) größte Drehbank der Welt [Waldrich]

Spitzenhöhe 2300 mm; Spitzenweite 20000 mm; größtes Werkstückgewicht 250 t; größtes Drehmoment 60000 mkp; Antrieb über Leonard-Schaltung mit Ankerregelung 1:5 und Feldregelung 1:3; Drehzahlbereich einschließlich 4 Getriebestufen und einem Vorgelege für den Schleichgang 0,1 bis 40 U/min; Antriebsleistung 220 kW; Arbeitsspindel in Gleitlagern; Eigengewicht der Maschine 570 t

Geschwindigkeiten zueinander wird an einer Wechselräderschere eingestellt, die der Planzugspindel vorgeschaltet ist.

Sehr lange Drehbänke haben an beiden Enden einen Spindelkasten, so daß entweder ein langes oder gleichzeitig zwei kürzere Werkstücke gedreht werden können. Die Maschine wird dadurch besser ausgenutzt, wenn lange Teile nicht zur Verfügung stehen (Abb. 310). Die z. Z. schwerste Drehbank der Welt ist in Abb. 311 dargestellt.

Die gezeigten Bilder geben nur einen kleinen Ausschnitt der in dieser Gruppe verfügbaren Modelle und Sonderausführungen.

3.1.2 Drehmaschinen für die Serienfertigung — Produktionsdrehmaschinen

Die Fertigungskosten für ein Werkstück werden maschinenseitig hauptsächlich von 3 Faktoren beeinflußt:

Anschaffungspreis der verwendeten Maschine, Rüstzeit und Boden zu Bodenzeit.

Hierbei galt bisher die Regel, daß bei gleicher Maschinenqualität die teuere, weil höher automatisierte Maschine eine größere Stückzahl in der Zeiteinheit herzustellen vermag, als die billigere einfachere Ausführung.

Damit verbunden ist das Verhältnis der Rüstzeiten zu den Boden- zu Bodenzeiten. Die aufwendigere Maschine bedingt meistens höhere Rüstzeiten bei niedrigen Boden- zu Bodenzeiten. Umgekehrt verlangt die einfachere Ausführung kleinere Rüstzeiten, gestattet dafür aber nur eine geringere Ausbringung in der Zeiteinheit.

Die neuere Entwicklung ist nun dadurch gekennzeichnet, daß Maschinen entworfen wurden, die trotz hohen Automatisierungsgrades verhältnismäßig geringe Rüstzeiten erfordern. Dies wird deutlich bei den numerisch gesteuerten Drehmaschinen. Allerdings verschwinden die Rüstzeiten nicht, sondern verlagern sich in das Büro[1].

Die Maschine für die Serienfertigung ist somit in vielen Fällen abhängig von der Größe der zu fertigenden Serie. Daraus ergibt sich die lange Reihe der hierfür entwickelten Bauformen. An ihrem Anfang steht die aus der Universaldrehbank durch Fortlassen verschiedener Eigenschaften entwickelte einfache Produktionsdrehbank, gekennzeichnet durch niedrigen Anschaffungspreis, kurze Rüstzeit und verhältnismäßig lange Boden- zu Bodenzeit. Das Ende der Skala bildet der hochautomatisierte, in der Anschaffung teure Drehautomat mit langen Rüstzeiten (Einrichtezeiten), aber sehr kurzen Boden- zu Bodenzeiten.

Die Drehmaschine für die Serienfertigung wird aber nicht nur von der Größe der Serie, sondern auch von der Art des Werkstückes beeinflußt. Die Werkstücke lassen sich nach ihrer Gestalt grob einteilen in

Teile mit im Verhältnis zum Durchmesser großer Längsausdehnung (Wellen) — Spitzenarbeiten —,

Teile mit im Verhältnis zur Länge großen Durchmessern (Scheiben und Räder) — Futterarbeiten —

bzw. nach den Bearbeitungserfordernissen in Teile, für deren Bearbeitung vorwiegend einfache Drehmeißel genügen (Längs- und Plandrehen, Kopierdrehen), und in solche, für die verschiedenartige Werkzeuge erforderlich sind (Revolverarbeiten).

Die genannten Gesichtspunkte mögen sich auf Maschinen beziehen, die in dem Bereich der für sie vorgesehenen Werkstücke eine gewisse Universalität behalten, im Gegensatz zu den reinen Einzweckmaschinen, die von vornherein nur für ein bestimmtes Werkstück oder für einen vorgegebenen Arbeitsgang gebaut werden. Die Einzweckmaschinen sollen nicht Gegenstand dieser Ausführungen sein. Sie spielen im Rahmen des gesamten Drehmaschinenbaus auch nur eine geringe Rolle, da die meisten Fabriken nicht über die hierfür erforderlichen sehr großen Stückzahlen und die notwendige Konstanz des Fertigungsprogramms verfügen. Aber selbst dort, wo diese Stückzahlen vorhanden sind, erstrebt man zwar einfache aber doch in einem bestimmten Bereich umstellbare Maschinen.

Wie schon angedeutet, bemüht man sich seit einigen Jahren, Drehmaschinen zu bauen, die die Vorteile der Großserienfertigung auch für kleine Serien auszunutzen gestatten. Das ist zu einem erheblichen Teil erst möglich geworden durch die Entwicklung des Kopierdrehens und der elektrohydraulischen Steuerung. Diese Elemente erlauben einen mehr oder weniger selbsttätigen Ablauf der Arbeit mit einem vertretbaren Kostenaufwand für das Gerät bei relativ kleinen Einrichtezeiten. So findet man heute automatisierte Drehmaschinen in Betrieben, die früher wegen der kleinen Stückzahlen niemals klassische Ein- oder Mehrspindelautomaten beschafft hätten.

Welche Funktionen können an der Drehmaschine selbsttätig ablaufen bzw. sind für eine wirtschaftliche Fertigung erwünscht?

1. Einhalten der wirtschaftlichen Schnittgeschwindigkeit (stufenlose oder stufenweise Schaltung über Lastschaltgetriebe unter Schnitt),
2. Veränderung des Vorschubes unter Schnitt nach den Erfordernissen des Werkstückes [einschließlich Sprungvorschub (Eilgang) für nicht zu bearbeitende Strecken],
3. Abfahren eines Programms für das einzelne Werkzeug, d. h. Eilvorlauf in Schnittstellung — Schnittweg — Rückzug des Werkzeuges und Rückkehr in die Ausgangsstellung,

---

[1] Der Unterschied zu früher besteht jedoch darin, daß die für die Herstellung des Lochbandes erforderlichen Rüstzeiten, die genauso groß oder auch größer sein können als die bisherigen Rüstzeiten an der Maschine; jetzt auf die Fertigung *mehrerer* Serien umgelegt werden können. Diese Serien lassen sich in beliebigen Zeitabständen fertigen.

178   3. Die Bauarten der Drehmaschinen

4. Wiederholen dieses Programms (Mehrschnittautomatik),
5. Einsatz mehrerer Werkzeuge gleichzeitig oder nacheinander,
6. Ein- und Ausspannen des Werkstückes auch in Verbindung mit Belade- und Magazineinrichtungen,
7. Kontrolle der gedrehten Abmessungen und Nachstellen der Drehmeißel (Meßsteuerung),
8. An- und Abstellen der Maschine in Verbindung mit dem Spannvorgang bzw. Abstellen bei Störungen (Werkzeugbruch usw.).

Betrachtet man die z. Z. vorhandenen Modelle, läßt sich feststellen, daß ihr Automatisierungsgrad ganz verschieden ist, wobei bei einigen verschiedene Automatisierungsgrade auf Wunsch geliefert werden können (z. B. Sonderausrüstung einer Kopierdrehmaschine mit Lastschaltgetriebe). Weiter läßt sich erkennen, daß die Entwicklung auf diesem Gebiet außerordentlich stark im Fluß ist. Vor wenigen Jahren gab es nur einige Bauformen, auf die die Bezeichnung „Drehhalbautomat" zutraf. Heute steht man einer Fülle von Konstruktionen gegenüber, wobei sich die Unterschiede in mancher Hinsicht zu verwischen beginnen. Elemente, die früher das spezifische Kennzeichen einer bestimmten Gattung waren, wie z. B. der Revolverkopf als Merkmal der Revolverdrehbank, sind jetzt auch bei anderen zu finden. Beispiele sind die Kopierdrehmaschinen mit Revolverköpfen und Revolverdrehbänke mit Kopiereinrichtungen usw.

Eine systematische Einteilung ist daher nicht so einfach. Um eine gewisse Ordnung in die Dinge zu bringen, sei unterschieden in:

1. Maschinen, deren Hauptzweck das Längs- und Plandrehen ist (Ein- und Mehrmeißelproduktionsdrehbänke),
2. Maschinen, deren Schwergewicht beim Revolverdrehen liegt (Revolverdrehbänke),
3. Maschinen, deren Hauptaufgabe das Kopierdrehen ist (Kopierdrehmaschinen).

Bei allen drei Arten gibt es einen mehr oder weniger weit getriebenen Automatisierungsgrad bzw. die Ausrichtung auf bestimmte Werkstückgruppen. Die gezeigten Beispiele mögen einen Begriff von dem derzeitigen Stand der Entwicklung geben.

3.1.2.1 Ein- und Mehrmeißelproduktionsdrehmaschinen

Die einfachste Form der Produktionsdrehbank ist die aus der Universaldrehbank entwickelte Maschine (Abb. 312 und 313). Sie hat etwa die gleichen Eigenschaften wie die Universaldrehbank, unterscheidet sich von ihr jedoch durch einen geringeren Drehzahlbereich (die für das

Abb. 312. Produktionsdrehbank mit zusätzlicher hydraulischer Nachformeinrichtung [Breuer]
Spitzenhöhe 180 mm, 12 Drehzahlen 530 bis 3000 U/min, Antriebsleistung 7 kW, Gewicht 1700 kp bei 1000 mm Spitzenweite

Gewindeschneiden notwendigen niedrigen Drehzahlen sind fortgelassen), Fortfall der Leitspindel und Verringerung des zum Gewindeschneiden notwendigen umfangreichen Vorschubbereiches auf eine kleinere Anzahl von Vorschüben.

Gewöhnlich ist der Anbau der bei Universaldrehbänken üblichen Sonderausstattungen, wie Doppelsupport, hydraulische Kopiereinrichtung, Kraftspannfutter, kraftbetätigte Reitstockpinolen u. a. m., möglich. Die Produktionsdrehmaschine ist gekennzeichnet durch kräftige

Abb. 313. Aus der Universaldrehbank entwickelte Produktionsdrehbank [IWK-Schaerer]
Spitzenhöhe 320 mm, 16 Drehzahlen 45 bis 1400 U/min, Antriebsleistung 22 kW, Gewicht 4040 kp bei 1000 mm Spitzenweite

Bauart, relativ hohe Antriebsleistungen und breite durchgehende Querschieber zur Aufnahme von Werkzeughaltern, Kopiereinrichtungen und Vorrichtungen. Um die Nebenzeiten zu verkürzen, werden einige Bauarten vom Bettschlitten aus gesteuert.

Neben den einfachen, von Hand gesteuerten Ausführungen gibt es automatisierte Modelle. Umschalten des Vorschubes und der Drehzahlen unter Schnitt, Eilgang des Bettschlittens

Abb. 314. Produktionsdrehbank mit Universalprogrammsteuergerät. Eltropilot [Müller]
Spitzenhöhe 300 mm, 8 Drehzahlen 70 bis 800 U/min, Antriebsleistung 30 kW, Gewicht 5200 kp bei 1000 mm Spitzenweite

in Längs- und Querrichtung, Abfahren eines Rechteckprogramms für den Drehmeißel, (d. h., Zustellen, Drehen, Zurückziehen plan, Zurückfahren längs im Eilgang, Stillsetzen der Arbeitsspindel) ist auch selbsttätig möglich.

3. Die Bauarten der Drehmaschinen

Unter gewissen Voraussetzungen lassen sich die Drehbänke mit einer Universalprogrammsteuerung ausstatten. Wie schon erwähnt wurde, besteht eine Programmsteuerung im Prinzip aus 3 Teilen.

Abb. 315. Produktionsdrehbank mit einfacher Programmeinrichtung [IWK-Schaerer]
Es werden nur die Meißelbewegungen (Vorschub, Eilgang, Kopiereinrichtung) im Programm gesteuert
Spitzenhöhe 250 mm, 16 Drehzahlen 56 bis 1800 U/min, Antriebsleistung 15 kW, Gewicht 2880 kp bei 1000 mm Spitzenweite

1. dem Befehlsgeber, bei Drehbänken im allgemeinen Endschalter oder Nocken, die auf parallel und senkrecht zur Drehachse angeordneten Nockenbahnen sitzen und von vorschubwegabhängigen Impulsschaltern überfahren werden,
2. dem Befehlsübermittler und Verteiler, der die Verbindung vom Befehlsgeber zum Befehlsempfänger herstellt, und
3. den Befehlsempfängern, das sind elektromagnetische Kupplungen in Getrieben, elektromagnetische Ventile für hydraulisch betätigte Elemente, Verstellmotoren u. ä.

Abb. 316
Produktionsdrehbank mit zwei voneinander unabhängigen Bettschlitten [Weisser, Heilbronn-Sundstrand]
Der vordere Schlitten hat Längsbewegung, sein Querschieber Planbewegung. Der hintere Schlitten hat nur Planbewegung

3.1 Drehmaschinen mit umlaufendem Werkstück und festem Schneidmeißel 181

Als Befehlsverteiler sei hier das Universalprogrammsteuergerät „Eltropilot" erwähnt (Abb. 314).

Das Gerät hat eine aus 2 Teilen bestehende Steckbuchsentafel. Die Buchsen auf dem linken Feld dienen der Auswahl der Arbeitsstufen. Die senkrechten Spalten rechts davon entsprechen

Abb. 317. Drehmaschine mit 2 Arbeitsspindeln für kurze Werkstücke [Diedesheim]
Bewegung der Supporte hydraulisch. Programmeinrichtung

den zu schaltenden Arbeitsspindeldrehzahlen, Vorschüben, Längs- und Planbewegungen des Werkzeugträgers usw. Eine waagerechte Zeile entspricht jeweils einer Arbeitsstufe, d. h. einem durch Überfahren eines Nockens ausgelösten Schaltimpulses. Durch Stecken an Hand einer Programmkarte werden diejenigen Befehle ausgewählt, die an die Befehlsempfänger weiter-

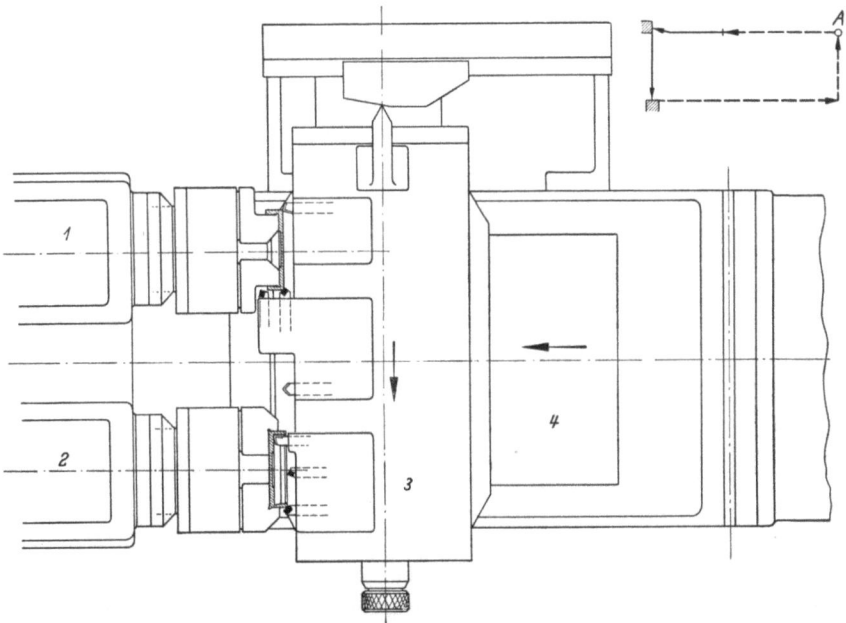

Abb. 318. Bearbeiten einer Lagerschale auf der Maschine in Abb. 317 [Diedesheim]
Spindelstock *1* bearbeitet die Außenseite; Spindelstock *2* bearbeitet die Innenseite; *3* hydraulisch gesteuerter Aufbautisch für Querbewegung; *4* hydraulisch gesteuerter Grundtisch für Längsbewegung
Arbeitsprogramm (oben rechts) vom Punkt *A* ausgehend: Längseilgang vor — Längsvorschub vor — Quervorschub links
Längseilgang zurück — Quereilgang zurück

gegeben werden sollen. Ob diese Impulse beim ersten, zweiten oder dritten Überfahren des Nockens wirksam werden sollen, wird durch Stecken der Buchsen auf dem linken Feld festgelegt. Der Apparat kann grundsätzlich an jede Drehbank angeschlossen werden, wie auch an andere Maschinen, vorausgesetzt, daß die Steuerbefehle ausführbar sind. Das heißt, es müssen Einrichtungen vorhanden sein, die elektrische Impulse in mechanische Bewegungen umwandeln. Eine andere Ausführung zeigt Abb. 315. Auch hier wird das Programm auf einem

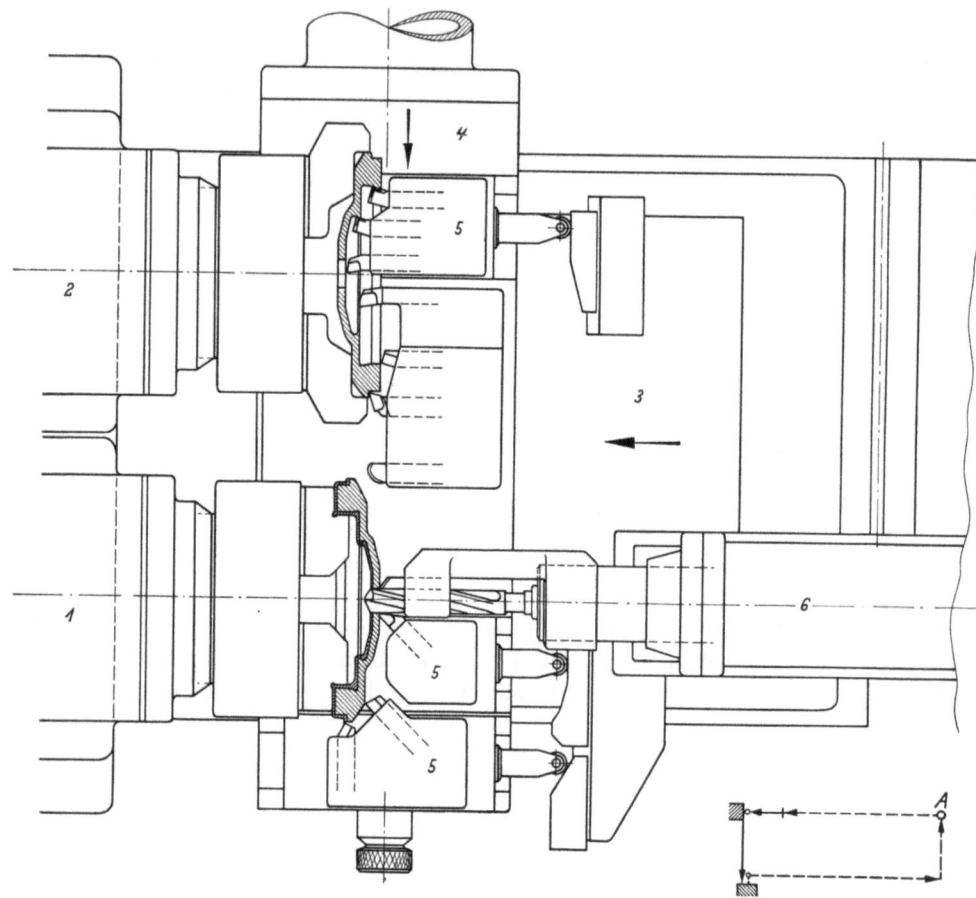

Abb. 319. Bearbeiten eines Schwungrades auf der Maschine in Abb. 317 [Diedesheim]

Spindelstock *1* bearbeitet die Außenseite; Spindelstock *2* bearbeitet die Innenseite; *3* hydraulisch gesteuerter Grundtisch mit Längsbewegung; *4* hydraulisch gesteuerter Aufbautisch für Querbewegung; *5* Meißelhalter in Längsrichtung durch mechanische Kopiervorrichtung verschiebbar; *6* hydraulisch betätigte Bohrpinole; Programmablauf rechts unten

Steckerfeld festgelegt. Es gibt im Gegensatz zu dem vorhergehend beschriebenen System bei jedem Überfahren eines Nockens einen Impuls, also auch beim Rücklauf, was bei dem Entwurf des Programms berücksichtigt werden muß.

Die bisher besprochenen Produktionsdrehbänke haben durchweg einen über die gesamte Bettbreite greifenden Bettschlitten. Demgegenüber stehen Modelle mit 2 Bettschlitten, die aneinander vorbeifahren können. Ein Schlitten ist an der Vorderseite, der andere an der Rückseite des Bettes geführt.

Diese Unabhängigkeit gestattet es u. a., einen Längsdreh- und einen Plandreharbeitsgang gleichzeitig auszuführen, was bei einem über das ganze Bett greifenden Bettschlitten nicht geht (mit Ausnahme der Ausführung Doppelsupport mit Selbstgang in dem Oberschieber, wobei aber die Längsdrehbewegung auf den Arbeitsbereich des Oberschiebers begrenzt ist). Es gibt Bauarten, bei denen der vordere Bettschlitten nur für selbsttätiges Längs-, der hintere nur für selbsttätiges Plandrehen eingerichtet ist (Abb. 316). Bei anderen Modellen sind hingegen beide Schlitten für Längs- und Plandreharbeiten geeignet.

Die Drehzeit wird verringert, wenn man gleichzeitig mit mehreren Drehmeißeln arbeitet. Grundsätzlich läßt sich natürlich auf jeder Drehbank ein Sondermeißelhalter mit mehreren Werkzeugen aufbauen. Auf den besonders hierfür eingerichteten Maschinen, den Vielschnittdrehbänken, sind die Bettschlitten von vornherein breiter gehalten, um möglichst viele Werkzeuge aufzunehmen. Zuweilen laufen auch 2 Bettschlitten nebeneinander, um Drehmeißel auf der ganzen Länge des Werkstückes unterzubringen. Die Drehzeiten werden sehr klein, da die von dem Bettschlitten abzufahrende Drehlänge gleich dem längsten für ein Werkzeug vorgesehenen Teilabschnitt ist. Die Einrichtezeit ist hingegen verhältnismäßig groß, da sämtliche Drehmeißel nach den abzudrehenden Durchmessern und Längen genau eingestellt werden müssen (Abb. 215).

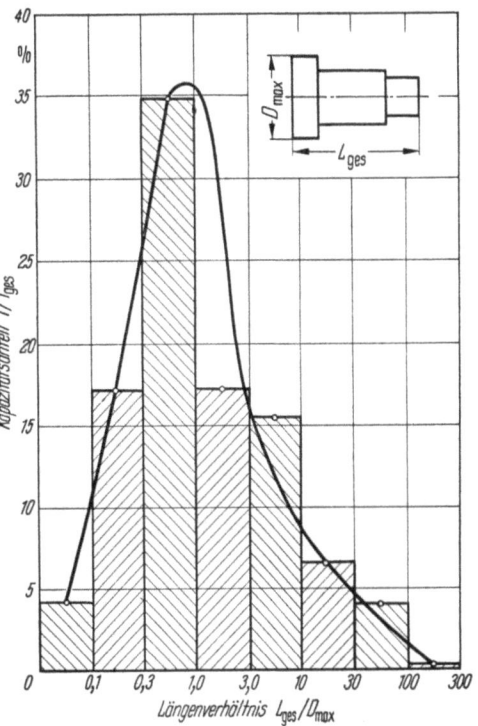

Abb. 320. Anteil der Werkstücke mit bestimmtem Verhältnis L_{ges}/D_{max} zur Gesamtzahl aller Werkstücke T/T_{ges} in Abhängigkeit von L_{ges}/D_{max} [29]

Die Kurve zeigt deutlich, daß die sogenannten kurzen Werkstücke ($L_{ges}/D_{max} < 1$) mehr als die Hälfte aller Werkstücke ausmachen. Futterarbeiten im engeren Sinne (etwa $L_{ges}/D_{max} < 0{,}3$) sind rd. 20% aller Drehteile

Diese Vielmeißeldrehbänke haben früher als Produktionsmaschinen für die Serienfertigung eine große Rolle gespielt. Durch den Übergang auf Hartmetallwerkzeuge ist ihre Bedeutung

Abb. 321. Halbautomatische Drehmaschine für Frontbedienung. Lastschaltgetriebe. Steuerung der Schlitten elektrohydraulisch [Müller]

Schwingdurchmesser 500 mm, Antriebsleistung bis 30 kW

zurückgegangen, da die reinen Drehzeiten wegen der hohen Schnittgeschwindigkeiten, besonders bei kürzeren Werkstücken, oft so klein sind, daß sich die Einrichtezeiten für mehrere Drehmeißel

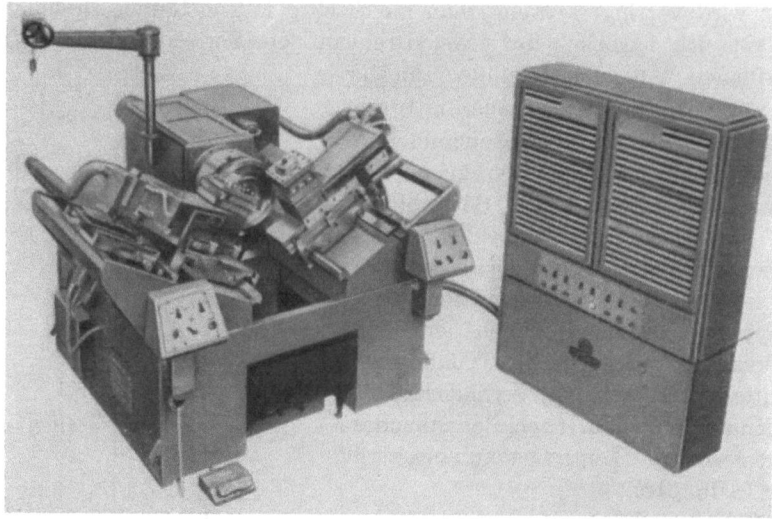

Abb. 322. Halbautomatische Drehmaschine für Frontbedienung [Oerlikon]
Antrieb mit stufenlos steuerbarem PIV-Getriebe. Schlittenbewegung hydraulisch
Schwingdurchmesser 500 mm, Drehzahlbereich 400 bis 2240 U/min, Antriebsleistung 11 kW, Gewicht 4500 kp

nicht mehr lohnen. Auch das Drehen mit den modernen Kopiereinrichtungen hat dem Vielmeißeldrehen Abbruch getan. Andererseits ist das Prinzip der Vielstahldrehbank, — ein Bettschlitten mit Längsvorschub, der andere Bettschlitten mit Planvorschub —, durch das Kopier-

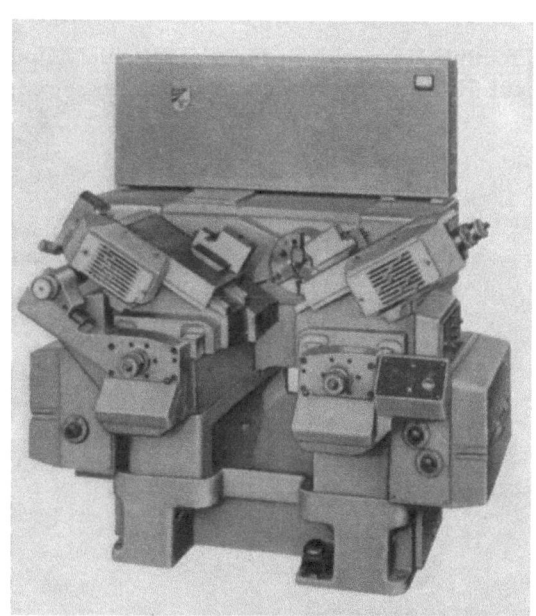

Abb. 323. Halbautomatische Drehmaschine für Frontbedienung [Weisser, St. Georgen]
Rädergetriebe. (Wahlweise steuerbarer Gleichstrommotorantrieb.) Elektrohydraulisch gesteuerte Schlitten

Abb. 324. Blick auf einen Schlitten mit Programmnockenhalter der Maschine in Abb. 323 [Weisser, St. Georgen]

Schwingdurchmesser 275 mm, Drehzahlbereich 22 bis 2000 U/min, Antriebsleistung 14 kW, Gewicht 3900 kp

drehen wieder interessant geworden, da z. B. Einstiche für Seegerringe oder rechteckige Schleifeinstiche mit der hydraulischen Kopiereinrichtung nicht kopiert werden können. Man findet daher diese Grundform in abgewandelter Form bei vielen mit Kopiereinrichtungen ausgerüsteten Produktionsdrehmaschinen.

Ein weiteres Mittel zur Verkürzung der Fertigungszeiten ist die Verwendung von 2 Arbeitsspindeln in einem Maschinengestell (Abb. 317). Die Maschine besitzt, wie das Bild erkennen läßt, einen über die gesamte Bettbreite greifenden, in Längsrichtung verschiebbaren Schlitten. Auf diesen können ein zweiter, in Querrichtung beweglicher Aufbautisch und andere Einrichtungen aufgesetzt werden. Die Vorschübe längs und plan werden hydraulisch

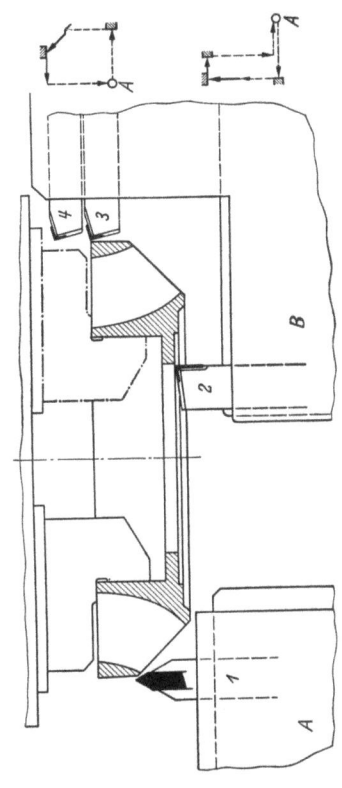
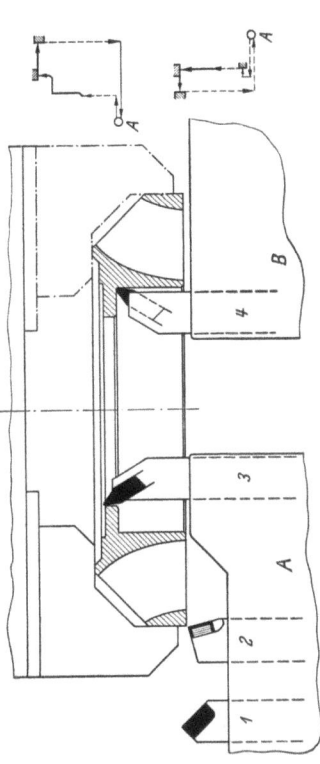

Abb. 325. Bearbeitungsplan für ein Leitrad auf einer Frontdrehmaschine. 1. Arbeitsgang [Diedesheim]

Abb. 326. Bearbeitungsplan für das Leitrad in Abb. 325. 2. Arbeitsgang [Diedesheim]

A linker Kreuzschlitten; B rechter Kreuzschlitten; 1 bis 4 Drehmeißel; Ablaufplan für den linken Schlitten oben, für den rechten Schlitten unten

erzeugt und laufen nach einem Rechteckprogramm ab. Das Grundprogramm umfaßt Eilvorlauf „längs" — Vorschub „längs" — Vorschub „plan" — Eilrücklauf „längs" — Eilrücklauf „plan".

Erweiterungen durch Kopierbewegungen, Bohreinrichtungen usw. sind möglich. Abb. 318 und 319 zeigen 2 Arbeitsbeispiele. Die Maschine ist für kurze Werkstücke gedacht, und ihrem Charakter nach eine Vielmeißeldrehbank. Es können zwei gleiche Arbeitsgänge oder zwei aufeinanderfolgende (Spindel 1: 1. Arbeitsgang; Spindel 2: 2. Arbeitsgang) gleichzeitig ablaufen (Folgebearbeitung). Die gleiche Bauart wird auch mit 3 Arbeitsspindeln hergestellt.

Die in den letzten Jahren durch statistische Untersuchungen untermauerte Erkenntnis (Abb. 320), daß ein großer Teil der Drehteile kurz ist und fliegend im Futter bearbeitet wird, hat zu der Entwicklung von Drehmaschinen geführt, die ähnlich wie die soeben beschriebene bewußt nur für kurze Werkstücke und Futterbearbeitung konstruiert wurden. Diese Maschinen sind so gebaut, daß sie nicht mehr, wie sonst üblich, von der Seite, sondern von vorn bedient werden (Drehmaschinen für Frontbedienung). Der wesentliche Vorteil dieser Bauarten liegt in der Platzersparnis und der leichteren Überwachung von 2 Maschinen durch einen Mann

(Abb. 321 bis 324). Je nach Bauart können die beiden links und rechts von der Arbeitsspindel sitzenden Schlitten Längs- oder Plan- sowie Längs- und Planbewegungen ausführen. Die zusätz-

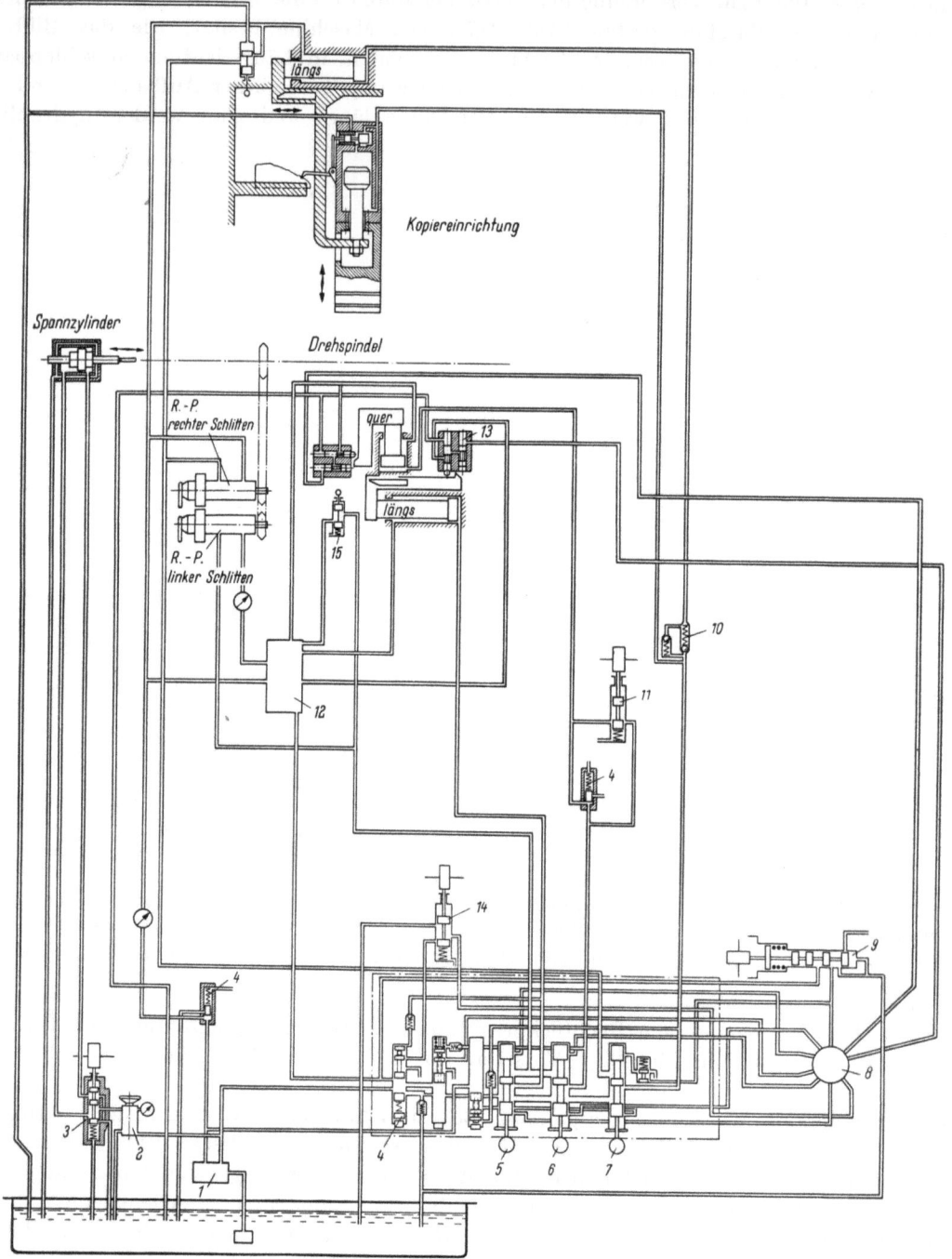

Abb. 327. Hydraulikplan einer Frontdrehmaschine [Weisser, St. Georgen]
1 Hochdruckzahnradpumpe; *2* Druckminderventil; *3* elektromagnetisches Spannventil; *4* Maximalventil; *5* Steuerschieber „längs" linker Schlitten; *6* Steuerschieber „quer" linker Schlitten; *7* Steuerschieber „längs" rechter Schlitten; *8* Wahlschieber; *9* elektromagnetisches Startventil; *10* Widerstandsventil; *11* Steuerschieber zur Sicherung gegen Schlittenrücklauf; *12* Verteiler; *13* Nachlaufventil; *14* Steuerventil; *15* Eilgang-Vorschubventil

liche Ausrüstung mit einer hydraulischen Kopiereinrichtung ist vorgesehen. Aus den 3 Grundbewegungen „längs bzw. plan vor zurück", „längs vor, plan vor, plan zurück und längs zurück (L-Programm)" sowie „längs vor, plan vor, längs zurück, plan zurück (Rechteckprogramm)"

3.1 Drehmaschinen mit umlaufendem Werkstück und festem Schneidmeißel

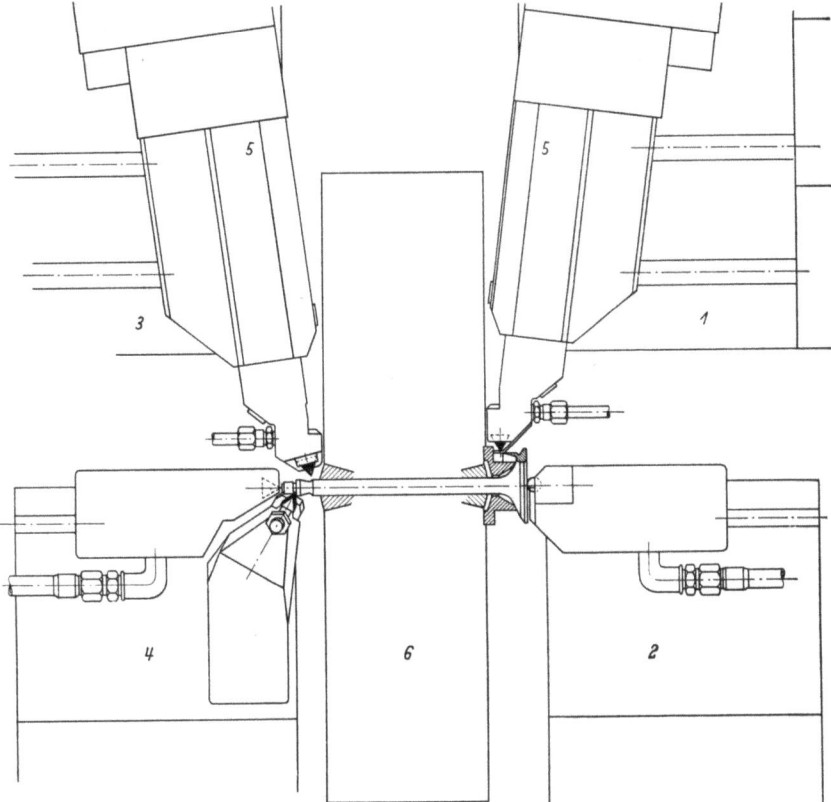

Abb. 328. Drehmaschine mit Mittelantrieb. Gleichzeitiges Bearbeiten der beiden Enden eines Ventils [Weisser, Heilbronn]

1 bis *4* Unterschieber; *5* Kopierschieber; *6* Spindelkasten

Abb. 329. Automatische Drehmaschine mit Beschickungseinrichtung gemäß Abb. 328 für die Bearbeitung von Ventilen [Weisser, Heilbronn]

188　　　　　　　　　　　　　　　　　3. Die Baugruppen der Drehmaschinen

Abb. 330. Blick auf den Spindelkasten der Maschine in Abb. 328 [Weisser, Heilbronn]

und den Umkehrungen, lassen sich zahlreiche Bewegungsabläufe kombinieren (Abb. 325 und 326). Die Schlitten und Schieber werden hydraulisch bewegt, das Programm über Nocken und Steckbuchsen gesteuert. Die Abb. 327 vermittelt einen Begriff der hierfür erforderlichen hydraulischen Anlage. Eine Frontdrehmaschine mit 2 Arbeitsspindeln zeigt auch Abb. 361. Die linke Spindel arbeitet mit einem Revolverkopf zusammen. Sie vereinigt in gewissen Grenzen die Arbeitsmöglichkeiten einer Revolverdrehbank mit denen der Einspindelfrontdrehmaschine.

Abschließend sei noch auf eine Bauart hingewiesen, deren Spindelstock in der Mitte des Bettes sitzt (Abb. 328). Es können somit beide Enden des Werkstückes gleichzeitig bearbeitet werden. Eine solche Maschine hat natürlich nur dann einen Sinn, wenn lediglich die Enden zu bearbeiten sind, wie im vorliegenden Fall des Kraftfahrzeugventils. Die als Beispiel gezeigte Maschine arbeitet vollautomatisch und ist mit einer Beschickungseinrichtung ausgestattet (Abb. 329 und 330). Für den Arbeitsablauf sind 58 Automatikimpulse erforderlich, die an 17 Hydraulikmagnete, 4 Luftventilmagnete, 3 Magnetkupplungen und die Magnetbremse weitergegeben werden müssen. In Abb. 331 ist ein größeres Modell des gleichen Prinzips dargestellt, das für das Bearbeiten von Zapfen an Walzen und Achsen entworfen wurde.

Abb. 331. Drehbank mit Mittelantrieb [VDF]
Zu beiden Seiten des Spindelkastens je ein Bettschlitten mit elektrohydraulischer Kopiereinrichtung. Programmsteuerung. Sondermaschine für Walzen und ähnliche Werkstücke, bei denen nur die Endzapfen zu bearbeiten sind

3.1.2.2 Revolverdrehmaschinen

Die Bearbeitung des Werkstückes mit *einem* Schneidmeißel, der entsprechend gesteuert, die verschiedenen Drehoperationen in einem Zuge vornimmt, oder auch der *gleichzeitige* Einsatz mehrerer Werkzeuge, ist ein Hauptmerkmal der bisher beschriebenen Drehmaschinen. Demgegenüber steht bei der Revolverdrehbank der Gedanke, die einzelnen Arbeitsgänge durch *verschiedene* Werkzeuge, die in einem drehbaren Magazin, dem Revolverkopf, eingespannt sind, *nacheinander* ausführen zu lassen. (Dieser prinzipielle Unterschied schließt nicht aus, daß mehrere

Meißel bei einer Revolverkopfstellung gleichzeitig schneiden, oder von einem zweiten Bettschlitten aus zusätzliche Werkzeuge eingesetzt sind.) Eine universelle Steuerung des Meißels

Abb. 332. Trommelrevolverdrehbank [Pittler]
Blick auf den Revolverkopf mit Werkzeugen. Planvorschub durch Drehen des Werkzeugkopfes. Längsvorschub im Revolverschlitten

ist somit nicht erforderlich. Der gewünschte Durchmesser wird durch die Lage des Werkzeuges im Revolverkopf bestimmt, also nicht mehr von Verstellspindeln eingestellt. Der Drehmeißel kann nur Vorschubbewegungen ausführen, die durch Anschläge begrenzt sind. Lage des Werkzeuges, Größe des Vorschubweges und Auswahl des zweckmäßigen Werkzeuges für jeden Arbeitsvorgang werden vor Beginn der Arbeit durch den Einrichter festgelegt. Der Revolverkopf in Verbindung mit der Anschlageinrichtung ist also auch ein Programmspeicher. Die Aufgabe des Bedienungsmannes besteht nur noch darin, je Arbeitsgang den Revolverschlitten vorzufahren, den Vorschub einzuschalten, nach Beendigung der Operation den Schlitten zurückzukurbeln, den Revolverkopf weiterzuschwenken und jedesmal die richtige Drehzahl bzw. den zweckmäßigen Vorschub zu wählen. Diese Handgriffe sind bei einigen Bauarten teilweise oder ganz automatisiert.

Die Revolverdrehbank unterscheidet sich auch prinzipiell von der Vielmeißeldrehbank. Bei dieser werden die Werkzeuge zwar ebenfalls vorher eingerichtet. Sie arbeiten aber gleichzeitig *nebeneinander*, während sie bei der Revolverdrehbank nur *nacheinander* in Aktion treten können. Der Vorteil der Revolverdrehbank liegt somit in verhältnismäßig kurzen Stückzeiten und der Einsatzmöglichkeit für angelernte Arbeitskräfte. Wegen der erforderlichen Einrichtezeit sind sie

Abb. 333. Sternrevolverdrehbank [VDF]
Blick auf den Revolverkopf. Keine Querbewegung. Längsvorschub im Revolverschlitten

nur bei Vorliegen von Serien wirtschaftlich. Für einfache Teile kann die Wirtschaftlichkeit schon bei kleinen Stückzahlen gegeben sein.

Da wegen des Revolverkopfes kein Reitstock vorhanden ist, arbeitet man auf Revolverdrehbänken im allgemeinen fliegend. Die Teile werden im Futter eingespannt oder von der

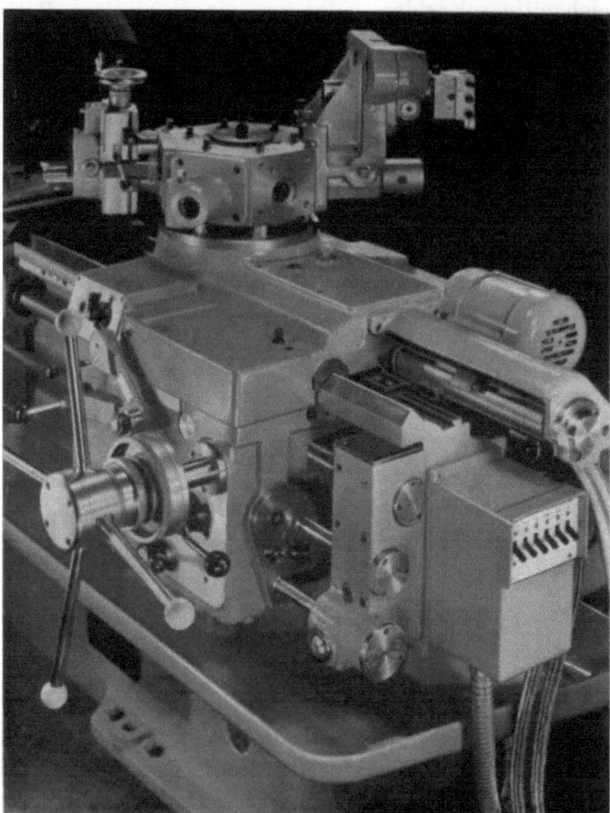

Abb. 334. Sternrevolverdrehbank [VDF]
Blick auf den Revolverschlitten. Diese Maschine ist mit einer elektrischen Programmsteuerung für Drehzahlen, Drehrichtung und Vorschube ausgerüstet

Stange gedreht, die in einer Spannzange aufgenommen ist. Eine Eigenart der Revolverdrehbänke ist das durch den Arbeitsprozeß bedingte Hin- und Herfahren des Bettschlittens. Auf verschleißfeste Führungen ist daher besonderer Wert zu legen.

Während die Revolverdrehbank früher die gegebene Maschine für die Serienherstellung von Futterteilen war, ist ihr durch die Entwicklung des Kopierdrehens und der Frontdrehmaschinen dort in vielen Fällen ernsthafte Konkurrenz entstanden, wo nur Dreharbeiten im eigentlichen Sinne des Wortes vorliegen. Oft sind jedoch nicht nur Drehvorgänge, sondern auch Bohr-, Reib- und Gewindeschneidoperationen auszuführen, für die nach wie vor die Revolverdrehbank die zweckmäßigste Maschine sein dürfte.

Die Revolverdrehbank ist, soweit es sich um Bett, Arbeitsspindel und Vorschubgetriebe handelt, ähnlich aufgebaut wie die Universaldrehbank. Der Revolverkopf sitzt entweder unmittelbar auf dem Revolverschlitten oder auf einem Zwischenschieber, der sich längs (Sattelrevolver) oder quer zur Drehachse verstellen läßt. Auch die Anordnung auf einem Kreuzschieber kommt vor. Um die Rüstzeiten zu verkürzen, wurden auswechselbare Revolverköpfe entwickelt, die außerhalb der Maschine mit Werkzeugen bestückt werden.

Abb. 335. Sternrevolver mit Zwischenschieber auf dem Querschieber des Standardbettschlittens [VDF]

3.1 Drehmaschinen mit umlaufendem Werkstück und festem Schneidmeißel

Nach der Werkzeuganordnung unterscheidet man 2 Gruppen, die Trommelrevolver und die Sternrevolver.

Der Trommelrevolver ist im Prinzip eine mit Bohrungen zur Aufnahme der Werkzeuge versehene Scheibe, die sich um eine parallel zur Arbeitsspindel liegende Achse dreht (Abb. 332).

Abb. 336. Flachtischrevolverdrehbank [Scheu-Schwartzkopff]
Blick auf den Revolverschlitten mit Drehteller. Querbewegung des Drehtellers

Der Sternrevolver trägt hingegen die Werkzeuge an dem Umfang des meist sechskantigen Revolverkörpers. Seine Achse steht senkrecht, schräg oder auch waagerecht, jedoch rechtwinklig zur Arbeitsspindelachse (Abb. 333 bis 335).

Abb. 337. Flachtischrevolver gemäß Abb. 336 mit Werkzeugen bestückt [Scheu-Schwartzkopff]

Eine Sonderform ist der Flachtischrevolver, ein einfach in dem Revolverschlitten gelagerter Drehtisch, der mit Spannuten zur Aufnahme von Werkzeughaltern versehen ist (Abb. 336 und 337).

Vorteile des Trommelrevolvers sind die lange Führung der Revolverachse, die Anordnung der Verriegelung außerhalb des Werkzeugkreises, so daß der Hebelarm des Werkzeuges kleiner ist als der Hebelarm der Verriegelung, die größere Anzahl der Werkzeuglöcher (meistens 16), die einfache Erzeugung eines Planvorschubes durch Drehen der Revolverachse. Nachteilig ist, daß sämtliche Werkzeuge gegen das Werkstück gerichtet sind und dieses u. U. behindern können, und daß die Größe der einsetzbaren Werkzeuge beschränkt ist (Abb. 338).

3. Die Bauarten der Drehmaschinen

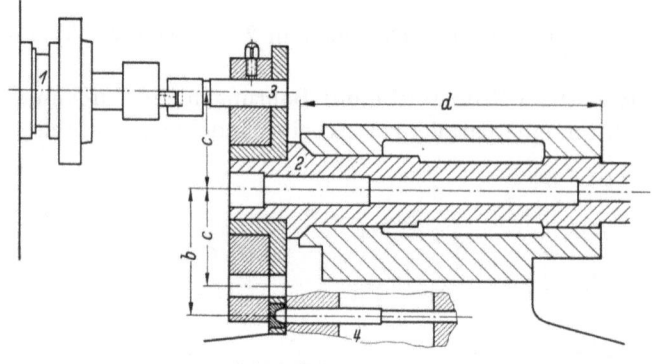

Abb. 338. Schnitt durch einen Trommelrevolver [Pittler]
1 Arbeitsspindel; *2* Revolverachse; *3* Werkzeug; *4* Indexstift für den Revolverkopf (Riegel); *b* Hebelarm des Indexstiftes; *c* Hebelarm des Werkzeuges ($2c$ = Lochkreisdurchmesser). Gute Fixierung, da $c < b$; *d* Führungslänge für die Revolverachse

Der Sternrevolver ist in der Wahl der Werkzeuge nach Größe und Gestalt freizügiger, nicht benutzte Werkzeuge liegen außerhalb des Werkstückbereiches. Zum Umschalten muß der Schlitten in der Regel weiter zurückgefahren werden.

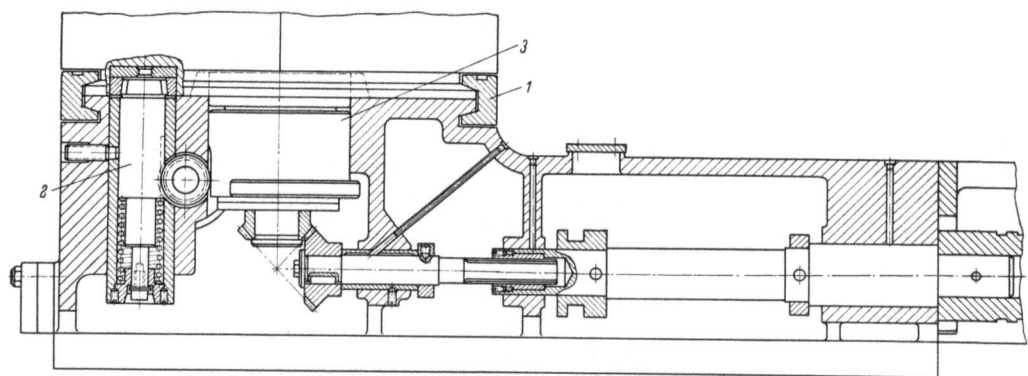

Abb. 339a. Längsschnitt durch einen Sternrevolverschlitten [VDF]
1 Klemmring; *2* Indexbolzen (Riegel); *3* Bohrung für die Revolverachse

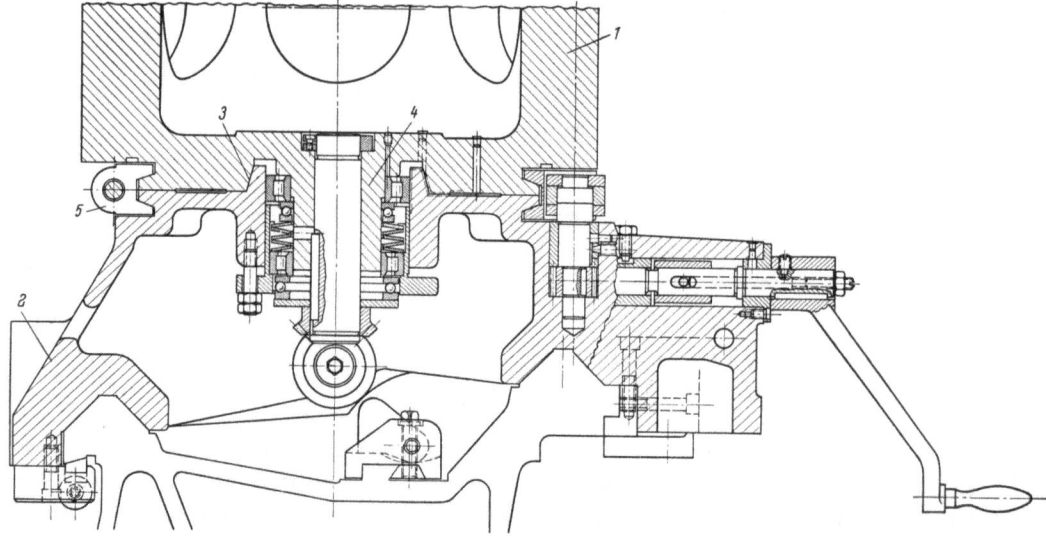

Abb. 339b. Querschnitt durch einen Sternrevolverschlitten [VDF]
1 Revolverkopf; *2* Schlittenkörper; *3* Zentrierkegel; *4* Revolverachse; *5* Klemmring

3.1 Drehmaschinen mit umlaufendem Werkstück und festem Schneidmeißel 193

Abb. 340. Anschlagtrommel einer Revolverdrehbank [Pittler]

a Anschlagtrommel; *b* elektrisch betätigte Längszugausrückung; *c* Meßuhr für Feinanschlag—längs; *d* Klemmhebel für den Revolverschlitten

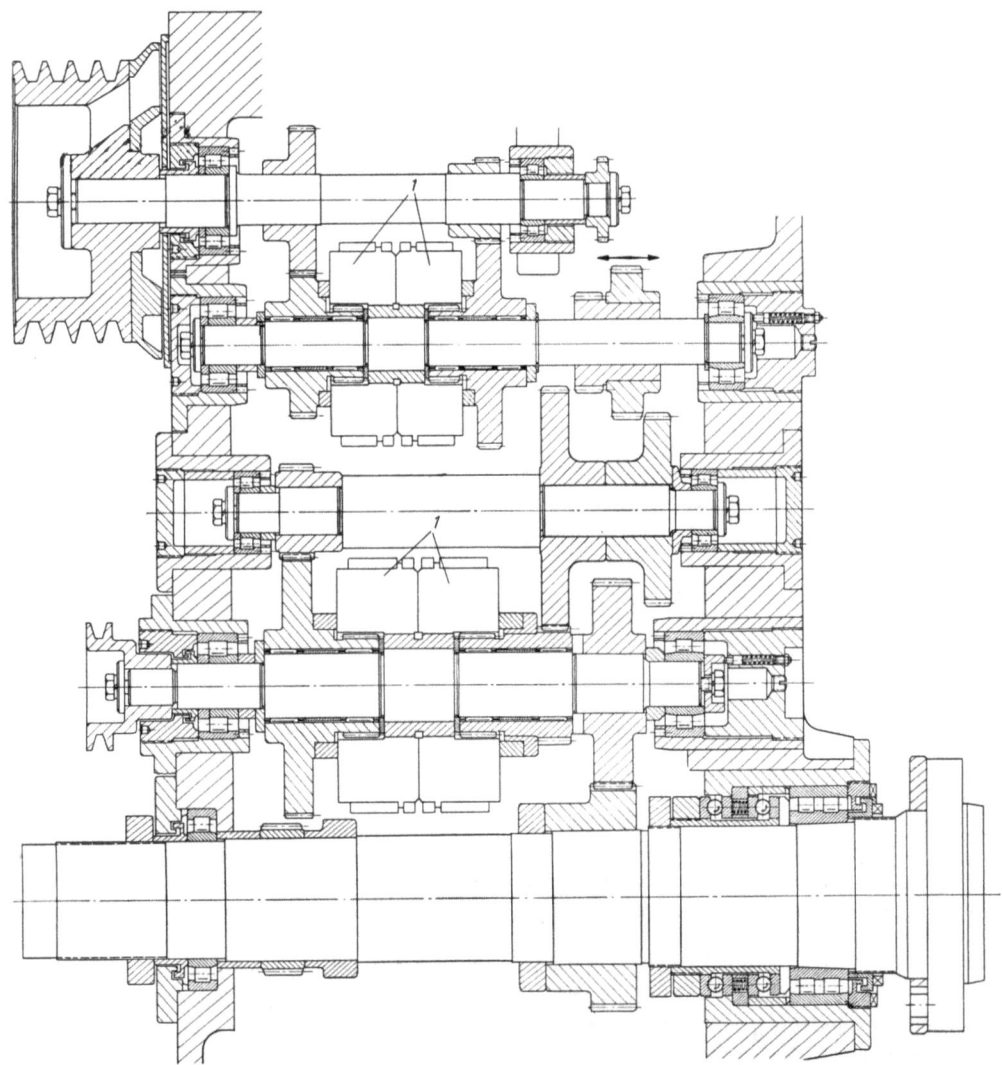

Abb. 341. Arbeitsspindelgetriebe einer Trommelrevolverdrehbank. Drehzahlwechsel durch EM-Kupplungen und Schieberäder [Pittler]

1 elektromagnetische Kupplungen

194   3. Die Bauarten der Drehmaschinen

Bei allen Konstruktionen ist der einwandfreie und genaue Umschlag des Revolverkopfes sowie seine Führung und Lagerung wichtig. Der Revolverkopf wird in Arbeitsstellung durch einen Index in seiner Lage fixiert und mit dem Revolverschlitten fest verspannt. Sein Umschalten setzt sich daher aus den Arbeitsfolgen: Lösen, Entriegeln, Schwenken, Verriegeln und

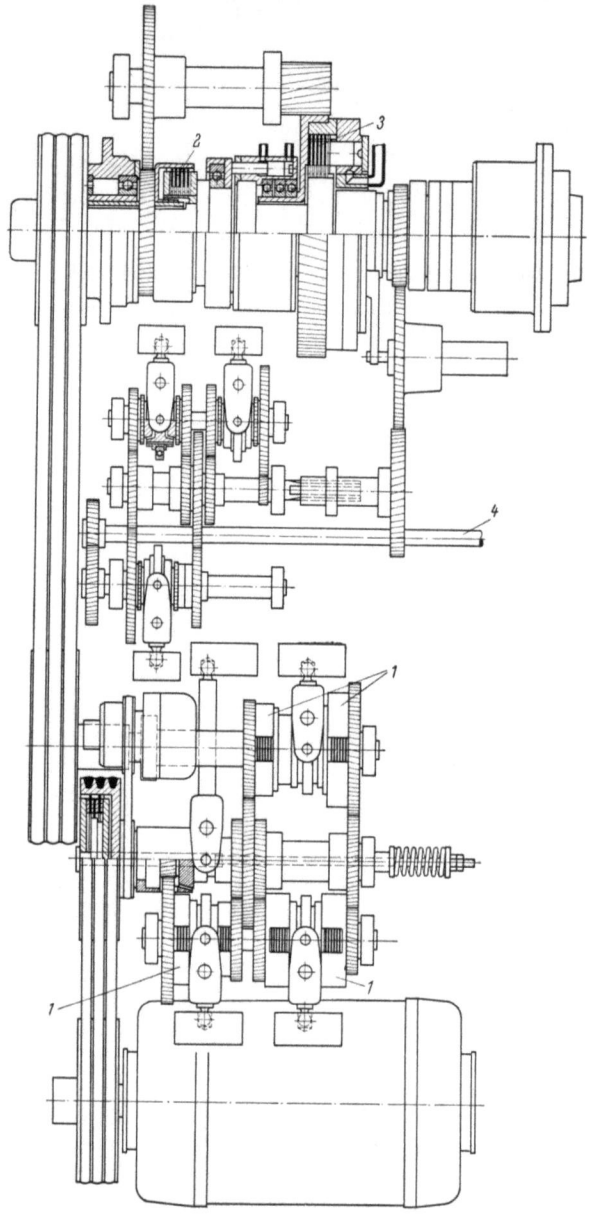

Abb. 342. Arbeitsspindelgetriebe einer Revolverdrehbank [Gildemeister]
Drehzahlwechsel durch hydraulisch betätigte Kupplungen und elektrohydraulische Fernsteuerung
1 Kupplungen des im Bettfuß untergebrachten Getriebes; *2* und *3* Kupplungen an der Arbeitsspindel; *4* Zugspindel

Klemmen zusammen. Zum Verriegeln sind ganze oder geteilte Flachriegel, Spreizriegel oder Rundriegel gebräuchlich. Geklemmt wird oft mittels einer Doppelkegelspannung (Abb. 339a und b). Das Umschalten geschieht von Hand, teilweise oder ganz selbsttätig. Hierzu verwendet man die Rücklaufbewegung des Revolverschlittens.

Der Revolverkopf ist mit einer drehbaren Anschlagwalze verbunden, so daß für jede Stellung ein bestimmter Vorschubweg festgelegt werden kann. Der Anschlag löst in üblicher Weise eine Fallschnecke oder Überlastungskupplung aus. (Abb. 340).

3.1 Drehmaschinen mit umlaufendem Werkstück und festem Schneidmeißel 195

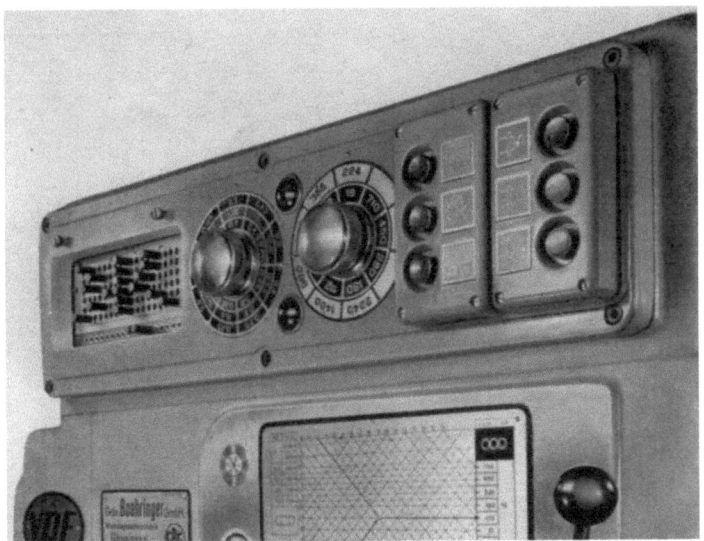

Abb. 343. Steckerfeld an einer Revolverdrehbank [VDF]
Befehlsausführung über elektromagnetische Kupplungen

Mit den beiden Drehknöpfen werden Drehzahlen und Vorschübe vorgewählt und durch Drücken des gleichen Knopfes ein-eingeschaltet

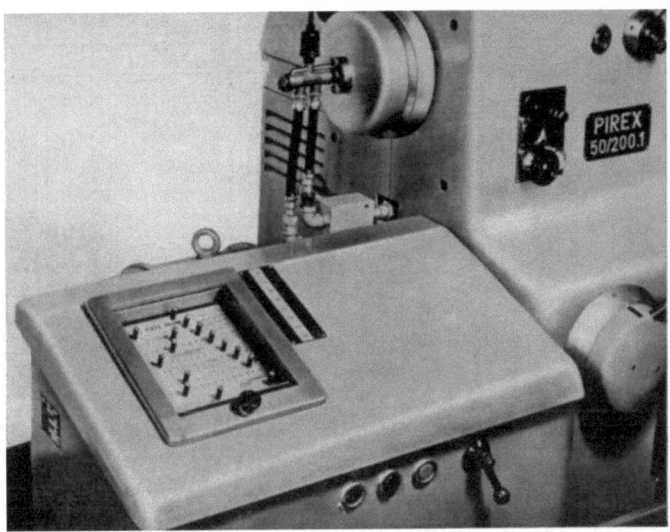

Abb. 344. Steckerfeld an einer Revolverdrehbank [Pittler]
Befehlsausführung über elektromagnetische Kupplungen

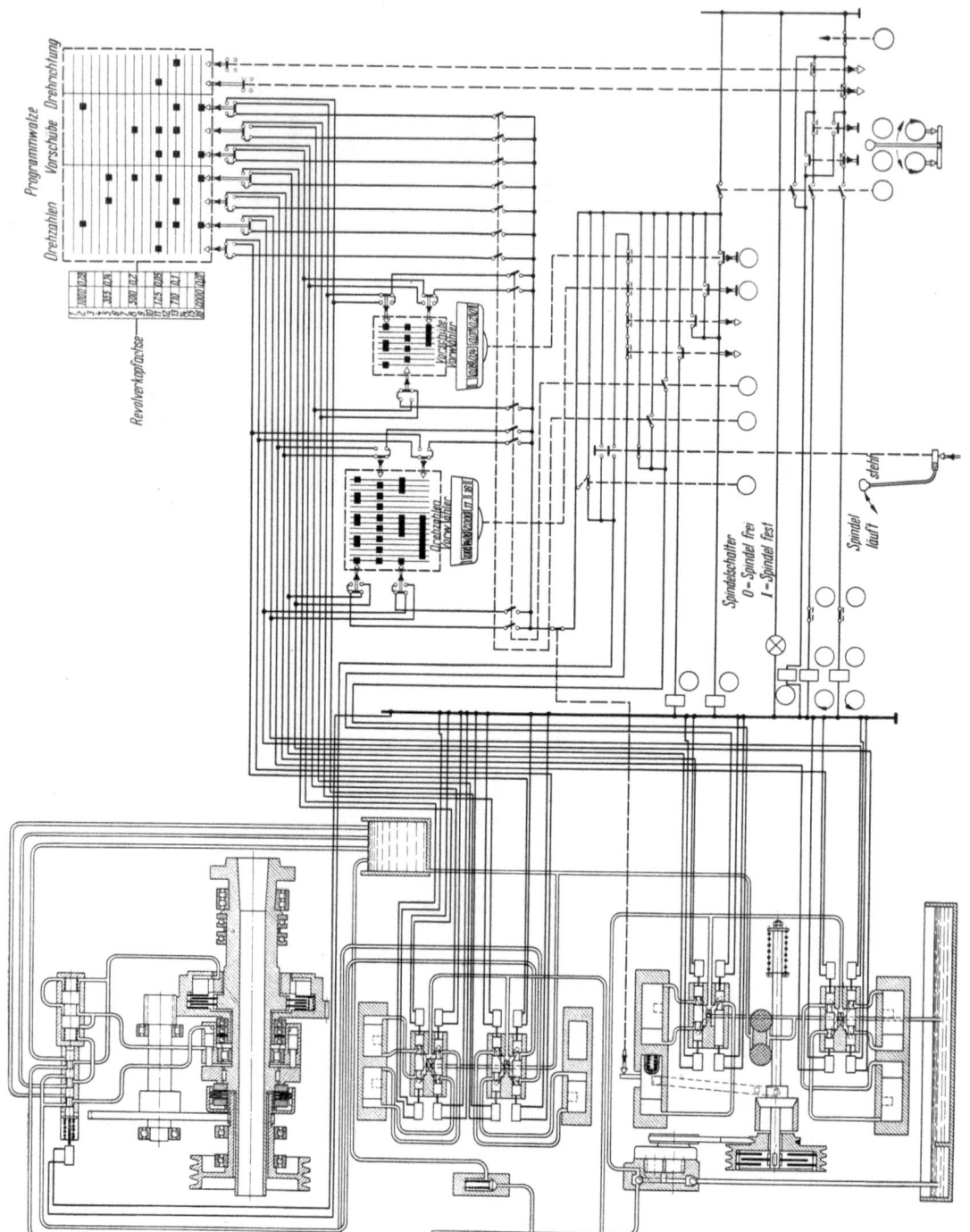

Abb. 345. Schaltplan der elektrohydraulischen Revolverdrehbank aus Abb. 342 [Gildemeister] Festlegen der Drehzahlen, Vorschübe und der Drehrichtung auf einer Programmwalze, die mit dem Revolverkopf mitdreht. Vorwähleinrichtung für Drehzahlen und Vorschübe

Der Aufbau des Spindelkastengetriebes ist ähnlich dem der Universaldrehbank. Wegen des Gewindeschneidens ist ein verhältnismäßig großer Drehzahlbereich (1:50) erforderlich. Ein rasches Umschalten von Drehzahlen und Vorschüben beim Wechseln der Werkzeuge ist wünschenswert. Es liegt nahe, diese mit der Stellung des Revolverkopfes zu kuppeln und zu automatisieren. Das setzt automatisierbare Schaltgetriebe voraus, die entweder mit elektromagnetisch oder hydraulisch betätigten Kupplungen arbeiten (Abb. 341 und 342).

Zur selbsttätigen Schaltung von Drehzahlen, Vorschüben, Spindeldrehrichtungen usw., in Abhängigkeit von der Revolverkopfstellung, verwendet man entweder Steckerfelder (Abb. 343 und 344), Walzen mit Schaltnocken (Abb. 345) oder Wahlschalter (Abb. 346). Jede

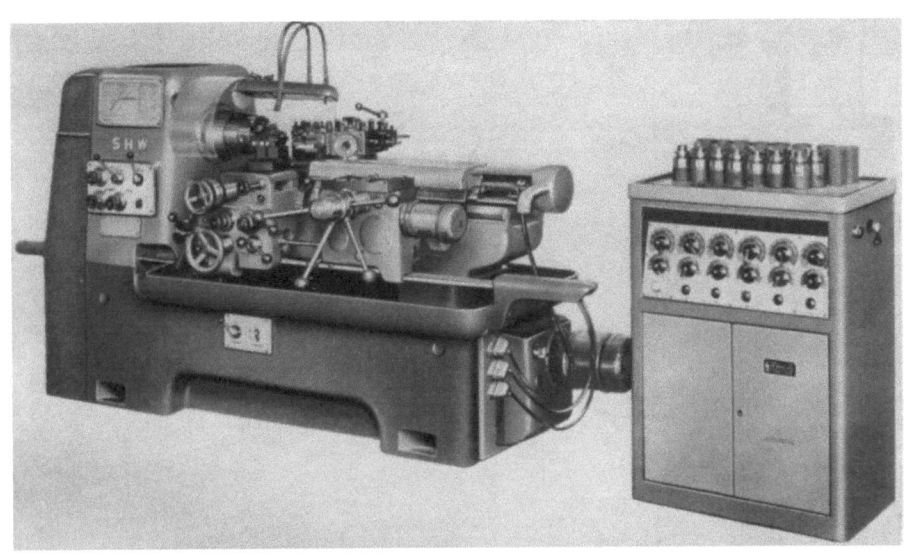

Abb. 346. Revolverdrehbank mit Programmeinrichtung [SHW]
Das Programm wird mit Drehknöpfen, die an dem getrennt aufgestellten Schaltschrank angeordnet sind, eingespeichert

Revolverkopfstellung entspricht einer waagerechten bzw. senkrechten Reihe des Steckerfeldes, einer Nockenbahn oder einer Schaltergruppe. Durch Stöpseln bestimmter Löcher, Setzen der Nocken oder Verdrehen der Wahlschalter wird der Steuerstrom denjenigen Magnetkupplungen oder Magnetventilen zugeleitet, die jeweils für die Schaltung der gewünschten Drehzahlen, Vorschübe usw. in Frage kommen. Programmschaltungen sind bei Revolverdrehmaschinen verhältnismäßig oft anzutreffen.

Ein besonderes Kennzeichen der Revolverdrehbank sind die zahlreichen Werkzeughalter (Abb. 347) und Werkzeuge und die sorgfältig erstellten Bearbeitungspläne für jedes Werkstück (Abb. 348 und 349).

Man ist bemüht, diesen Maschinentyp so universell wie möglich zu gestalten. Viele Modelle sind daher mit einem zweiten Bettschlitten ausgerüstet, wie er bei Universaldrehbänken üblich ist. Zahlreiche Sondereinrichtungen, Einstechschieber, Kopiereinrichtungen usw. sind lieferbar. Bemerkenswert ist in diesem Zusammenhang die Gewindesträhleinrichtung (Abb. 350).

Eine bedeutende Rolle spielen die Spanneinrichtungen. Selbsttätige Spanneinrichtungen herrschen vor. Das Verarbeiten von Stangenmaterial, das durch die hohle Arbeitsspindel zugeführt wird, ist ein wichtiges Arbeitsgebiet. Man klassifiziert die Revolverdrehbänke daher auch nicht nach ihrer Spitzenhöhe, sondern nach der Spindelbohrung. Abb. 351 zeigt den Getriebeplan einer Revolverdrehbank, Abb. 352 bis 357 verschiedene Baumuster.

Die Automatisierung ist mit dem Schalten von Drehzahlen und Vorschüben in Abhängigkeit von der Revolverkopfstellung nicht stehengeblieben. Eine Revolverdrehmaschine mit sehr vielfältigen Schaltmöglichkeiten im Rahmen eines vorher festgelegten Programms ist

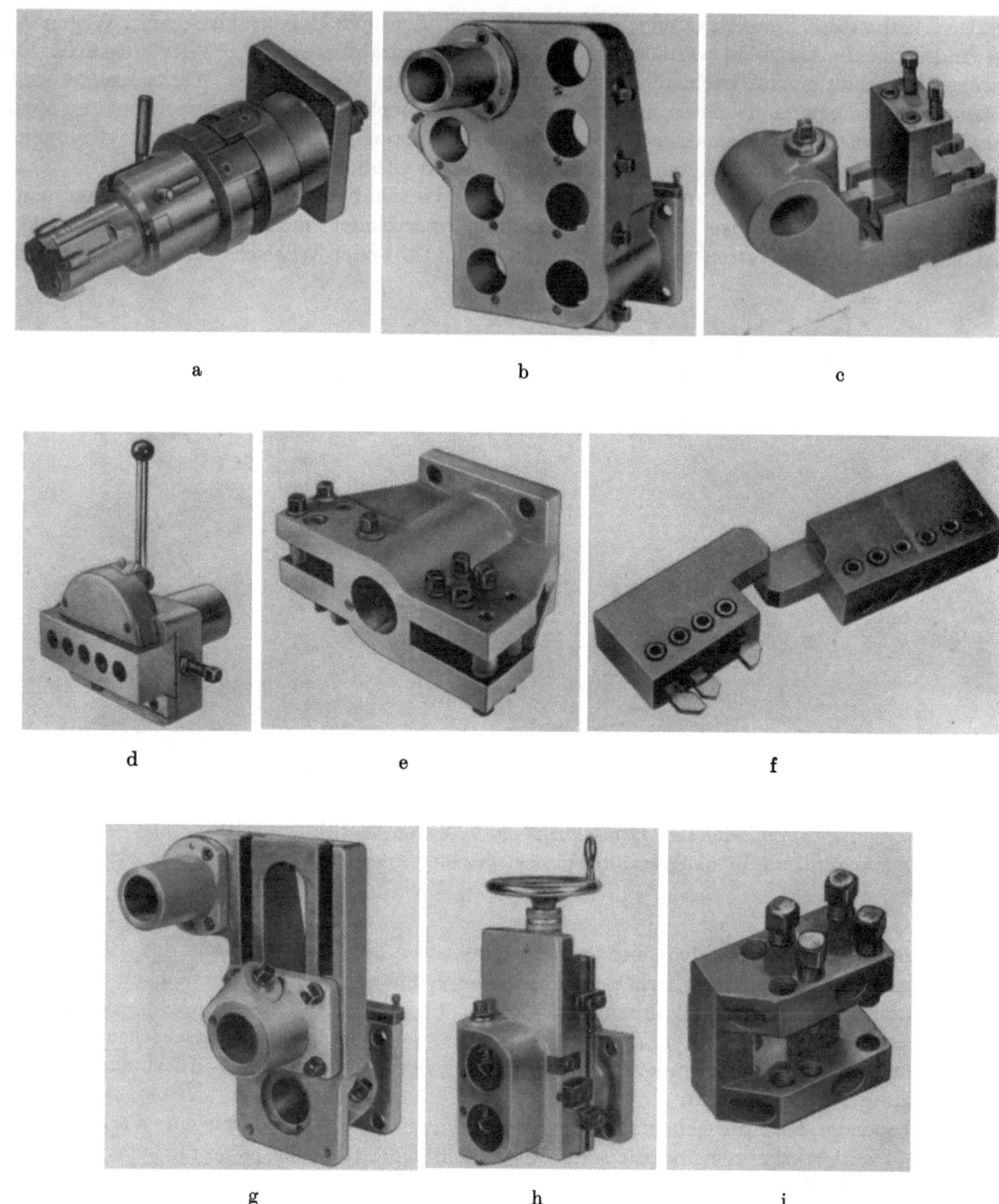

Abb. 347a—i. Verschiedene Formen von Werkzeughaltern für den Einbau in einen Sternrevolverkopf [VDF]
a) Gewindeschneidkopf für Innengewinde, selbst auslösend; b) Mehrfachmeißelhalterplatte; c) kombinierter Bohrstangen- und Messerhalter; d) Einstechwerkzeug leicht; e) Mehrmeißelkopf; f) Anschräghalter für Schaftmeißelhalter, verstellbar; g) Einfachmeißelhalterplatte, verstellbar; h) Einstechwerkzeug, schwer; i) Vorbaumeißelhalter zum Vierfachrevolver

in Abb. 358 und 359 dargestellt. Dieser Typ wird neuerdings auch mit numerischer Steuerung angeboten.

Revolverautomaten mit einer von den bisherigen Bauarten abweichenden Form des Revolverkopfes zeigen Abb. 360 und 361. Diese Maschinen gehören hinsichtlich ihrer Einsatzmöglichkeiten zur Gruppe der Frontdrehmaschinen.

3.1 Drehmaschinen mit umlaufendem Werkstück und festem Schneidmeißel

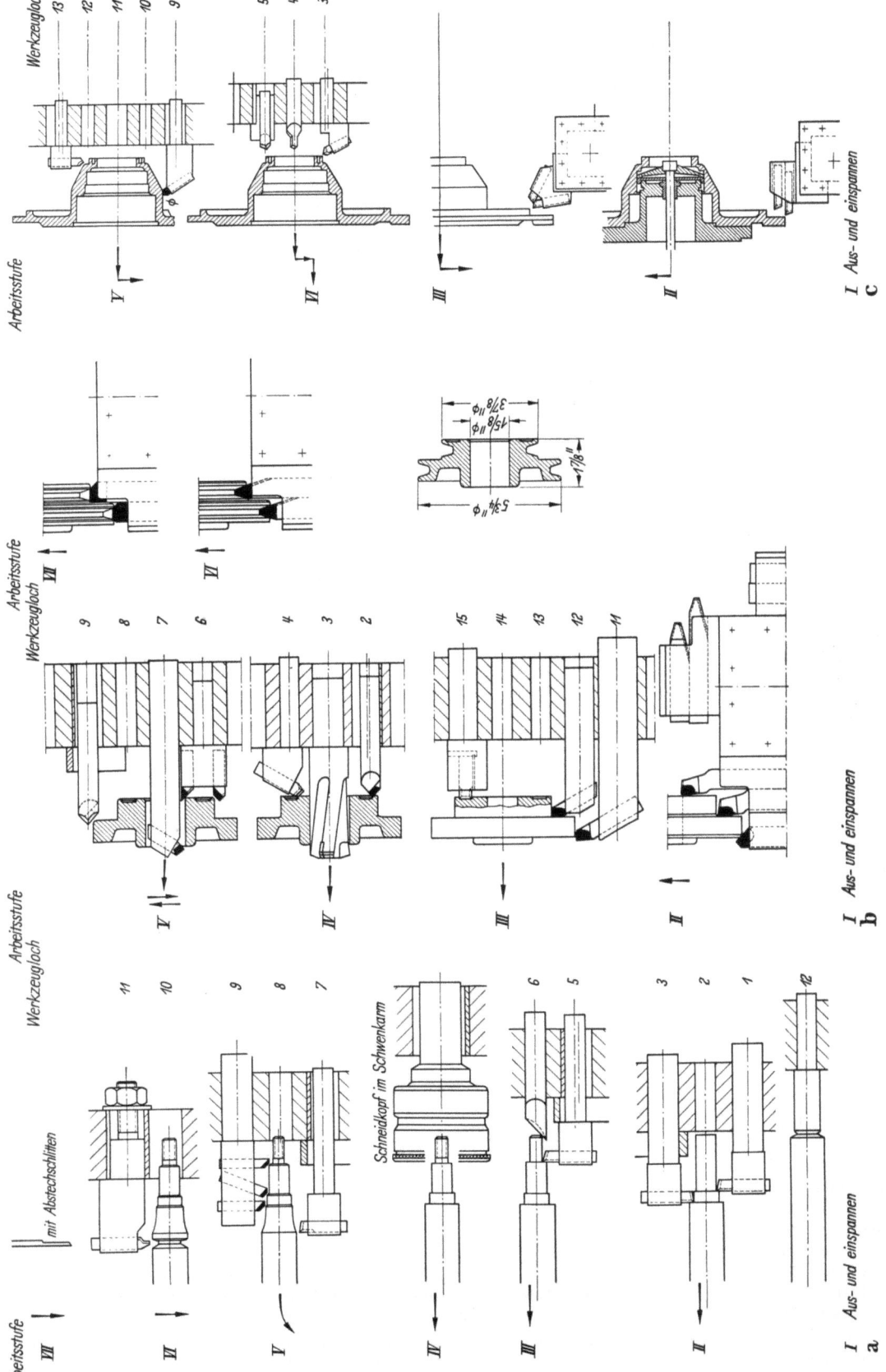

Abb. 348a—c. Drei Beispiele von Arbeitsplänen für eine Trommelrevolverdrehbank [Pittler]
Der Revolverkopf hat 16 Werkzeuglöcher, von denen bei Bedarf mehrere für eine Arbeitsstufe verwendet werden

3. Die Bauarten der Drehmaschinen

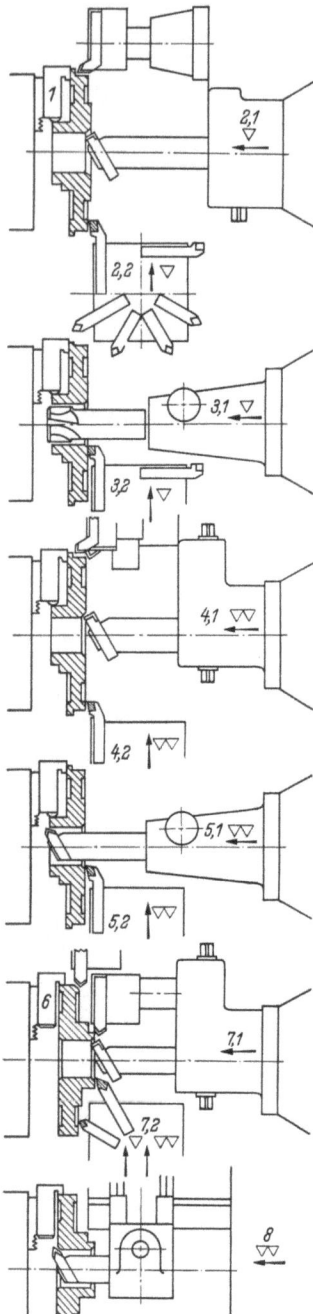

Abb. 349. Arbeitsbeispiel für eine Sternrevolverdrehbank [VDF] Exzenternabe 8 Arbeitsstufen Werkzeuge am Revolverkopf und an einem vor dem Revolverschlitten aufgesetzten Standardschlitten mit Vielfachmeißelhalter

Abb. 350. Gewindesträhleinrichtung an einer Revolverdrehbank [Pittler]

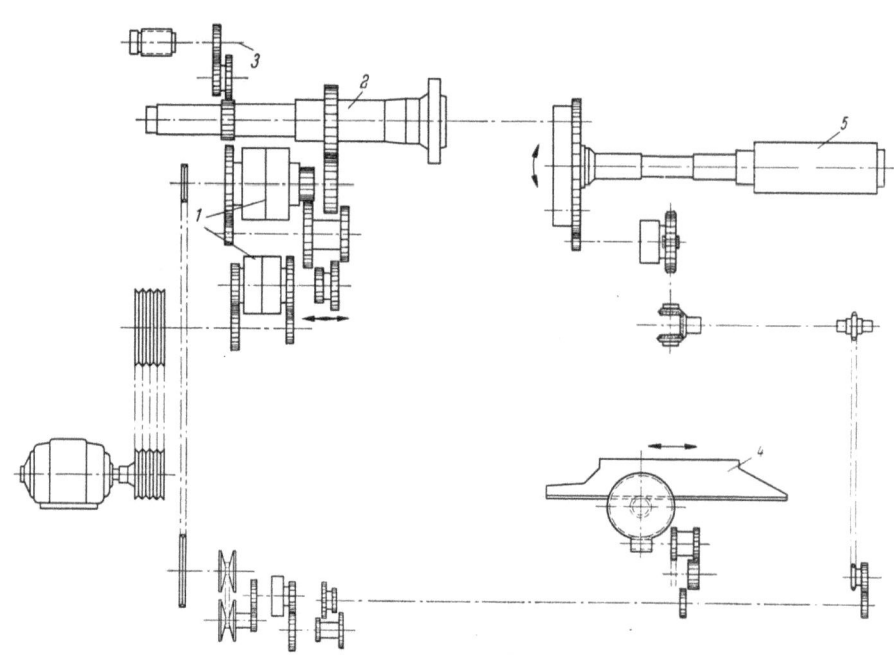

Abb. 351. Getriebeplan einer Trommelrevolverdrehbank [Pittler]
Vorschübe stufenlos mit PIV-Getriebe

1 Arbeitsspindelgetriebe; *2* Arbeitsspindel; *3* Strählerantrieb; *4* Revolverschlitten mit Längsvorschub; *5* Trommelrevolverachse mit Planvorschub

3.1 Drehmaschinen mit umlaufendem Werkstück und festem Schneidmeißel

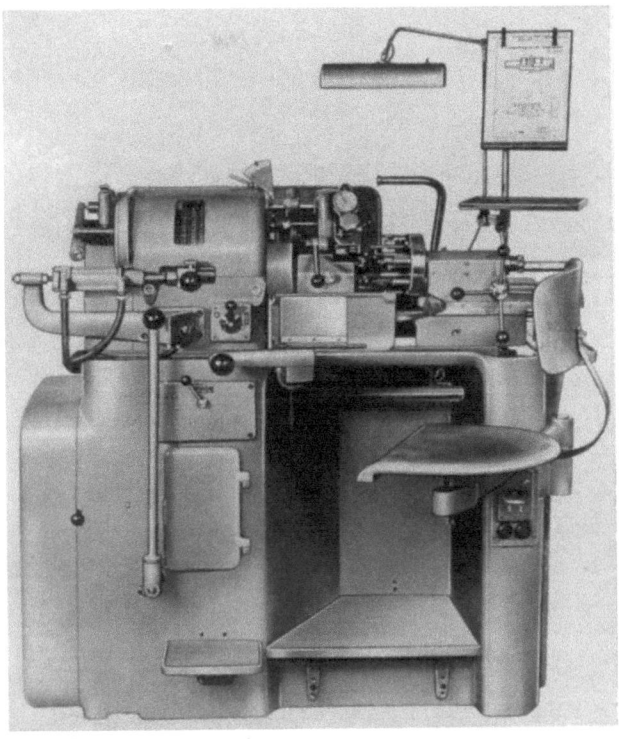

Abb. 352. Kleine Revolverdrehbank [Boley]

Werkstoffdurchlaß 26 mm; 3 Drehzahlen 1800 bis 3550 U/min (mehrere Reihen wählbar); Antriebsleistung 2,2 kW
Gewicht 1000 kp

Abb. 353. Blick in den Arbeitsraum der Maschine aus Abb. 352 [Boley]

Neben dem Trommelrevolverkopf, der hier in einem Revolverreitstock sitzt, hat die Maschine einen Sternrevolverkopf mit parallel zur Spitzenlinie liegenden Achse. Der Revolversupport hat Längs- und Planvorschub. Der Revolverkopf ist leicht auswechselbar

Abb. 354. Trommelrevolverdrehbank [Gildemeister]
Werkstoffdurchlaß 50 mm; 16 Drehzahlen 11 bis 2000 U/min; Antriebsleistung 7,5 kW; Gewicht 2900 kp einschließlich elektrischer Ausrüstung

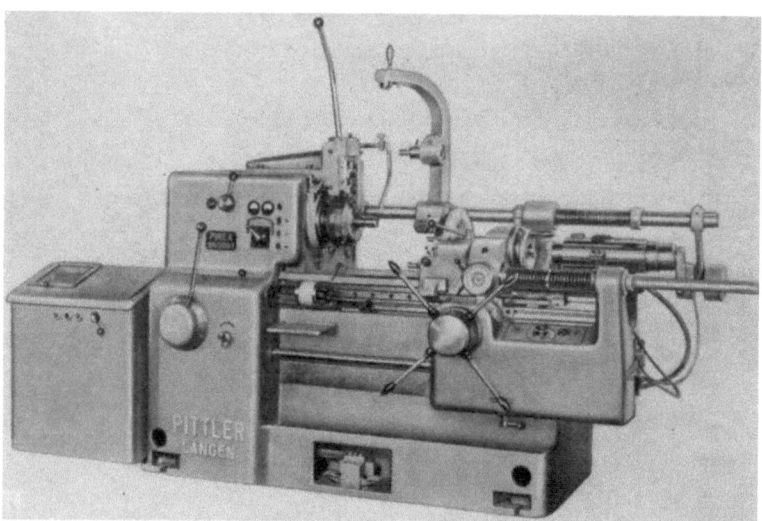

Abb. 355. Trommelrevolverdrehbank [Pittler]
Werkstoffdurchlaß 50 mm; 16 Drehzahlen 71 bis 1800 U/min; Antriebsleistung 8 kW; Gewicht 2900 kp einschließlich elektrischer Ausrüstung

3.1 Drehmaschinen mit umlaufendem Werkstück und festem Schneidmeißel

Abb. 356. Sternrevolverdrehbank. Revolverschlitten und Standardschlitten [VDF]
Werkstoffdurchlaß 40 mm; 15 Drehzahlen 18 bis 2240 U/min; Antriebsleistung 10 kW; Gewicht 2850 kp ohne elektrische Ausrüstung

Abb. 357. Flachtischrevolverdrehbank [Scheu-Schwartzkopff]
Werkstoffdurchlaß 90 mm; 12 Drehzahlen 22 bis 1000 U/min; Antriebsleistung 22 kW; Gewicht 9000 kp

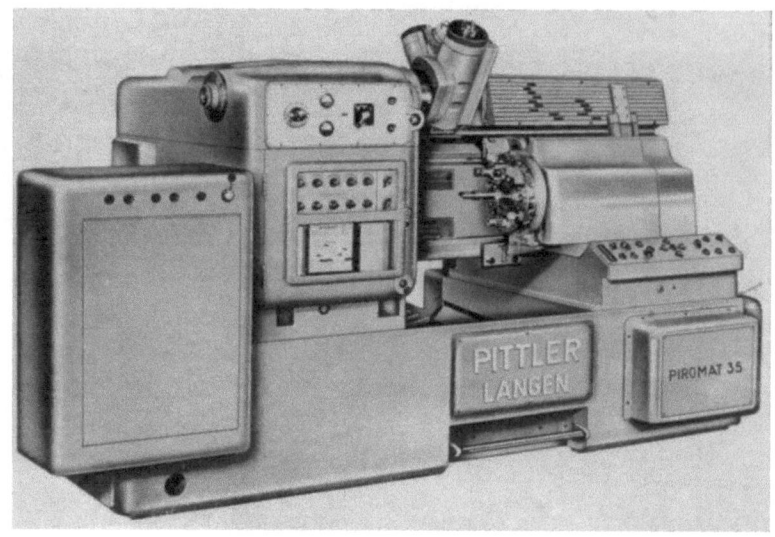

Abb. 358. Automatisierte Revolverdrehbank [Pittler]
Der Bedienungsmann spannt nur das Werkstück ein und aus. Alle Funktionen der Maschine laufen selbsttätig ab

Schwingdurchmesser 600 mm; 16 Drehzahlen 14 bis 710 U/min; Antriebsleistung 15 kW; Gewicht 7000 kp

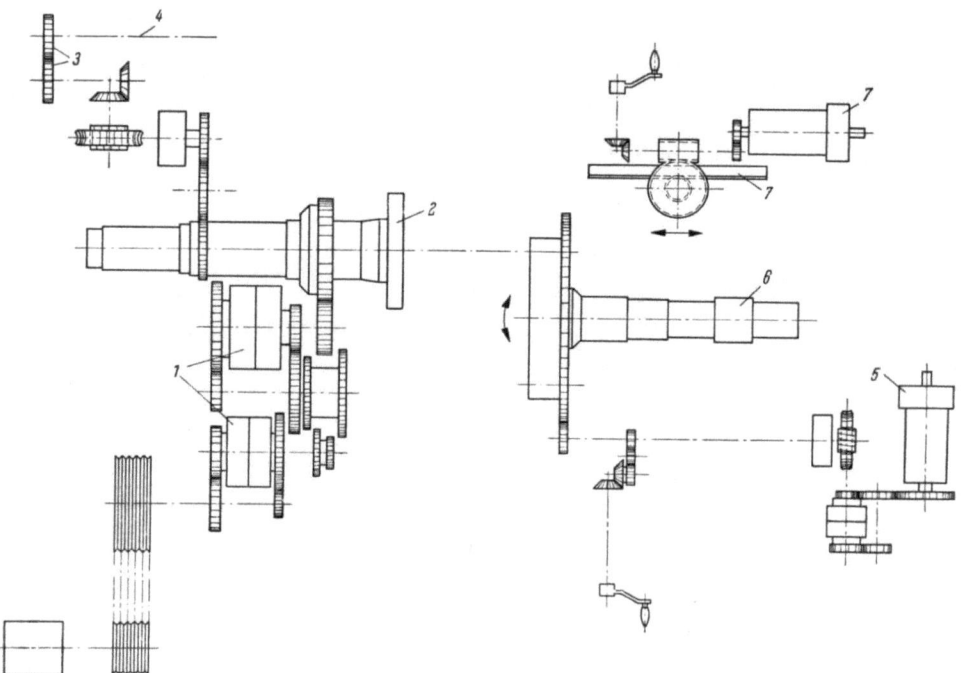

Abb. 359. Getriebeplan der Maschine aus Abb. 358 [Pittler]

1 Arbeitsspindelgetriebe mit elektromagnetischen Kupplungen; *2* Arbeitsspindel; *3* Wechselräder; *4* Antrieb des Strählschlittens; *5* Hydraulikmotor für Planvorschub (Drehbewegung des Revolverkopfes); *6* Revolverachse; *7* Revolverschlitten mit Hydraulikmotor für Längsvorschub

3.1 Drehmaschinen mit umlaufendem Werkstück und festem Schneidmeißel

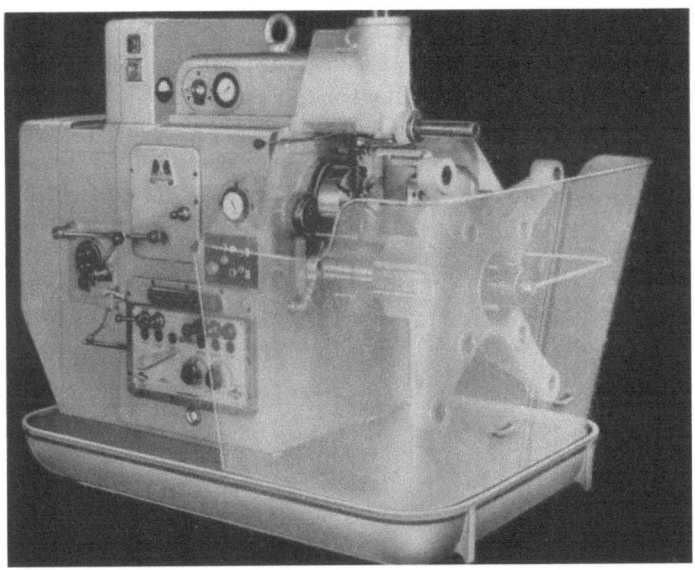

Abb. 360. Einspindel-Futterdrehautomat [Monforts]
Hauptwerkzeugträger ist ein vierarmiger Revolver, dessen Achse parallel zur Drehspindel liegt. Weitere Werkzeugschlitten können zusätzlich angebaut werden

Abb. 361. Doppelspindel-Futterdrehautomat für Frontbedienung [Pittler]
Die linke Spindel arbeitet mit einem dreiarmigen Werkzeugrevolver zusammen, dessen Achse parallel zur Drehachse liegt

3.1.2.3 Kopierdrehmaschinen

In der Gruppe der Kopierdrehmaschinen, die auch als Kopierautomaten bzw. halbautomatische Kopierdrehmaschinen bezeichnet werden, lassen sich deutlich 2 Entwicklungsrichtungen unterscheiden, die den beiden Hauptarbeitsgebieten in der Dreherei, — Futterarbeiten und Drehen zwischen den Spitzen —, entsprechen.

Die für Futterarbeiten entwickelten Modelle haben einen Revolverkopf (Mehrfachmeißelhalter), der im Gegensatz zur Revolverdrehbank in Längs- und Planrichtung frei beweglich ist

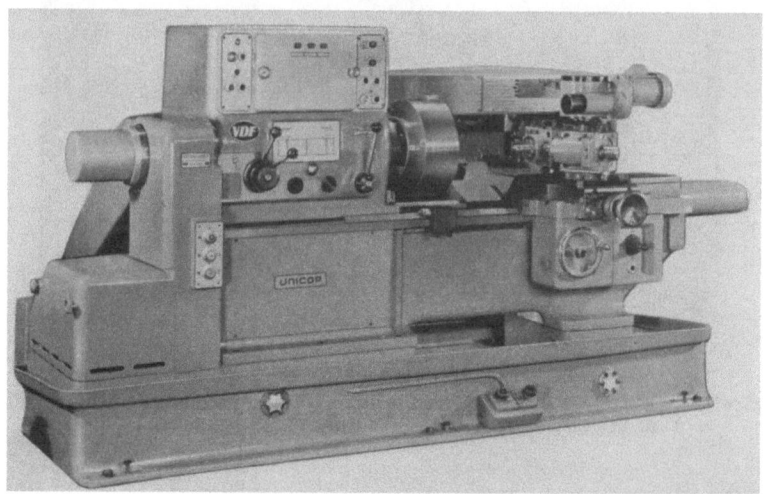

Abb. 362. Halbautomatische Kopierdrehmaschine mit Revolverkopfmeißelhalter [VDF]
Selbsttätiges Umschalten des Revolverkopfes einschließlich der zugehörigen Schablonen
Spitzenhöhe 255 mm;   9 Drehzahlen 35,5 bis 1120 mit zusätzlichem stufenlosem Regelgetriebe 1:5;   Antriebsleistung 11,5 kW;
Gewicht 3450 kp

und von einer Kopiereinrichtung gesteuert wird. Zur Kopiereinrichtung gehört ein Mehrfachschablonenhalter, der mit dem Revolverkopf derart zusammenarbeitet, daß zu jeder Revolverstellung die zugehörige Schablone in Abtaststellung geschwenkt wird. Man kann also nacheinander mit drei oder vier verschiedenen Werkzeugen (es gibt 3seitige und 4seitige Revolverköpfe) ebenso viele voneinander unabhängige Schnittwege abfahren. Im Rahmen eines Pro-

Abb. 363. Revolverkopierautomat für Futterarbeiten [Hasse & Wrede]
Zwei voneinander unabhängige Schlitten mit Querschieber, deren Bewegungen nach Schablone gesteuert werden. Selbsttätiges Umschalten der Vierfachmeißelhalter und der entsprechenden Schablonen
Spitzenhöhe 320 mm;   Antriebsleistung 38 kW;   Gewicht 11 500 kp

Abb. 364. Revolverkopierautomat für Futterarbeiten [Liechti]
Zwei voneinander unabhängige Schlitten mit Werkzeugrevolver, nach Schablone gesteuert. Pneumatische Steuerung. Kopierbewegung durch Ölmotor

Schwingdurchmesser 650 mm;   12 Drehzahlen 31 bis 1400 U/min;   Antriebsleistung 31 kW;   Gewicht 4800 kp

gramms werden Drehzahlen, Vorschübe und Revolverkopfstellungen selbsttätig umgeschaltet. Es gibt Maschinen mit einem Revolverkopf und einem Bettschlitten (Abb. 362) sowie mit 2 Revolverköpfen und zwei voneinander unabhängigen Bettschlitten (Abb. 363 und 364). Die Pro-

Abb. 365. Programmspeicher der Maschine in Abb. 364 [Liechti]
Der Speicher ist ein Stahlband, in das Nieten eingesetzt werden. Mit den Handhebeln kann in den Programmablauf eingegriffen werden

grammsteuerung ist meistens in üblicher Weise ausgebildet (vorschubabhängige Nocken — Impulsschalter — Wahlschalter oder Steckerfelder — EM-Kupplungen und Ventile).

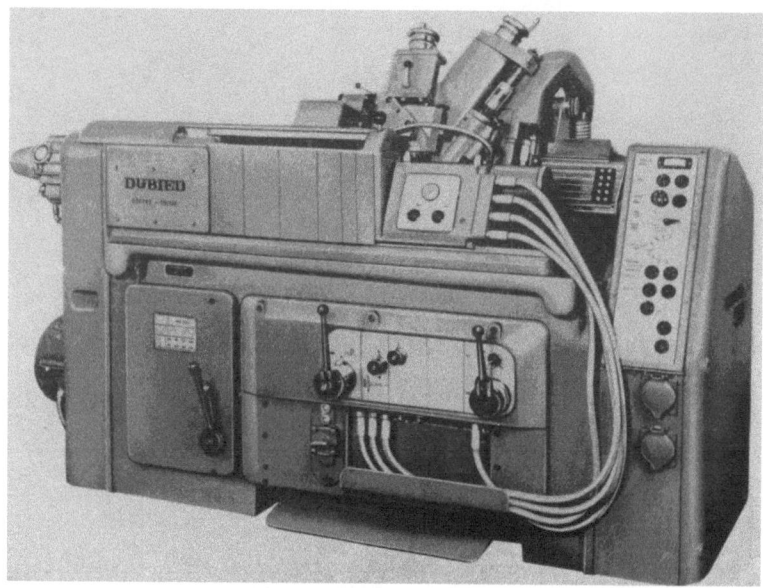

Abb. 366. Halbautomatische Kopierdrehmaschine für Spitzenarbeiten[1] [Dubied]
Längsvorschub hydraulisch über eine von der Arbeitsspindel angetriebene Regelpumpe
Schwingdurchmesser 240 mm; 8 Drehzahlen 350 bis 4000 U/min; Antriebsleistung 8 kW; Gewicht 1910 kp bei 500 mm Spitzenweite

Die Konstruktion der Firma Liechti weicht von diesem Schema ab. Hier wird das Programm auf zwei mit Nieten bestückte Stahlbänder aufgebracht. Die Stahlbänder laufen um, während die Impulsschalter feststehen. Die Anordnung ist also gleichsam eine Umkehrung des Systems: „feste Nockenbahn mit verschiebbaren Impulsschaltern" (Abb. 365).

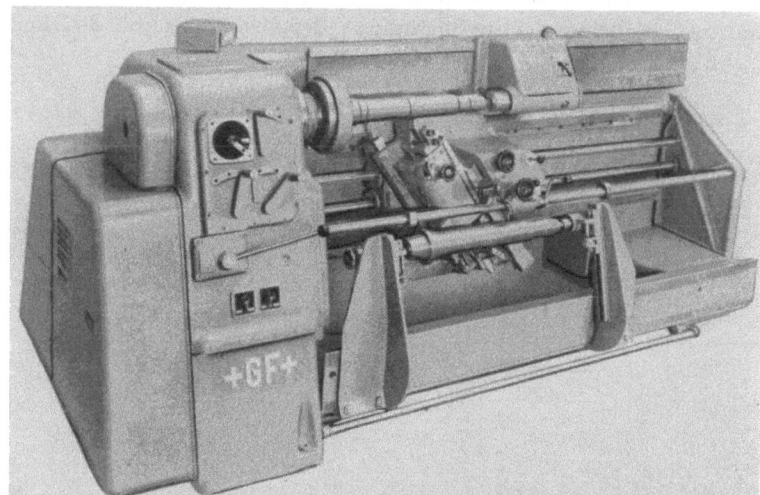

Abb. 367. Halbautomatische Kopierdrehmaschine für Spitzenarbeiten [GF]
Längsvorschub mechanisch über Zahnradgetriebe und Zahnstange
Schwingdurchmesser 315 mm; 12 Drehzahlen 140 bis 1800 U/min; Antriebsleistung 15 kW; Gewicht 3300 kW bei 1000 mm Spitzenweite

Wenn auch die Revolverkopiermaschinen hinsichtlich des gewählten Nachformprinzips oder der Erzeugung von Drehzahlen und Vorschüben erhebliche Unterschiede aufweisen, sind sie

---
[1] Futterarbeiten können auf dieser und den folgenden Maschinen in gewissen Grenzen ebenfalls ausgeführt werden.

3.1 Drehmaschinen mit umlaufendem Werkstück und festem Schneidmeißel 209

sich in ihrer äußeren Gestalt ähnlich. Diese ist dadurch charakterisiert, daß die Führungsbahnen der Bettschlitten in der Waagerechtebene liegen.

Demgegenüber stehen jene Kopierdrehmaschinen, die vorwiegend für Spitzenarbeiten gedacht sind. Hier hat man grundsätzlich die Führungsbahn für den Hauptschlitten in die senkrechte

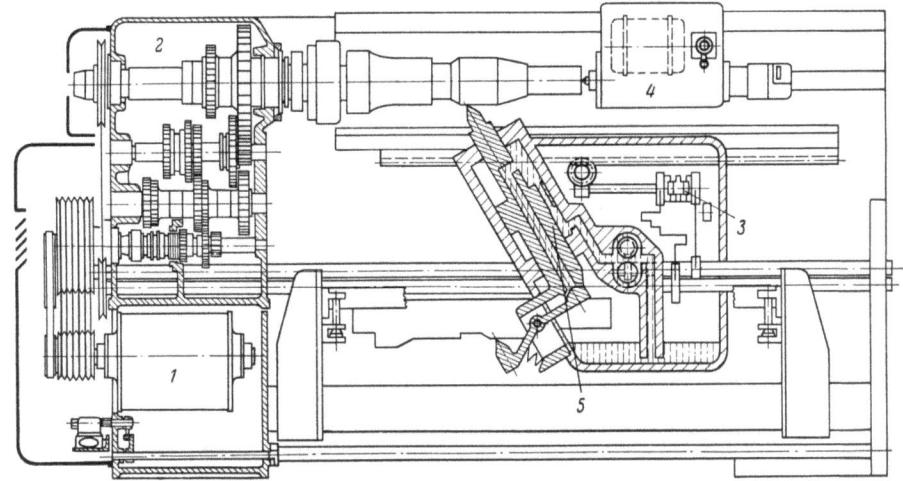

Abb. 368. Schnitt durch die Maschine in Abb. 367 [GF]

1 Hauptmotor; 2 Arbeitsspindel; 3 Vorschubgetriebe; 4 Reitstock mit Pinolenverschiebung durch eingebauten E-Motor; 5 hydraulischer Kopierschieber (Einkantensteuerung)

oder in eine nahezu senkrechte Ebene gelegt, um die Drehspäne auf der gesamten Drehlänge besser abführen zu können. Bei Drehbänken mit waagerecht liegenden Führungsbahnen ist die Späneabfuhr wegen der erforderlichen Bettverrippung immer schwierig. Bei den reinen

Abb. 369. Halbautomatische Kopierdrehmaschine für Spitzenarbeiten [VDF]
Kopierschieber rechtwinklig zur Drehachse. Längsvorschub hydraulisch vom Fühler gesteuert

Schwingdurchmesser 490 mm; 8 Drehzahlen 560 bis 2800 U/min; Antriebsleistung 20 kW; Gewicht 3500 kp bei 750 mm Spitzenweite

Futtermaschinen ist die Lage insofern eine andere, als der Längsdrehweg kurz ist. In einem mehr oder weniger breiten Bereich vor dem Futter kann auch bei waagerechter Führungsebene für einen guten Späneabfluß gesorgt werden.

Die Kopierdrehmaschinen dieser Gruppe (Abb. 366 bis 370) besitzen neben den Führungen für den Hauptkopierschieber, der meistens in seiner Winkellage zur Drehachse feststeht (Abb. 371),

Abb. 370. Halbautomatische Kopierdrehmaschine für Spitzenarbeiten [Heyligenstaedt]
Kopierschieber schräg zur Drehachse. Längsvorschub stufenlos über PIV-Getriebe

Schwingdurchmesser 450 mm; 15 Drehzahlen 71 bis 1800 U/min; Antriebsleistung 23 kW; Gewicht 5000 kp bei 1000 mm Spitzenweite

oft eine weitere Führung zur Aufnahme von Hilfsschiebern (Vorbett). Diese sind als einfache Einstechschieber, als Schieber für Rechteckprogramme oder auch als Kopierschieber ausgebildet (Abb. 372). Man kann daher gleichzeitig bzw. vor oder nach dem Hauptkopierschnitt weitere

Abb. 371. Kopierschieber einer halbautomatischen Kopierdrehmaschine [IWK-Schaerer]
Der Schieber bewegt sich in einer Führungsbahn, die mit der Drehachse einen unveränderlichen Winkel bildet. Auf dem Kopierschieber sitzt ein Meißelhalter mit Verstellmöglichkeit rechtwinklig zur Drehachse

Dreharbeiten ausführen, z. B. das Drehen von Paßsitzen mit kleineren Toleranzen, als die Kopiereinrichtung hergibt. Auch die Ausrüstung mit zwei oder drei hintereinander herfahrenden

3.1 Drehmaschinen mit umlaufendem Werkstück und festem Schneidmeißel 211

Kopierschiebern oder mit zwei voneinander unabhängigen Kopierschlitten (Oberschlitten und Unterschlitten) wird ausgeführt. Eine weitere Ergänzung bildet der Bohrreitstock (Abb. 373),

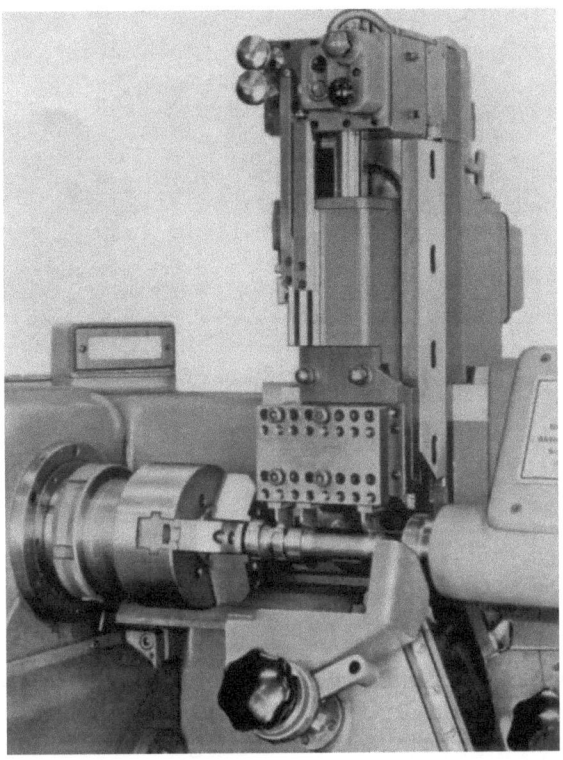

Abb. 372. Hydraulisch betätigter Einstechschieber mit mehreren Meißeln bestückt [GF]
Ähnliche Schieber können auf das Vorbett (soweit vorhanden) aufgesetzt werden

der ebenfalls im Rahmen des Programms arbeitet. Da sich das Hydrauliköl im Betrieb erwärmt und dadurch Ungenauigkeiten entstehen können, trennt man die hydraulische Anlage bei einigen Modellen von der Maschine ab (Abb. 374).

Abb. 373. Erweiterung der Arbeitsmöglichkeiten durch einen Bohrreitstock mit im Programm einbezogener hydraulisch betätigter Pinolenverschiebung [IWK-Schaerer]

Zum Aufbau der Maschinen verwendet man mechanische, hydraulische und elektrische Elemente. Der Programmablauf wird entweder nur vom Längsvorschub oder auch vom Längs-

Abb. 374. Rückseite einer Kopierdrehmaschine [IWK-Schaerer]
Das Hydraulikaggregat (Ölbehälter, Ölpumpen, elektromagnetische Steuerschieber, Rohrleitungen) ist getrennt von der Maschine angeordnet

und Planvorschub ausgelöst. Der Kopierschieber selbst hat durchweg einen hydraulischen Antrieb, während der Längsvorschub auf hydraulischem oder mechanischem Wege erzeugt wird. Viele Modelle sind mit einer Mehrschnittautomatik ausgerüstet. Diese bewirkt, daß der Kopier-

Abb. 375. Mehrfachschablonenhalter [IWK-Schaerer]
Nach Abfahren eines Kreislaufes (Anstellen, Drehen, Kopierschieber zurück, Kopierschlitten zurück) schaltet sich automatisch die nächste Schablone in Abtaststellung

schieber nach Beendigung des ersten Arbeitsganges und Rückkehr in die Ausgangslage selbsttätig zu einem weiteren Arbeitsgang startet. Die Mehrschnittautomatik besteht entweder aus einem schwenkbaren Schablonenhalter (Abb. 375), in dem mehrere Schablonen eingespannt sind, die der Kopierschieber nacheinander abfährt, oder aus einem System von Längs- und

3.1 Drehmaschinen mit umlaufendem Werkstück und festem Schneidmeißel

Plananschlägen in Verbindung mit einer Schablone. In diesem Fall fährt der Kopiermeißel, gesteuert von je einem Längs- und Spantiefennocken, Rechtecke ab. Beim letzten Schnitt erreicht der Taster die Schablone, die er bis dahin noch nicht berührt hat, und führt den Drehmeißel entsprechend der gewünschten Umrißlinie (Abb. 376).

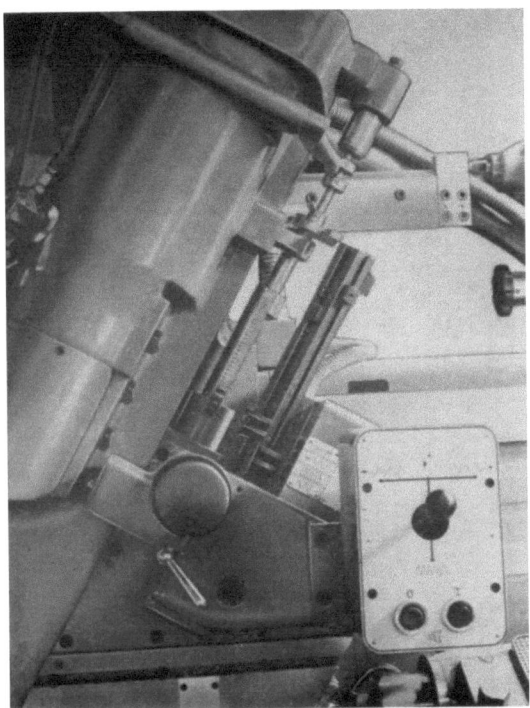

Abb. 376
Mehrschnittautomatik durch Festlegen von Drehlängen und Schnittiefen mit Bewegungsnocken [Heyligenstaedt]
Blick auf die Anschlagwalze für die Spantiefeneinstellung

Abb. 377
Doppelkopiereinrichtung [GF]
Der obere Meißelhalter arbeitet von links nach rechts, der untere umgekehrt

Da bei hydraulischen Kopiereinrichtungen der Schieber im allgemeinen schräg zur Drehachse steht, läßt sich zuweilen nicht die gesamte Umrißlinie in einer Aufspannung abfahren. In solchen Fällen verwendet man eine Doppelkopiereinrichtung, wenn das Werkstück in einer

Abb. 378. Doppelschablone für die Doppelkopiereinrichtung in Abb. 377 [GF]
Die obere Schablone gehört zu dem unteren Meißel

Aufspannung bearbeitet werden soll. Diese besteht aus einem Meißelhalter mit zwei gegenüberliegenden Meißeln (Abb. 377) und zwei gegenüberliegenden Schablonen (Abb. 378). Es

214 3. Die Bauarten der Drehmaschinen

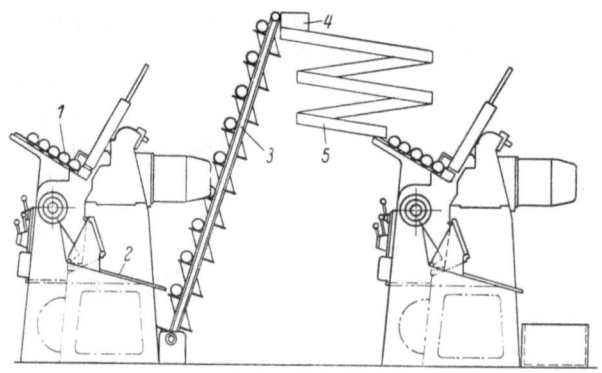

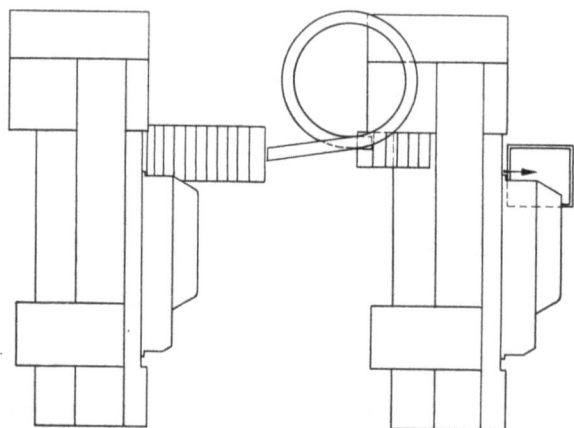

Abb. 379. Magazineinrichtung für 2 Maschinen (Transfergruppe) [GF]
1 Magazin mit Ladeautomat; *2* Abrollbahn für die fertigen Werkstücke; *3* Förderband; *4* Werkstückwendestation; *5* Werkstückspeicher mit Vibrator

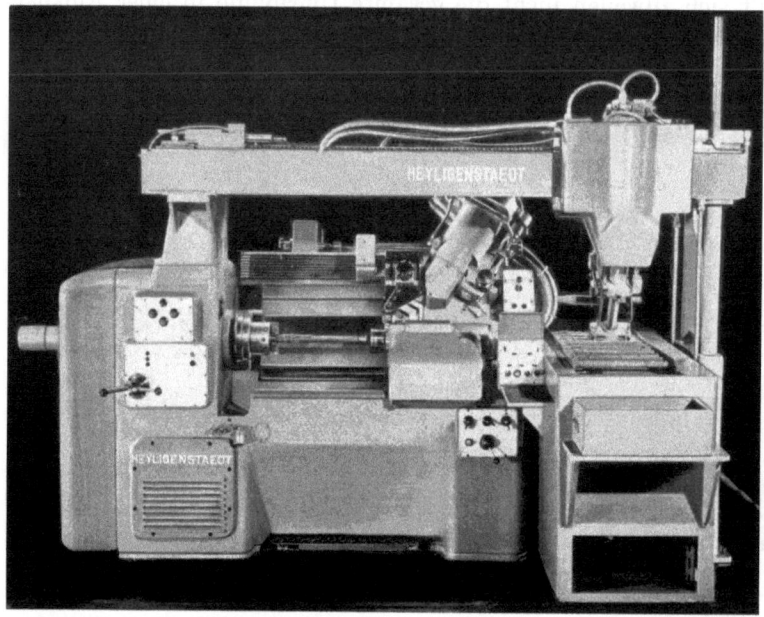

Abb. 380. Kopierdrehmaschine mit Beladeeinrichtung in Verbindung mit einem durchlaufenden Transportband [Heyligenstaedt]

3.1 Drehmaschinen mit umlaufendem Werkstück und festem Schneidmeißel 215

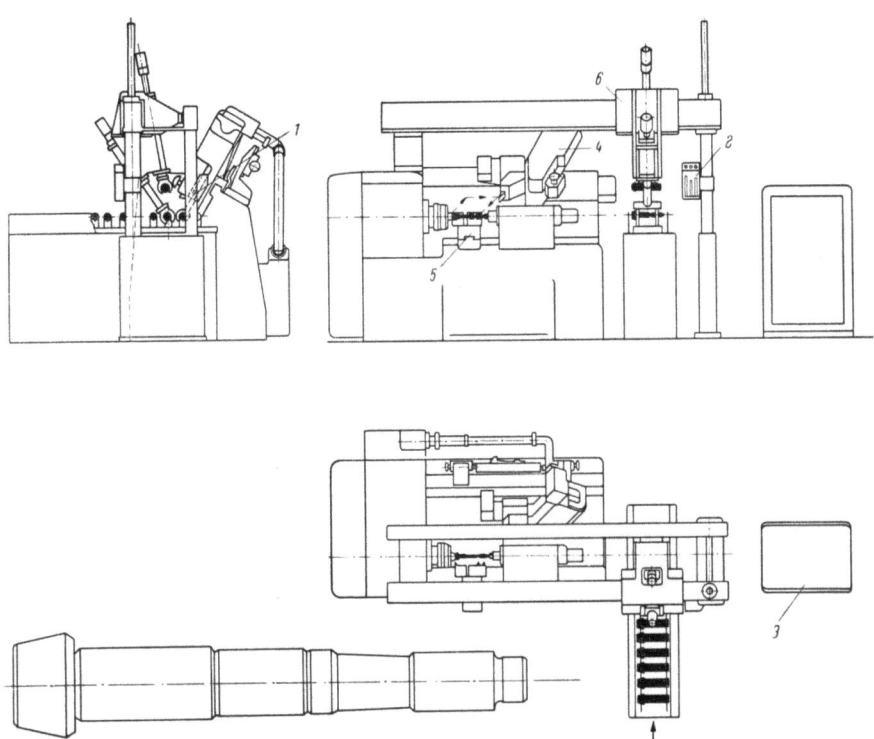

Abb. 381. Schematische Darstellung der Beladeeinrichtung aus Abb. 380 [Heyligenstaedt]
1 Meßgerät mit einer Meßstelle; *2* Anzeigegerät; *3* Schaltschrank; *4* Kopierschieber; *5* Einstechschieber; *6* Greiferwagen mit Greifer

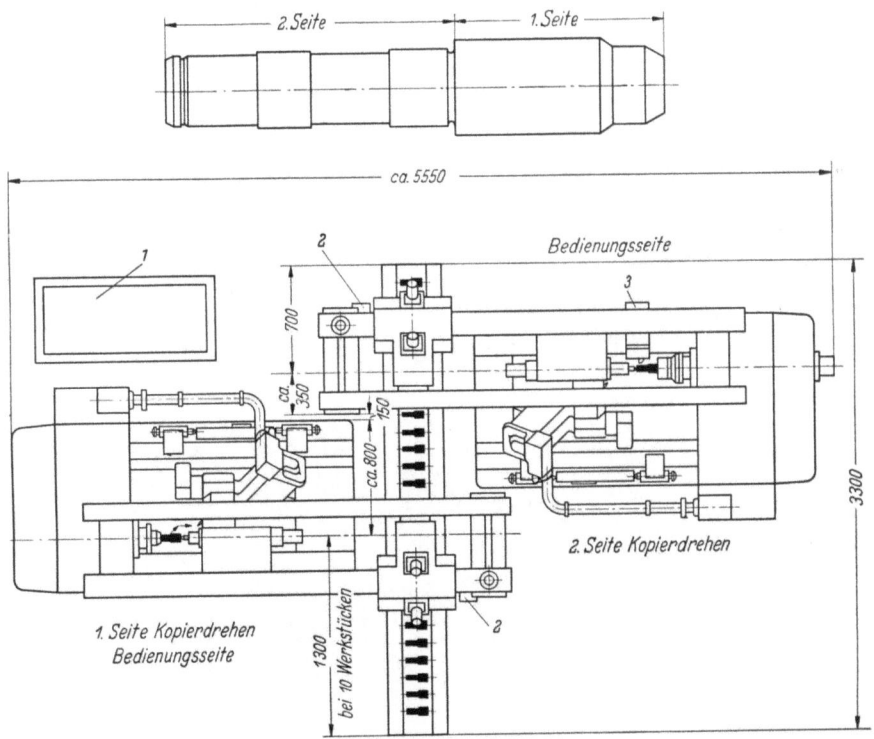

Abb. 382. Transfergruppe ohne Wendestation, Transportband in der Mitte [Heyligenstaedt]
1 Schaltschrank; *2* Meßeinrichtung; *3* Einstechschieber

wird zunächst z. B. von rechts nach links eine Schablone abgefahren und dann in Gegenrichtung die andere, wobei durch ein Ventil die Anpreßrichtung des Kopierschiebers gegen die Schablone umgekehrt wird.

Abb. 383. Transfergruppe mit Transport in der Mitte [IWK-Schaerer]
Beide Maschinen verrichten die gleiche Arbeit. Sie werden abwechselnd von dem Greifer bedient

Einige Modelle besitzen im Programm schwenkbare Meißelhalter, so daß bei mehreren Schnitten der Schrupp- und Schlichtschnitt mit verschiedenen Meißeln genommen werden kann.

Die Kopierdrehmaschinen arbeiten halbautomatisch, d. h., der Bedienungsmann muß die Werkstücke ein- und ausspannen, kontrollieren und den Kreislauf nach Einspannen eines neuen

Abb. 384. Beladeeinrichtung als Hängebahn für lange Werkstücke ausgebildet. Entnahme der Werkstücke mit Schwenkgreifern [GF]

Werkstückes wieder in Gang setzen. Diese Arbeitsgänge lassen sich selbsttätig ausführen, wenn die Anlage mit einer Beladeeinrichtung und gegebenenfalls noch mit einer Meßsteuerung ausgestattet wird. Hierfür gibt es sehr verschiedene Entwürfe, da sie sowohl dem Werkstück als auch der Maschine angepaßt sein müssen. Man unterscheidet Beladeeinrichtungen, die aus einem Magazin arbeiten (Abb. 379, 384, 385), das von Hand in gewissen Zeitabständen nachgefüllt werden muß, und solche, die die Werkstücke von einem Transportband entnehmen

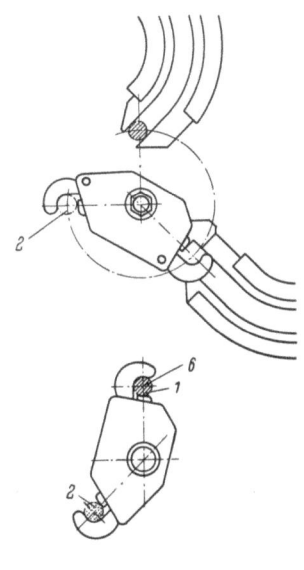

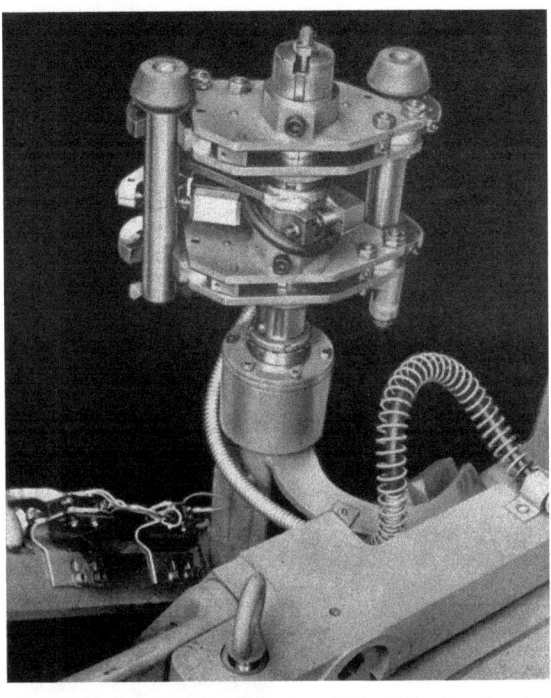

Abb. 386. In den Greifer der Abb. 385 eingebauter Meßfühler, der folgende Signale abgibt:

Grüne und gelbe Lampe: Durchmesser innerhalb der Toleranz

Gelbe Lampe: Toleranzgrenze erreicht. Meißel stellt sich automatisch nach

Rote Lampe: Toleranzgrenze überschritten. a) nach mehrfachem Nachstellen des Meißels; b) bei Meißelbruch, Störungen usw. [GF]

Abb. 385. Wirkungsweise des Greifers der Beladeeinrichtung gemäß Abb. 384 [GF]

(Abb. 380 bis 383). Bei diesen Ausführungen erfaßt ein fahrbarer Greifer ein Rohteil auf dem Transportband und fährt es in die Maschine, während ein zweiter gleichzeitig ein fertiggestelltes Werkstück aus ihr herausnimmt, um es auf dem Band abzulegen.

Mit Hilfe derartiger Beladeeinrichtungen lassen sich mehrere Maschinen miteinander verketten. Wenn z. B. an einem Werkstück 2 Arbeitsgänge auszuführen sind, übernimmt eine Maschine den ersten Arbeitsgang und die Nachbarmaschine den zweiten. Der Vorgang spielt sich dann vollautomatisch ab (Abb. 379 und 382).

Es versteht sich von selbst, daß diese Beladeeinrichtungen steuerungsmäßig sehr eng mit den Drehmaschinen gekuppelt sein müssen. Wenn sie auch eigentlich Maschinen für sich sind, kann man vom Standpunkt der Fertigung aus eine Drehmaschinengruppe und ihre Beladeeinrichtung natürlich nur als Einheit betrachten.

Der höchste Grad der Automatisierung ist erreicht, wenn diese Anlagen sich selbst kontrollieren. Zu diesem Zweck werden in die Greifer Meßfühler eingebaut (Abb. 386), oder die Werk-

Abb. 387. Kopierdrehmaschine mit Zuführeinrichtung zur Verarbeitung von Stangenwerkstoff [GF]

stücke in Meßeinrichtungen eingelegt. Der oder die Meßfühler stellen fest, ob die vorgeschriebenen Toleranzen eingehalten werden. Wird die Toleranzgrenze erreicht, stellt die Einrichtung den Drehmeißel selbsttätig nach. Ist ein weiteres Nachstellen nicht mehr möglich, oder das Werk-

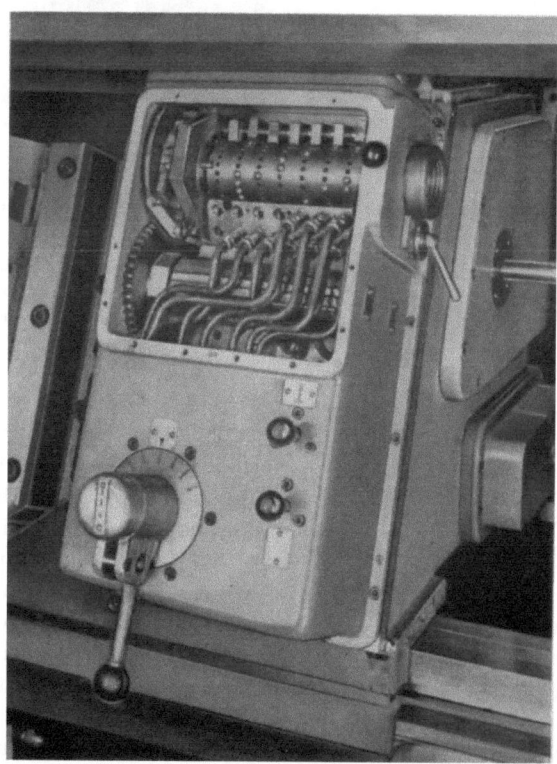

Abb. 388. Programmspeicher an einer halbautomatischen Kopierdrehmaschine [GF]
Wenn ein wegabhängiger Nocken überfahren wird, dreht sich die Walze um einen Schritt weiter, wodurch alle für diesen Schritt eingespeicherten Befehle ausgelöst werden

3.1 Drehmaschinen mit umlaufendem Werkstück und festem Schneidmeißel 219

zeug gebrochen, wird die Maschine stillgesetzt. Der gemessene Wert kann an einem Meßinstrument abgelesen werden. Farbige Signallampen zeigen den jeweiligen Zustand an.

Kopierdrehmaschinen sind nicht nur für Einzelwerkstücke geeignet. Es ist auch ein automatisches Arbeiten von der Stange möglich, wie Abb. 387 zeigt.

Abb. 389. Walzendrehbank mit numerischer Steuerung zum Nachformdrehen von Kalibern [Waldrich]
Es können alle kopierfähigen aus Geraden und Kreisbogen zusammengesetzten Profilformen bearbeitet werden. Verwendet wird der achtspurige Lochstreifen. Die Maschine ist zusätzlich mit einer elektrischen Nachformeinrichtung (elektromagnetische Kupplungen) ausgerüstet, so daß sie auch als normale Kopierdrehbank arbeiten kann
Spitzenhöhe 650 mm; Spitzenweite 5000 mm; Drehzahlen 1,5 bis 90 U/min; Antriebsleistung 74 kW

Das Programm der beschriebenen Maschinen läuft im allgemeinen mit Hilfe von Nocken und Schrittschaltwerken in Verbindung mit Steckerfeldern oder Wahlschaltern ab, soweit das gewünschte Ereignis nicht unmittelbar schon von den Nocken ausgelöst wird. Gelegentlich sieht man auch Programmwalzen (Abb. 388).

Abb. 390. Blick auf den Bettschlitten der Maschine in Abb. 389 mit elektrischem Kontaktfühler und Schablone [Waldrich]

Abb. 391. Schaltschrank der Maschine in Abb. 389 mit den Geräten für die numerische Bahnsteuerung [Waldrich-AEG]
Links das Lochband

Abschließend sei noch auf eine numerisch gesteuerte Bauart hingewiesen. An die Stelle der Nockenbahn tritt eine Programmtafel, auf der die bisher von den Nocken bestimmten Weglängen des Kopierschiebers durch Einstellen der betreffenden Maßzahlen festgelegt werden. Während die an der Maschine unmittelbar zu bedienende numerische Steuerung nur die

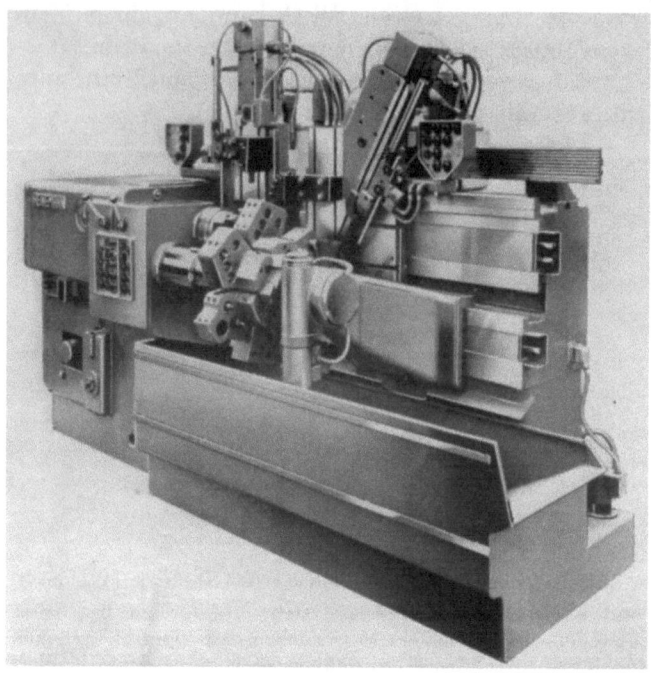

Abb. 392
Halbautomatische Vielzweckdrehmaschine (Heinemann)
Je nach Bedarf als Kopierdrehmaschine, Sternrevolverdrehmaschine oder Trommelrevolverdrehmaschine lieferbar

wegabhängigen Nocken ersetzt, sind bei der Drehbank in Abb. 389 bis 391 alle Funktionen (also auch die Kopierbewegung) durch Zahlen festgelegt, die im Büro in einen Lochstreifen eingestanzt werden. An der Maschine selbst sind nach Einlegen dieses Bandes keine weiteren Schaltgriffe mehr erforderlich.

Wenn in den vorstehenden Ausführungen auch versucht wurde, die Produktionsdrehbänke zu klassifizieren, so muß doch noch einmal darauf hingewiesen werden, daß die Übergänge zwischen den einzelnen Typen durchaus fließend sind. Dies wird besonders deutlich in dem Versuch, Baukastenmaschinen zu schaffen, die je nach dem Verwendungszweck mit Hilfe von serienmäßig hergestellten Einheiten zu verschiedenartigen Maschinentypen zusammengesetzt werden können. Ein interessantes Beispiel für diese Tendenz ist die Konstruktion in Abb. 392.

3.1.3 Drehmaschinen für bestimmte Werkstückgruppen oder Arbeitsverfahren

3.1.3.1 Drehmaschinen für Werkstücke mit rundem Querschnitt

3.1.3.1.1 Plandrehmaschinen

Wie der Name schon sagt, sollen auf diesen Maschinen vorwiegend Plandreharbeiten ausgeführt, also Werkstücke mit großem Durchmesser bei relativ kleiner Länge bearbeitet werden. Das gleiche Arbeitsgebiet haben auch Drehmaschinen mit senkrechter Drehachse (Karusseldrehbänke, Abschn. 3.1.3.1.2). Der Vorteil der Plandrehbänke gegenüber den Karusseldrehbänken ist der niedrigere Preis und die bessere Späneabfuhr, ihr Nachteil das schwierigere Aufspannen des Werkstückes und die ungünstige Belastung der Arbeitsspindel, da meistens fliegend gedreht werden muß. Auf die Konstruktion des Spindelkastens und insbesondere der Arbeitsspindel und ihre Lagerung muß daher besonderes Gewicht gelegt werden (Abb. 393 und 394).

Die Ausführungsformen sind mannigfaltig. Im wesentlichen kann man unterscheiden in

1. Maschinen mit Bettschlittenverschiebung parallel zur Drehachse (Abb. 395),
2. Maschinen mit Bettschlittenverschiebung senkrecht zur Drehachse (Abb. 396 und 397) (T-Drehbänke).

Im ersten Fall handelt es sich im Prinzip um Universaldrehbänke mit stark verkürztem Bett und übergroßem Spindelkasten. Damit der Arbeiter das Werkstück immer gut beobachten kann, läßt sich bei einigen Modellen der Spindelkasten verschieben, so daß der Bettschlitten am Ende des Bettes stehenbleiben kann.

Bei der zweiten Gruppe ist das Bett, auf dem der oder die Bettschlitten verfahren werden, quer gestellt. Die Hauptvorschubbewegung läuft also in Planrichtung (T-Drehbänke). Bei großen Maschinen werden Spindelstock, Bett und gegebenenfalls auch der Reitstock auf eine gemeinsame Grundplatte gesetzt (Abb. 397). Zuweilen steht der Spindelstock völlig getrennt von den übrigen

3.1 Drehmaschinen mit umlaufendem Werkstück und festem Schneidmeißel

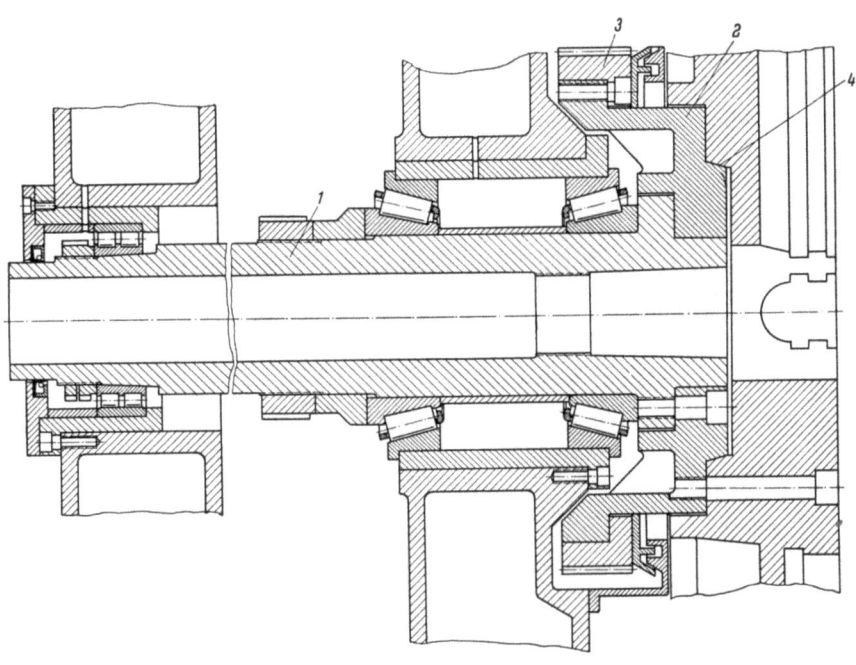

Abb. 393. Lagerung der Arbeitsspindel einer Plandrehmaschine in Wälzlagern [Ravensburg]

1 Spindel; *2* Spindelkopf; *3* Antriebszahnkranz (Außenverzahnung); *4* Aufnahmekegel für die Planscheibe (Kurzkegel)

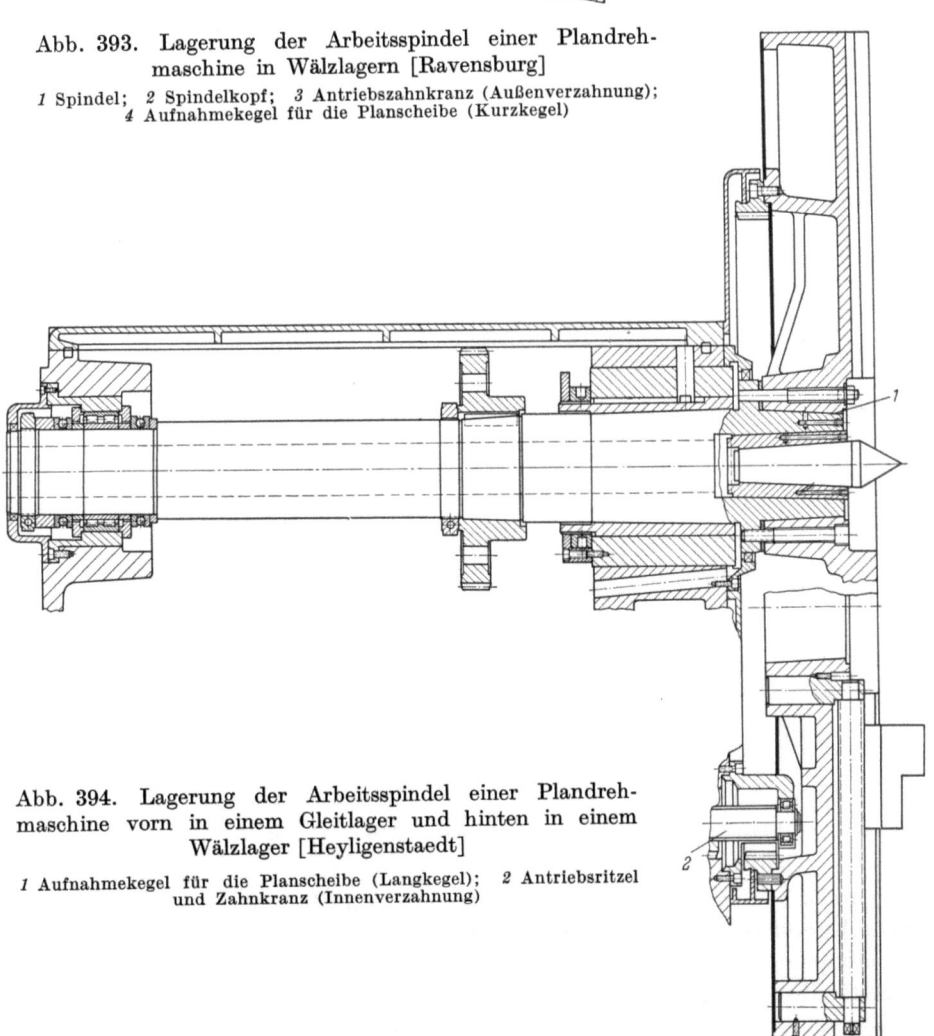

Abb. 394. Lagerung der Arbeitsspindel einer Plandrehmaschine vorn in einem Gleitlager und hinten in einem Wälzlager [Heyligenstaedt]

1 Aufnahmekegel für die Planscheibe (Langkegel); *2* Antriebsritzel und Zahnkranz (Innenverzahnung)

Baugruppen, damit vor der Planscheibe eine Grube für große Schwingdurchmesser eingerichtet werden kann (Abb. 398).

Abb. 395. Plandrehbank mit Doppelsupport [Ravensburg]
Spitzenhöhe 550 mm; 12 Drehzahlen 8,4 bis 380 U/min; Antriebsleistung 11 kW; Gewicht 4200 kp

Abb. 396. T-Drehbank mit 2 Bettschlitten [Ravensburg]
Spitzenhöhe 700 mm; 12 Drehzahlen 3 bis 135 U/min; Antriebsleistung 15 kW; Gewicht 5800 kp

Bei Plandreharbeiten an großen Durchmessern treten die Vorteile einer stufenlosen Drehzahlsteuerung besonders stark in Erscheinung. Man findet hier daher oft entsprechende Antriebe für die Arbeitsspindel (Abb. 399).

Selbstverständlich können die Plandrehbänke auch mit Kopiereinrichtungen und anderen üblichen Sonderausstattungen, wie z. B. Doppelsupport, ausgerüstet werden.

3.1 Drehmaschinen mit umlaufendem Werkstück und festem Schneidmeißel 223

Die mechanische Ableitung des Vorschubantriebes bietet Schwierigkeiten bei den T-Drehbänken und den Plattenmaschinen, wo ein unmittelbarer Zusammenhang zwischen Spindel-

Abb. 397. Schwere Plandrehbank in T-Ausführung auf Grundplatte [MFD]

kasten und Schlittenführung nicht mehr gegeben ist. Man verwendet daher gern die „elektrische Welle" für die Vorschubübertragung.

Eine Übergangsform von der Universaldrehbank zur Plandrehbank sind die Konstruktionen mit verschiebbarem Oberbett (Abb. 400 und 401). Auf dem Grundgestell sitzt ein mit Hilfe einer Verstellspindel verschiebbares Bett, so daß die Breite der Aussparung vor der Planscheibe

Abb. 398. Plandrehbank mit Grundplatte und Grube vor dem Werkstück [Ravensburg]
Spitzenhöhe über der Grundplatte 1000 mm; 12 Drehzahlen 3 bis 135 U/min; Antriebsleistung 11 kW; Gewicht 4400 kp

variiert werden kann. Auf dieser Ausführung lassen sich Werkstücke mit großen Durchmessern im Plandrehverfahren, aber auch kleinere Durchmesser im Längsdrehverfahren bearbeiten (s. a. Abb. 72 und 73).

Eine in die Gruppe der Plandrehmaschinen einzureihende Sonderform zeigt Abb. 402. Diese Maschine dient zum gleichzeitigen Kopierdrehen der beiden Seiten von Turbinenscheiben.

3. Die Bauarten der Drehmaschinen

Abb. 399. Plankopierdrehbank mit elektrohydraulischer Nachformsteuerung in Längs- und Querrichtung [Ravensburg]

Spitzenhöhe 700 mm; 12 Drehzahlen 4 bis 180 U/min (in Verbindung mit PIV-Getriebe 1:4); Antriebsleistung 24 kW; Gewicht 12000 kp

Abb. 400. Drehbank mit langem verschiebbarem Oberbett [Ravensburg]

Spitzenhöhe 650 mm; Breite der Kröpfung zwischen 300 und 1000 mm; 12 Drehzahlen 3 bis 135 U/min; Antriebsleistung 11 kW; Gewicht 8100 kp

Abb. 401. Plandrehbank mit kurzem verschiebbarem Oberbett [Ravensburg]

3.1 Drehmaschinen mit umlaufendem Werkstück und festem Schneidmeißel 225

Das Werkstück ist am Umfang in einen Ring gespannt, der von außen angetrieben wird. Es handelt sich hierbei also um eine Mittelantriebsmaschine.

Abb. 402. Plankopierdrehmaschine für dünne Scheiben [Heyligenstaedt]
Beide Seiten werden gleichzeitig bearbeitet, um ein Ausbeulen zu verhindern
Kopierdrehdurchmesser 750 mm;   stufenlose Drehzahlsteuerung

3.1.3.1.2 Drehmaschinen mit senkrechter Drehachse

Hierzu zählen in erster Linie die Karusseldrehbänke für kurze Werkstücke. (Neuerdings beginnt noch eine Entwicklung von Senkrechtdrehmaschinen mit Reitstock für Spitzenarbeiten, wie weiter unten gezeigt wird.) Zuweilen nennt man die Karusseldrehbänke auch „Drehwerke". In dieser Darstellung soll mit „Drehwerk" jedoch eine Maschine bezeichnet werden, bei der das Werkstück stillsteht und das Werkzeug umläuft (Abschnitt 3.2.6).

Die eigentlichen Karusseldrehbänke werden hauptsächlich für Werkstücke verwendet, deren Durchmesser im Verhältnis zu ihrer Länge groß ist, so wie sie auch auf Plandrehbänken bearbeitet werden, und für Teile, deren Durchmesser und Gewicht absolut genommen sehr groß sind.

Die Werkstücke spannt man auf die waagerecht liegende Planscheibe, so daß ihr Eigengewicht voll von der Lagerfläche der Planscheibe aufgenommen wird. Es gibt daher keine schädlichen Biegemomente durch die Werkstückbelastung. Da die Planscheibe an ihren Umfang gelagert ist, stehen relativ große Flächen für die Abstützung zur Verfügung. Die spezifischen Lagerbelastungen sind daher klein. Die Karusseldrehbank gestattet somit genaues Arbeiten und große Spanabnahmen. Das Ausrichten und Aufspannen der Werkstücke auf der Planscheibe ist einfach. Nachteilig ist die schlechte Späneabfuhr und der im Verhältnis zu einer Plandrehbank mit gleichem Drehdurchmesser höhere Preis.

Das Bett einer Drehbank mit waagerechter Achse wird durch einen senkrechten Ständer ersetzt, auf dem der dem Bettschlitten vergleichbare Querbalken gleitet (Abb. 404). Auf diesem bewegen sich waagerecht die Querschieber, die parallel oder schräg zur Drehachse bewegliche Oberschieber tragen.

Die Karusseldrehbank läßt sich also mit einer Drehbank mit Selbstgang im Oberschieber vergleichen, allerdings mit dem Unterschied, daß der Querbalken (Bettschlitten) beim Arbeiten stehenbleibt und der Arbeitsvorschub im Oberschieber liegt. Man unterscheidet Einständer- (Abb. 403) und Zweiständermaschinen (Abb. 404). Die Einständermaschinen werden vorwiegend für kleinere Drehdurchmesser verwendet. Neben diesen Standardbauarten gibt es Maschinen

Stau, Drehmaschinen

Abb. 403. Einständerkarusselldrehbank mit maschinell schwenkbarem Revolverkopf, elektrischer Nachformeinrichtung, Gewindeschneid- und Kegeldreheinrichtung [Froriep]

Planscheibendurchmesser 1400 mm; 18 Drehzahlen 6 bis 300 U/min; Antriebsleistung 38 kW; Gewicht 16800 kp

Abb. 404. Zweiständerkarusselldrehbank. Querbalken mit elektromechanischer Klemmeinrichtung, zwei Querbalkensupporte. Elektrische Nachformeinrichtung. Gewindeschneid- und Kegeldreheinrichtung [Schieß]

Planscheibendurchmesser 2500 mm; 16 Drehzahlen 2,3 bis 121 U/min; Antriebsleistung 56 kW; Gewicht 35000 kp

3.1 Drehmaschinen mit umlaufendem Werkstück und festem Schneidmeißel   227

mit verschiebbaren Portalen (Abb. 405), u. a. mit senkrecht zur Portalfläche angeordneten Auslegern für die Supporte (Abb. 406). Eine Sonderbauart ist auch das sog. offene Karussel (Abb. 407).

Abb. 405. Großkarusselldrehbank mit verschiebbarem Portal [Schieß]
Größter Drehdurchmesser 25500 mm;   Gewicht 1850 t;   Doppelplanscheibe

Hier steht der Ständer, der in diesem Fall nur eine senkrechte Führung für den Support besitzt, als für sich geschlossene Einheit neben der Planscheibe. Der Ständer kann auch auf der Planscheibe rotieren, während das Werkstück stillsteht (Abb. 408).

Abb. 406. Zweiständerkarusselldrehbank mit verschiebbarem Portal und Ausleger mit Hilfssupport [Schieß]
Größter Drehdurchmesser 8500 mm. Der Ausleger gestattet das Drehen in der Werkstückmitte, wenn das Portal zurückgefahren ist

15*

228   3. Die Bauarten der Drehmaschinen

Abb. 407. Offene Karuselldrehbank mit 2 Werkzeugschlitten [Schieß]
Planscheibendurchmesser 5500 mm

Der Querbalken ist während der Arbeit festgeklemmt, bei größeren Maschinen mit Hilfe eines besonderen Klemmotors. Bei einigen Einständermaschinen bildet der Querbalken mit dem Ständer eine feste Einheit (Abb. 409).

Abb. 408. Der Ständer einer offenen Karuselldrehbank ist auf die Planscheibe gesetzt und bearbeitet ein feststehendes Werkstück. (Diese Ausführung gehört systematisch zur Gruppe 3.2) [Froriep]

Eine wichtige Aufgabe des Karusseldrehbankkonstrukteurs ist die richtige und zweckmäßige Lagerung der Planscheibe. Diese soll nicht nur ihr senkrecht wirkendes Eigengewicht und die Last des Werkstückes, sondern auch die schräg einfallende Schnittkraft aufnehmen.

Man findet Gleit- und Wälzlagerkonstruktionen, die letzten gefördert durch den Wunsch nach größeren Drehzahlen bzw. Schnittgeschwindigkeiten. Die übliche Bauart ist die auf eine kurze Arbeitsspindel (hier Königsdorn oder Königswelle genannt) aufgesetzte Planscheibe. Das

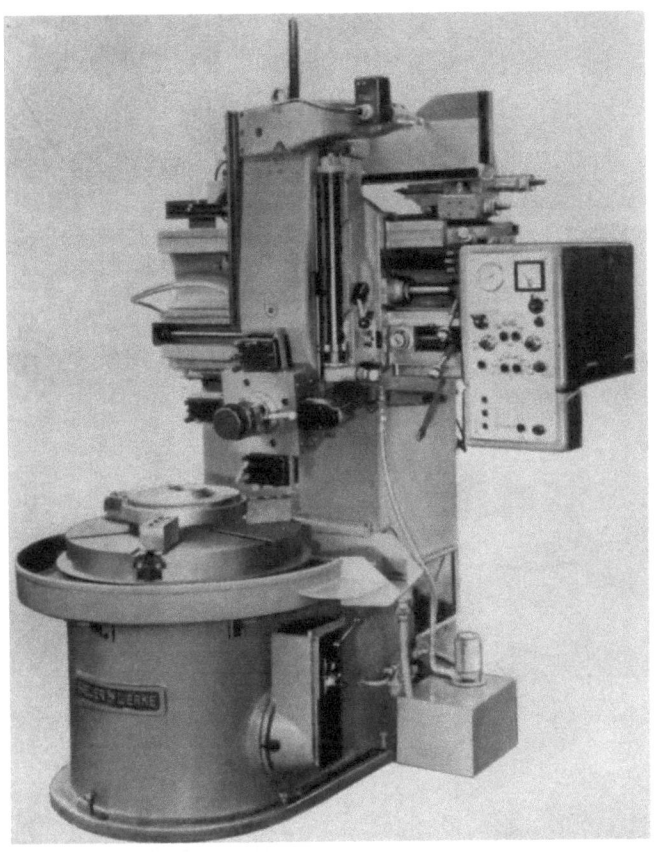

Abb. 409. Karuselldrehbank mit festem Querbalken [Breuer]
Planscheibendurchmesser 800 mm;   8 Drehzahlen 11,2 bis 355 U/min;   Antriebsleistung 18 kW;   Gewicht 5000 kp

Ende dieser Spindel wird in einem Spurlager gehalten. Die Rundlauffehler des Spurlagers verursachen eine Taumelbewegung in der Planscheibe. Sie müssen deshalb möglichst klein bleiben. Die Gleitlagerbauarten haben am Umfang eine schwach geneigte oder ebene Ringfläche für die Aufnahme der senkrecht wirkenden Belastungen und eine stärker geneigte für die schräg wirkenden Schnittkräfte. Neben der üblichen Paarung Stahl bzw. Gußeisen auf Weißmetall findet man auch Stahl auf Thermitauflage. Die Königswelle wird in Gleitlagern, vorwiegend jedoch in Wälzlagern (Zylinderrollen, Kegelrollen) geführt. Große Planscheiben stützt man mit 2 Laufbahnen ab (Abb. 413 und 414). Bei größeren Planscheibendurchmessern werden auch gehärtete, in Wälzlagern gelagerte Rollen am Umfang der Planscheibe verwendet (Abb. 416). Einige Bauarten verzichten auf die Königswelle und legen die Querführung in die Planscheibe. Die Lagerung für kleinere Planscheiben muß so ausgebildet sein, daß sich die Scheibe nicht abheben kann (Abb. 417). Bei großen Maschinen verhindert das Eigengewicht eine Bewegung nach oben. Große Maschinen besitzen auch Doppelplanscheiben, d. h. eine innere Scheibe innerhalb einer ringförmigen Außenscheibe. Jede hat einen eigenen Antrieb, so daß die Scheiben mit verschiedenen Drehzahlen laufen können. Sie lassen sich aber auch zusammenschalten.

3. Die Bauarten der Drehmaschinen

Abb. 410. Planscheibenuntersatz mit waagerechter Gleitführung für die Planscheibe und Wälzlager für die Spindel. (Links das Antriebsritzel) [Froriep]

Abb. 411. Planscheibe mit Zahnkranz für den Untersatz in Abb. 410 [Froriep]

Abb. 412. Große Planscheibe mit Gleitführung [Schieß]

Die Planscheiben werden an ihrem Umfang über Stirn- oder Kegelräder (Bogenverzahnung) angetrieben. Bei Stirnrädern mit Schrägverzahnung oder Kegelrädern entsteht eine Teilkraft in Achsrichtung, die von der Lagerung aufgefangen werden muß. Das Planscheibengetriebe wird meistens als geschlossenes Aggregat im oder am Untersatz angeordnet. Man verwendet Schieberadgetriebe, oft mit hydraulischer Verschiebung der Räder, oder Getriebe mit mechanischen Vielzahn- bzw. elektromagnetischen Kupplungen (Abb. 418 bis 420). In die Getriebe mit hydraulischer Verschiebung von Rädern oder Kupplungen ist ein Drehzahlwächter eingebaut, so daß das Schieberrad erst dann verstellt werden kann, wenn die Drehzahl genügend abgesunken ist bzw. die Maschine steht. Als Antriebsmotor findet man einfache Drehstromkurzschlußläufer oder auch Leonardsätze.

Abb. 413. Blick auf die beiden Gleitbahnen einer großen Planscheibe mit Stützquellen (s. Abb. 414) [Froriep]

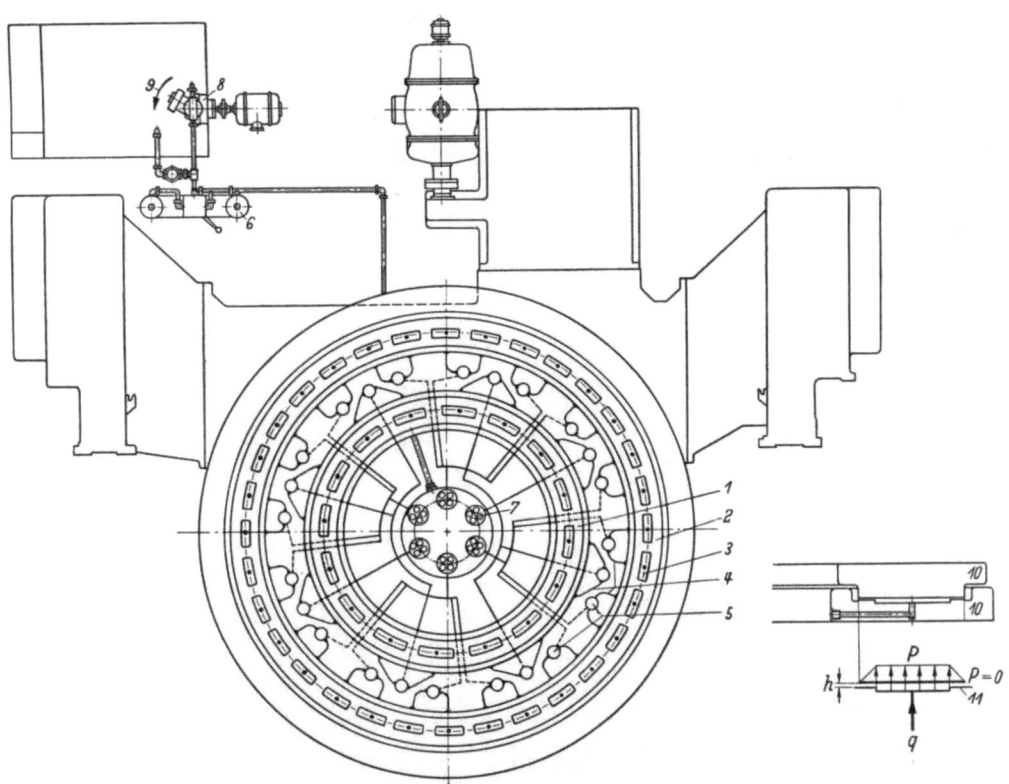

Abb. 414. Schema einer hydrostatischen Stützquellenlagerung [Froriep]
Die Stützquellen sind Vertiefungen in der Gleitbahn, die von der Schmierpumpe mit Öl versorgt werden
1 Innenbahn; *2* Außenbahn; *3* Stützquelle, *4* Zuleitung; *5* Verteiler; *6* Filter; *7* Mengenverteiler; *8* Ölpumpe; *9* Regeleinrichtung; *10* Schnitt durch die Gleitführung; *11* Druckverteilung in der Führung; h Dicke des Schmierfilms [mm]; p Öldruck [kp/mm²]; q Gleitflächenbelastung [kp/mm²]

232   3. Die Bauarten der Drehmaschinen

Der Querbalken wird mit Verstellspindeln in die gewünschte Höhe gefahren und dann festgeklemmt. Er trägt den Werkzeugschlitten, der von einer Leitspindel, bei großen Maschinen auch von Schnecke und Schneckenzahnstange, oder von einer elektrischen Welle, bewegt wird.

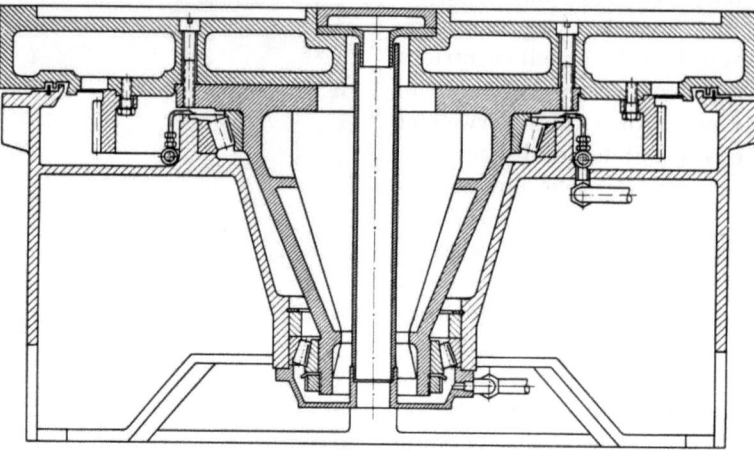

Abb. 415. Lagerung einer Planscheibe in Kegelrollenlagern [Schieß]

Eine zweite Zugspindel überträgt den Antrieb für den auf dem Werkzeugschlitten sitzenden Oberschieber (Abb. 421). Die Drehbewegungen beider Wellen hängen von der Drehzahl der Planscheibe ab, um einen Vorschub in mm/U zu erhalten. Daneben sind oft Eilgänge durch

Abb. 416. Untersatz einer Planscheibe, die von Rollen getragen wird [Schieß]
Die Rollen laufen in Wälzlagern

3.1 Drehmaschinen mit umlaufendem Werkstück und festem Schneidmeißel 233

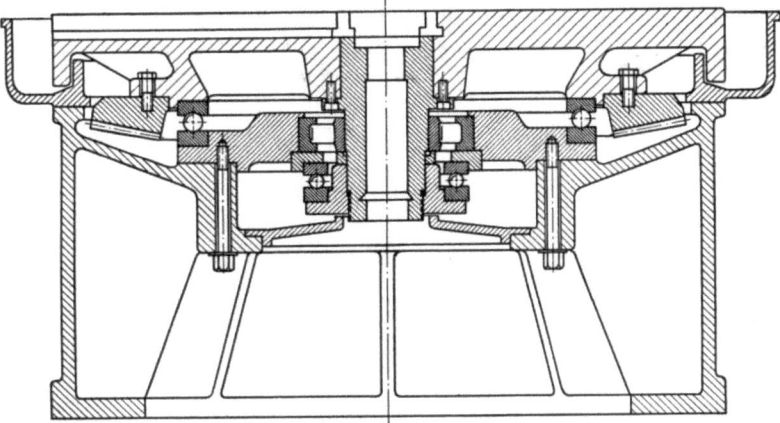

Abb. 417. Auf einem Kugellagerring gelagerte Planscheibe [Jung]
Längslager am Königszapfen unten als Sicherung gegen Abheben

Abb. 418. Als Kupplungsgetriebe ausgebildete Planscheibenantriebseinheit. Links das Antriebsritzel [Froriep]

Abb. 419. Eine andere Ausführung eines Antriebskastens für Karuselldrehbänke [Jung]

besondere Eilgangsmotoren vorgesehen, die über Überholkupplungen dem eigentlichen Vorschub überlagert werden. Neben den auf dem Querbalken fahrenden Werkzeugschlitten (bei

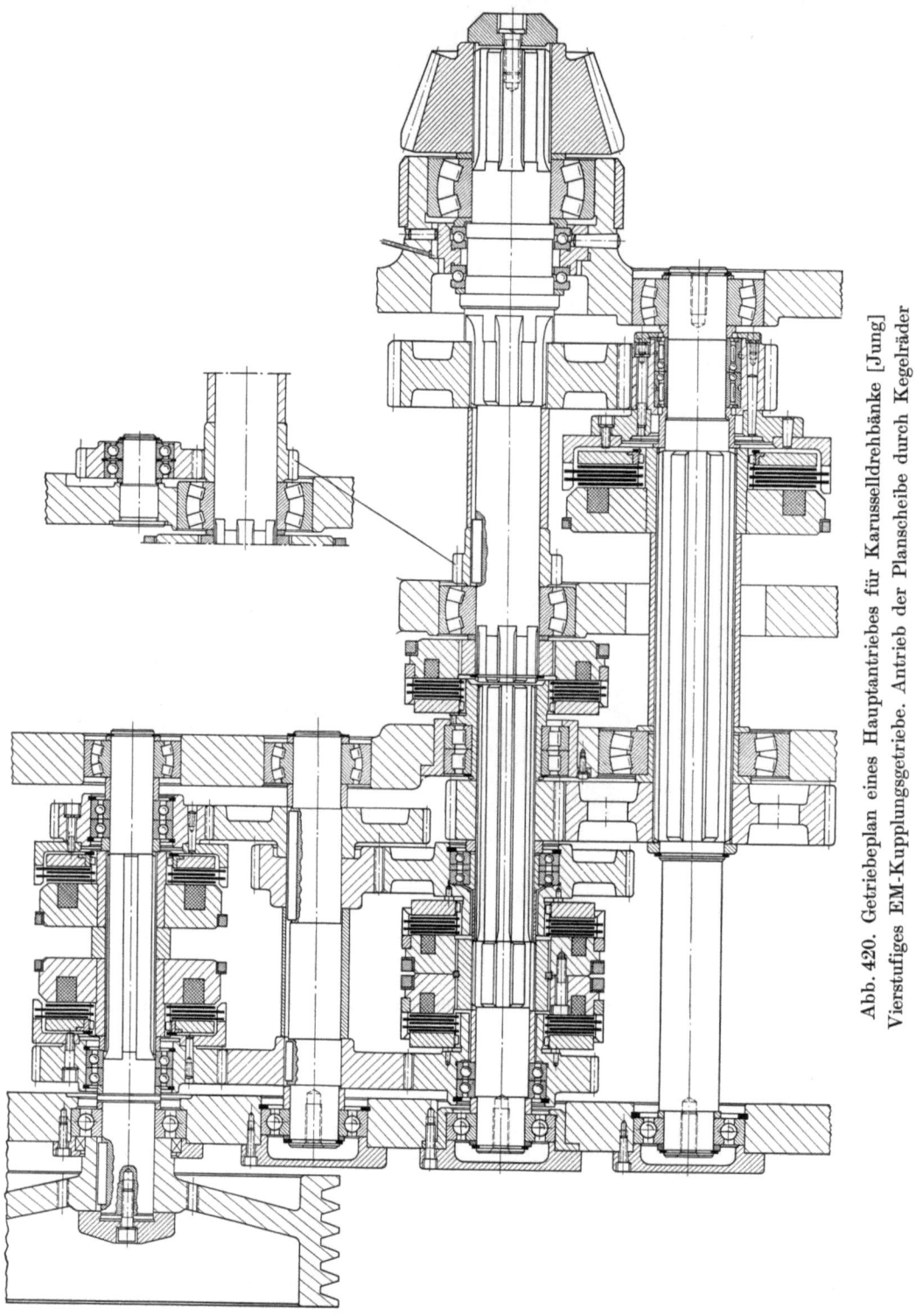

Abb. 420. Getriebeplan eines Hauptantriebes für Karuselldrehbänke [Jung] Vierstufiges EM-Kupplungsgetriebe. Antrieb der Planscheibe durch Kegelräder

kleineren Maschinen ein, bei größeren zwei) werden meistens unmittelbar am Ständer ein bzw zwei weitere Werkzeugschlitten angeordnet, so daß z. B. eine Doppelständerkarusseldrehbank mit 4 Schneidmeißeln arbeiten kann.

Das Gewicht der senkrecht beweglichen Schieber und des Querbalkens wird durch Gegengewichte und Seilzüge, aber auch hydraulisch durch parallel angebaute Zylinder ausgeglichen. Die Werkzeughalter sind meistens Revolverköpfe mit 4 oder 5 Aufnahmen. Daneben gibt es Sonderausführungen, z. B. für Bohrarbeiten.

Da die Werkstücke oft schwer und sperrig sind, möchte man neben den eigentlichen Dreharbeiten auch kleine Fräs-, Bohr-, Stoß- und Schleifarbeiten vornehmen, um zeitraubendes Umspannen zu vermeiden. Man findet daher Sondersupporte für derartige Aufgaben. Von der Universaldrehbank bekannte Arbeitsgänge, wie Gewindeschneiden (längs und plan), Kegeldrehen und Nachformen, lassen sich ohne weiteres ausführen (Abb. 422). Kegel können gedreht

Abb. 421. Querschieber mit Oberschieber und Revolverkopf [Froriep]
Antrieb über Zug- und Leitspindel

Abb. 422. Kopiereinrichtung an einer Karusselldrehbank [Froriep]
Taster mit elektrischen Kontakten. Kopierbewegung durch Schalten von EM-Kupplungen

werden mit dem Senkrechtvorschub durch Schrägstellen des Oberschiebers, nach Leitlineal oder auch durch gleichzeitigen Antrieb von Senkrecht- und Waagerechtvorschub. Hierzu werden die der Kegelsteigung entsprechenden Vorschübe an einer Wechselräderschere durch Einsetzen von Wechselrädern eingestellt.

Die Kopiereinrichtungen arbeiten vorwiegend nach dem elektrischen Prinzip, d. h., der Taster schaltet unmittelbar bzw. über Relais im Vorschubgetriebe eingebaute Magnetkupplungen, wobei der Senkrecht- oder Waagerechtvorschub als Leitvorschub dient. Diese Kupplungen werden auch für das Anschlagdrehen verwendet, wobei die Anschläge Endschalter betätigen.

Von dieser Anordnung führt der Weg zur halbautomatischen Karusseldrehbank. Eine Schaltergruppe am waagerecht beweglichen Querschieber und am senkrecht arbeitenden Oberschieber überfährt Nockenbahnen, deren Nocken an bestimmten Stellen des Arbeitsablaufes Kommandos auslösen (Abb. 423). Dadurch können durch Umschalten der betreffenden elektromagnetischen Kupplungen über Stöpselfelder und Schrittschaltwerke Drehzahlen, Vorschübe, Eilgänge und Bewegungsrichtungen gesteuert werden. Die Nockenbahnen selbst sind den einzelnen Stellungen des Revolverkopfes zugeordnet, so daß für jedes Werkzeug ein neues Programm abläuft. Die für ein bestimmtes Programm bestückten Nockenbahnen lassen sich auswechseln und auf Lager legen.

Abb. 423. Halbautomatische Einständerkarusselldrehbank mit festem Querbalken [Jung]
Am Querschieber sind die Nockenbahnen zu erkennen

Karusseldrehbänke werden neuerdings auch mit numerischer Steuerung angeboten. So entwickelte die Firma Froriep eine von einem fünfspurigen Lochstreifen gesteuerte Anlage, mit der Revolverkopfstellung, Planscheibendrehzahl, Drehrichtung, Vorschubart, Vorschubgröße

Abb. 424. Senkrechtdrehmaschine [Hessapp]
Drehdurchmesser 240 mm; größter Abstand zwischen Spindelflansch und Reitstock 290 mm; kleinster Abstand zwischen Spindelflansch und Reitstock 155 mm; Spindeldrehzahlen 300 bis 3000 U/min; Antriebsleistung 5 kW; Gewicht 2500 kp

3.1 Drehmaschinen mit umlaufendem Werkstück und festem Schneidmeißel 237

und Vorschubrichtung der Schlittenwege eingestellt werden. Die Positionierungsgenauigkeit beträgt 0,01 mm.

Da die Kosten für die numerische Steuerung sehr hoch sind, hat man einfachere und billigere Verfahren gesucht, die auch numerisch, d. h. durch Eingabe von Zahlenwerten, steuern. Die Zahlen werden unmittelbar von Hand in die Maschine gegeben. Ein Lochstreifen oder eine Lochkarte sind nicht mehr erforderlich. Eine Vertreterin dieser Bauart ist eine Karusselldrehmaschine der Firma Schieß. Die Längen der Arbeitsschritte — wobei unter Arbeitsschritt der Weg von einer Werkzeugposition zur nächsten verstanden sein soll — werden in einem Kreuzschienenverteiler gestöpselt. Es sind 5 Lochgruppen vorhanden. Jede Lochgruppe entspricht einer Stelle des auf 0,01 mm genauen Maßes. Sie hat 4 Löcher mit den Werten 1, 2, 4 und 8. Daraus läßt sich durch Kombinieren jeder Wert zwischen 0 und 9

Abb. 425. Blick in den Arbeitsraum der Maschine in Abb. 424 [Hessapp]
Es können bei Reitstockarbeiten 3 Supporte, ohne Reitstock 4 Supporte eingesetzt werden

Abb. 426. Senkrechtdrehmaschine [Martin]
Drehdurchmesser 210 mm; Drehlänge 500 mm; 3 Drehzahlen 1400 bis 2800 U/min unter Last schaltbar; Antriebsleistung 12,5 kW; Gewicht 3600 kp einschl. elektrischer Ausrüstung

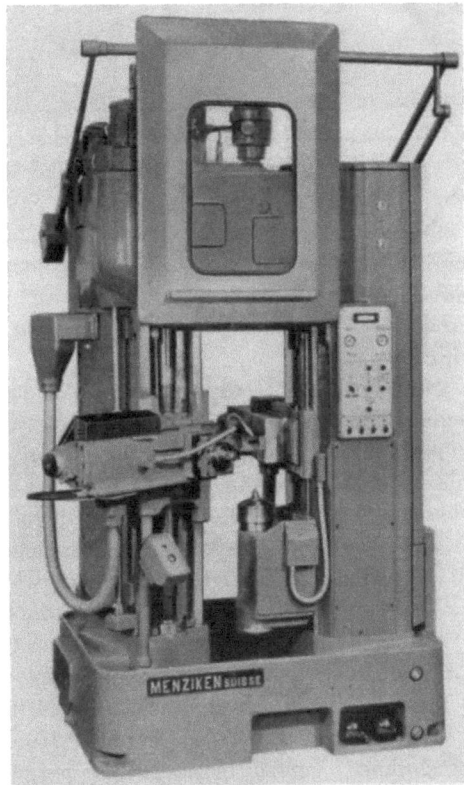

Abb. 427. Senkrechtdrehmaschine mit numerischer Steuerung [Menziken]
Drehdurchmesser 250 mm; Drehlänge 750 mm; 4 Drehzahlen 875 bis 3500 U/min unter Last schaltbar; Antriebsleistung 22 kW

stecken. Für das Maß 234,76 mm wäre z. B. folgende Stöpsel zu stecken:

Lochgruppe 1, ein Stöpsel in Loch 2;
Lochgruppe 2, je ein Stöpsel in die Löcher 1 und 2;
Lochgruppe 3, ein Stöpsel in Loch 4;
Lochgruppe 4, je ein Stöpsel in die Löcher 1, 2 und 4;
Lochgruppe 5, je ein Stöpsel in die Löcher 2 und 4.

Eine Zifferntafel zeigt die Istwerte der Wege an. Dieses Steuergerät ist billiger als eine Lochbandsteuerung, da das Codiergerät entfällt. Man kann bei Werkzeugabnutzung oder Werkzeugwechsel die Verfahrwege leicht korrigieren und ein Programm einfacher umstecken als einen Lochstreifen ändern.

Neben den für kurze Werkstücke gedachten Karuselldrehbänken entwickelt sich in neuester Zeit als zweite Form die Senkrechtlangdrehmaschine. Es handelt sich hierbei um eine senkrecht gestellte Spitzendrehbank mit Reitstock. Der Vorteil dieser Ausführung ist wie bei den Karuselldrehbänken die günstige Abstützung des Werkstückes. Als weitere Vorzüge seien genannt der geringere Raumbedarf, die kleinere Bodenfläche und die Möglichkeit, bei halbkreisförmiger Anordnung mehrere Maschinen von

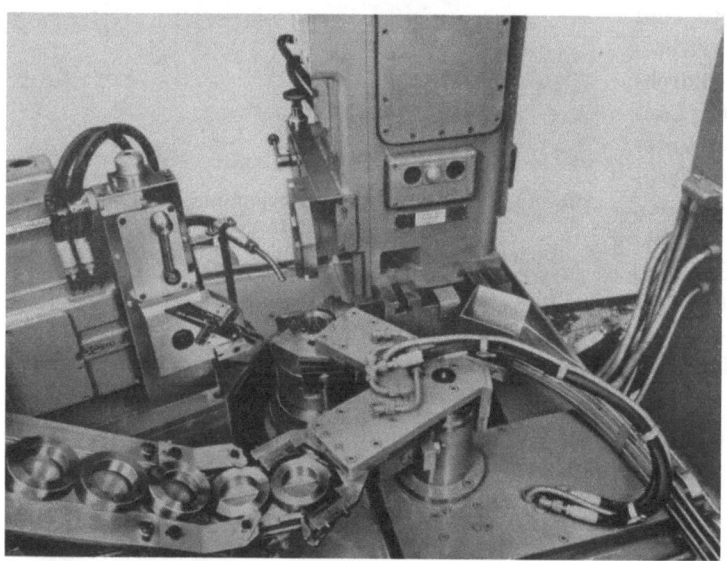

Abb. 428. Senkrechtdrehmaschine mit Beladeeinrichtung für die vollautomatische Bearbeitung von Ringen eingerichtet [Hessapp]

einem Mann bedienen zu lassen (bei halbautomatischem Betrieb). Es lassen sich leichter mehrere Supporte um die Drehachse herum anordnen. Späne und Kühlwasser können besser ablaufen, die Gleitführungen liegen nicht so sehr im Spänebereich wie bei der waagerechten Bauweise (Abb. 424 bis 427). Zu diesem Maschinen sind auch Beladeeinrichtungen lieferbar (Abb. 428).

Auch in dieser Gruppe finden wir eine numerisch gesteuerte Ausführung (Abb. 427). Die Lochstreifen einer fünf- oder achtspurigen Bandsteuerung enthalten in jeder Lochreihe nur einen Befehl. Soll ein bestimmter Arbeitsgang ablaufen, z. B. das Abdrehen eines Zylinders, sind mehrere Befehle nötig, die Länge und Durchmesser des Werkstückes sowie Vorschub und Drehzahl festlegen. Diese Befehle liegen auf dem Lochstreifen hintereinander und müssen zur Weitergabe an die Maschine gespeichert werden, damit sie im richtigen Augenblick gleichzeitig zu den Steuerungselementen der Drehmaschine gelangen.

Die Senkrechtdrehmaschine mit numerischer Steuerung bedient sich einer Lochkarte. Diese hat 80 Löcher nebeneinander, so daß alle Befehle für eine Operation in einer Zeile stehen können und ein Speicher nicht mehr nötig ist. Es steht eine größte Meßlänge von 999,99 mm zur Verfügung, die in Abschnitte von 0,01 mm aufgeteilt ist. Für die Maßangabe sind demnach 50 Löcher nötig (für jede Dezimale 10). Die restlichen 30 stehen für die Befehle Drehzahl, Vorschubart, Vorschubgröße, Werkzeugwahl usw. zur Verfügung. Diese Steuerung ist eine Einzelpunktsteuerung, d. h. von der Längs- und Querrichtung abweichende Umrißlinien müssen mit einer Kopiereinrichtung gedreht werden. Bemerkenswert ist an dieser Maschine im Gegensatz zu anderen Bauarten der oben angeordnete Spindelstock und unten sitzende Reitstock.

3.1.3.1.3 Walzendrehmaschinen

Die für das Bearbeiten von Walzen vorgesehenen Drehmaschinen unterscheiden sich nicht allzusehr von den schweren Universaldrehbänken, insbesondere dann, wenn sie nur für das

Abb. 429. Schwere Walzenschruppbank [Waldrich]
2 Bettschlitten mit Kegeldreheinrichtung (Längszug und Planzug durch Wechselräder verbunden)
Spitzenhöhe 900 mm; Antriebsleistung 220 kW

Schruppdrehen von Walzen verwendet werden sollen. Für das Fertigdrehen (Kalibrieren) hat man Sonderformen entwickelt (Abb. 429).

Der für Walzen verwendete Werkstoff (Stahl, Stahlguß und Hartguß) und die zum Herausdrehen des Walzenprofils notwendigen tiefen Einstecharbeiten stellen an die Stabilität dieser Maschinen sehr hohe Anforderungen. Kennzeichnend sind kräftige Einstechsupporte mit entsprechenden Meißelunterstützungen.

Beim Schlichten werden die Profile mit Profilmessern fertig bearbeitet, soweit man sie nicht kopiert (Abb. 431 und 432). Man verwendet daher neben den gewöhnlichen Meißelhaltern (Klauenmeißelhalter) zur Aufnahme des Meißels Kastensupporte, in die das Profilmesser eingespannt wird. Um dieses unmittelbar längs seiner Schneidkante abstützen zu können, wurde der sogenannte Lamellensupport entwickelt. In diesem sind eine Anzahl von flachen Stahlstücken mit rechteckigem Querschnitt hochkant nach einer Schablone so eingelegt, daß die Profilschneide

Abb. 430. Lamellensupport [Waldrich]
Der Formmeißel wird durch ein Paket von hochkant gestellten Flachstählen (Lamellen) unterstützt

über ihre ganze Länge unterstützt ist (Abb. 430). Die Höhenlage wird durch Verstellen eines Keilschiebers reguliert.

Walzendrehbänke im engeren Sinne haben nur Einstechsupporte, die gleichzeitig als Meißelhalter dienen. Zum Langdrehen muß der Bettschlitten verschoben werden. Ein Kreuzschieber fehlt.

Abb. 431. Walzendrehbank mit elektrischer Nachformeinrichtung [Herkules]
Die Walze über dem zu bearbeitenden Werkstück dient als Bezugsformstück

Beim Fertigdrehen (Kalibrieren) wird die Walze nicht vom Spindelstock und Reitstock getragen, sondern in Lünetten aufgenommen. Die Lünetten sind somit für den genauen Rundlauf des Werkstückes verantwortlich, während der Spindelkasten nur die Drehbewegung liefert (Abb. 431 und 433). Zur Mitnahme dienen an den Spindelkopf angeschraubte Kupplungsstücke.

Um das Profil zu prüfen, setzt man häufig die vorher fertig gedrehte Gegenwalze über die zu bearbeitende. Es kann dann eine Schablone angesetzt werden, die dem Querschnitt des Walzgutes entspricht (Abb. 434).

Für das Kalibrieren genügen im Verhältnis zur gesamten Maschine kleinere Supporte. Diese gleiten auf einem Vorbett, das auch parallel zu sich

Abb. 432
Elektrische Nachformeinrichtung an einer Walzendrehbank.
Blick auf den Taster und die Blechschablone [Waldrich]

Abb. 433. Lagerung des Werkstückes in Setzstöcken (Lünetten) [MFD]
Übertragung der Drehbewegung mit einer Mitnehmerkupplung

3.1 Drehmaschinen mit umlaufendem Werkstück und festem Schneidmeißel

Abb. 434. Walzendrehbank mit getrennten Führungsbahnen für den Bettschlitten und die Setzstöcke bzw. den Reitstock [MFD]

Die Gegenwalze ist zur Kontrolle des Profils über das zu bearbeitende Werkstück gesetzt

Abb. 435. Rückansicht einer Walzendrehbank mit verschiebbarem Vorbett für den Bettschlitten [Herkules]

Spitzenhöhe 850 mm; 8 Drehzahlen 0,7 bis 26 U/min; Antriebsleistung 59 kW

Abb. 436. Mit dem Schärfapparat in Walzen eingedrehte Rippen [Herkules]

selbst verschoben werden kann, damit die Meißelhalter möglichst dicht an das Werkstück herankommen (Abb. 435).

Zum Erzeugen von erhabenen oder vertieften Rippen (Abb. 436) läßt sich die Walzendrehbank mit einer Zusatzeinrichtung versehen. Diese besteht aus einem Sonderschlitten, dessen

Oberschieber von einem umlaufenden Nocken, ähnlich wie bei der Hinterdrehbank hin- und herbewegt wird. Dieser Vorgang wird mit „Schärfen" bezeichnet. Die Form der einzelnen Rippen ist abhängig von der Gestalt der Kurvenscheibe, ihre Anzahl von dem Drehzahlverhältnis Kurvenscheibe zu Arbeitsspindel. Schräge Rippen lassen sich mit Hilfe eines Diffe-

Abb. 437
Walzenkalibrierdrehbank mit zwei normalen Bettschlitten und einem Schärfapparat (rechts) [Herkules]

rentialgetriebes bilden. Die Anzahl der Rippen und ihr Schrägungswinkel werden durch Aufstecken von Wechselrädern festgelegt. Die Arbeitsspindel ist entweder mechanisch über Wellen und Räder oder auch durch eine elektrische Welle mit dem Schärfsupport verbunden (Abb. 437). Eine mit numerischer Steuerung ausgestattete, auch zum Bearbeiten von Walzen vorgesehene Drehbank ist in Abb. 389 dargestellt.

3.1.3.1.4 Kurbelwellendrehmaschinen

Das Bearbeiten von Kurbelwellen weist gegenüber dem Drehen von gewöhnlichen Werkstücken zwei prinzipielle Schwierigkeiten auf. Einmal ist die Kurbelwelle im Vergleich zu einer glatten Welle wegen ihrer Kröpfungen verhältnismäßig unstabil. Es sind daher nur geringere

Abb. 438. Spannkopf zur Aufnahme einer Kurbelwelle [Boehringer]

Spanquerschnitte zulässig, bzw. man muß bessere Abstützungen vorsehen als sonst üblich. Zum anderen ist die Kurbelwelle um 2 Achsen zu bearbeiten, nämlich um die Mittelachse für die Endzapfen, Flansche und Mittellager und um die Hubachsen, die um den Kurbelradius

3.1 Drehmaschinen mit umlaufendem Werkstück und festem Schneidmeißel

gegen die Mittelachse versetzt sind. Das Einspannen und Abstützen der Kurbelwelle in der Drehbank verlangt demnach besondere Einrichtungen. Hierzu gehören die Spanntöpfe (Spannköpfe), die ein Unterstützen des Werkstückes möglichst nahe an dem jeweils zu bearbeitenden Lager und eine exzentrische Aufspannung ermöglichen (Abb. 438).

Abb. 439. Spannvorrichtung für Kurbelwellen, exzentrisch verschiebbar, um die Hubzapfenachse in die Drehmitte zu bringen [VDF]
Links oben eine Meßuhr zum genauen Einstellen des Hubradius

Grundsätzlich lassen sich die um die Mittelachse einer Kurbelwelle orientierten Durchmesser auf einer gewöhnlichen Drehbank drehen, wenn entsprechende Spannvorrichtungen vorhanden sind.

Sollen die Hubzapfen bearbeitet werden, sind exzentrische, verstellbare Spannvorrichtungen erforderlich (Abb. 439). Der am Reitstock sitzende Spannkopf muß von der Kurbelwelle mit-

Abb. 440. Kurbelwellendrehbank mit Synchronantrieb für die Reitstockseite, eingerichtet zur Bearbeitung der Mittellager von Kurbelwellen mit 4 und 6 Hüben [Boehringer]
Antrieb durch Boehringer-Sturm-Ölgetriebe; Spitzenhöhe 450 mm; Länge der Kurbelwelle 3000 mm; Hubradius der Kurbelwelle 180 mm; Drehzahlen 4,5 bis 180 U/min, stufenlos; Antriebsleistung 30 kW; Gewicht 14820 kp

genommen werden, was bei ihrer schwierigen Form zu Verdrehfehlern führen würde. Man bevorzugt daher Sondermaschinen, deren Reitstockspindel durch eine im oder am Bett gelagerte

16*

244   3. Die Bauarten der Drehmaschinen

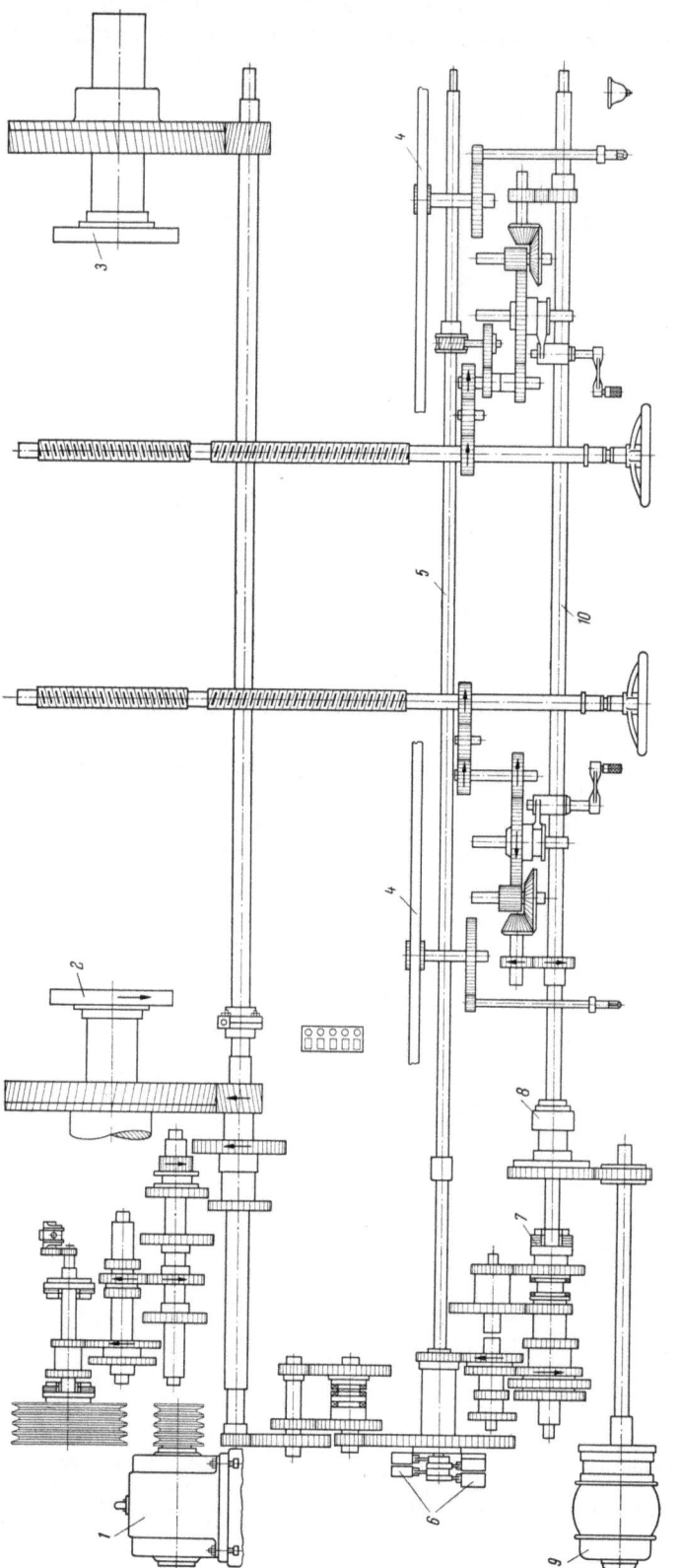

Abb. 441. Getriebeplan einer Kurbelwellendrehbank ähnlich Abb. 440 [Boehringer]

1 Antriebsmotor; *2* Arbeitsspindel; *3* Reitstockspindel; *4* Bettzahnstange; *5* Steuerwelle; *6* Begrenzungsschalter für Vorschub und Eilgang; *7* EM-Kupplung; *8* Sicherheitskupplung; *9* Eilgangmotor; *10* Zugspindel

3.1 Drehmaschinen mit umlaufendem Werkstück und festem Schneidmeißel 245

Welle mit der Arbeitsspindel zwangsläufig verbunden ist, so daß beide Spindeln synchron laufen (Abb. 440 und 441). Die insbesondere für kleine Kurbelwellen vorgesehenen Sondermaschinen haben mehrere Supporte, Einrichtungen zum Umschalten von Vorschub und Dreh-

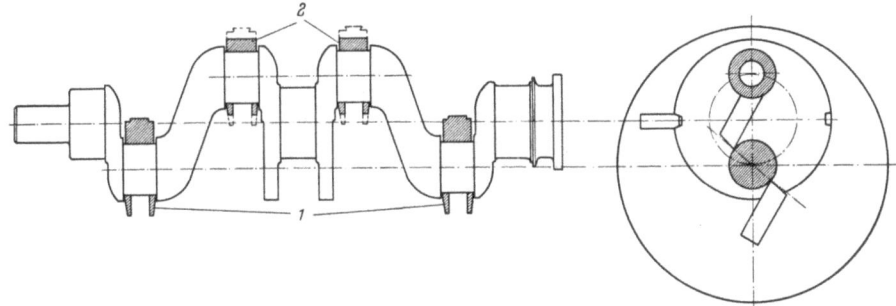

Abb. 442. Bearbeitungsplan für die Hubzapfen einer Kurbelwelle [Boehringer]
1 1. Arbeitsgang; *2* 2. Arbeitsgang

zahl, auch stufenlose Drehzahleinstellung und Eilgänge in den Supporten, um einen halbautomatischen Ablauf und die Bearbeitung mehrerer Abschnitte des Werkstückes gleichzeitig zu ermöglichen.

Bei kleinen Kurbelwellen wird im Planeinstechverfahren gearbeitet, wobei die Schneidmeißel von beiden Seiten einfahren. Ihre Breite ist so gewählt, daß sie sich etwas überdecken, so daß in einem Einstich die gesamte Lagerpartie fertiggedreht wird (Abb. 442).

Abb. 443
Automatische Kurbelwellendrehmaschine eingerichtet für das Bearbeiten von Hubzapfen [Boehringer]
Arbeitsverfahren s. Abb. 442. Eine Aufspannung. Die Maschine hat Mittenantrieb. Das Werkstück wird in der Mitte und an den Enden gespannt; s. auch Abb. 444 und 445
Kurbelwellenlänge 1000 mm; Hubradius 125 mm; 6 Drehzahlen 90 bis 280 U/min; Antriebsleistung 25 kW; Gewicht 13 100 kp

Während die Kurbelwellendrehbank nach Abb. 440 für die Einzelfertigung bzw. für kleinere Serien gedacht ist, verwendet man für die Großserienfertigung Automaten. Bei diesen wird das Werkstück in der Mitte mitgenommen und angetrieben. Dadurch können sämtliche zu bearbeitende Abschnitte gleichzeitig gedreht werden. Hierbei wird ebenfalls das Planeinstechverfahren verwendet. Es sind aber auch Langdrehsupporte für längere Zapfen einsetzbar (Abb. 443 bis 447).

246 3. Die Bauarten der Drehmaschinen

Abb. 444. Blick in den Arbeitsraum eines Kurbelwellendrehautomaten ähnlich Abb. 443 [Boehringer]
Auf dieser Maschine werden die Mittellager und Endzapfen bearbeitet

Abb. 445. Blick auf die Spannvorrichtung für die Kurbelwelle [Boehringer]. Die Arbeitsspindel ist zu einem am Umfang angetriebenen Ring geworden, der die Spannvorrichtung aufnimmt

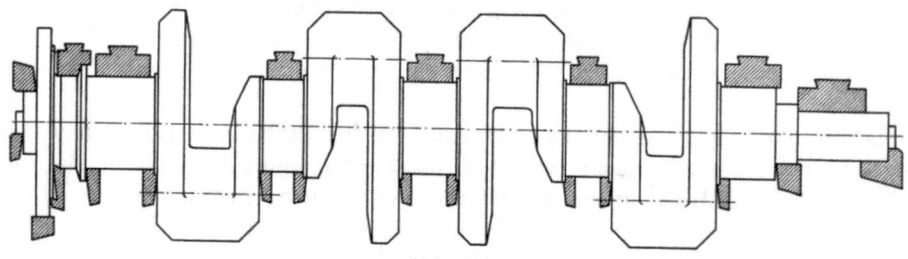

Abb. 446
Bearbeitungsplan für die Mittellager und Endzapfenbearbeitung auf der Maschine in Abb. 444 [Boehringer]

3.1 Drehmaschinen mit umlaufendem Werkstück und festem Schneidmeißel 247

Abb. 447. Steuerung der automatischen Kurbelwellendrehmaschine in Abb. 443 [Boehringer]
Nockenschalter mit Schaltstücken, die von einer Spindel entsprechend dem Arbeitsfortschritt verschoben werden

Abb. 448
Schmaler Drehsupport und Setzstock mit Laufring an einer Drehbank für schwere Kurbelwellen [VDF]

3. Die Bauarten der Drehmaschinen

Die Mittellager und Zapfen schwerer Kurbelwellen dreht man mit dem Längsvorschub auf Universaldrehbänken in Standardausführung. Lediglich der Obersupport erhält eine der Bearbeitungsaufgabe angepaßte sehr schmale Form, damit er in den Raum zwischen 2 Kurbelwangen hineinpaßt und noch genügend Bewegungsfreiheit für den Längsvorschub behält (Abb. 448). Der Kurbelwellensupport (Abb. 249) besitzt einen eigenen Längsvorschub, so daß der Bettschlitten stehenbleiben kann. Es ist natürlich schwierig, eine schwere Kurbelwelle zum Drehen der Hubzapfen exzentrisch aufzuspannen. In dem Fall müssen Auswuchtvorrichtungen vorgesehen werden. Man bearbeitet die Hubzapfen daher auch mit umlaufenden Meißeln bei stillstehendem Werkstück (s. Abschn. 3.2.5).

Abb. 449. Kurbelwellendrehsupport an einer schweren Drehbank [Wagner u. Co.]

Soweit die Kurbelwangen eine eliptische Form haben, können diese im Unrundkopierverfahren gedreht werden (s. Abschnitt 3.1.3.2.4).

3.1.3.1.5 Drehmaschinen mit übergroßer Spindelbohrung

3.1.3.1.5.1 Rohr- und Muffendrehmaschinen. Rohr- und Muffendrehmaschinen haben im wesentlichen die gleichen Eigenschaften wie Universaldrehbänke. Sie unterscheiden sich von ihnen durch die erheblich größere Bohrung der Hauptspindel. Die Rohre werden in diese eingeführt und an beiden Enden gespannt (Abb. 450). Bei langen Rohren müssen hinter der Drehbank Ständersetzstöcke für das Werkstück vorgesehen werden.

Abb. 450. Rohrdrehbank mit Spannfuttern an beiden Seiten des Spindelkastens [VDF]. Bettschlitten mit Revolversupport

Spitzenhöhe 430 mm; Spindelbohrung 260 mm; 24 Drehzahlen 1,8 bis 355 U/min; Antriebsleistung 22 kW

Die Gewichte der Rohre sind zwar im Verhältnis zu ihrem Durchmesser gering. Trotzdem ist für ihre Bearbeitung eine stabile und schwere Maschine erforderlich, da die langen Rohre beim Drehen herumschlagen, wodurch erhebliche Erschütterungen entstehen.

Wegen der übergroßen Bohrung ist das Verhältnis Durchmesser zu Länge der Arbeitsspindel sehr groß. Die Spindeln sind daher kräftig und entsprechend stabil gelagert. Aus diesem Grunde eignet sich dieser Drehmaschinentyp auch sehr gut für schwere Futterarbeiten.

An den Rohren werden im allgemeinen nur die Enden bearbeitet. Häufig ist ein Kegel und ein kegeliges Gewinde anzudrehen (API Gewinde bei Bohrrohren für die Erdölindustrie). Die

Rohrdrehbänke werden daher mit genau, z. T. automatisch arbeitenden Gewindeschneid- und Kegeldreheinrichtungen ausgestattet. Zum Spannen verwendet man Vorderendspannfutter, wenn Kraftspannung verlangt wird.

3.1.3.1.5.2 Abstechmaschinen für Rohre, Wellen und Achsen. Da diese Maschinen nur für Abstecharbeiten gedacht sind, trägt der auf einem kurzen Bett sitzende Schlitten einen bzw. zwei gegenüberliegende, nur in Planrichtung bewegliche Oberschieber (Abb. 451). Auch hier ist eine Arbeitsspindel mit verhältnismäßig großer Bohrung erforderlich, um möglichst große Werkstückdurchmesser aufzunehmen.

Die Teile werden einseitig oder an beiden Enden der Arbeitsspindel gespannt. Als Spanneinrichtungen dienen Dreibackenfutter und Spannpatronen mit Hand- bzw. selbsttätiger Spannung. Das Werkstück darf sich beim Spannen nicht axial verschieben, damit die vorgeschriebenen Längentoleranzen an den abgestochenen Stücken eingehalten werden.

Verschiedene Modelle besitzen eine stufenlose Drehzahlsteuerung zum Konstanthalten der Schnittgeschwindigkeit beim Abstechen. Der Einstechvorschub wird bei einfachen Bauarten von Hand erzeugt, sonst auch selbsttätig von der Arbeitsspindel abgeleitet. Zusätzlich läßt sich eine handbetätigte Anfaseinrichtung anbauen, mit der beide Seiten des Werkstückes während des Abstechens angefast werden. Für das Einstellen der Längen sind Anschläge vorgesehen. Die Längentoleranz der abgestochenen Werkstücke wird mit ± 0,01 mm angegeben.

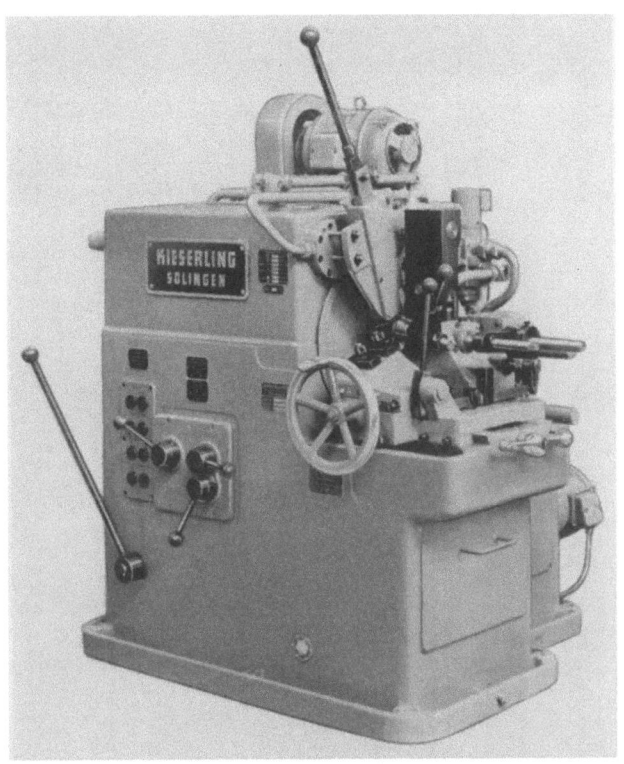

Abb. 451. Abstechmaschine für Wellen und Achsen mit Anfasvorrichtung [Kieserling]

Wellendurchmesser 80 mm; Schnittgeschwindigkeit 25 bis 35 mm/min; Antriebsleistung 3 kW

Neben den wie eine gewöhnliche Drehbank arbeitenden Abstechmaschinen mit umlaufendem Werkstück und festen, nur querverschieblichen Schneidmeißeln findet man auch die Umkehrung, nämlich feststehendes Werkstück und umlaufende Meißel (s. Abschn. 3.2.3).

Einige Konstruktionen sind mit einer Ausbohreinrichtung und längs verschiebbarem Support zum Überdrehen des Werkstückes ausgestattet. Diese Bauform bildet somit den Übergang zu den Dreh-, Bohr- und Abstechmaschinen (Abschn. 3.1.3.1.5.3).

Außer den verhältnismäßig einfach gebauten handbedienten Abstechmaschinen gibt es Abstechautomaten, bei denen die Arbeitsfolgen: Spannen, Einstechen, Zurückfahren des Einstechsupportes, Lösen, Vorschub des Werkstückes gegen Anschlag, erneutes Spannen — selbsttätig ablaufen. Diese Maschinen werden hydraulisch oder mechanisch (Kurventrommel) gesteuert. Man verwendet sie vorwiegend für das Abstechen von Ringen.

3.1.3.1.5.3 Dreh-, Bohr- und Abstechmaschinen. Auch hier ist eine übergroße Arbeitsspindelbohrung vorhanden. Im Gegensatz zur reinen Abstechmaschine ist die Dreh-, Bohr- und Abstechmaschine mit einem normalen Bettschlitten mit oder ohne Doppelsupport und voneinander unabhängigen Querschiebern ausgerüstet, so daß gewöhnliche Längs- und Plandreharbeiten im Arbeitsbereich der Maschine ausführbar sind. Seinen Namen hat dieser Typ von dem Bohrreitstock mit umlaufender Bohrpinole.

Der Bohrreitstock besitzt ein Getriebe zur Erzeugung des Pinolenvorschubs, dessen Antriebsenergie die Zugspindel liefert, und ein vollständiges Antriebsaggregat für die Drehbewegung der Pinole, das auf dem Bett hinter dem Bohrreitstock sitzt. Damit lassen sich verschiedene Drehzahlen an der Arbeitsspindel und Bohrspindel einstellen. Es ist somit möglich, gleichzeitig Außendurchmesser und Bohrung des Werkstückes mit der für den jeden Durchmesser richtigen Schnittgeschwindigkeit zu bearbeiten.

Abb. 452. Dreh-, Bohr- und Abstechmaschine [IWK-Schaerer]

Von links nach rechts: Spindelkasten in üblicher Ausführung für Universaldrehbänke, jedoch Spindelbohrung 200 mm; Bettschlitten ebenfalls in Standardkonstruktion; Bohrreitstock mit Vorschubgetriebekasten, Antrieb durch die Zugspindel; Antriebskasten für die Drehbewegung der Bohrspindel

Als Maschine mit umlaufendem Werkstück und umlaufendem Werkzeug gehört die Dreh-, Bohr- und Abstechbank systematisch in den Hauptabschnitt 3.3 „Drehmaschinen mit umlaufendem Werkstück und umlaufendem Schneidmeißel". Da das Bohren nicht bei jeder Arbeit vorkommt, sei sie jedoch an dieser Stelle mit erwähnt.

Auf der Dreh-, Bohr- und Abstechbank lassen sich z. B. aus Vollmaterial, das durch die hohle Arbeitsspindel zugeführt wird, Ringe herstellen. Das Werkstück wird zunächst mit dem Bohrreitstock hohl gebohrt, das so entstandene Rohrende längs und plan überdreht und schließlich der Ring abgestochen.

Dreh-, Bohr- und Abstechdrehbänke sind verhältnismäßig kräftige Maschinen, da nicht nur leichte Rohre, sondern vorwiegend Stangenwerkstoff verarbeitet wird (Abb. 452).

3.1.3.1.6 Waagerecht-Tieflochbohrmaschinen

Mit Tieflochbohren bezeichnet man die Erzeugung von Bohrungen, deren Länge ein Vielfaches ihres Durchmessers beträgt. Neben anderen verwendet man hierfür auch Maschinen, die in ihrem allgemeinen Aufbau aus der Universaldrehbank hervorgegangen sind.

Grundsätzlich besitzt die Bohrbank (Abb. 453) einen Spindelkasten für den Antrieb der Hauptspindel und die Aufnahme des Werkstückes, Setzstöcke verschiedener Bauart zur Unter-

3.1 Drehmaschinen mit umlaufendem Werkstück und festem Schneidmeißel

stützung, einen Führungsschlitten, der die Bohrstange unmittelbar vor dem Werkstück führt und gleichzeitig den Bohrölzufuhrapparat aufnimmt (Abb. 453 und 454), Setzstöcke

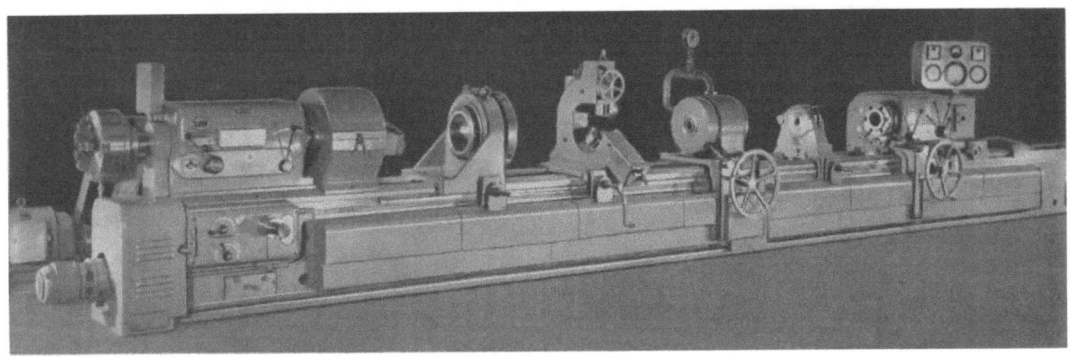

Abb. 453. Waagerecht-Tieflochbohrbank [VDF]
Von links nach rechts: Arbeitsspindelkasten; Ringsetzstock für unrunde Werkstücke; schwerer Rollensetzstock; Bohrstangenführungsschlitten mit Bohrölzuführungsapparat; Bohrrohrunterstützungsbock; Bohrspindelkasten

zur Führung langer Bohrstangen und den Bohrschlitten, der an Stelle des Bettschlittens üblicher Bauart steht und ebenfalls die Aufgabe hat, das Werkzeug (also die Bohrstange bzw. das Bohrrohr) zu spannen und ihm den Arbeitsvorschub zu erteilen (Abb. 455 und 456).

Abb. 454. Führungsschlitten für die Bohrstange mit Bohrölzuführungsapparat der Maschine in Abb. 453 [VDF]

Abb. 455. Einfacher Bohrschlitten für feststehende Bohrwerkzeuge [VDF]. Der Vorschub wird über die in der Mitte des Bettes gelagerte Leitspindel eingeleitet. Die Werkzeuge werden mit Spannzangen gespannt

Man unterscheidet beim Tieflochbohren 4 Arbeitsmethoden (Abb. 457):

1. Das Werkstück ist am Spindelkasten eingespannt und läuft um. Der Bohrer steht still und hat nur Längsvorschub.

252   3. Die Bauarten der Drehmaschinen

Abb. 456. Bohrschlitten einer schweren Tieflochbohrbank [Wagner u. Co.]

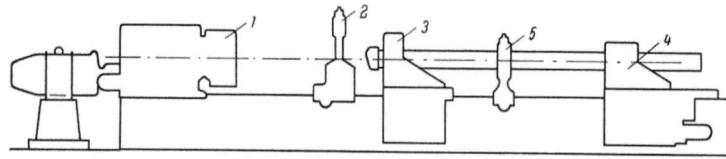

Bohren mit feststehendem Werkzeug. Drehbewegung im Werkstück, Vorschub im Werkzeug. Werkzeug im Bohrschlitten eingespannt

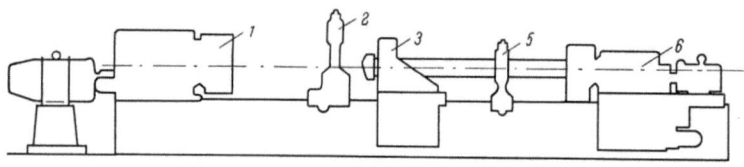

Bohren mit umlaufendem Werkzeug. Drehbewegung im Werkstück, Vorschub im Werkzeug. Werkzeug im Bohrspindelkasten eingespannt

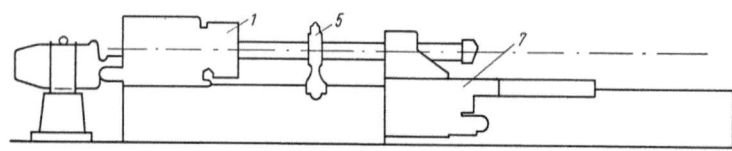

Bohren mit umlaufendem Werkzeug. Vorschub im Werkstück. Werkzeug im Arbeitsspindelkasten eingespannt

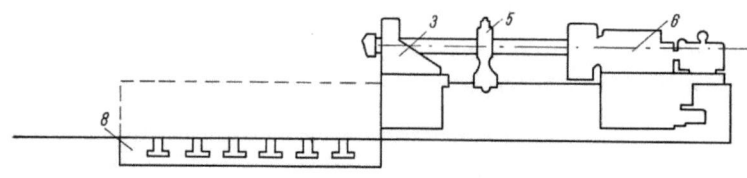

Bohren mit umlaufendem Werkzeug. Vorschub im Werkzeug. Werkstück ruht. Werkzeug im Bohrspindelkasten eingespannt

Abb. 457. Die 4 Arbeitsverfahren des Tieflochbohrens [VDF]

1 Arbeitsspindelkasten; *2* Setzstock für das Werkstück; *3* Bohrstangenführungsschlitten; *4* Bohrschlitten für feste Werkzeuge; *5* Setzstock für die Bohrstange bzw. für das Bohrrohr; *6* Bohrspindelkasten für umlaufende Werkzeuge; *7* Bohrstangenführungsschlitten mit Werkstückaufspanntisch; *8* feste Werkstückspannplatte

2. Das Werkstück ist am Spindelkasten eingespannt und läuft um, der Bohrer dreht sich ebenfalls und hat Längsvorschub. Es tritt dann an Stelle des Bohrschlittens ein Bohrspindelkasten mit eigenem Antrieb.
(Dieser Fall müßte systematisch unter Abschn. 3.3 ,,Drehmaschinen mit umlaufendem Werkstück und umlaufendem Schneidmeißel" besprochen werden. Da es sich aber praktisch um die gleiche Maschine wie unter 1. handelt, sei er hier aufgeführt.)
3. Der Bohrschlitten ist zu einem Bohrtisch erweitert, auf dem das Werkstück aufgespannt wird. Die Bohrstange sitzt in der Hauptspindel und wird von dieser angetrieben. Der Vorschub liegt im Bohrtisch (diese Ausführung gehört systematisch zu Abschn. 3.2 ,,Drehmaschinen mit feststehendem Werkstück und umlaufendem Schneidmeißel").
4. Der Bohrer wird vom Bohrspindelkasten gedreht und verschoben. An Stelle des Werkstückspindelkastens tritt eine Spannplatte zur Aufnahme der Werkstücke. Diese Spielart stellt den konstruktiven Übergang zum Bohrwerk dar.

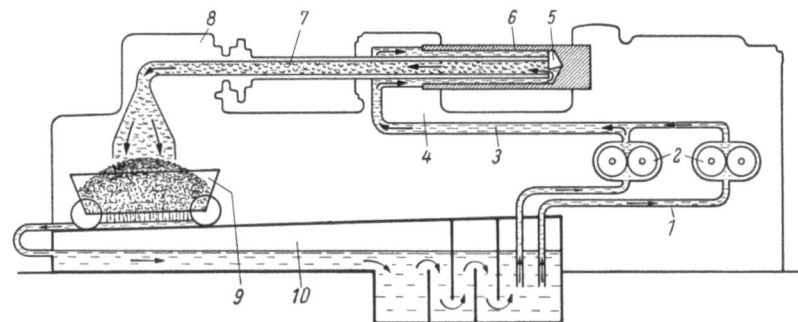

Abb. 458. Das Beisner-Verfahren (BTA-Verfahren) [VDF-Heller]
1 Saugleitung; *2* Pumpen; *3* Druckleitung; *4* Bohrölzuführung im Führungsschlitten *5* Bohrkopf; *6* Werkstück; *7* Bohrrohr; *8* Bohrspindelkasten; *9* Spänewagen; *10* Ölbehälter

Die Schwierigkeit des Tieflochbohrens liegt hauptsächlich darin, daß der Bohrer bei den großen Bohrtiefen verlaufen kann, und daß die Späne bei zunehmender Länge der Bohrung immer schlechter herauszubringen sind.

Durch das Rotieren des Werkstückes wird das Verlaufen vermieden. Um eine gute Späneabfuhr zu erreichen, spült man die Späne mit der unter Druck eingeführten Kühlflüssigkeit heraus. Diese kann entweder durch die hohle Bohrstange zur Schneidstelle gedrückt werden, so daß sie mit den fortzuspülenden Spänen in dem Ringraum zwischen Bohrung und Bohrstange zurückläuft, oder aber den umgekehrten Weg nehmen. Das zweite Verfahren (nach BEISNER, das vorwiegend benutzt wird — BTA Verfahren —) (Abb. 458) ist besser, da die zurückfließenden Späne die Bohrung dann nicht beschädigen können. Das Beisner-Verfahren verlangt allerdings eine gut abdichtende Stopfbüchse am Anfang der Bohrung, um die unter hohem Druck stehende Kühlflüssigkeit in diese hineinzuleiten. Man arbeitet mit Drücken zwischen 20 und 50 at, wobei als Regel gilt, daß bei kleinen Bohrungen mit geringer Kühlölmenge und hohem Druck, bei großen Bohrungen jedoch umgekehrt gefahren wird. Der Ölvorrat soll etwa das Zehnfache der Fördermenge pro min betragen. Der Ölbehälter mit Reinigungs- und Beruhigungseinrichtung, die Pumpen und sonstigen Einrichtungen der Kühlölanlage, z. B. Abstellschalter beim Ausbleiben des Ölstromes, spielen bei den Tieflochbohrbänken eine wesentliche Rolle.

Es gibt Ein- und Zweilippenbohrer und Bohrköpfe. Die Bohrköpfe sind meistens mit Hartmetallschneiden bestückt und mit ebenfalls aus Hartmetall hergestellten Führungsbacken versehen. Nach dem Bohrverfahren unterscheidet man das Vollbohren für Sack- und Durchgangslöcher, das Kernbohren, nur für Durchgangslöcher geeignet, und das Aufbohren von vorgebohrten und vorgegossenen Löchern.

Wie schon erwähnt, dient der Führungsschlitten dazu, die Bohrstange unmittelbar vor der Bohrung zu führen, beim Beisner-Verfahren die Stopfbüchse aufzunehmen und die Kühl-

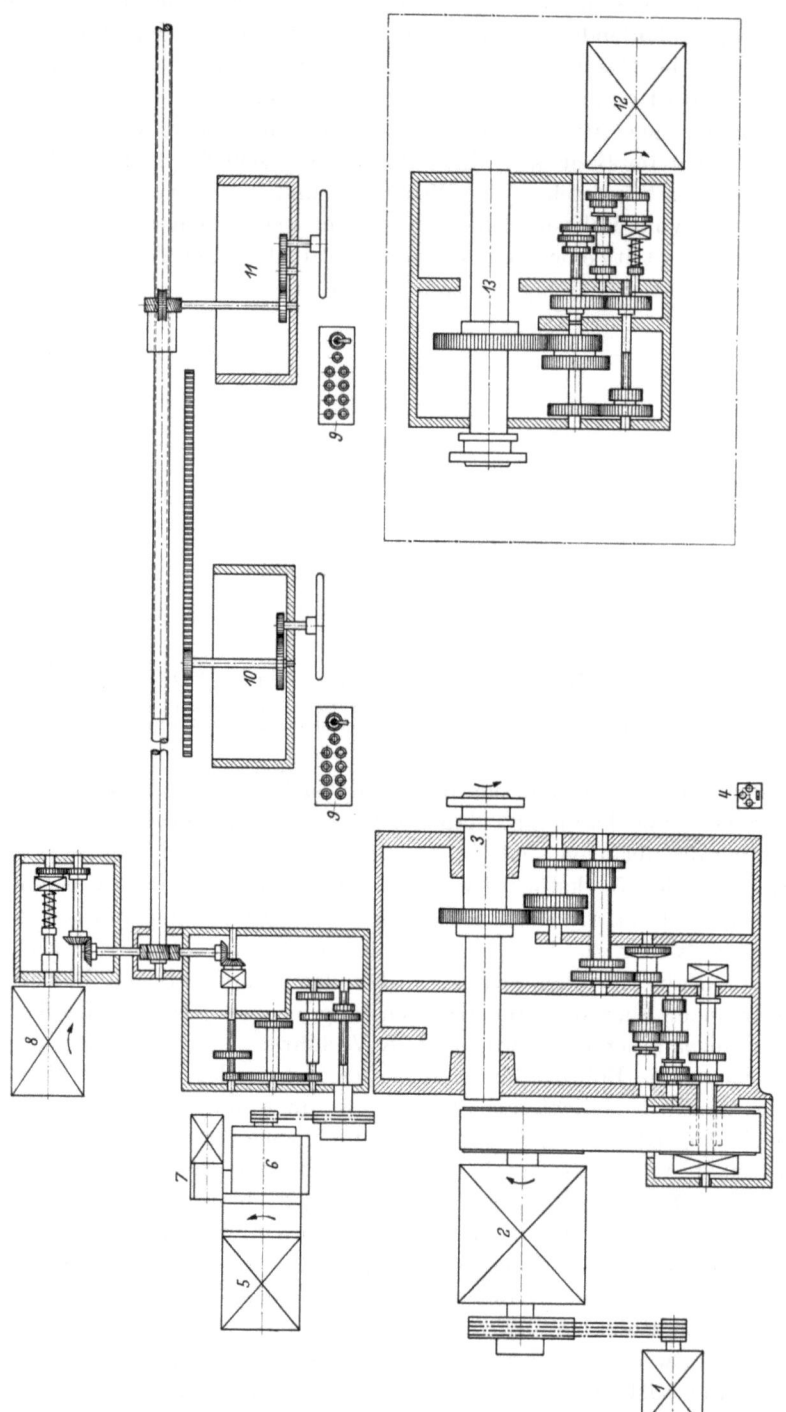

Abb. 459. Getriebeplan einer Tieflochbohrbank [VDF]

1 Einrichtemotor; *2* Hauptantriebsmotor; *3* Arbeitsspindel; *4* Kommandotafel (Betrieb—Einrichten); *5* Vorschubmotor; *6* Boehringer-Sturm-Ölgetriebe; *7* elektrische Fernsteuerung; *8* Eilgangmotor; *9* Kommandotafel; *10* Führungsschlitten; *11* Bohrschlitten; *12* Bohrmotor; *13* Bohrspindelkasten (wahlweise an Stelle von *11*)

flüssigkeit in die Bohrung zu leiten. Die Bohrstange ist mit ihrem Ende am Bohrschlitten eingespannt, dem vom Spindelkasten aus die Vorschubbewegung erteilt wird. Hierzu dient ent-

Abb. 460. Tieflochbohrbank mit Programmschaltung für Bohrungen bis 50 mm (Vollbohren) bzw. 155 mm (Aufbohren) [VDF]
Bohrlänge 6000 mm; Werkstückdrehzahl 140 bis 180 U/min

weder eine meist in Bettmitte gelagerte Leitspindel oder eine elektrische Welle mit Schneckenzahnstange (Abb. 455). Um kurze Späne zu erhalten, was für das Fortspülen wichtig ist, muß der Vorschub fein eingestellt werden können. Verschiedene Modelle sind deshalb mit einem

Abb. 461. Bohrschlitten und Werkzeugsetzstock der Maschine in Abb. 460 [VDF]

stufenlosen Vorschubgetriebe ausgerüstet. Demgegenüber ist eine Feineinstellung der Drehzahl nicht so entscheidend für das Brechen der Späne.

Um die Maschine vor Überlastung zu schützen, werden auch Druckmeßdosen zur Überwachung des Bohrdruckes eingebaut.

Im allgemeinen bohrt man wegen der höheren Genauigkeit mit stillstehendem Werkzeug. Wenn in große Werkstücke relativ kleine Bohrungen einzubringen sind, kann die Bohrschnittgeschwindigkeit wegen der für große Teile zulässigen geringen Drehzahl zu niedrig sein. In solchen Fällen wird die Bohrstange angetrieben. Sind kleine Löcher in sehr große Werkstücke

Abb. 462. Schwere Hohlbohr- und Ausbohrbank für Bohrungen von 50 bis 600 mm Durchmesser [Wagner u. Co.]

Bohrlänge 10000 mm in einem Zuge; Werkstückdrehzahl bis 445 U/min; Werkzeugdrehzahl 0 bis 600 U/min

zu bohren, setzt man bei schweren Maschinen ein verschiebbares Oberbett auf das Hauptbett, damit der Bohrschlitten möglichst klein bleibt.

Das Bohren erfordert eine relativ hohe Antriebsleistung. Die Getriebe sind daher, an der Größe der Maschinen und Werkstücke gemessen, sehr kräftig ausgeführt (Abb. 459 und 463).

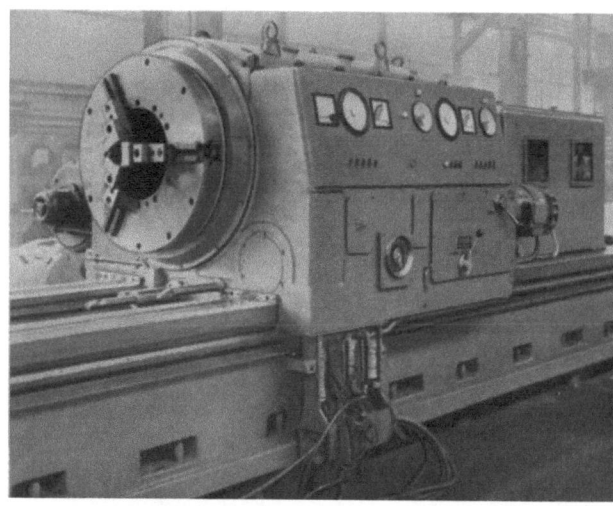

Abb. 463. Bohrspindelkasten der Maschine in Abb. 462 [Wagner u. Co.]

3.1.3.1.7 Schmiernutenziehmaschinen

Die Schmiernutenziehmaschine (Abb. 464) unterscheidet sich von einer Drehbank normaler Bauart dadurch, daß der Längsvorschub nicht von einem Rädergetriebe in Verbindung mit einer Leit- oder Zugspindel, sondern von einem Kurbelgetriebe erzeugt wird. Die Kurbel tritt an Stelle des Vorschubräderkastens, die Kurbelstange ersetzt die Zugspindel bzw. Leitspindel. Der Kurbelradius und die Länge der Kurbelstange sind einstellbar. Bei dem Kurbelradius 0 wird eine Ringnute erzeugt; bei dem Kurbelradius r und stillstehender Arbeitsspindel eine Nute parallel zur Drehachse von der Länge $2r$. Bei umlaufendem Werkstück und hin- und hergehendem Bettschlitten ergeben sich Figuren, die als Gewinde mit veränderlicher Steigung anzusehen sind. Die Ganghöhe h pro Umdrehung des Werkstückes ist gleich dem Weg des Kreuzgelenkes x des Kurbeltriebes bei einer Werkstückumdrehung (Abb. 465). x ist bekannt-

3.1 Drehmaschinen mit umlaufendem Werkstück und festem Schneidmeißel

lich abhängig von dem Kurbelradius r, der Länge der Kurbelstange l und dem Kurbelwinkel α.

$$r^2 + (l + r - x)^2 - 2r(l + r - x)\cos\alpha = l^2,$$
$$r^2 + l^2 + 2rl + r^2 - 2xl - 2xr + x^2 - 2rl\cos\alpha - 2r^2\cos\alpha + 2rx\cos\alpha - l^2 = 0,$$
$$x^2 - 2x[l + r(1 - \cos\alpha)] + 2r(l + r)(1 - \cos\alpha) = 0,$$
$$x = l + r(1 - \cos\alpha) \pm \sqrt{l^2 - r^2\sin^2\alpha}. \tag{85}$$

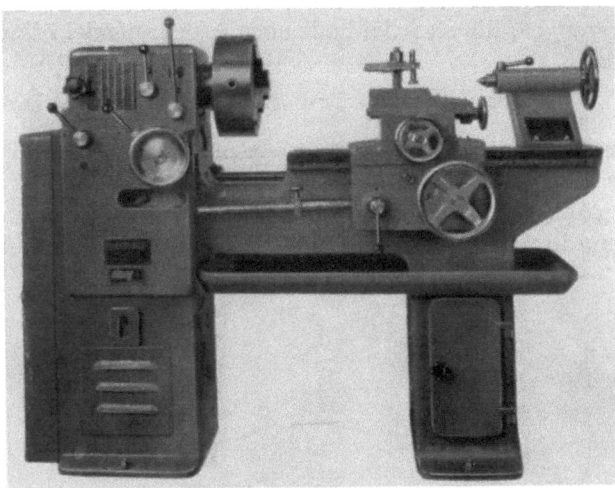

Abb. 464. Schmiernutenziehmaschine. Am Bett ist die Kurbelstange zu erkennen [Droop u. Rein]

Bei einer Umdrehung der Arbeitsspindel soll sich die Kurbel um den Winkel α_0 gedreht haben, entsprechend einem Übersetzungsverhältnis Arbeitsspindeldrehzahl zu Kurbeldrehzahl

$$i = \frac{2\pi}{\alpha_0}.$$

Dann ist die jeweilige Ganghöhe

$$h = l + r\left(1 - \cos\frac{2\pi}{i}\right) \pm \sqrt{l^2 - r^2\sin^2\frac{2\pi}{i}}. \tag{86}$$

Die Ganghöhe h ist also veränderlich. Sie folgt einer Sinus/Cosinus-Funktion und ist außerdem abhängig von den einstellbaren Werten l, r und i.

Für die Erzeugung von unterbrochenen Schmiernuten läßt sich die Maschine zu-

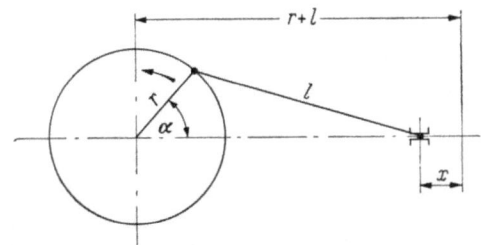

Abb. 465. Berechnung der Maschineneinstellung
r Kurbelradius (einstellbar); l Kurbelstange (einstellbar); α Kurbelwinkel; x Weg des Meißels

Abb. 466. Blick auf die Spindelstockseite der Maschine in Abb. 464 [Droop u. Rein]
Preßluftfutter für die Serienfertigung

sätzlich mit einem Hubscheibengetriebe ähnlich der Hinterdrehbank ausstatten. Damit wird der Querschieber mit dem Werkzeug, der jeweiligen Gestalt der auswechselbaren Hubscheibe entsprechend, aus dem Schnitt gehoben. Die Tiefe der Nute stellt man mit der Planspindel ein. Außerdem ist ein Exzenter vorgesehen, mit dem der Bettschlitten zusätzlich zu der von dem Kurbeltrieb abgeleiteten Bewegung verschoben werden kann. Das Werkzeug läßt sich damit aus dem Werkstück herausziehen, ohne daß das Vorschubgetriebe jedesmal abgeschaltet werden müßte.

Für die Massenfertigung wird die Maschine, wie auch sonst üblich, mit Preßluftfuttern (Abb. 466) oder Spannzangen, die sich bei laufender Arbeitsspindel öffnen lassen, ausgerüstet.

3.1.3.1.8 Stahlwolle- und Stahlspänemaschinen

Auf einer an einer Seite mit einem Bund versehenen Trommelscheibe ist ein kaltgewalztes Stahlband von Trommelbreite (145 mm) — 1 bis 1,2 mm stark, mit etwa 90 kg/mm² Festigkeit — aufgewickelt (Abb. 467). Gegen die Trommel fahren, parallel zu ihrer Achse, 6 Meißelhalter auf 2 Supporten, die mit glatten oder geriffelten Messern bestückt sind (die Messer sind

Abb. 467. Stahlwolle- und Stahlspänemaschine [Eisen- u. Hammerwerk]
Links: Support mit den Meißelhaltern; rechts: Antrieb; Breite des zu verarbeitenden Stahlbandes 145 mm; Fertigungsleistung 14 bis 55 kp/h Stahlspäne oder Stahlwolle; Antriebsleistung 5,5 kW; Gewicht 2340 kp

zylindrische Körper ähnlich den Gewindestrählern). Das geriffelte Messer schneidet die Stahlwollfäden in Dreikantprofil aus, während das glatte Messer den stehengebliebenen Rest abarbeitet.

Der Vorschub wird von der Trommelwelle über ein Zahnradpaar, Reibradgetriebe, Schnecke und Schneckenrad den Supportspindeln mitgeteilt. Durch Umwechseln der Zahnräder 2 (Abb. 468) läßt sich ein grober Vorschub für die Stahlspäne bzw. ein feiner Vorschub für die Stahlwollenerzeugung einstellen. Der genaue Vorschubwert ist dann mit dem Reibradgetriebe einzuregeln.

Die Maschine wird von einem mit einem stufenlosen Getriebe gekuppelten Motor angetrieben, so daß man die Schnittgeschwindigkeit nach Wunsch einstellen kann. Sie erzeugt je nach dem gewünschten Feinheitsgrad zwischen 14 bis 55 kp Stahlwolle bzw. Stahlspäne in der Stunde bei einer Umdrehungszahl der Trommelscheibe von 5 bis 8 U/min. Der Werkstoff wird bis auf einen Rest von etwa 5% zerspant.

Eine Werkzeugschleifmaschine und eine Aufwickelvorrichtung für die Stahlwolle gehören zu der Gesamtanlage.

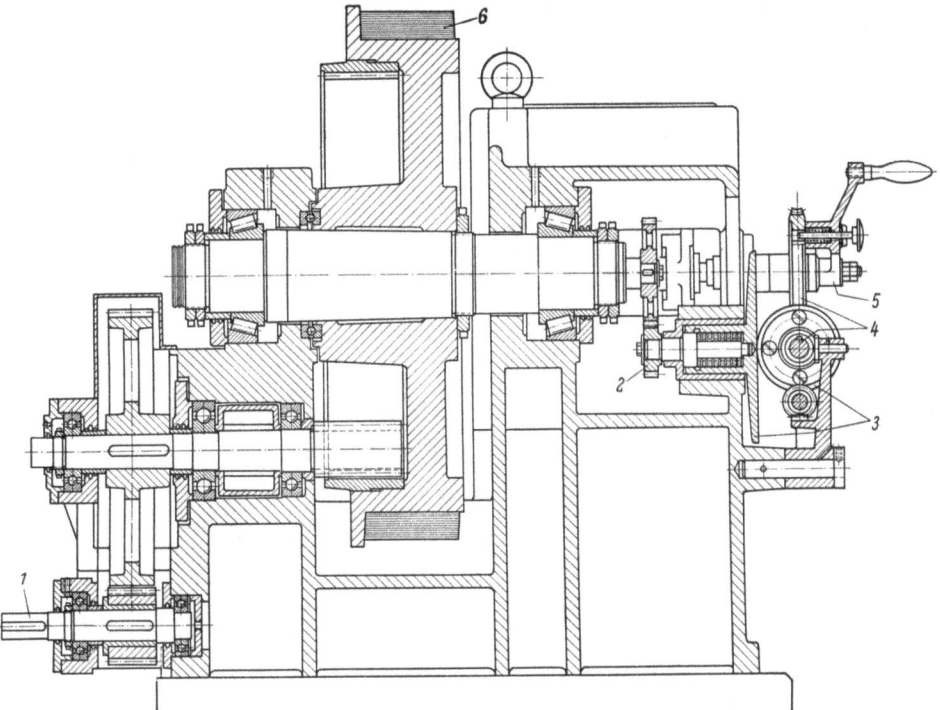

Abb. 468. Schnitt durch die Maschine in Abb. 467 (von der Rückseite gesehen) [Eisen- u. Hammerwerk]
1 Antriebswelle; 2 Vorschubantriebswechselräder; 3 Reibrollengetriebe zur stufenlosen Vorschubeinstellung; 4 Schneckentrieb; 5 Vorschubwelle; 6 zu zerspanendes Stahlband

3.1.3.1.9 Drehmaschinen für den Eisenbahnbedarf

Soweit möglich verwendet man Standardmaschinen zur Herstellung und Instandsetzung des Eisenbahngerätes. Für bestimmte Teile und Arbeiten haben sich aber auch Sondermaschinen herausgebildet, die mehr oder weniger von den herkömmlichen Bauarten abweichen.

Besonders wichtige Dreharbeiten für den Eisenbahnbetrieb sind Fertigung und Instandsetzung von Achsen, Rädern und den aus ihnen gebildeten Radsätzen.

Die Räder werden auf Plandrehbänken gedreht, oft in der Bauart mit quer gestelltem Bett und Kopiereinrichtung oder auf Karusseldrehbänken, insbesondere solchen mit festem Querbalken, da die Höhe dieser Werkstücke unveränderlich ist.

Zum Ausbohren der Radreifen gibt es eine Sonderform der Karusseldrehbank. Die Planscheibe ist hierbei außen gelagert. Der Königszapfen fehlt, so daß die Späne ungehindert durch den hohlen Planscheibenkörper abfließen können. Die Maschine ist mit einer fest eingebauten, selbsttätig arbeitenden Spannvorrichtung und mit einem Hebezeug ausgestattet, so daß sich die Radreifen schnell ein- und ausspannen lassen. Der Radreifen wird gebohrt (Schrupp- und Schlichtschnitt), der Ansatz angedreht und die Sprengringnute in einer Aufspannung eingestochen. Der Arbeitsgang kann selbsttätig ablaufen (Abb. 469 und 470).

Für das Drehen von Eisenbahnachsen benutzt man Spitzendrehbänke in Standardausführung, halbautomatische Kopierdrehmaschinen mit gegenüberliegenden Meißelhaltern und 2 Kopierschablonen, um die beiden senkrechten Bundflächen in einem Zuge zu kopieren zu können, Sonderausführungen mit 2 Bettschlitten, auch zum Prägepolieren geeignet, wobei die Bettschlitten der jeweiligen Spurweite entsprechend fest eingestellt werden. Der Meißel ist hierbei in einen Revolverkopf eingespannt, der sich auf dem Bettschlitten in Längsrichtung bewegt. In der Mitte des Bettes sitzt ein hydraulisch betätigter Hebebock.

Die vorgenannten Maschinen weichen von den gewöhnlichen Bauformen nur wenig ab und sind z. T. für andere Dreharbeiten verwendbar. Demgegenüber steht die Radsatzdrehbank,

260   3. Die Bauarten der Drehmaschinen

auf der Laufflächen, Spurkranz und Seiten der auf die Achse aufgezogenen Räder bearbeitet werden. Sie ist eine speziell für die Eisenbahn entwickelte Sondermaschine (Abb. 471).

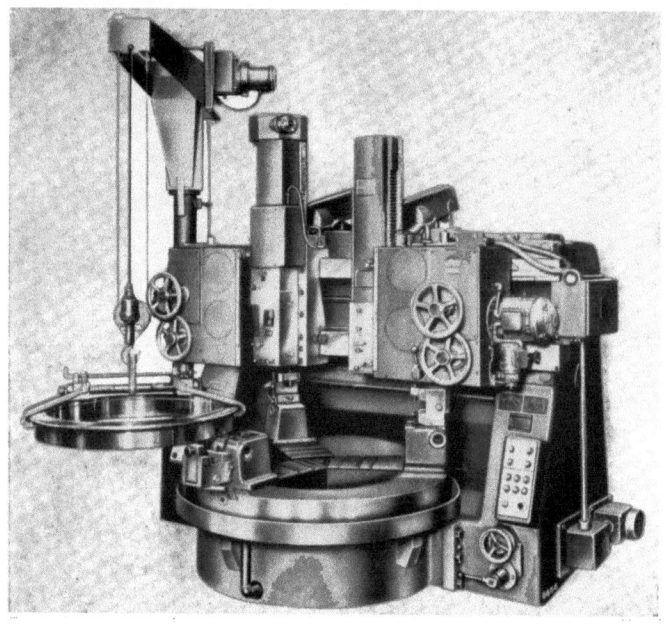

Abb. 469. Radreifendreh- und Ausbohrbank [Schieß]
Planscheibendurchmesser 1500 mm; Radreifen 700 bis 950 mm lichte Weite; Antriebsleistung 50 kW

Aus wirtschaftlichen Gründen ist es zweckmäßig, beide Räder gleichzeitig zu bearbeiten. Das bedingt auf der Reitstockseite die gleichen Einspann- und Mitnahmeeinrichtungen wie auf der Spindelstockseite. Es gibt aber auch einfache Ausführungen, auf denen nur ein Rad gedreht werden kann. Der Radsatz muß dann umgespannt werden.

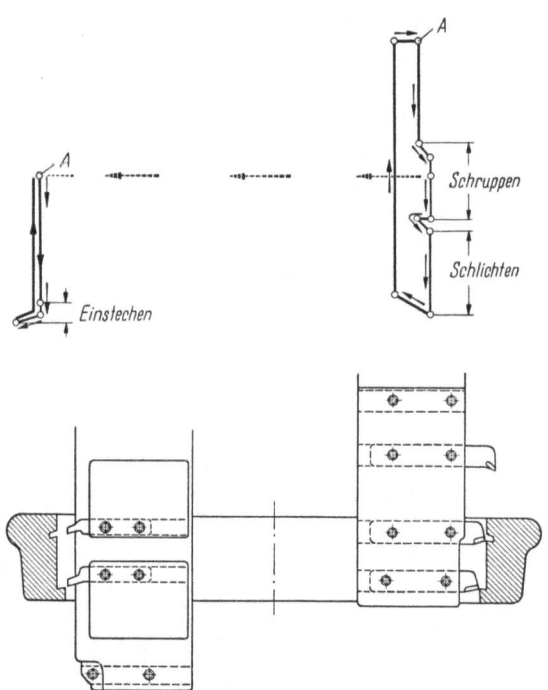

Abb. 470. Arbeitsplan für das Ausdrehen eines Eisenbahnradreifens [Schieß]
A Anfangspunkt und Endlage der Werkzeugbewegung; —— Eilgang; —— Vorschub

Wegen der Verschiedenheit der Radsätze (Wagenradsätze mit außenliegenden Achsschenkeln mit Gleit- oder Wälzlagerung, Lokomotivradsätze mit innen zwischen den Rädern liegenden Lagern, verschiedene Spurweiten) werden spezialisierte Maschinen angeboten, die bei einer genügend großen Stückzahl gleicher Radsätze wirtschaftlich sind. Sonst verwendet man Universalradsatzdrehbänke für alle vorkommenden Arbeiten. Die Maschinen sind entweder einstellbar für verschiedene Spurweiten oder für eine bestimmte Spurweite eingerichtet.

Der allgemeine Aufbau ist gekennzeichnet durch den gleichzeitigen Antrieb der Spindelstock- und Reitstockspindel und die Anordnung je eines Supportes für Schrupparbeiten vorn und des Kopiersupportes für das Fertigdrehen hinten pro Rad, so daß gleichzeitig 4 Supporte mit 8 Schneidmeißeln (je 1 Meißel vorn und hinten für Lauffläche und Spurkranz) im Schnitt sein können. Daneben gibt es Maschinen nur mit Vordersupporten. Diese Anordnung hat den

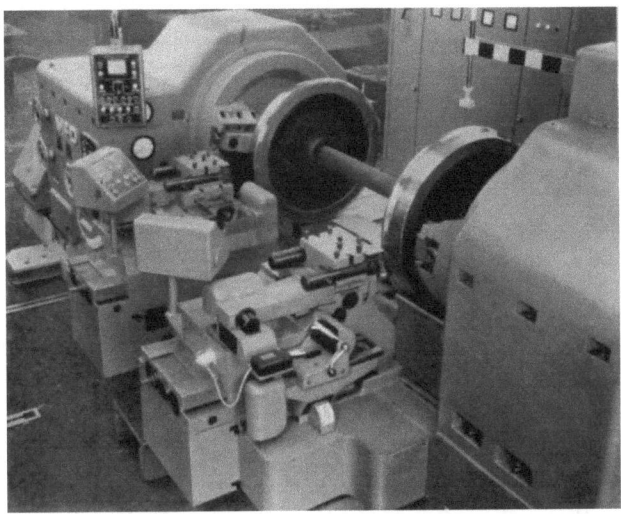

Abb. 471. Radsatzdrehbank [MFD]

Laufkreisdurchmesser 1100 mm;   Spurweite 1000 bis 1680 mm;   12 Drehzahlen 0,8 bis 31,6 U/min;   Antriebsleistung 74 kW; elektrische Kopiereinrichtung an beiden Supporten

Vorteil, daß der Radsatz leicht ein- und ausgerollt werden kann und kein Kran benötigt wird (Abb. 471).

Die große Anzahl von Werkzeugen und die Tatsache, daß abgelaufene und im Fahrbetrieb stark abgebremste Radsätze außerordentlich hohe Werkstoffestigkeiten und Härten erreichen, bedingt sehr kräftige Maschinen mit großer Antriebsleistung.

Für das Einspannen der Radsätze sind verschiedene, den einzelnen Radsatztypen angepaßte Vorrichtungen vorgesehen. Man unterscheidet zwischen dem eigentlichen Zentrieren, der Aufnahme von Werkstückgewicht und Schnittdruck und der Übertragung des Drehmomentes. Zentriert wird in Körnerspitzen oder mit Innenkonuspinolen, die von Spannmotoren oder hydraulisch betätigt werden. Während die Innenkonuspinole das Werkstück gleichzeitig hält und mitnimmt, muß bei der Aufnahme in Körnerspitzen eine zusätzliche Mitnahme und Haltevorrichtung vorhanden sein (Abb. 472 und 473). Bei Lokomotivradsätzen haben die Spannvorrichtungen auf die an den Rädern befindlichen Kuppelzapfen und Gegenkurbeln Rücksicht zu nehmen. Man spannt entweder in Planscheiben mit aufgesetzten Spanneinrichtungen (Spitzenbügel) oder in unmittelbar mit der Spannpinole verbundenen Spannköpfen. Die Spannpinolen sind in der Hauptspindel längs beweglich gelagert und durch einen Keil am Drehen gehindert. Sie können zum Ein- und Ausspannen mit Preßluft verschoben werden.

Auf der Radsatzdrehbank soll das vorgeschriebene, aus Lauffläche und Spurkranz bestehende Profil des Eisenbahnrades erzeugt werden. Hierzu dient entweder eine mechanische Kopiereinrichtung, der sogenannte Schablonensupport (Abb. 474) (Wirkungsweise s. Abb. 230), oder eine elektrische Kopiereinrichtung. Die Tastimpulse werden elektromagnetischen Doppel-

Abb. 472. Hydraulische Spanneinrichtung an einer Radsatzdrehbank [MFD]
Automatischer Ablauf des Spannvorganges: 1. Ausfahren der Pinole zum Zentrieren; 2. Spannen des Radsatzes durch Längs- und Radialbewegung der Spannklauen

Abb. 473
Eine andere Ausführung der Mitnahme- und Zentriereinrichtung einer Radsatzdrehbank [Hegenscheidt]

3.1 Drehmaschinen mit umlaufendem Werkstück und festem Schneidmeißel 263

kupplungen mitgeteilt, die sinngemäß den Längs- und Planvorschub einschalten. Für das Vorschruppen der schrägen Lauffläche ist der Oberschieber mit Selbstgang ausgerüstet.

Abb. 474. Mechanische Kopiereinrichtung einer Radsatzdrehbank s. Abb. 229 u. 230 [Hegenscheidt]

Da beim Nachdrehen gelaufener Radsätze harte Stellen auftreten, empfiehlt sich die Ausrüstung mit polumschaltbaren Motoren, um die Drehzahlen unter Schnitt wechseln zu können. Einige Maschinen besitzen auch stufenlos einstellbare Vorschubgetriebe (PIV).

3.1.3.2 Drehmaschinen für Werkstücke mit unrundem Querschnitt

Auf die mit dem Unrunddrehen zusammenhängenden allgemeinen Probleme wurde bereits in Abschn. 2.7 hingewiesen. Es genügt daher, in diesem Kapitel die ausgeführten Bauarten zu beschreiben. Für bestimmte häufig wiederkehrende Arbeiten werden Sondermaschinen angeboten. Hierzu gehören z. B. Blockdrehbänke für Vierkantblöcke, Nockenformdrehbänke und Hinterdrehbänke. Zuweilen haben sich die interessierten Industrien für ihren eigenen Bedarf selbst Maschinen gebaut bzw. bauen lassen, die an Dritte nicht verkauft werden. So gibt es Sonderdrehbänke für die Bearbeitung von Kolbenringen und Kolben, Ovaldrehmaschinen u. a. m. Während die Kolbenringdrehbänke nach dem Prinzip des mechanischen Nachformens arbeiten, sind die Ovalwerke die kine-

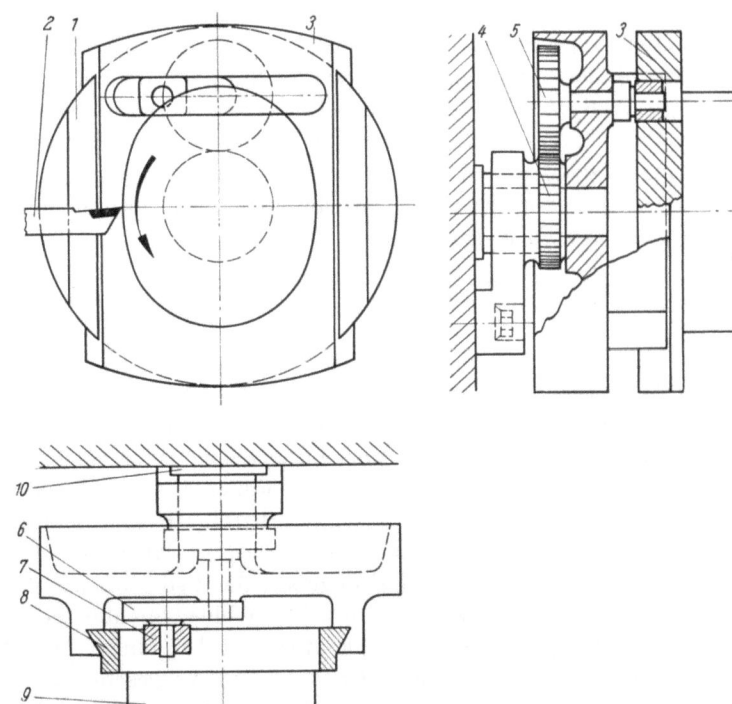

Abb. 475. Ovalwerk

1 Planscheibe; 2 Drehmeißel; 3, 8 Werkstückträger (Schieber); 4 Zentralzahnrad (fest am Spindelkasten); 5 Kurbelzahnrad; 6 Kurbel; 7 Lagerzapfen und Gleitstein; 9 Werkstück; 10 Arbeitsspindel
Die Kurbel 6 macht je Umdrehung der Planscheibe 1 Umdrehung, so daß der Schieber mit dem Werkstück bei einem Umlauf einmal hin- und herbewegt wird

matische Umkehrung eines Kreuzschleifengetriebes. Es werden hiermit also Ellipsen erzeugt (Abb. 475).

Für das Drehen von unrunden Querschnitten allgemeiner Art wurden Universalrunddrehbänke entwickelt, die nach dem hydraulischen oder mechanischen Nachformprinzip arbeiten.

3.1.3.2.1 Blockdrehmaschinen

Um die Gußhaut von den im Stahlwerk gegossenen Rohblöcken zu entfernen, verwendet man, soweit es sich um Vierkantblöcke handelt, Fräsmaschinen und Drehbänke mit einer besonderen Steuerung des Schneidmeißels. Zweck dieser Vorrichtung ist es, Span- und Freiwinkel des Drehmeißels bei umlaufendem Block annähernd gleich zu halten. Wie Abb. 476 zeigt, macht Welle II eine (durch Steuerkurven erzeugte) schwingende Bewegung, die über eine

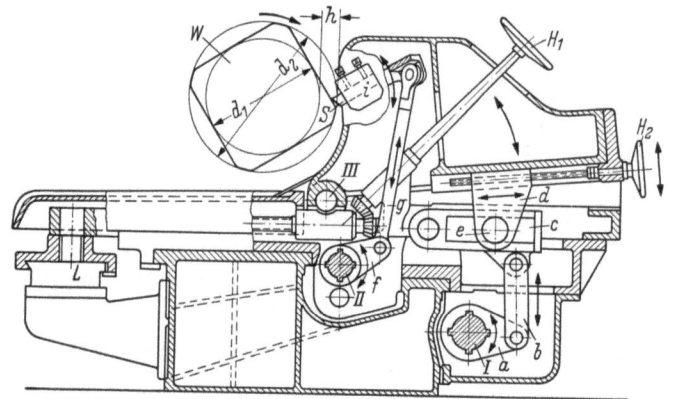

Abb. 476. Vierkantblockdrehbank [Waldrich] [9]

W Werkstück; L Kegellineal; S Meißel; H_1 Meißelzustellung; H_2 Verstellung des Maßes h; d_1 kleinster Drehdurchmesser; d_2 größter Drehdurchmesser; so daß $h = \dfrac{d_2 - d_1}{2}$; f Schwinghebel; g Kuppelstange; i Meißelhalter; a, b, c, d, e Gelenkkette für die Supportbewegung

Kurbelschwinge auf den Drehmeißel übertragen wird. Da sich die Werkstückdurchmesser dauernd ändern, schwingt der gesamte Support um den Punkt III. Diese Schwingbewegung erzeugt Welle I über eine Kurbelschwinge, deren Schwingradius verstellbar ist. Von der Einstellung dieses Radius hängt es ab, ob gerade oder gekrümmte Flächen entstehen. Die Schwingungszahl der Wellen I und II ist natürlich gleich der Seitenzahl des Werkstückes. Da die Blöcke konisch sind, wird die ganze Einrichtung im Längsvorschub von einem Kegellineal üblicher Form geführt.

3.1.3.2.2 Nockenformdrehmaschinen

Der allgemeine Aufbau einer Nockenformdrehbank ist ähnlich der einer Spitzendrehbank (Abb. 477). Die Bearbeitungsdurchmesser der für ein bestimmtes Nockenformdrehbankmodell in Frage kommenden Nocken variieren sehr wenig. Die Arbeitsspindel hat daher nur eine oder zwei Drehzahlen. Auch das Vorschubgetriebe ist einfach. Der Vorschub wird durch Auswechseln zweier am Bettschlitten angeordneter Wechselräder geändert.

Wie schon in Abschn. 2.7 gezeigt, arbeitet diese Maschine nach dem mechanischen Nachformprinzip mit schwingenden Meißelhaltern, so daß Freiwinkel und Spanwinkel in etwa gleichbleiben. Die Meisterkurven sind ungefähr 5mal so groß wie die zu bearbeitende Nocke, so daß mit hoher Genauigkeit kopiert wird. Die Wellen für Meister- und Steuerkurven laufen mit der Arbeitsspindel synchron. Die Nockenform wird in einem Arbeitsgang von der Seite mit Längsvorschub aus Rundmaterial oder aus dem vorgeschmiedeten Werkstück herausgearbeitet. Man dreht die Nocken mit einer Schleifzugabe von etwa 0,15 mm, so daß nur *eine* Schleifoperation nach dem Härten notwendig ist.

Nach der Bearbeitungsweise unterscheidet man das Teilverfahren und das Satzverfahren.

Nach dem Teilverfahren wird die zu einem Motorzylinder gehörende Nockengruppe gleichzeitig bearbeitet. Es sind dann nur 2 Meißelhalter (wenn z. B. jeweils nur 1 Einlaß- und 1 Auslaßnocken vorhanden ist) mit 4 Kurven erforderlich (Abb. 478 und 479). Wenn eine Nockengruppe fertig ist, wird der Bettschlitten mit den Steuerkurven zur nächsten Gruppe verschoben

Abb. 477. Nockenformdrehmaschine für das Satzverfahren [Loewe]

Drehdurchmesser 80 mm; Drehlänge 1500 mm; Drehzahlen 100 bis 120 U/min; Antriebsleistung 5 kW; Gewicht 2700 kp

und die Nockenwelle mit Hilfe einer an der Mitnehmerscheibe angebauten Teilvorrichtung dem Kurbelversatz des Motors entsprechend verdreht. (Wenn alle Nocken gleich sind, genügt natürlich auch ein Meißelhalter.) Für Sondernocken, wie Pumpenexzenter usw., muß ein Sondersatz Meißelhalter mit seinen Steuerkurven vorgesehen werden. Dieses Verfahren empfiehlt

Abb. 478. Bearbeiten einer 6 Zylinder-Nockenwelle im Teilverfahren [Loewe]

2 Drehmeißel; 1 Satz Steuerkurven

sich bei kleinen Serien, da die Rüstzeit kurz ist (etwa 20 bis 30 min) und die Kosten für die Herstellung der Steuerkurven ebenfalls niedrig bleiben.

Bei größeren Serien zieht man das Satzverfahren vor (Abb. 477 und 480). Damit können sämtliche Nocken gleichzeitig bearbeitet werden. Sollten die Nocken so dicht zusammenstehen, daß die für einen Meißelhalter erforderliche Mindestbreite unterschritten wird, oder die

Nockenwelle für die gleichzeitige Spanabnahme an allen Nocken zu schwach ist, dreht man nur jeden zweiten, evtl. auch nur jeden dritten oder vierten Nocken. In diesem Fall sind Steuerkurven für sämtliche Nocken vorzusehen, während an Meißelhaltern nur die Hälfte, ein Drittel bzw. ein Viertel der vorhandenen Nocken benötigt wird.

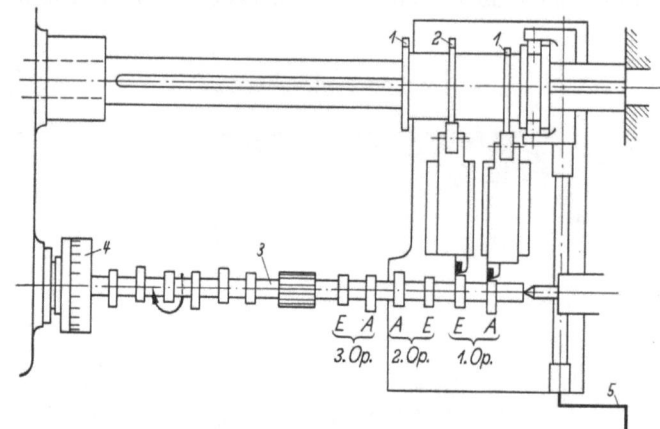

Abb. 479. Prinzip des Teilverfahrens [Loewe]

A Auslaßnocken; *E* Einlaßnocken; *1* Steuerkurve für *A* (verschiebbar); *2* Steuerkurve für *E* (verschiebbar); *3* Werkstück; *4* Teilvorrichtung; *5* Verschiebekurbel

Mit dem Satzverfahren wird natürlich eine wesentlich kleinere Boden- zu Bodenzeit erreicht. Die Rüstzeit ist aber 6- bis 9mal so groß wie beim Teilverfahren. Die Kosten für die Herstellung der Steuerkurven sind ebenfalls wesentlich höher.

Nach dem Satzverfahren kann auch halbautomatisch gearbeitet werden. Der Bedienungsmann wechselt nur die Werkstücke aus und startet den Arbeitsablauf durch Drücken eines

Abb. 480. Bearbeiten einer 6 Zylinder-Nockenwelle im Satzverfahren [Loewe]
Für jeden Nocken ist ein vollständiger Kurvensatz erforderlich

Knopfes. Spannen, Anstellen der Drehmeißel, Drehen, Zurückfahren der Meißel in die Ausgangsstellung und Abschalten der Maschine läuft selbsttätig ab.

Sehr wichtig für ein gutes Drehbild ist die sichere Abstützung der Nockenwelle. Auf der Vorderseite der Maschine ist deswegen über dem Bett ein Träger angebaut, auf dem eine ausreichende Anzahl von Setzstöcken aufgesetzt werden kann. Die Meißelhalter selbst und die Steuerkurven liegen hinter der Drehachse.

3.1.3.2.3 Hinterdrehmaschinen

Diese Maschinen werden hauptsächlich für die Herstellung von Fräsern aller Art, aber auch für andere unrunde Werkstücke verwendet, wenn ihr Querschnitt sich von einer umlaufen-

Abb. 481. Universalhinterdrehbank [Reinecker]

Spitzenhöhe 280 mm; Spitzenweite 1000 mm; 18 Drehzahlen 1,5 bis 210 U/min; Hinterdrehhub 22 mm; zu hinterdrehende Zähnezahlen 2 bis 40; Antriebsleistung 5 kW; Gewicht 3200 kp

den Hubscheibe darstellen läßt. Da der Drehmeißel fest eingespannt ist, sich also der unrunden Form nicht anpaßt, ist das Anwendungsgebiet entsprechend der in Abschn. 2.7 gegebenen Richtlinien begrenzt.

Das Hinterdrehen ist gekennzeichnet durch ein langsames Einfahren des Querschiebers und sein schnelles Zurückspringen. Das Zurückspringen verursacht erhebliche Erschütterungen. Eine Hinterdrehbank muß daher besonders kräftig bemessen sein, damit diese Schwingungen sich nicht schädlich auf das Drehbild auswirken (Abb. 481). Der Getriebeplan und die Berechnung der Wechselräder sind auf S. 129 ff. erläutert.

An Stelle der Hubscheibe mit logarithmischer Spirale als theoretisch richtiger Form verwendet man in der Praxis wegen ihrer leichteren Herstellung archimedische Spiralen. Der Unterschied zwischen beiden Spiralen ist so gering, daß dieser auf die Profilgenauigkeit beim Nachschleifen eines Fräsers keinen Einfluß hat.

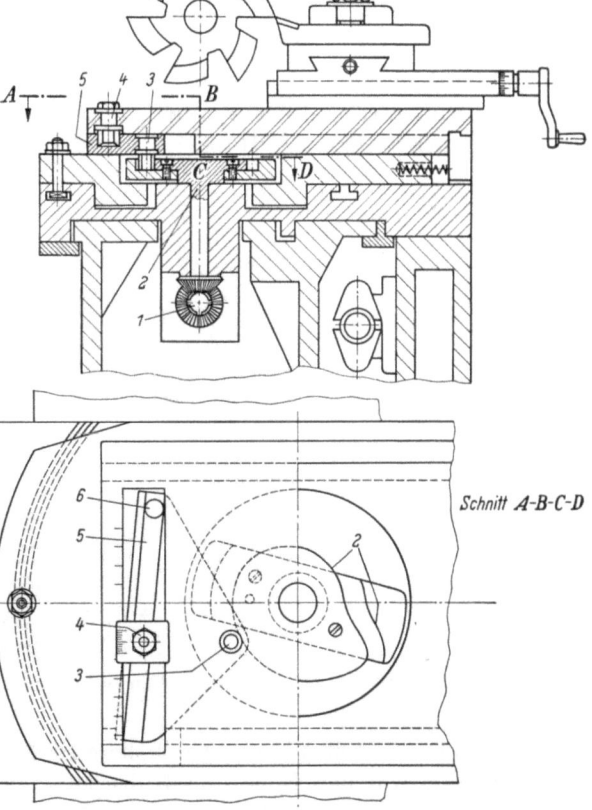

Abb. 482. Hubscheibenantrieb mit stufenloser Verstellung [Reinecker]

1 Hubscheibenantriebsspindel; 2 Hubscheibe; 3 Führungsrolle; 4 verstellbarer Zapfen; 5 Winkelhebel; 6 Drehpunkt von 5

Moderne Maschinen haben einen Hubscheibenantrieb mit stufenloser Verstellung (Abb. 482). Die auf der Hubscheibe laufende Rolle 3 sitzt auf dem Schenkel eines Winkelhebels in festem

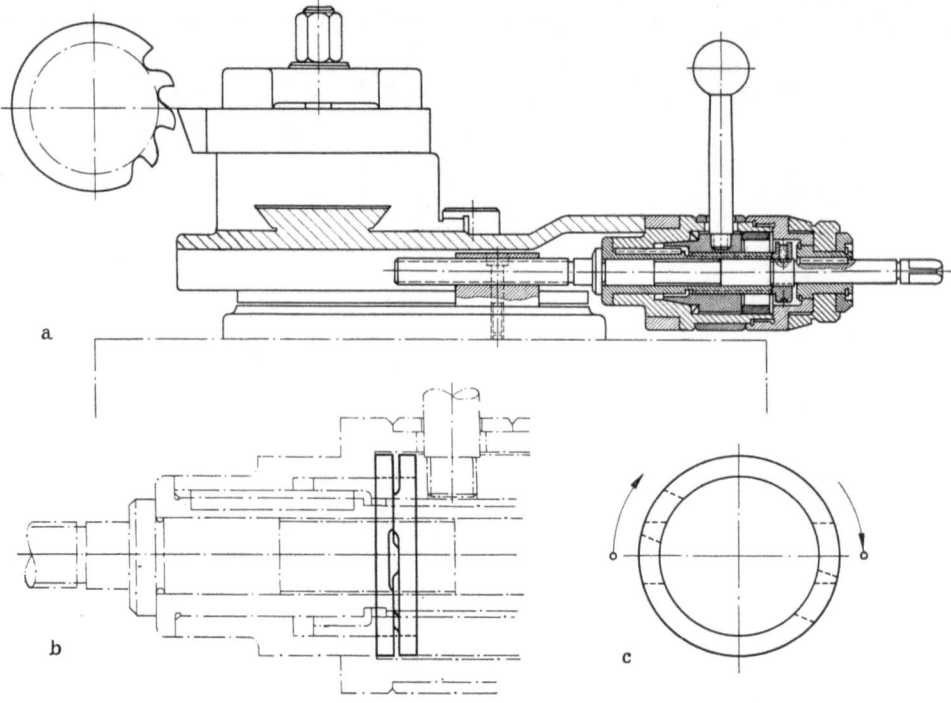

Abb. 483a—c. Schnitt durch den Querschieber einer Hinterdrehbank mit überlagerter Eilverstellung für die Planspindel [Reinecker]
a Gesamtansicht; b Kurvenscheibe für die Eilverstellung; c Blick auf die Kurvenscheibe

Abstand von einem Drehpunkt 6, während ein zweiter Zapfen 4 auf dem anderen Schenkel mit dem Hinterdrehsupport verbunden ist. Der Abstand dieses Zapfens vom Drehpunkt 6 ist veränderlich, so daß sich Hubhöhen von Null bis zum Größtwert stufenlos ohne Auswechseln

Abb. 484. Axiales Hinterdrehen eines linksschneidenden Holzfräsers [Reinecker]

der Hubscheibe einstellen lassen. Um höhere Drehzahlen zu erreichen und die dabei auftretenden Schwingungen zwischen Rolle und Hubscheibe zu vermeiden, wird die Rolle im Bereich des Rückzuges (der wegen der kurzen zur Verfügung stehenden Zeit sehr schnell vor sich gehen

3.1 Drehmaschinen mit umlaufendem Werkstück und festem Schneidmeißel 269

muß), in einer geschlossenen Kurve geführt (2), so daß sie sich nicht von der Hubscheibe abheben kann.

Um die Boden- zu Bodenzeit zu verkürzen, läuft der Bettschlitten mit 3facher Geschwindigkeit in die Ausgangsstellung zurück. Hierzu ist ein polumschaltbarer Antriebsmotor mit dem

Abb. 485. Hinterschleifen eines Abwälzfräsers [Reinecker]

Drehzahlverhältnis 1:3 und eine Schnellverstellung an der Verstellspindel des Hinterdrehsupportes vorgesehen (Abb. 483). Durch Umlegen eines auf dieser Spindel sitzenden Hebels wird der Verstellbewegung durch die Gewindespindel ein zusätzlicher Hub von 20 mm überlagert, um den Schneidmeißel schnell aus dem Werkstück herausziehen zu können.

Neben der Hubscheibe in Form einer Spirale, wie sie für das Hinterdrehen von Fräsern benötigt wird, sind natürlich auch Hubscheiben mit anderen Umrissen verwendbar.

Abb. 486. Prüfen des Flankenwinkels an einem Wälzfräser mit einem Winkelmeßmikroskop [Reinecker]

Abb. 487. Hinterdrehbank mit Profilprojektor [Strasmann]

Man kann, wie schon in Abschn. 2.7 dargestellt, axial, radial und schräg hinterdrehen und hinterschleifen (Abb. 484 bis 486). Zum Bearbeiten verwickelter Formen wird der Drehmeißel von einer Nachformeinrichtung oder von Hand geführt, wobei sein Weg mit Hilfe einer optischen Einrichtung unmittelbar mit der Zeichnung verglichen wird. Man spart damit die Herstellung von Kopierschablonen, Formmeißeln und Formlehren (Abb. 487).

270 3. Die Bauarten der Drehmaschinen

3.1.3.2.4 Universalunrunddrehmaschinen

Diese Maschinen arbeiten nach dem hydraulischen oder mechanischen Nachformprinzip. Bei Verwendung einer hydraulischen Nachformeinrichtung ergeben sich mit verhältnismäßig

Abb. 488. Universalunrundkopierdrehmaschine [IWK-Schaerer]
Blick auf den Antrieb der Musterwelle (Arbeitsspindel — Zahnradkette im Schutzgehäuse — Gelenkwelle)

einfachen Mitteln sehr vielseitige Anwendungsmöglichkeiten. Die Musterstückachse wird von der Arbeitsspindel in einem ganzzahligen Drehzahlverhältnis (meistens 1:1) angetrieben. Die mit konstantem Längs- bzw. Quervorschub verfahrene Kopiereinrichtung tastet das Muster-

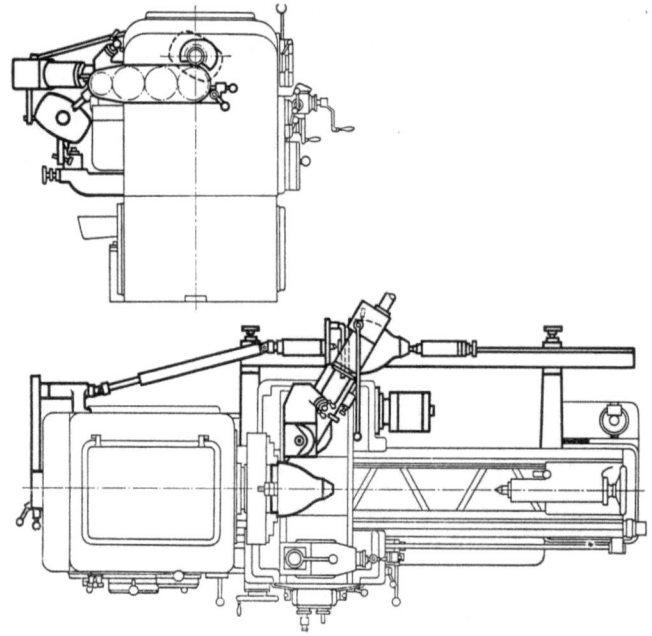

Abb. 489. Universalunrunddrehmaschine [IWK-Schaerer]
Antrieb der Musterwelle. Bearbeiten eines im Querschnitt vom Kreis und in Längsrichtung vom Zylinder abweichenden Körpers in einem Arbeitsgang

stück nicht nur in Längs- oder Querrichtung, sondern auch bei jeder Umdrehung in seinem Querschnitt ab. Es können somit beliebige Formen hergestellt werden, solange der Schneidmeißel einen ausreichend kräftigen Keilwinkel behält, da das Werkzeug fest eingespannt ist und nicht schwingt (s. Abschn. 2.7, Abb. 240).

Im allgemeinen benutzt man für das Unrundnachformen eine gewöhnliche Universaldrehbank bzw. Produktionsdrehbank mit hydraulischer Kopier- und einer Zusatzunrundkopiereinrichtung. Das zwischen den Reitstöcken des Hilfsbettes eingespannte Musterstück ist über eine Gelenkwelle und einen Satz Zahnräder mit der Arbeitsspindel verbunden (Abb. 488 und 489), so daß Musterstück und Werkstück synchron laufen. Die Synchronisierung muß so genau wie möglich sein, da hiervon zu einem guten Teil die Formgenauigkeit des Werkstückes abhängt. Ähnlich wie bei der Hinterdrehbank ist eine kräftige, schwingungsdämpfende Konstruktion der gesamten Maschine Voraussetzung für gute Ergebnisse. Daß die Ansprechempfindlichkeit der Kopiersteuerung und die Folgegeschwindigkeit des Kopierschiebers hoch sein müssen, wurde bereits auseinandergesetzt. Es können Außen- und Innenformen in Längs- und Querrichtung bearbeitet werden (Abb. 490 und 491). An Stelle des Drehmeißels läßt sich auch ein Fräsapparat setzen, wodurch man von der Gestalt der Querschnittsfigur unabhängiger wird. Andererseits müssen die Radien der Umrißlinie größer bleiben als der Fräserradius. Zu kleine Fräser sind wegen ihrer geringen Leistung wiederum unerwünscht (Abb. 492).

Abb. 490. Bearbeiten eines schwierig herzustellenden Steuernockens für eine Fördermaschine [IWK-Schaerer]

Wenn die Stromversorgung ausfällt, bleiben Antriebsmotor und Hydraulikmotor stehen. Während jedoch das Werkstück noch etwas weiterläuft, bewegt sich der Meißel nicht mehr. Es kann daher zu Beschädigungen des Werkstückes kommen. Aus diesem Grunde schaltet man in den Ölkreislauf einen Speicher ein, um für die Kopiereinrichtung eine Druckreserve zu schaffen.

Abb. 491. Bearbeiten einer viereckigen Glasform [IWK-Schaerer]
Rechts Musterstück mit Taster, links Werkstück mit Drehmeißel

Neben den Universaldrehbänken mit Unrundkopiereinrichtung werden für bestimmte Zwecke auch Sondermaschinen gebaut, die nur für Unrundkopierarbeiten gedacht sind. Da

Abb. 492. Sondermaschine für das Unrundkopierdrehen und -fräsen von großen Glasformen [IWK-Schaerer]
Auf dem Querschieber sitzt ein Supportfräsapparat

die Gestalt der zu bearbeitenden Werkstücke vorher bekannt ist, kann die Maschine in mancher Beziehung vereinfacht werden. So wird die Musterstückspindel fest parallel zur Arbeitsspindel angeordnet, so daß Zahnräder für die Drehzahlübertragung genügen und die Gelenkwelle ent-

Abb. 493. Unrundkopierdrehmaschine mit zwei voneinander unabhängigen hydraulischen Kopiereinrichtungen [IWK-Schaerer]
Es können gleichzeitig zwei in ihrer Gestalt verschiedene Nocken kopiert werden

fallen kann. Der Kopierschieber ist in einer festen Bewegungsrichtung, z. B. rechtwinklig zur Drehachse, gelagert und nicht mehr schwenkbar. Durch Fortfall von Schwenkbarkeit und Gelenkwelle läßt sich die Drehzahlübertragung und das Kopiersystem selbst stabiler ausführen. Dadurch gewinnt die Maschine an Leistungsfähigkeit. Man baut diese Modelle z. B. für die Glasformenindustrie oder für das Bearbeiten von Nocken (Abb. 492 und 493).

Für Glasformen hat die amerikanische Firma Monarch eine Drehbank gebaut, die ähnlich wie die Hinterdrehbank mechanisch nachformt. Verstellbare Hebelsysteme und ein Wechselrädergetriebe zwischen Werkstück und Schablone gestatten eine Regelung des Hubes, des Drehzahlverhältnisses Werkstück/Schablone und eine Veränderung des Meißelvorschubes gegenüber dem Vorschub des Fühlstiftes. Es lassen sich somit von einem Musterstück geometrisch ähnliche, in der Längsrichtung verzerrte Formen und Formen mit gleichförmig ansteigenden bzw. fallenden Durchmessern auf mechanischem Wege erzeugen. Bei unregelmäßigen Körpern kann für das Nachformen in Längsrichtung auch eine elektrische Nachformeinrichtung vorgesehen werden.

Abb. 494. Herstellen eines Gewindes nach dem Unrundkopierdrehverfahren [IWK-Schaerer]
Die Schablone im Bilde links entspricht dem Schnitt senkrecht zur Achse des Werkstückes. Sie wird von dem Bettschlitten mitgeschleppt und dreht sich je Ganghöhe einmal um sich selbst
(In der Abbildung wird ein zweigängiges Gewinde gedreht)

Das Drehen von Nockenformen auf einer hydraulisch arbeitenden Unrundkopierdrehbank ist dann wirtschaftlich, wenn die Stückzahl klein ist. Die Drehzeit beim Unrundkopieren ist nämlich höher als bei den in Abschn. 3.1.3.2.2 beschriebenen Nockenformmaschinen. Es entfällt aber die Anfertigung von Steuerkurven, da eine Originalnockenwelle als Schablone dienen kann. Die Unrundkopiermaschine für die Nockenwellenbearbeitung wird mit 2 oder 3 Kopierschiebern ausgerüstet (Abb. 493).

Ein anderes Sondergebiet ist das Unrundkopieren von großen Gewinden. Bei Förderschnecken z. B., bei denen sehr viel Werkstoff zerspant werden muß, läßt sich damit erheblich an Zeit sparen. Auch die Fertigungskosten sind wesentlich niedriger, da das Unrunddrehen selbsttätig abläuft. Das Gewinde kann nach diesem Prinzip nur vorgeschruppt werden. Der Fertigschnitt ist wie üblich mit der Leitspindel vorzunehmen (Abb. 494).

3.2 Drehmaschinen mit feststehendem Werkstück und umlaufendem Schneidmeißel

Bei den bisher dargestellten Drehmaschinen wurde dem Werkstück die Schnitt- (Haupt-) Bewegung erteilt, während das Werkzeug die Vorschubbewegung ausführte. In diesem Abschnitt sollen Bauformen mit umgekehrten Verhältnissen beschrieben werden. Das Werkstück ist fest eingespannt. Es bewegt sich entweder gar nicht oder nur in Vorschubrichtung. Das Werkzeug sitzt auf der Arbeitsspindel und läuft um. Der Vorschub wird in einigen Fällen auch durch Verschieben des Spindelkastens erzeugt.

274 3. Die Bauarten der Drehmaschinen

Natürlich läßt sich auch bei den Konstruktionen des Hauptabschnittes 3.1 das Werkzeug mit der Arbeitsspindel verbinden und das Werkstück auf dem Bettschlitten spannen. Man denke nur an das Ausbohren mit Hilfe einer in Arbeitsspindel und Reitstock eingespannten Bohrstange. Während solche Arbeiten auf den Drehmaschinen des Hauptabschnittes 3.1 aber nur gelegentlich vorkommen, sind die Maschinen des Hauptabschnittes 3.2 von vornherein für diese Arbeitsweise gebaut. Eine andere ist kaum möglich.

3.2.1 Wellenschälmaschinen

Im Prinzip besteht die Wellenschälmaschine aus einem Spindelkasten, in dem eine Hohlspindel mit ihrem Getriebe gelagert ist. An beiden Enden der Hohlspindel sitzt je 1 Schälkopf, der das oder die Schälmesser und 3 Führungsrollen aufnimmt. Die zu bearbeitende Stange wird durch die Spindel durchgeschoben, wobei sie zuerst den Schrupp- und dann den Schlichtkopf passiert. Zentriert wird sie dabei von den Führungsrollen (Abb. 495 bis 497).

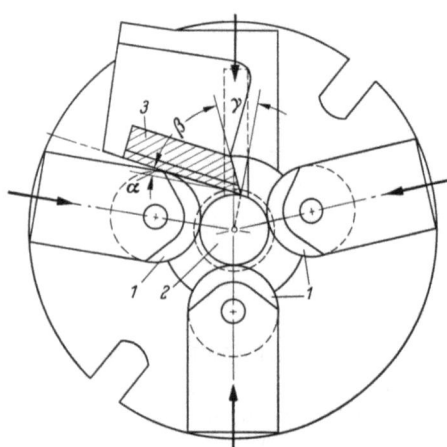
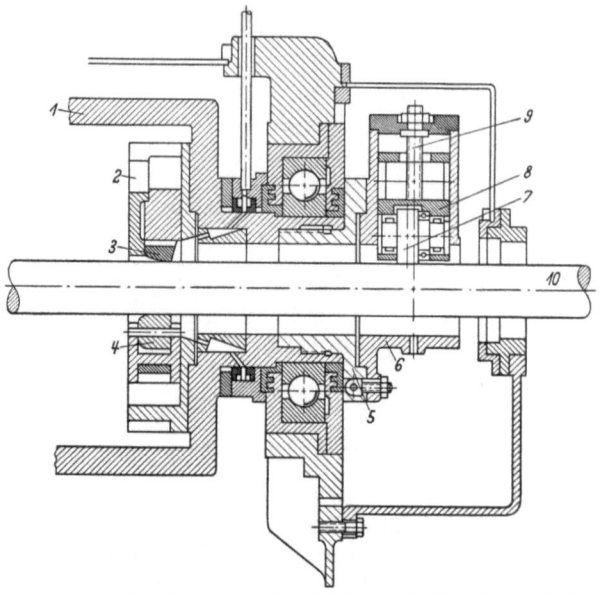

Abb. 495. Einfachschälkopf mit tangentialer Messeranordnung [Kieserling]
1 Führungsrollen; *2* Werkstück; *3* Werkzeug; α Freiwinkel; β Keilwinkel; γ Spanwinkel

Abb. 496. Schnitt durch den Schlichtschälkopf und Prägepolierkopf an der Stangenaustrittsseite [Kieserling]
1 Hohlwelle; *2* Schlichtschälkopf; *3* Tangentialmesser; *4* Führungsrolle; *5* Flanschbüchse; *6* Polierkopf; *7* Polierrolle; *8* Schieber; *9* Stellspindel

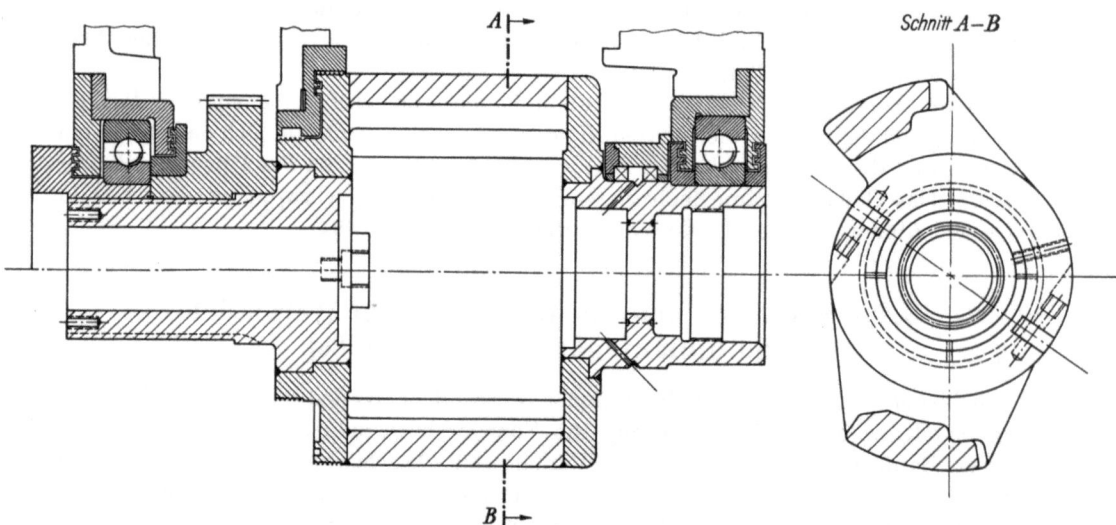

Abb. 497. Gesamtansicht der Hohlwelle aus Abb. 496 [Kieserling]

3.2 Drehmaschinen mit feststehendem Werkstück und umlaufendem Schneidmeißel 275

An der Eingangsseite des Spindelkastens befindet sich der Vorschubapparat. Dieser besitzt vier in senkrechter Ebene federnd gelagerte Rollen, die die Stange durch die Schälköpfe schieben. Der Vorschubantrieb ist von dem Arbeitsspindelgetriebe abgeleitet und kann, wie auch bei

Abb. 498. Wellenschälmaschine mit Stangenzufuhr- und -abfuhreinrichtung [Kieserling]
In der Mitte die eigentliche Maschine mit dem Stangenvorschubapparat. Links und rechts Transportwagen
Wellendurchmesser 40 bis 130 mm; Schälkopfdrehzahlen 25 bis 320 U/min; Antriebsleistung 45 kW

anderen Drehbänken üblich, ein- und ausgerückt oder in Gegenrichtung geschaltet werden. Moderne Schälmaschinen gestatten eine stufenlose Steuerung der Arbeitsspindeldrehzahlen und des Vorschubes.

Zu der eigentlichen Schälmaschine gehört die zu beiden Seiten angeordnete Stangenzufuhr- und Abfuhreinrichtung (Abb. 498). Es sind dies auf 3 Rundführungen laufende, durch besondere Elektromotoren angetriebene Transportwagen, die das Einspannen des Werkstückes übernehmen (Abb. 499). Dieses wird am Ende von zwei elektrohydraulisch betätigten Spannbacken erfaßt und somit gegen Verdrehen gesichert. Ist ein genügend langes Stück geschält,

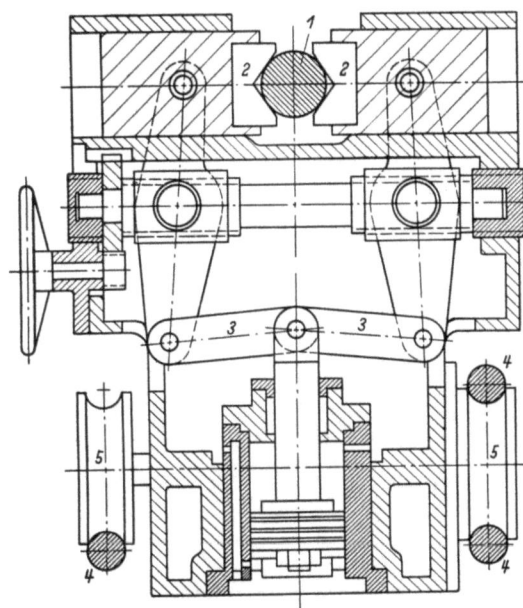
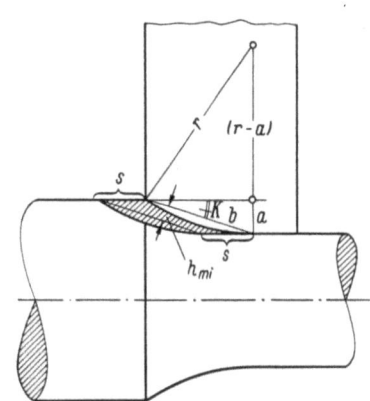

Abb. 499
Querschnitt durch den Transportwagen der Maschine in Abb. 498 mit elektrohydraulischer Stangenspanneinrichtung [Kieserling]
1 Werkstück; 2 Spannbacken; 3 Kniehebel mit Hydraulikzylinder; 4 Führungsschienen; 5 Laufräder

Abb. 500
Spanbildung beim Schälen mit Bogenschneide [Kieserling]
a Schnittiefe; b Spanbreite; h_{mi} mittlere Spandicke; s Vorschub; r Radius der Bogenschneide

übernimmt die Abfuhreinrichtung das Spannen, so daß durch diesen wechselseitigen Betrieb pausenlos Material durch die Maschine geführt wird.

Der wichtigste Teil der Wellenschälmaschine ist der Schälkopf (Abb. 495 und 496), der nicht nur für die Zerspanung, sondern auch für eine genaue Führung des Werkstückes verantwortlich ist. Die 3 Führungsrollen laufen auf dem geschälten Teil. Sie sind in verstellbaren

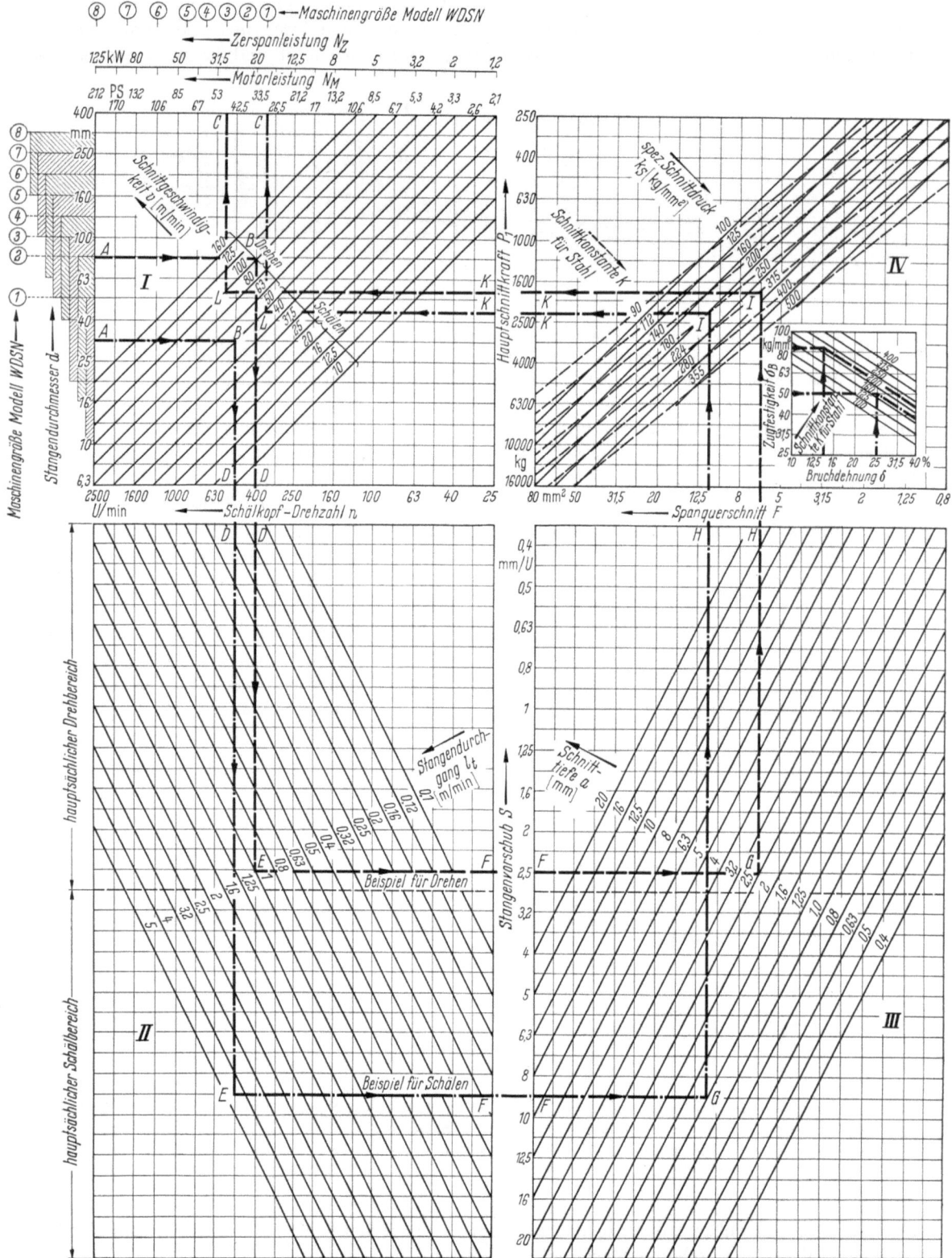

Abb. 501. Leistungsschaubild zur Ermittlung der Arbeitsbedingungen beim Wellenschälen für verschiedene Größen von Wellenschälmaschinen [Kieserling]

Backen gelagert. Das oder die Schälmesser (es gibt Schälköpfe mit 1 bis 4 Messern) sind entweder radial, wie bei der Universaldrehbank üblich, oder bei modernen Maschinen tangential angeordnet. Die tangentiale Anordnung ändert zwar nichts an der üblichen und bekannten Winkellage der Meißelschneide, sie gestattet aber ein einfacheres Nachschleifen, da die Spanfläche eben ist und das Profil, d. h. der Einstellwinkel erhalten bleibt. Das Profil ist im übrigen bogenförmig, so daß man hier nur von einem mittleren Einstellwinkel sprechen kann (Abb. 500). Der Spanquerschnitt hat daher eine Kommaform.

Oft ist dem Schlichtschälkopf noch ein Prägepolierkopf nachgeschaltet (Abb. 496). Beim Schälen wird eine mittlere Rautiefe $R = 25\,\mu$, mit nachgeschaltetem Glattwalz- (Prägepolier-) Kopf eine solche von $R = 0,3$ bis $0,4\,\mu$ erreicht. Man arbeitet mit Schnittgeschwindigkeiten von 18 bis 50 m/min bei Vorschüben zwischen 3 bis 17 mm/U. Das entspricht einem Stangendurchgang von etwa 0,5 bis 2,3 m/min. Die Schnittiefen liegen zwischen 1 bis 6 mm. Es werden Schnellstahl- und Hartmetallmeißel verwendet.

Über die bei Schälmaschinen vorhandenen Arbeitsbedingungen unterrichtet das Leistungsschaubild (Abb. 501), das dem bereits auf S. 42 erörterten Schaubild entspricht.

Da der Werkstoffdurchsatz verhältnismäßig groß ist, empfiehlt sich die Verwendung von Magazineinrichtungen, die das Be- und Entladen der Maschinen selbsttätig ausführen.

3.2.2 Außengewindeschneidmaschinen

Der Arbeitsablauf der Außengewindeschneidmaschinen ist grundsätzlich derselbe wie bei den Schälmaschinen. Ein auf der Arbeitsspindel sitzende Schneidkopf läuft um, während das

Abb. 502. Außengewindeschneidmaschine ohne Leitspindel [G. Wagner]
Schneidbereich 6 bis 27 mm; Gewindelänge 375 mm; 6 Drehzahlen 45 bis 250 U/min; Antriebsleistung 1,6 kW; Gewicht 550 kp

in dem Bettschlitten fest eingespannte Werkstück die parallel zur Drehachse gerichtete Vorschubbewegung ausführt.

Die Vorschubbewegung des Bettschlittens entsteht entweder durch Hineinziehen des eingespannten Werkstückes in den Gewindeschneidkopf (Abb. 502), oder in bekannter Weise durch Antrieb mit einer Leitspindel (Abb. 503).

Der Schneidkopf trägt die Gewindestrählerbacken (meistens vier). Diese können radial oder tangential eingebaut sein. Die tangentiale Lage gestattet, wie beim Wellenschälen, ein einfaches Nachschleifen des Strählers, ohne daß sein Profil geändert würde. Die Strähler haben

Abb. 503. Gewindeschneidmaschine mit Leitspindel für Gewinde bis 52 mm Durchmesser [G. Wagner]

eine Reihe Schneidzähne mit langem, mittleren bzw. kurzem Anschnitt und Führungszähne zur Erzeugung des Vorschubes (Abb. 504). Sie sind aus Schnellstahl gefertigt. Zum Einspannen in die Halter dienen Meßeinrichtungen. Für jedes Gewindeprofil und jede Steigung ist ein besonderer Strähler erforderlich. Mit Hilfe eines Mustergewindes und einer Skala am Exzenter-

Abb. 504. Strählerbacken zur Gewindeschneidmaschine [G. Wagner]

ring des Schneidkopfes stellt man den Durchmesser genau ein. Über einen Kurventrieb werden die Strählerbacken in Schnittstellung gebracht oder aus dem Schnitt gezogen (geschlossener und geöffneter Schneidkopf).

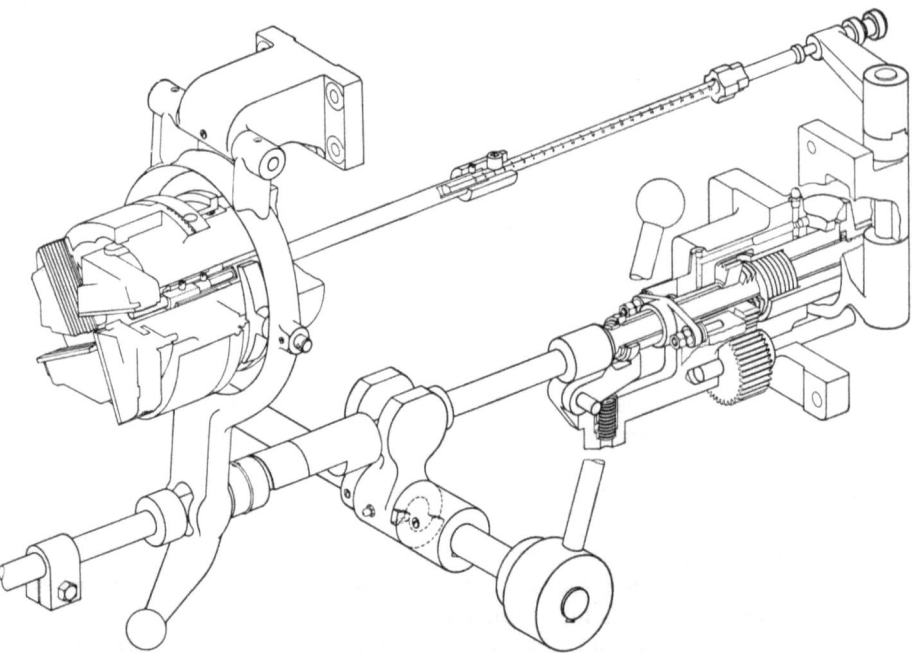

Abb. 505. Gewindeschneidkopf mit Auslöseeinrichtung [G. Wagner]
Oben: Anschlagstange in der Hauptspindel für Werkstückanschlag; unten: Anschlagstange für Schlittenanschlag mit Handhebel

Das Öffnen und Schließen des Gewindeschneidkopfes kann auf dreierlei Weise geschehen (Abb. 505):

1. Durch Anschlag in der Arbeitsspindel. Das Werkstück stößt gegen ein Anschlagstück, das über ein Gestänge den Kopf öffnet. Dieses Verfahren gestattet das Schneiden von gleich langen Gewinden ohne Rücksicht auf die Einspannung.
2. Durch Fahren des Bettschlittens gegen einen Anschlag.
3. Durch Betätigen eines Handhebels.

Es gibt handbediente, halbautomatische und vollautomatische Maschinen.

Bei halbautomatischem Betrieb laufen die Arbeitsgänge

Schließen des Werkstückspannkopfes — Vorschub des Schlittens — Öffnen des Schneidkopfes nach beendetem Schnitt — Eilrücklauf des Schlittens — Lösen des Spannkopfes,

selbsttätig ab.

Nur die Arbeitsfolgen

Aufnehmen des Werkstückes — Einlegen in die Spannvorrichtung — Herausnehmen des Werkstückes und Ablegen

sind von Hand vorzunehmen.

Bei vollautomatischem Betrieb übernimmt die Maschine auch diese Verrichtungen in Verbindung mit einer Beladeeinrichtung, die die Werkstücke zu- und abführt.

Abb. 506. Außengewindeschneidmaschine mit 2 Schneidköpfen [G. Wagner]
Halbautomatischer Arbeitsablauf: Spannen — Vorlauf des Kopfes mit Gewindeschneiden — Öffnen des Kopfes — Eilrücklauf — Entspannen

Neben der hydraulisch betätigten Kupplung für die Leitspindel und der hydraulischen Spannung des Werkstückes sind auch elektromagnetische Kupplungen und Spannmotoren in Gebrauch. Sind 2 Arbeitsgänge erforderlich, können 2 Maschinen nebeneinander gestellt und durch eine gemeinsame Transporteinrichtung miteinander verbunden werden.

Für die Massenfertigung haben sich zweispindlige Maschinen bewährt, da während des Schneidens eines Gewindes ein neuer Bolzen an der zweiten Spindel gespannt werden kann. Die Maschine wird von vorn bedient. Hand- oder Preßluftspannung sind möglich (Abb. 506).

3.2.3 Rohrabstechmaschinen mit umlaufendem Werkzeug

Während die Werkzeuge bei Wellenschäl- und Außengewindeschneidmaschinen vor Beginn der Arbeit auf den gewünschten Durchmesser fest eingestellt werden und nur ein Längsvorschub vorhanden ist, wird bei den Rohrabstechmaschinen das Werkstück auf eine (mit Hilfe eines verstellbaren Anschlages) vorgegebene Länge fest eingespannt. Auf der Arbeitsspindel sitzt eine

Abb. 507. Rohrabstechmaschine mit umlaufenden Werkzeugen [Kieserling]
Automatischer Arbeitsablauf. Auf der Maschine werden vorwiegend schmale Ringe abgestochen

Scheibe mit zwei gegenüberliegenden Meißelhaltern. Diese Meißelhalter bewegen sich von außen nach innen, haben also Planvorschub (Abb. 507). Das Werkstück kann in Spannpatronen oder im Schraubstock gefaßt werden. Auch in dieser Gruppe gibt es einfache Maschinen mit Handbedienung bzw. Handspannung, und halb- oder vollautomatisch arbeitende Modelle mit Preßluftspannung.

3.2.4 Abläng- und Zentriermaschinen

Beim Nachformdrehen darf sich die Lage der eingespannten aufeinanderfolgenden Werkstücke gegenüber dem Bezugsformstück nicht ändern, da sonst die nacheinander von der Maschine kommenden Teile zwar das gleiche Profil aufweisen würden, dieses jedoch zu einer Bezugsfläche (Stirnfläche) nicht die gleiche Lage hätte, sondern in Längsrichtung variieren könnte. Mit anderen Worten, die Werkstücke müssen eine genaue Bezugsfläche haben, die gegen einen entsprechenden Anschlag in der Arbeitsspindel gespannt wird, so daß die Lage Werkstück — Musterstück stets gleich bleibt.

Um an Wellenrohlingen diese Bezugsflächen und gleichzeitig die Zentrierbohrungen anzubringen, wurden besondere Plan- und Zentriermaschinen entwickelt. Diese besitzen 2 Spindelköpfe, die mit einem umlaufenden Drehmeißel für das Plandrehen der Stirnflächen und einer Bohrspindel für das Bohren der Zentrierlöcher ausgestattet sind (Abb. 508 bis 510).

Die auf gemeinsamen Bett sitzenden Spindelstöcke werden von Hand auf die gewünschte Werkstücklänge eingestellt. Die Spanneinrichtung für das Werkstück arbeitet hydraulisch. Der Drehmeißel sitzt in einem Schwinghalter, so daß sich die Meißelspitze auf einen Kreisbogen zur Drehmitte bewegt. Mit dieser Schwingbewegung, die den Plandrehvorschub erzeugt, ist die hydraulische Vorschubbewegung der Bohrspindel für den Zentrierbohrer so gekoppelt, daß

3.2 Drehmaschinen mit feststehendem Werkstück und umlaufendem Schneidmeißel 281

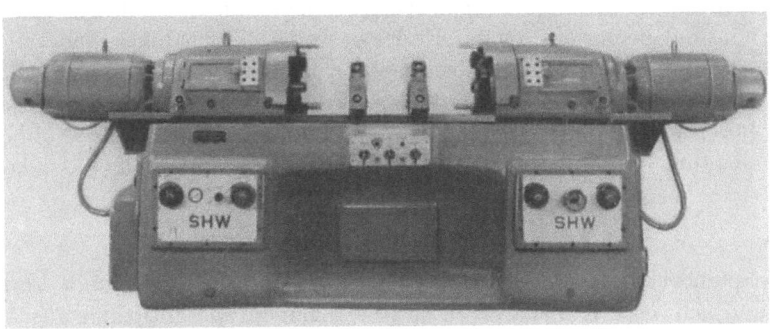

Abb. 508. Abläng- und Zentriermaschine [SHW]

Die beiden Spindelkästen werden auf Werkstücklänge eingestellt. Nach dem Einlegen des Werkstückes läuft folgendes Programm selbsttätig ab: Spannen — Start der Arbeitsspindeln — Plandrehen und Bohren — Stillsetzen der Arbeitsspindel — Lösen

Plandrehdurchmesser 80 mm; Werkstücklänge 1500 mm; Längstoleranz der Werkstücke 0,05 mm; 2 Drehzahlen 450 und 700 U/min; Antriebsleistung je Spindel 3 kW; Gewicht 2300 kp

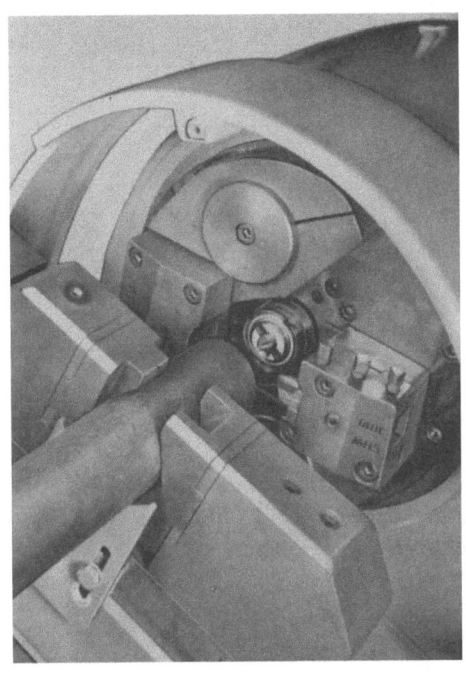

Abb. 509
Blick auf die Spannbacken, den Zentrierbohrer und den Schwenkarm mit dem Plandrehmeißel [SHW]

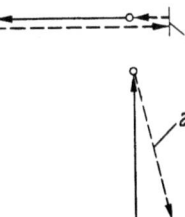

Abb. 510
Programmablauf der Maschine in Abb. 508 [SHW]
1 Zentrierbohrer; *2* Plandrehmeißel
Gestrichelte Linie ist Eilbewegung. Die Fertigung der Maschine in Abb. 508 bis 510 hat jetzt die Firma [Gack] von den SHW übernommen, die noch andere Modelle dieser Maschinengattung, u. a. mit Gewindeschneideinrichtung herstellt

beide Operationen gleichzeitig ablaufen. Der gesamte Arbeitsvorgang nach Einlegen des Werkstückes in die Spannvorrichtung, also — Spannen, Plandrehen und Körnerlochbohren beidseitig, Zurückfahren der Werkzeuge in ihre Ausgangslage, Entspannen — läuft selbsttätig ab. Auch hier kann eine Beladeeinrichtung das Einlegen und Herausnehmen der Teile übernehmen, so daß die Abläng- und Zentriermaschine mit einer Kopierdrehmaschine verkettbar ist. Eine andere Bauart arbeitet mit einem kombinierten Werkzeug, das einen Körnerlochbohrer und ein Drehmesser für das Planen der Stirnflächen enthält und nur eine Vorschubbewegung gegen die Stirnfläche ausführt. Weiter gibt es Maschinen mit Fräsköpfen für das Planen der Stirnflächen.

3.2.5 Kurbelzapfendrehapparate

Die Kurbelzapfendrehapparate verwendet man zum Schruppen und Fertigdrehen von Zapfen großer und schwerer Kurbelwellen. Sie bestehen im wesentlichen aus einem auf dem Drehbankbett sitzenden Gestell, in dem ein Drehring gelagert ist. Auf dem Drehring sind

Abb. 511. Kurbelzapfendrehapparat [Schieß]

Lichte Weite des Drehringes 1250 mm; Wellendurchmesser 400 mm; Drehzahlen 2,5 bis 25 U/min; Antriebsleistung 22 kW

zwei radial verschiebbare Werkzeugschlitten angeordnet (Abb. 511). Der Drehring läuft in einer Gleitführung. Er wird mit konstanter Drehzahl über ein Getriebe oder von einem Gleichstrommotor mit verstellbarer Drehzahl angetrieben.

Es gibt 2 Bauweisen, mit ungeteiltem und geteiltem Drehring. Die Öffnung des ungeteilten Drehringes muß so groß sein, daß die ganze Kurbelwelle durch ihn hindurchgeht. Der lichte Durchmesser des geteilten Drehringes ist relativ kleiner, da er nur dem Kurbelzapfendurchmesser zu entsprechen braucht.

Der Längsvorschub entsteht durch die Längsbewegung des Kurbelzapfendrehapparates auf dem Bett. Der Planvorschub wird durch eine radiale Bewegung der Werkzeugschlitten auf dem Drehring erzeugt.

Um das Gerät auf den jeweiligen Kurbelradius einzurichten, läßt sich das Drehgestell quer zum Bett verschieben. Drehgestell, Werkzeugträger und der ganze Kurbelzapfendrehapparat können von Hand oder motorisch im Eilgang verstellt werden. Der Hub der Werkzeugschlitten ist groß genug, um auch die Seitenflächen der Kurbeln planzudrehen. Eine zusätzlich lieferbare Ovaldreheinrichtung gestattet das Bearbeiten ovaler Kurbelwangen.

Die Kurbelwelle wird in Lünetten und Stützböcken aufgenommen und gespannt. Der Kurbelzapfendrehapparat sitzt entweder auf eigenem Bett oder wird auf vorhandene Drehbänke aufgebaut (Abb. 512). Bei schwereren Kurbelwellen ist ein Spindelkasten zum Verdrehen der Kurbelwelle vorgesehen, wenn der Kurbelzapfendrehapparat für sich auf eigenem Bett steht und nicht auf eine Drehbank montiert wird.

3.2 Drehmaschinen mit feststehendem Werkstück und umlaufendem Schneidmeißel 283

Abb. 512. Schwere Drehbank mit aufgesetztem Kurbelzapfendrehapparat [Froriep]

3.2.6 Feindrehmaschinen, Dreheinheiten und Drehwerke

Nach einer Übersicht von SCHÖPKE [24] sind in der Gruppe der Feindrehmaschinen auch solche Bauarten aufgenommen, bei denen das Werkstück feststeht und das Werkzeug umläuft, wobei das Werkzeug, von der Arbeitsspindel in Umdrehungen versetzt, sowohl außen um das

Abb. 513. Automatische Drehmaschine mit umlaufenden Werkzeugen, System Koller [Pfeiffer]
Das Werkstück (Stangenwerkstoff) ruht in der Spannvorrichtung. Die Maschine kann drehen, bohren, nachformdrehen und abstechen. Typisches Arbeitsgebiet sind Kugellagerringe und ähnliche Teile
Drehdurchmesser 90 bis 220 mm; Bearbeitungslänge 140 mm; Drehzahlen 100 bis 800 U/min; Antriebsleistung 15 kW

Werkstück herumfährt (Außendrehen), oder eine Bohrung bearbeitet (Innendrehen, Bohren). Wie bereits auf S. 163 dargelegt, bleibt die Frage offen, ob Maschinen, die ausschließlich für Innendreh- (Bohr-) Arbeiten gedacht sind, überhaupt noch zur Gruppe der Drehmaschinen zu rechnen sind. Systematisch müßten dann schließlich auch die Bohrwerke in die Gruppe der Drehmaschinen eingereiht werden. (Man spricht ja auch von Bohrwerksdrehern.) Wenn Innendreh- (Bohr-) Arbeiten mit feststehendem Werkstück und von der Arbeitsspindel angetriebe-

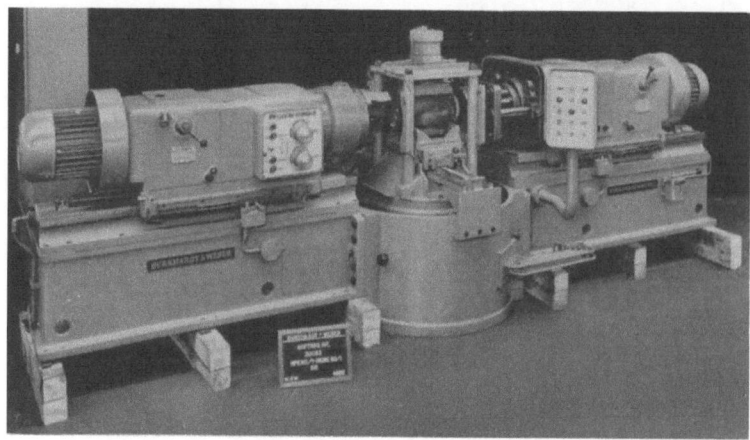

Abb. 514. Aus Dreh- und Vorschubeinheiten aufgebaute hydraulische Plandreh- und Bohrmaschine für die Bearbeitung von Armaturen [Burkhardt und Weber]

nem Werkzeug auf Maschinen zu machen sind, die auch oder vorwiegend für Dreharbeiten üblicher Art verwendet werden, wären diese natürlich noch zu den Drehmaschinen zu zählen.

Im Sinne der Systematik dieses Buches seien hier nur Maschinen betrachtet, deren umlaufender an der Arbeitsspindel sitzender Drehmeißel hauptsächlich eine *Außen*fläche des ruhenden Werkstückes bearbeitet. Die Vorschubbewegung kann dabei im Spindelstock oder im Werkstück liegen.

Man unterscheidet 2 Ausführungen. Einmal gibt es die vollständige Maschine, wie sie sich z. B. in dem Kollerautomaten repräsentiert (Abb. 513). Die Werkzeuge sitzen in dem umlaufen-

Abb. 515. Aus Einheiten zusammengesetzte hydraulische 5 Wege-Sonderdrehmaschine (mit einer Bohreinheit) zur Bearbeitung von Lagergehäusen, Zwischenradkörpern u. ä. [Burkhardt und Weber]

den Drehkopf, während das Werkstück fest steht. Es kann gedreht, gebohrt, kopiert und abgestochen werden. Der Vorschub liegt hier im Werkstück. Die Maschine arbeitet vollautomatisch und wird elektrohydraulisch gesteuert. Sie ist hauptsächlich für die Fertigung von Ringen,

3.2 Drehmaschinen mit feststehendem Werkstück und umlaufendem Schneidmeißel 285

Büchsen und ähnlichen Teilen gedacht. Der umlaufende Werkzeugträger ist auch als Koller-Starr-Drehkopf zum Anbau an gewöhnliche Spitzen- oder Revolverdrehbänke lieferbar und wird wie ein Futter an die Arbeitsspindel angeflanscht.

Zum anderen gehören in diese Gruppe die sog. Dreheinheiten. Das sind Spindelkästen mit einem Untersatz, der ihnen als Gleitführung dient (Abb. 514). Schnittbewegung und Vorschub sind in dieser Einheit vereinigt. In der Anordnung zum Werkstück ist man verhältnismäßig freizügig, wie Abb. 515 zeigt. Für Plandreharbeiten gibt es Werkzeugköpfe, die ein Getriebe für die Planbewegung des Meißels enthalten.

Man findet auch Anordnungen, die wieder mehr den Charakter einer geschlossenen Maschine haben, wie etwa die Anlage in Abb. 516.

Diese Dreheinheiten sind zusammen mit Bohr- und Fräseinheiten die Bauelemente für Transferstraßen, Sonder- und Einzweckmaschinen.

Wie gesagt, bilden sie den Übergang zu anderen Maschinengattungen. Sie seinen hier deshalb zwar der Vollständigkeit halber erwähnt, aber nicht weiter behandelt.

Abb. 516. Aus 2 Dreheinheiten und einem gemeinsamen Grundgestell gebildete Sonderdrehmaschine [Grob]

Abschließend sei noch auf die sog. Drehwerke hingewiesen, wie sie für die Bearbeitung von Zapfen an sperrigen Werkstücken, z. B. Turbinenschaufeln, benutzt werden (Abb. 517). Im Prinzip handelt es sich hier auch um eine Dreheinheit. Das Werkstück wird fest aufgespannt, der Spindelkasten mit seinen umlaufenden, radial verschiebbaren Drehmeißeln bewegt sich im

Abb. 517. Dreheinheit (Drehwerk) für die Bearbeitung von Zapfen an sperrigen Werkstücken (z. B. Turbinenschaufeln) [Heyligenstaedt]
Den auf der Planscheibe sitzenden Meißelhaltern wird über ein Umlaufgetriebe die Planvorschubbewegung erteilt

Spitzenhöhe 975 mm; Verschiebung des Spindelkastens gleich Drehlänge 2500 mm; Spindelbohrung 750 mm, 9 Drehzahlen 2 bis 50 U/min, Antriebsleistung 38 kW

Längsvorschub gegen das Werkstück. Die Arbeitsspindel hat eine sehr große Bohrung, so daß der abzudrehende Zapfen in die hohle Spindel einfahren kann.

Das Drehwerk läßt sich auch als gewöhnliche Drehbank verwenden. Es wird dann mit Bettschlitteneinheiten und einem Reitstock zu einer vollständigen Drehmaschine zusammengestellt (Abb. 518). Die Vorschubbewegung wird dem Bettschlitten dann über eine elektrische Welle mitgeteilt.

Abb. 518
Aus dem Drehwerk Abb. 517 mit anderen Einheiten zusammengebaute Drehbank [Heyligenstaedt]

3.3 Drehmaschinen mit umlaufendem Werkstück und umlaufendem Schneidmeißel

In diesen Hauptabschnitt wären alle Bauarten mit umlaufendem Werkstück *und* umlaufendem Werkzeug einzureihen. Das sind im wesentlichen

die Tieflochbohrmaschine mit umlaufendem Werkzeug,
die Dreh-, Bohr- und Abstechmaschine und
die Drehmaschine mit Bohrreitstock bei umlaufender Bohrpinole.

Bei diesen Maschinen ist das Umlaufen des Werkzeuges jedoch nicht die Hauptsache, sondern eine Möglichkeit neben anderen. Sie wurden daher dort besprochen, wohin sie konstruktiv gehören, obgleich sie rein systematisch eine besondere Hauptgruppe bilden.

Schlußwort

Wie schon im Vorwort angedeutet, ist es für die Werkzeugmaschinenindustrie eine Notwendigkeit, Lösungen entwickeln zu müssen, die den vielfältigen von ihrer Kundschaft gestellten Bearbeitungsaufgaben angepaßt sind. Die Serien der für ein bestimmtes Arbeitsgebiet absetzbaren Maschinen bleiben relativ klein. Die Anzahl der Maschinen eines Typs wird dabei um so geringer, je mehr sich dieser von der Universalität entfernt und der betreffenden Aufgabe anpaßt (für den Benutzer also besonders wirtschaftlich und für den Hersteller unwirtschaftlicher wird). Daraus entsteht eine große Vielfalt von Modellen. Es wäre nahezu unmöglich und ginge wohl auch an der Zielsetzung dieses Buches vorbei, wenn alles dargestellt würde, was z. Z. an Spielarten der Drehmaschine vorhanden ist.

Auch um den Umfang dieses Buches nicht zu groß werden zu lassen, mußte eine Auswahl getroffen werden. Der Verfasser hat sich bemüht, die systematisch wichtigen Konstruktionen vorzuführen und hofft, daß damit das Wesentliche des Drehmaschinenbaues aufgezeigt wurde.

Literaturverzeichnis

[1] Schwerd, F.: Spanende Werkzeugmaschinen. Berlin/Göttingen/Heidelberg: Springer 1956.
[2] Rieth, A., u. K. Langenbacher: Die Entwicklung der Drehbank. Stuttgart und Köln: Kohlhammer.
[3] Wittmann, K.: Die Entwicklung der Drehbank. 2. Aufl. Düsseldorf: VDI-Verlag 1960.
[4] Kienzle, O.: Die Bestimmung von Kräften und Leistungen an spanenden Werkzeugen und Werkzeugmaschinen. Z. VDI 94 (1952) H. 11/12.
[5] Kronenberg, M.: Grundzüge der Zerspanungslehre. Berlin/Göttingen/Heidelberg: Springer 1954.
[6] Dubbel, H.: Taschenbuch für den Maschinenbau. 2. Bd., 8. Aufl. Berlin: Springer 1941.
[7] Dürr, A., u. O. Wachter: Hydraulische Antriebe. München: Carl Hanser Verlag 1958.
[8] Witthoff, J.: Die Hartmetallwerkzeuge. München: Carl Hanser Verlag 1952.
[9] Schlesinger, G.: Die Werkzeugmaschinen. Berlin: Springer 1936.
[10] Opitz, H.: Untersuchungen von elektrischen Antrieben, Steuerungen und Regelungen an Werkzeugmaschinen. Köln und Opladen: Westdeutscher Verlag 1955.
[11] Opitz, H.: Statistische Untersuchungen zur Ausnutzung von Drehbänken. Köln und Opladen: Westdeutscher Verlag 1956.
[12] Witthoff, J., R. Schaumann u. H. Siebel: Die Hartmetalle in der spanabhebenden Formung. München: Carl Hanser Verlag 1961.
[13] Mieth, P.: Schaben von Hand. Stuttgart: Deutscher Fachzeitschriften- und Fachbuchverlag.
[14] Rögnitz, H.: Stufengetriebe an Werkzeugmaschinen. Berlin/Göttingen/Heidelberg: Springer 1953.
[15] Hütte, Taschenbuch für Betriebsingenieure, Bd. 1., 5. Aufl. Berlin: Wilhelm Ernst & Sohn 1957.
[16] Leyensetter, W.: Wirtschaftlich Zerspanen. Braunschweig: Georg Westermann 1953.
[17] Untersuchung einer Drehbank mit 250 mm Spitzenhöhe an der T. H. Aachen 1958.
[18] Busch, E., H. Haake u. O. Lattermann: Der Dreher als Rechner. 5. Aufl. Berlin/Göttingen/Heidelberg: Springer 1957.
[19] Deuring, K.: Spannen im Maschinenbau. 2. Aufl. Berlin/Göttingen/Heidelberg: Springer 1953.
[20] Gres, W. H.: Die geometrischen Verhältnisse bei der Herstellung unregelmäßiger Flächen. Berlin/Göttingen/Heidelberg: Springer 1953.
[21] Stau, C. H.: Nachformeinrichtungen für Drehbänke. Berlin/Göttingen/Heidelberg: Springer 1954.
[22] Stau, C. H.: Die Herstellung von Werkstücken mit nicht kreisrunden Querschnitten auf der Drehbank (Unrundkopieren). Werkst. u. Betr. (1958) H. 5.
[23] Krekeler, K., u. P. Beuerlein: Öl im Betrieb. 3. Aufl. Berlin/Göttingen/Heidelberg: Springer 1953.
[24] Schöpke, H.: Feindrehen. Stuttgart: Deutscher Fachzeitschriften- und Fachbuchverlag 1955.
[25] Loewe-Notizen, Jahrgang 25, H. 1, 1954.
[26] Stender, W.: Schälen von Gewindespindeln. Werkstatttechnik und Maschinenbau (1954) H. 11.
[27] Backé, W.: Untersuchungen an stetigen und unstetigen Nachformsystemen für Drehmaschinen. Diss. T. H. Aachen 1959.
[28] Stau, C. H.: Drehen und Fräsen von genauen Langgewinden. Stuttgart: Deutscher Fachzeitschriften- und Fachbuchverlag 1956.
[29] Opitz, H., u. H. Rohs: Anpassung der Werkzeugmaschine an die Fertigungsaufgabe. Industrie-Anzeiger Nr. 63, 1958.

Verzeichnis der mit Abbildungen vertretenen Firmen

Bildunterschrift	vollständige Anschrift
Berg	Berg & Co., GmbH, Spannfutter-Fabrik, Bielefeld
Boehringer	Gebr. Boehringer GmbH, Maschinenfabrik, Göppingen
Boley	G. Boley, Werkzeug- und Maschinenfabrik, Esslingen/Neckar
Breuer	Breuer Werke Gesellschaft mbH, Frankfurt/M.-Höchst
Burgsmüller	H. Burgsmüller & Söhne GmbH, Kreiensen
Burkhardt und Weber	Burkhardt & Weber KG, Reutlingen
Carstens	Arthur Carstens & Co., Werkzeugmaschinenfabrik, Hamburg 48
Diedesheim	Maschinenfabrik Diedesheim GmbH, Neckarelz
Droop u. Rein	Droop & Rein, Werkzeugmaschinenfabrik Bielefeld
Dubied	Edouard Dubied & Cie S. A., Neuchatel (Schweiz)
Eisen u. Hammerwerk	Eisen- u. Hammerwerk GmbH, Teningen/Baden
Fette	Wilhelm Fette, Präzisionswerkzeug-Fabrik, Schwarzenbek-Hamburg
Forkardt	Paul Forkardt KG, Hand- und Kraft-Spannzeuge, Düsseldorf 10
Fortuna	Fortuna Werke, Spezialmaschinen-Fabrik AG, Stuttgart-Bad Cannstatt
Froriep	Maschinenfabrik Froriep GmbH, Rheydt/Rhld.
Gack	Ludwig Gack, Werkzeug- und Maschinenfabrik, Mühlacker/Württ.
GF	Georg Fischer AG, Schaffhausen (Schweiz)
Gildemeister	Werkzeugmaschinenfabrik Gildemeister & Comp., AG, Bielefeld
Grob	Ernst Grob, Werkzeug- und Maschinenfabrik, München 25
Grupp	Wilhelm Grupp, Werkzeug- und Maschinenfabrik, Oberkochen/Württ.
Hasse u. Wrede	Carl Hasse & Wrede GmbH, Werkzeugmaschinenfabrik, Berlin-Britz
Hegenscheidt	Wilhelm Hegenscheidt KG, Erkelenz/Rhld.
Heid	Maschinenfabrik Heid, AG, Wien I (Österreich)
Heinemann	Gebr. Heinemann AG, Werkzeugmaschinenfabrik, St. Georgen/Schwarzw.
Heller	Gebrüder Heller, Bremen-Mahndorf
Herkules	Maschinenfabrik Herkules Franz Thoma, Siegen-Marienborn
Hessapp	Hessische Apparatebau GmbH, Werkzeugmaschinen-Fabrik, Hahn/T.
Heyligenstaedt	Heyligenstaedt & Comp., Werkzeugmaschinen-Fabrik, Giessen
IWK-Schaerer	Industrie-Werke Karlsruhe AG, Abtg. Schaerer-Drehmaschinen, Karlsruhe
Jung	Arn. Jung, Lokomotivfabrik GmbH, Abt. Werkzeugmaschinenbau, Jungenthal B, Kirchen-Sieg
Kern	Fritz Kern KG., Werkzeugmaschinenfabrik, Lörrach/Baden
Kienzle	Kienzle Apparate AG., Villingen/Schwarzw.
Kieserling	Th. Kieserling & Albrecht, Werkzeugmaschinen-Fabrik und Eisengießerei, Solingen
Kosta	Kosta-Maschinenwerkzeuge-Spannwerkzeugbau, Stuttgart-Feuerbach
Leinweber	Johann Leinweber, Anstalt für Mechanik und Elektrotechnik, Wr.-Neustadt (Öst.)
Liechti	Maschinenfabrik Liechti & Co., AG, Langau i/E (Schweiz)
Loewe	Ludw. Loewe & Co. AG, Berlin 21
Martin	K. Martin, Maschinenfabrik, Offenburg/Baden
MFD	Maschinenfabrik Deutschland AG., Dortmund
Menziken	Maschinenfabrik AG. Menziken (Schweiz)
Monarch	The Monarch Machine Tool Co., Sidney, Ohio (U. S. A.)
Monforts	A. Monforts, Maschinenfabrik Mönchen-Gladbach
Müller	Max Müller Brinker Maschinenfabrik, Hannover
NMW	Neue Magdeburger Werkzeugmaschinenfabrik GmbH, Sinsheim/Elsenz
Oerlikon	Werkzeugmaschinenfabrik Oerlikon Bührle & Co., Zürich 50, Oerlikon (Schweiz)
Pfeiffer	Pfeiffer Werkzeugmaschinenfabrik u. Eisen-Gießerei, Heilbronn-Böckingen
Pittler	Pittler, Maschinenfabrik AG, Langen/Hessen
Ravensburg	Maschinenfabrik Ravensburg AG., Ravensburg
Reinecker	J. E. Reinecker Maschinenbau GmbH, Einsingen/Ulm/Donau
Röhm	Röhm-Gesellschaft mbH, Präzisionswerkzeug- und Maschinenfabrik, Sontheim/Brenz

Verzeichnis der mit Abbildungen vertretenen Firmen

Bildunterschrift	vollständige Anschrift
Scheelen	Josef Scheelen, Spanntechnik KG, Düsseldorf
Scheu-Schwartzkopff	Scheu-Schwartzkopff, Werkzeugmaschinen und Werkzeuge GmbH, Berlin 65
Schiess	Schiess Aktiengesellschaft, Düsseldorf
Schulz u. Braun	Schulz & Braun, Präzisionswerkzeug- u. Maschinenfabrik, Wiesbaden-Schierstein
SHW	Schwäbische Hüttenwerke GmbH, Wasseralfingen
Strasmann	Albert Strasmann, Präzisions-Werkzeug- und Maschinenfabrik, Remscheid-Ehringhausen
Stuhlmann	Richard Stuhlmann & Co., Köln
VDF	Vereinigte Drehbank-Fabriken eV Gebr. Boehringer GmbH, Göppingen; Heidenreich & Harbeck, Hamburg; H. Wohlenberg KG, Hannover
Vöest	Vereinigte Österreichische Eisen- und Stahlwerke AG, Linz/Donau (Österreich)
G. Wagner	Gustav Wagner, Maschinenfabrik, Reutlingen/Württ.
Wagner u. Co.	Wagner & Co., Werkzeugmaschinenfabrik mbH, Dortmund
Waldrich	H. A. Waldrich GmbH, Großwerkzeugmaschinen, Siegen/W.
Weisser, Heilbronn	Eugen Weisser & Co. KG., Werkzeugmaschinen-Fabrik, Heilbronn/Neckar
Weisser, St. Georgen	J. G. Weisser Söhne, Werkzeugmaschinenfabrik, St. Georgen/Schwarzwald

Sachverzeichnis

Abdrängkraft 14, 15
Amerikanische Planscheibe 110
Arbeitsgenauigkeit 43, 44
Aufbäumen 147
Aufbaunetz 64

Becherkurve 37
Begleitkurve 126
Beisnerverfahren 253
Beladeeinrichtung 178, 214, 215, 216, 217, 238, 279, 282
Beschickungseinrichtung 187, 188
Bezugsformstück 122, 123, 124, 125, 133, 137, 138, 156, 240, 280
Bezugskurve 127, 133, 135, 136, 142, 144
Bogenschneide 275
Bohrölzuführapparat 251

Camlock-einrichtung 114
—-spannung 113

Deutsche Planscheibe 110
Doppel-meißelhalter 138
—-support 100, 101, 179, 182, 222, 249
Dreh-herz 107
—-kopf 284, 285
—-ring 282
—-werk 225
—-zahl-bereich 14, 27, 31, 61, 65, 68, 69, 70, 160, 168, 197
— —-schaubild 64, 65, 68
Dynaresistenz 21

Eilgang 91, 155, 156, 177, 179, 232, 245
—-getriebe 159
Einkantensteuerung 135, 136
—-prägsteuerung 158
Einzelpunktsteuerung 158, 238
Elektrische Welle 88, 89, 90, 173, 223, 232, 233, 242, 255, 286

Fallschnecke 86, 90, 91, 194
Fein-drehen 165
—-drehbank 163, 164
Feinst-drehen 165
—-drehbank 163
Fiedelbogenantrieb 7
Flachtischrevolver 191
Fließspan 12, 14, 46, 145

Front-bedienung 183, 184, 185, 205
—-drehmaschinen 188, 190, 198

Gametlager 75, 76
Gegenkonchoide 126, 127
Gewinde-rollkopf 153
—-schneidkopf 198, 278, 279
—-strähleinrichtung 197, 200
—-strähler 197, 258, 277
—-uhr 149
—-wirbeln 150, 152
Glatt-walzen 152, 153
—-walzgerät 152, 154

Hauptschnittkraft 14, 15, 16, 18, 23, 32, 37
Herstellungsgenauigkeit 43
Herzklauenmeißelhalter 119, 120
Hub-kurvenscheibe 127, 129
—-scheibe 128, 131, 132, 267, 268, 269

Innenkonuspinole 261
Ipsothermer Motorschutz 146

Kalibrieren 239, 240
Kegellineal 122, 125, 126, 264
Keilleiste 99
Kenndrehzahl 22
Keramisch 11, 76, 121, 122
Klemmhalter 121, 122
Klettern des Schlittens 96
Königs-dorn 229
—-welle 229
—-zapfen 233, 259
Konchoide 126
Konuslineal 125
Kostengleichung 37
Kreuz-schieber 103, 239
—-support 102
Kröpfung 51, 58
Kugeldrehapparat 123
Kurzwangendrehbank 165

L-Programm 186
Lamellensupport 239
Lastschaltgetriebe 41, 63, 73, 155, 170, 177, 178
Leitvorschub 134, 136, 137, 138, 140, 141, 142, 235
Lineare Streckung 127
Lünette 119, 240, 282

Magazineinrichtung 178, 214, 277
Mehrfach-meißelhalter 120, 206
—-schablonenhalter 138, 206, 212
Mehrschnittautomatik 177, 212, 213
Meßsteuerung 157, 174, 178, 217
Mutterschloß 147, 148

Nachfahrgenauigkeit 142, 143, 144
Nachformgenauigkeit 142, 143, 144
Norton-getriebe 12, 63, 83, 168
—-schwinge 81
Numerisch 11, 13, 158, 159, 177, 198, 219, 236, 237, 238, 242

Oval-dreheinrichtung 282
—-werk 123, 124, 263
Oxydkeramisch 13, 26, 115

Petersverrippung 12, 47, 50
Pinole 105, 107, 149, 163, 250
Planspindel 82, 86, 87, 88, 89, 90, 98, 99, 125, 126, 155
Plattenmaschine 223
Positionierungsgenauigkeit 237
Präge-polieren 259
—-polierkopf 274, 277
Programm-schaltung 91, 157, 197
—-speicher 157, 158, 189, 218
—-steuerung 13, 61, 180, 188, 190, 208

Radsatzdrehbank 259, 261, 262, 263
Räderschere 93, 94
Rechteckprogramm 87, 179, 185, 186, 210
Reißspan 14
Reitstockpinole 104, 105, 106, 117, 118, 149, 162, 173, 179
Rillendrehapparat 123
Ring-spanndorn 117
—-spannelemente 116
Roll-kopf 151
—-kupplung 116, 117
Rückkraft 14, 15, 18, 32
Rückzugmeißelhalter 120

Sägediagramm 27, 28
Sattelrevolver 190
Satzverfahren 265, 266
Schablonensupport 261
Schälkopf 274, 275, 277

Schärfapparat 241, 242
Schärfen 242
Schärfsupport 242
Schaltinformationen 158
Scherspan 14, 145
Schlagzahnfräsen 150
Schlankheitsgrad 16, 17, 18, 25, 26, 36, 46
Schleichgang 150
Schloß-platte 81, 89, 91
—-plattengetriebe 84, 90, 91, 100
Schneidkopf 277, 278
Schnell-schaltung 73
—-wechselmeißelhalter 120
Schnittdruck 15, 16, 17, 18
Schürze 81, 89
Schwalbenschwanzführung 98, 99, 101
Schwenkmeißelhalter 138
Schwingmeißelhalter 133
Sechsfachmeißelhalter 120
Selbstgang 100, 101, 102, 124, 182, 225, 263
Sinteroxyde 26
Spann-glocke 118
—-kopf 242, 243, 261
—-pinole 261

Spanntopf 243, 261
Spitzenbügel 261
Sprungvorschub 177
Standzeit 5, 16, 24, 25, 35, 36, 144
Starkkühlung 145
Starrheit 18, 47
Starrheitsgrad 74
Steife 12, 19, 21, 47
Steilgewinde 93
Stellit 11
Stetigbahnsteuerung 158
Stirnmitnehmer 107, 108
Strähler 160, 277, 278
Strahlrohr 136, 137
Stufensprung 31, 41
Stufung 27, 28, 29
Stützquellen 231
Supportfräsapparat 149, 150, 151, 154, 272
Supportschleifeinrichtung 150, 152, 153, 154

T-Drehbänke 220, 222, 223
Teilverfahren 265, 266
Tippschaltung 172
Toter Gang 98, 100

Umkehrspanne 123, 144
Umschlaggenauigkeit 120

Verzugszeit 142, 144
Vier-fachmeißelhalter 120, 206
—-kantblockdrehen 133, 264
Vierkantensteuerung 135, 136, 137
Vorbett 57, 58, 103, 210, 240, 241
Vorderendspannfutter 249
Vorschubkraft 14, 15, 18, 32
Vorwählschaltung 12, 157

Wechselräderschere 81, 82, 88, 93, 95, 132, 173, 176, 235
Weginformationen 158
Wegwerfplättchen 121
Winkelstreckung 127, 129
Wippendrehbank 8
Wirkstelle 15, 32, 34, 35

Zentrierkegel 118
Zerspanungskraft 14, 16, 17, 24, 27, 32, 45, 47, 50
Ziehkeilgetriebe 63
Zweikantensteuerung 135, 136

721/20/63 — III/18/203

If you have any concerns about our products,
you can contact us on
ProductSafety@springernature.com

In case Publisher is established outside the EU,
the EU authorized representative is:
Springer Nature Customer Service Center GmbH
Europaplatz 3, 69115 Heidelberg, Germany

Printed by Libri Plureos GmbH
in Hamburg, Germany